世界航空安全史
——从纪念碑到里程碑
（下）

乔善勋　著

北京航空航天大学出版社

图书在版编目（CIP）数据
世界航空安全史：从纪念碑到里程碑．下 / 乔善勋
著．-- 北京 ： 北京航空航天大学出版社，2025. 5.
ISBN 978-7-5124-4773-8
Ⅰ. V328-091
中国国家版本馆 CIP 数据核字第 20257Q6M62 号

世界航空安全史——从纪念碑到里程碑（下）
乔善勋 著
策划编辑 董宜斌 责任编辑 董宜斌
*
北京航空航天大学出版社出版发行
北京市海淀区学院路 37 号（邮编 100191） http：//www.buaapress.com.cn
发行部电话：（010）82317024 传真：（010）82328026
读者信箱：bhpress@yeah.net 邮购电话：（010）82316936
涿州市新华印刷有限公司印装 各地书店经销
*
开本：710 × 1 000 1/16 印张：28.5 字数：496 千字
2025 年 6 月第 1 版 2025 年 6 月第 1 次印刷
ISBN 978-7-5124-4773-8 定价：69.00 元

谨以此书献给所有为航空安全奉献的人们。

愿我们从每一次悲剧中汲取知识以改善所有人的安全，让每一次旅程都以平安为归宿！

序言 1

乔善勋老师毕业于北京航空航天大学，获得四川大学软件硕士学位。他请我为他的著作写个序言，我十分愿意。他为这部书付出了极大的心血，查找了大量的资料，把国内外从飞机诞生以来发生的大量重大事故，按时间顺序，分“野蛮生长”“喷气时代”“踏血前行”“变革之路”和“走向未来”五个部分举出案例，做出论述，提出了飞行安全“墓碑”“纪念碑”和“里程碑”的发展道路。列举了超过百起重大飞行事故的经过。中国有句极具哲理的话：“前事不忘，后事之师”。看了这些事故，作为飞行了五十多年的我——一名老飞行员，可以说是感慨万千！民用航空安全正是这些一次一次的事故，多少次机毁人亡，成百上千的遇难者，用鲜血蹚出了一条今天我们通往安全之路！我们敬爱的周恩来总理近 60 年前总结的：“保证安全第一，改善服务工作，争取飞行正常”像崇高的灯塔照耀着新中国民航的前进道路。我帮助乔老师补充了部分中国民用航空发生，已经向国际民航组织报告的飞行事故案例，让我们可以与国际航空界对比地看到中国民航发展过程中的飞行安全事业。

国际上看，民用航空业解决飞行安全问题，大约走过了三个阶段。20 世纪 70 年代之前，我们从技术角度着手，当时的精力和资源大多用来解决影响飞行安全的技术问题。发明和不断改进了如：近地警告系统、机载风切变预警系统、机载防撞系统等。这些技术的应用大大改善了飞行安全，这是第一个阶段。到了 20 世纪 80 年代中、后期，业界从飞行安全统计数据看出，对技术解决办法的持续投入，但对飞行安全的改进出现了递减。人为失误显然能够击败设计最精良的技术性安全防护手段，因此全球的民用航空界开始从“人为因素”角度来解决飞行安全问题。首先，通过培训、规章和机组资源管理解决个人的问题。其次，努力通过设计消除失误，用机器功能替代人，将人的干预减少到最低限度。但那时的“人为因素”大多集中于个人，这是第二个阶段。到了20世纪90年代和21世纪初，民用航空界认识到：人的操作能力不是在真空中实现的，个人的行为是根据组织所设计并期望其成员如此这般行事的模式塑造出来的。因此，开始从组织、管理的角度来处理安全问题。这不仅仅是人与人之间，而且包括人与技术之间、人与所属组织机构之间的相互作用。这就引入了系统安全的理念，这是第三个阶段。一次事故不仅仅检查个人的失误，更重要的是从困难的工作环境、政策和程序的瑕疵、资源分配的不充分或者系统结构的缺陷等方面来深入分析并逐步加以解决。这部书恰恰是从历史演变的角度，为我们民用航空组织与时俱进提供了丰富的资料！全球今天对于飞行安全已经取得了长足的进步，中国民航同样取得了骄人的成绩，但这不是我们自满的时候！像我们常常说的一句话：“安全工作没有终点，永远都是起点！”在航空界大量颠覆性新技术涌现的今天，同样对民用航空飞行安全带来巨大的挑战！

个人研读这部书，像我前面引用的“前事不忘，后事之师”，这部书像一面镜子用来常常照照自己！这次事故是怎么发生的？身临其境地想一想，可照亮自己飞行安全的道路！管理者读这部书，从宏观的方方面面去思索、探求，使你的管理能够不断地、实际地处理好民用航空的系统安全问题，真正做到“保证安全第一”！

希望这部书为中国民航的飞行安全作出贡献！再次感谢作者为此书作出的努力！

杨元元

原中国民用航空总局局长

序言 2

这是我第三次先睹乔善勋老师的航空安全专著，并受邀为他的这本新作《世界航空安全史：从纪念碑到里程碑》写序。前两本分别是2016年出版的《空难悲歌：航空安全背后的故事》和2018年出版的《空难启示录：谁是航空安全的金钥匙》，我也都先睹为快、欣然作序。作者对于航空安全问题有着充沛储备和真知灼见，他的书作具有很高的实用价值，受到业内外的广泛欢迎与好评。为了推动航空安全事业的进步，乔老师近20年如一日，广泛搜集和查证航空事故历史资料，提炼对于航空事故原因的认识。继前两本书后，集数年之功，又奉献了第三本内容丰富、煌煌千页的大作。同前两次一样，我不仅因书作的内容受教，更被作者勤奋执着的精神所打动。

在这本书中，他把飞机诞生以来发生的重大事故，按时间顺序，以“野蛮生长”“喷气时代”“踏血前行”“变革之路”和“走向未来”五个阶段，进行了梳理和分析，将飞行安全问题从出现到解决的进程，比喻为一条从墓碑到纪念碑、再到里程碑的发展道路，令人警觉，发人深省。尤为可贵的是，他创建了“总系统时代的‘人－机－环境’胜任力安全模型”，提出九种胜任力关键特征及八种造成事故的危险态度，用新的视角帮助大家认识航空安全，促进全面加强航空安全管理，提升航空安全水平。

作为一名航空工业的科技工作者，面对航空事故，本能的反应首先是，事故是否因航空器技术质量问题所致。航空器从最初的危险交通工具，经过一百多年的演进，成为最安全的交通工具，根本原因是设计制造技术的进步。设计制造技术的进步，使航空器的安全性达到了一个很高的水准，以致此类问题在事故原因中的占比已大大低于人为因素。但令人遗憾和令航空人自责的是，在进入 21 世纪第二个十年以来，因技术质量问题引发的重大事故竟接连发生，尤以 2018 年、2019 年波音 737MAX8 的两起相同的惨痛空难为甚；而 2024 年 1 月 5 日，737MAX9 在飞行中出现“门塞”脱落的严重事故，更令航空制造业蒙羞，也再次凸显航空器设计技术质量形势的严峻。

航空安全问题，尤其是大型民机的安全，是具有社会性的重大问题。在航空运输业造福人类的同时，航空安全问题也如影随形，特别是大型客机的空难事故，常常因呈现为群体性悲剧，而对社会和人们的心理带来强烈冲击。人们需要知道空难的原因，需要知晓通过各方的共同努力，如何避免灾难的再次发生。其中，航空器研制生产的机构和人士，永远背负着对用户和乘客高度负责的重任。任何情况下，都要忠于职守，不能有丝毫疏忽懈怠。老牌强者如波音，正在炼狱里经受磨砺；而相对稚嫩的中国民机工业借鉴前车，吸取经验教训，以确保安全为第一要务，用谦恭扎实的奋斗，努力打拼市场，祝战友们成功。

对航空安全的追求是永无止境的，需要在技术因素和人为因素这两个方面综合施治。我们已经在航空安全的大路上建树了一座又一座里程碑，我们没有理由对航空安全持悲观态度。凭借百余年来构建起的航空科学技术体系的力量，依靠薪火相传的航空从业者的接续奋斗，航空器一定会制造得越来越可靠，航空运营一定会越来越科学合理。

随着低空经济和先进空中交通的兴起、无人航空器和新能源航空装备的涌现，航空运输市场将进一步扩大，航空大系统的复杂性、动态性、多样性与平民化在显著增强，给航空安全带来新的挑战，航空安全理念与实践亟需创新和改进。同时，面对社会民众，还需要进行广泛的航空安全教育，传播和普及航空安全知识，增强安全责任意识，提振对航空运输安全性的信心。在这样的大环境下，乔善勋老师的新作一定会引起热切关注，并发挥重要而独特的作用。

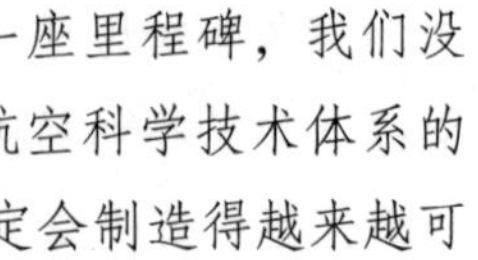

中国科协航空科学传播首席专家，中国航空学会名誉副理事长

前言

安全是民航业的永恒主题，更是总体国家安全观的重要组成部分。这不仅因为安全是经济发展和社会稳定的基石，更是因为其深刻践行着“人民至上、生命至上”的核心理念，将保障人民生命安全置于首位。这一理念，是所有发展的根本前提与最终归宿，尤其对于当前备受关注的低空经济领域而言，更是其腾飞的基石。

这条探索之路于我而言，始于十多年前不经意间的触动。电视里一则飞机故障新闻，引来妻子随口一问：“为什么飞机会出事？”这简单的一问，却在我心中激起千层浪，构成了我人生轨迹的重要转折。此前，我已整理了上百部空难纪录片和数千份事故调查报告。于是，我尝试用通俗的语言，将复杂的空难知识分享给大众。《空难改变航空史》第一期“突然消失的法航447”在新浪微博竟收获140万的阅读量，大众对航空安全的关注远超我的想象。这份关注，以及后续在《大飞机》杂志王文奇老师支持下开设的“质量与安全系列”专题，逐渐积累，萌生了结集成书的想法——《空难悲歌》由此诞生。

然而，真正将我对航空安全的思考推向更深层次，并感受到一种沉甸甸责任的，是发生在我身边的几起悲剧。2017年3月，两名中国飞行学员在加拿大的空难令人痛惜。随后，应母校北航飞行学院张建华院长之邀，我首次登上唯实讲堂，与师弟师妹们分享航空安全，也由此深切意识到通用航空安全的重要性。同年10月底，河南省民航办王文光处长电话中那句沉重的“乔老师，亚萍出事了……”至今仍压在心头（注：10·27安阳直升机坠毁事故）。2018年，就在我的《空难启示录》即将面世，与中国工程院刘大响院士畅谈航空应急救援与通用航空之际，一名特技飞行员在训练中遇难的噩耗传来，为我们的谈话蒙上阴影。同年年底，中国环球飞行第一人陈玮的骤然离世，更是让我难以释怀。我们曾一同推广“航空精神”，筹备环球飞行员协会郑州年会……，这些“墓碑”般的事件，让我深感悲痛与自责：若能早些分享更多安全案例，悲剧是否可以避免？这份沉痛，促使我成为一名航空安全学科真正的学生，更加深入地探究其规律。

因此，深刻理解和把握民航安全至关重要。这不仅直接关乎人民群众的生命财产安全，也对国家经济社会的整体发展具有深远影响。本书旨在系统梳理航空安全的发展历程，深入分析行业如何从每一次事故征候与经验中汲取教训，不断完善安全管理体系。尤为重要的是，本书将基于对全球民航事故和通航事故案例的分析，提出并阐述“总系统时代的‘人－机－环境’胜任力安全模型”，致力于提升整体航空安全水平，从而为低空经济等新兴航空业态的健康发展，乃至整个社会的安全治理提供可借鉴的思考与建议。

历史教训：警钟长鸣，举一反三

2022 年 3 月 21 日，东航 MU5735 航班在梧州发生事故，更是为航空安全问题再次敲响警钟。“举一反三”中的“一”，正是那些沉痛的历史教训；而“反三”，则是通过改进安全管理、技术和法规，以防止类似事故再次发生。

纵观航空发展史，飞机从“最危险”到“最安全”的交通工具，其演变并非坦途，而是伴随着无数次惨痛的教训。事故调查是提升航空安全的重要手段，深入分析事故原因、发布调查报告，有助于提炼出宝贵的经验教训。

墓碑与里程碑：从纪念到改进

110 座墓碑组成的瓦卢杰航空 592 号航班纪念碑

空难之后，墓碑无声地诉说着逝去的生命。当一座座墓碑汇聚成纪念碑，便承载起沉痛的历史记忆，警示着安全的重要性。然而，纪念不止于缅怀，更应成为推动前行的力量。每一座纪念碑的矗立，都推动着航空法规的完善和技术的进步，使这些教训最终成为航空安全进步的里程碑。但现实中，监管往往滞后于事故，甚至被动地因惨剧而改革，故有“墓碑机构”之称。1996 年瓦卢杰航空 592 号航班空难，造成 110 人罹难，暴露出监管漏洞，警示我们主动预防与持续改进方为根本之道。

著书心路：站在巨人的肩膀上

“我之所以看得更远，是因为站在巨人的肩膀上。”牛顿的这句名言，恰如其分地描述了我撰写此书的心境。在探究航空安全的漫长道路上，我深感荣幸能够借鉴无数航空先贤留下的宝贵财富——数以万计的事故调查报告，它们如同鲜活的教材，为我的研究提供了坚实基础。

2023 年初稿完成之际，我向原中国民用航空总局杨元元局长汇报研究进展，得到了他的大力支持。杨局长不仅欣然为新书作序，还提供了宝贵的中国民航事故案例，更鼓励我深入行业调研。与一线人员的交流，让我深刻感受到大家对提升航空安全的殷切期望，他们的建议让我受益匪浅。

书稿呈给北航陈光教授审阅时，他特别嘱托我增加“发动机引起重大故障”的内容，并亲自为我把关每一篇关于航空发动机的文章。直至 2023 年 11 月 26 日，在光先生悉心指导下，发动机部分最后一处修改才告完成。然而，天妒英才，光先生于同年 12 月 19 日不幸离世。他严谨的治学态度和对航空科普的热情，将永远激励着我。

航空安全的历史演变与系统思维

航空安全的发展是一部持续改进的进化史。全球民航业自 1942 年至 2024 年，历经 4 180 起事故和 85 083 人死亡，从“野蛮生长”到“喷气时代”，再到“踏血前行”“变革之路”，如今迈向“走向未来”的新阶段。安全水平显著提升，例如 1980 年至 2019 年间提升了 25 倍。

然而，航空安全形势依然严峻。近期如 2024 年韩国济州航空事故及 2025 年美国波托马克河空中相撞事故，都在警示我们须臾不可放松。

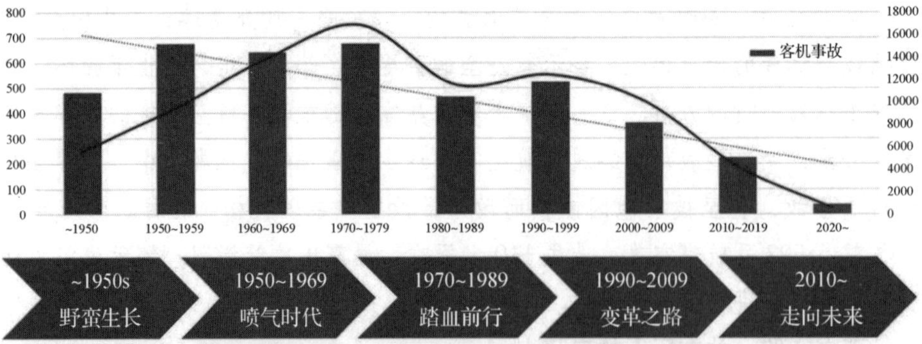

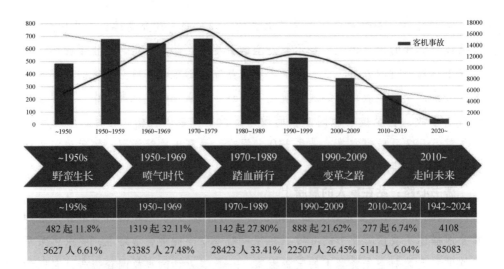

~1950s	1950~1969	1970~1989	1990~2009	2010~2024	1942~2024
482 起 11.8%	1319 起 32.11%	1142 起 27.80%	888 起 21.62%	277 起 6.74%	4108
5627 人 6.61%	23385 人 27.48%	28423 人 33.41%	22507 人 26.45%	5141 人 6.04%	85083

1942 年至今客机事故和死亡人数趋势图

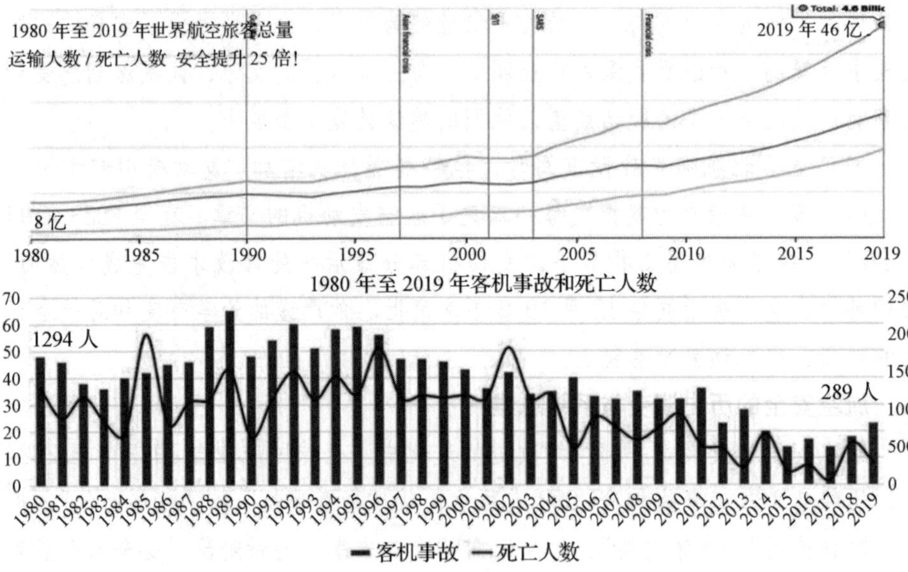

世界航空安全提升示意图

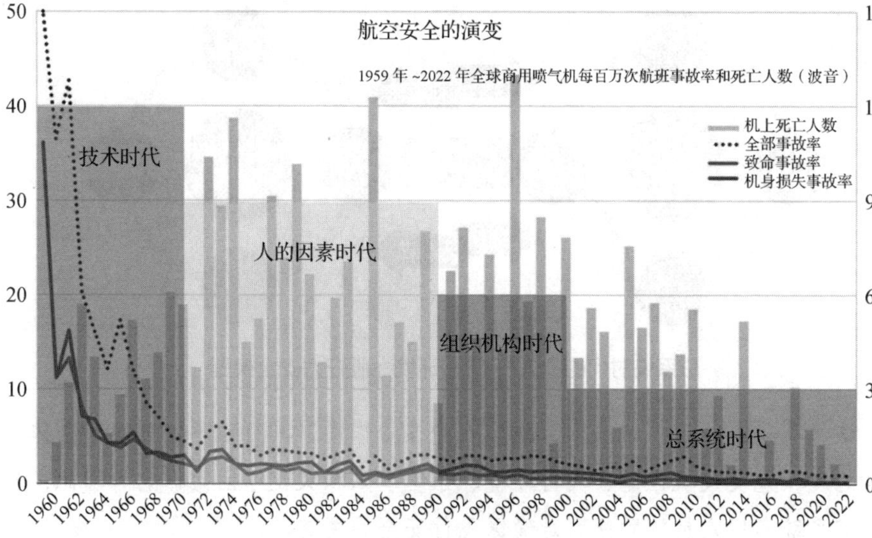

航空安全的演变

国际民航组织（ICAO）将航空安全演变概括为技术时代、人的因素时代、组织机构时代和总系统时代。21 世纪以来，国家安全方案（SSP）和安全管理体系（SMS）推动安全管理向系统化、数据驱动和风险预防发展。面对日益复杂的航空系统，未来的关键挑战在于构建更加全面、协同、前瞻的安全管理体系。

总系统时代的“人－机－环境”胜任力安全模型

总系统时代强调在航空系统全生命周期中，综合考虑“人－机－环境”因素及其相互作用，以提升整体安全绩效。在这一框架中，“人”至关重要，其行为和决策受自身能力、态度以及机器、环境、系统规则和文化的影响。因此，强化人员管理与培训，提升安全意识和能力至关重要。同时需警惕认知偏差、情绪影响等主观风险，避免危险态度对安全的侵蚀。

面对日益复杂的航空运输系统，传统安全管理模式已难以满足需求。总系统时代要求以系统性、预防性和持续改进为核心，推动国家级安全管理体系建设，包括安全政策、风险管理、安全保障和安全文化等要素。此外，加强安全教育与科普，提升全社会安全意识和信心，促进多方参与，共同推动航空安全进步。

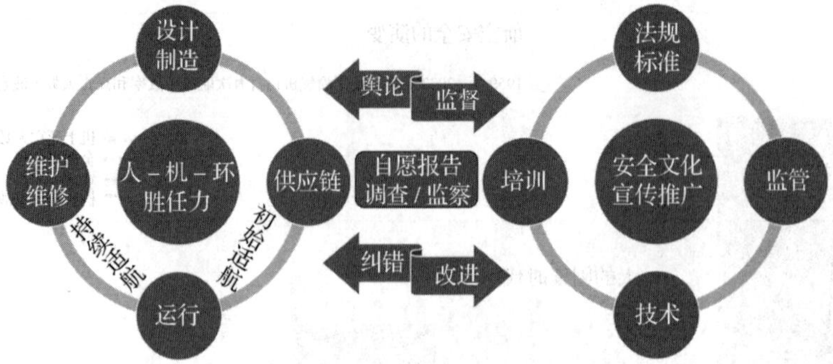

总系统时代的“人－机－环境”胜任力安全模型

该模型从系统论视角出发，强调人的核心作用，其行为不仅取决于个体能力和态度，也受飞机性能、飞行环境、系统规则和文化等因素影响。因此，提升航空系统各级人员的胜任力是确保飞行安全的关键。

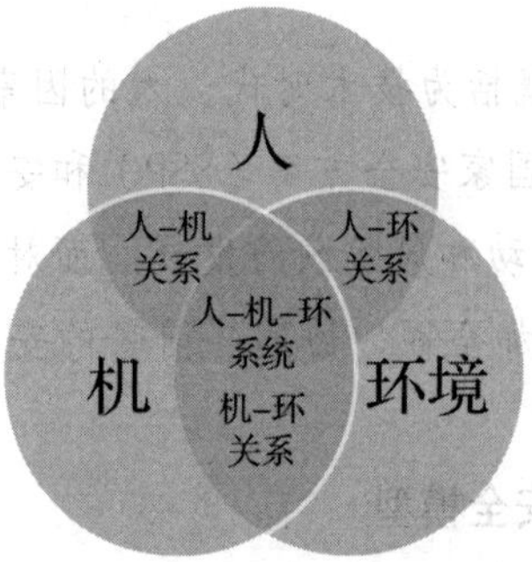

九种胜任力关键特征		
沉稳性	果断性	效能感
意志力	担当力	抗压性
控制力	韧性	乐观性

八种危险态度			
自满	反权威	冲动	侥幸
虚荣	急迫	漠视	炫耀

“人－机－环”和九种胜任力关键特征及八种危险态度

当下，尽管民航业处于史上最安全的时期，但仍有必要持续提升民航的安全性。随着自动化技术进步、新型飞行器发展、低空经济与先进空中交通（AAM）兴起，航空系统日益复杂，新的安全挑战不断涌现。若行业满足于现状，安全意识松懈，势必危及来之不易的安全成果。

近年来，大量年轻从业者投身航空业。他们成长于安全形势向好的环境中，在看似天然安全可靠的航空系统中长大，对航空安全的认知主要来自书本和课堂，缺乏对重大空难事故的深刻理解。波音 737 MAX 事故为行业敲响警钟，提醒我们若不加强对新一代从业者的安全意识培养，未来航空安全将面临严峻挑战。

通用航空的高风险与安全管理的必要性

航空安全关乎生死，必须慎之又慎。数据显示，2022年美国通用航空私人飞行的致死率（2.61人/10万飞行小时）远高于商业飞行（0.39人/10万飞行小时），两者相差近6.7倍。这一显著差异凸显了通用航空，尤其是私人飞行的高风险性。为此，必须采取有效措施，进一步强化通用航空的安全管理，提升整体安全水平。

在2024年9月首届ICAO AAM大会上，“边学边做（Learning by doing）”的理念为我们提供了宝贵的启示。航空安全是一项系统性工程，需要政府、航空公司、制造商、机场、旅客等多方共同努力，通过技术创新、法规完善、安全文化建设与科普宣传，才能构筑稳固的安全防线。

为进一步提升航空安全水平，日本航空公司、波音公司和空中客车公司相继成立航空安全促进中心，致力于从历史中汲取经验教训，不断优化安全管理体系，提升行业安全意识。这不仅是航空业自身发展的需要，更是对全社会的责任担当。

航空安全教育：构筑未来的基石

航空安全教育是保障航空业可持续发展的基石，更是构建未来航空安全的重要前提。因此，必须将航空安全教育置于航空专业教育的首要地位，并作为“第一课”贯穿人才培养全生命周期。教育体系应涵盖基础理论、法规标准、技术规范及事故案例分析，并结合实践教学，全面培养学生的安全意识和应急处置能力。从源头为国家航空事业发展奠定人才基石。

此举不仅是对生命的尊重和对国家负责的态度，更是将“举一反三”提升到前瞻性预防的高度，从根本上提升国民安全意识和科学素养。

中国的航空安全愿景与结语

国产大飞机将展翅出海，万亿低空经济方兴未艾，构建中国特色的航空安全体系势在必行。而航空安全体系的成功构建与经验积累，其价值远不止于航空本身。将航空业在长期发展中凝练出的系统性安全管理经验与风险防控智慧，有效地推广到其他高风险行业乃至更广泛的社会治理领域，其最终受益的将是整个社会和每一个人。

“路漫漫其修远兮，吾将上下而求索”。百年航空史，是一部在血与泪中不断完善的安全史诗。回望过去，我们心怀敬畏；展望未来，我们满怀希望。航空安全没有任何秘密可言，每一条捷径下面都布满了“死亡陷阱”。我认为，

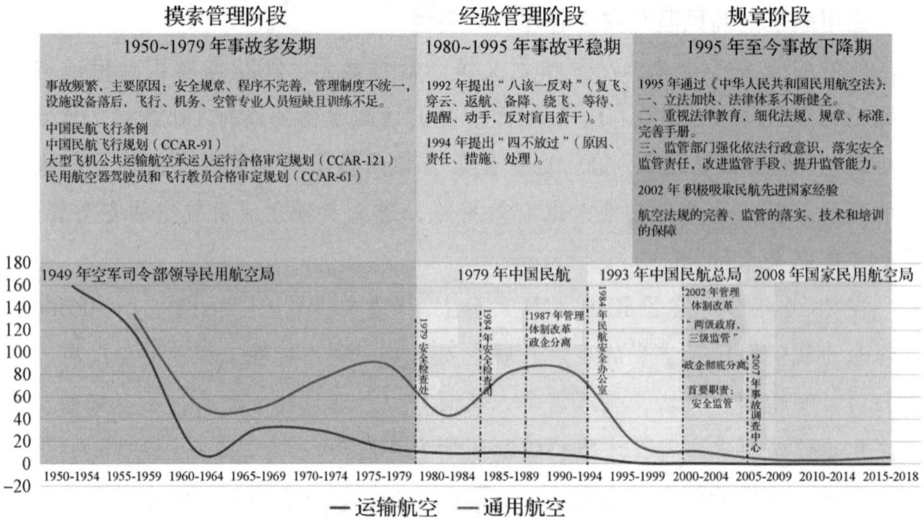

中国民航每 5 年运输 / 通用航空重大以上飞行事故率（百万小时）

中国民航安全历程演变示意图

航空安全应始终遵循以下三条基本原则：一、敬畏规则，杜绝侥幸；二、系统安全，持续改进；三、独立调查，信息透明。

感谢母校北京航空航天大学的培养。犹记毕业典礼上怀进鹏校长“尚德务实、求真拓新……成为祖国未来的领航人”的殷殷嘱托，至今激励我为中国航空安全事业贡献力量。

最后，再次感谢所有为航空安全奉献的人们！由于作者水平有限，文中难免有疏漏，敬请各位专家学者批评指正。各位专家学者可扫描下方二维码与作者共同探讨。

乔善勋

2025 年 5 月于郑州

致谢

本书的数据主要来源于国际民航组织（ICAO）、国际航空运输协会（IATA）等国际航空机构；中国民航局（CAAC）、美国联邦航空管理局（FAA）、欧盟航空安全局（EASA）等民航监管机构；美国国家运输安全委员会（NTSB）、英国航空事故调查局（AAIB）等事故调查机构；航空安全基金会（FSF）、航空安全网（ASN）等研究机构；波音、空客、中国商飞、巴航工业、庞巴迪、德事隆、GE航空航天、普惠、霍尼韦尔等航空制造商。感谢这些机构为全球航空安全研究提供的宝贵资料。

感谢北京航空航天大学徐扬禾教授、陈晏清、陈光，感谢恩师为我打下坚实的知识基础。

感谢原中国民航总局局长杨元元、中国航空学会名誉副理事长张聚恩的悉心指导并为本书撰写序言。

感谢中国工程院院士刘大响、原中国民航局副局长董志毅；教育部全国大学生职业发展教育研发基地首席专家马永红、清华大学教授张扬军、地球系统科学系党政办主任姚松坤；北京航空航天大学校友总会秘书长张慧渊、副秘书长赵清、航空科学与工程学院党委书记董雷霆、能源与动力工程学院副书记谷萌、教授沈映春、陈志英、王有洪、徐大军；北航师兄徐强、赵欣、李俊、武斌；原河南省民航办主任康省桢、中原工学院校长夏元清、安阳市通用航空发展中心主任张存富；中国南方航空集团副总经理高飞；珠海翔翼航空技术有限公司董事长周易之、总经理宋立俭；中国商用飞机有限责任公司科委办主任朱明华；原波音中国总裁 Sherry Carbary、波音资深建构师唐克、德事隆政府事务副总裁张传勇、赛峰航空系统公司高级区域支持经理荆永强；民航深圳空中交通管理站纪委书记胡斌、工信部人才交流中心学术顾问黄瑞勇、浙江大学宁波科创中心特聘教授路精保；上海航空学会秘书长金鸿明、中国 AOPA 副秘书长郭阳、中国职工教育和职业培训协会企业委员会秘书长张燕；中豫航空集团总经理柳建民、河南航空货运发展有限公司董事长王文光、中原龙浩航空可靠性工程师王赟斌；中国民航大学教授孙瑞山；中国民航飞行学院总飞行师刘传健、飞行技术学院院长魏麟；河南机电职业学院航空学院教师孙国栋；贝迪克凌云总经理王海涛；海南省航空摄影协会主席罗韬、立巢航空博物馆馆长杨培萌；资深机长刘清贵、陈建国；资深飞行教员黄伟军、机长周俊豪、高峰；环球飞行员陈静娴、航空博主飞行员欧文、资深飞机结构设计专家林建鸿、资深航空人老 Z 等等，特别鸣谢中国环球飞行第一人陈玮，感谢每一位给我提供帮助的人。

感谢河南工业贸易职业学院书记李国锋、校长曹利强的鼓励和支持。

感谢《航空知识》主编王亚男、资深编辑吴佩新；《大飞机》主编欧阳亮、《劳动保护》主编包冬冬。感谢人民日报记者邱超奕、新华社主任记者马意翀、中央广播电视总台 CGTN 记者尤杨、中央广播电视总台南海之声记者张喆炯、中国教育电视台首席记者亢晓倩、澎湃新闻记者邵冰燕、记者程靖等媒体朋友的深入采访，让公众对航空安全有更深入的了解。感谢《航空之家》50 多万读者的关注！

感谢北京航空航天大学出版社董事长刘德生、副总编辑葛建平、科技分社副社长董宜斌，是他们的全力配合让这本书得以顺利出版。

最后感谢我的家人，感谢我的父亲乔幼轩，是他从小就培养了我对知识的渴望，让我在探索的道路上越走越远。感谢我的夫人卢宁，她的好奇心点燃了我的创作激情。感谢我的女儿乔卢敏熙，累的满身汗还在帮我整理书架。还有儿子乔培安，这本书的诞生，也是献给你们的礼物！

乔善勋

2025 年 6 月

目录

第四章 1990~2010年 变革之路

第五章 2010 年～走向未来

后记：感谢所有为航空安全奉献的人们！

1990~2010 年

变革之路

1.“不翼而飞”的风挡——1990 年英国航空 5390 号航班

脱落风挡的 G–BJRT 号机

英国航空 5390 号航班（BA5390）是从英国伯明翰国际机场飞往西班牙马拉加机场的定期国际航班。1990 年 6 月 10 日，一架 BAC 1–11（G–BJRT 号机）执飞该航班时发生意外。飞机的侧风挡突然脱落，导致机长上半身被吸出驾驶舱。危急时刻，副驾驶操纵飞机紧急下降，最终平安降落在南安普顿机场。此次事故没有人员死亡。

调查人员在调查中开创性地采用“人的因素”分析方法，解释了导致风挡脱落的维修差错，为预防类似事故的发生提供了新的思路。

航班机长为蒂姆·兰开斯特（Tim Lancaster），42 岁，累计飞行 11 050 小时。副驾驶阿拉斯泰尔·艾奇森（Alastair Atchison），39 岁，累计飞行 7 500 小时。BAC 1–11 是英国飞机公司生产的一款双发窄体客机，搭载两台罗·罗斯贝低涵道比涡扇发动机，在 1963~1989 年一共生产 244 架。事发前，G–BJRT 号机机龄 13 年，累计飞行 37 724 小时。

BAC 1–11 素有“空中吉普车”之称，它易于维护且坚固耐用，安全记录良好。副驾驶艾奇森在起飞前进行了例行绕机检查，以确保机身外侧没有异常

英国航空公司涂装的 G-BJRT 号机

情况，这是他第一次加入该机组。维修记录显示 G-BJRT 号机在前一天刚刚更换了前风挡。

上午 8 点 20 分，艾奇森操纵飞机顺利起飞，飞机爬升到设定高度后，机长兰开斯特接手了操纵。两名飞行员都松开了肩带，兰开斯特甚至还松开了腰部安全带，这为随后的灾难埋下了安全隐患。

飞机经过 13 分钟的爬升，来到 5 300 米的高度。突然间，飞机驾驶舱左前风挡毫无征兆地脱落，导致驾驶舱内气压骤然下降，形成一片白雾。在此高度下，人很快就会陷入缺氧状态。缺氧会导致人的反应速度变慢，就像喝醉酒一样，行为能力和思考速度也会迅速下降，最终无法集中注意力，甚至昏迷。持续缺氧还可能导致死亡。

BAC 1-11 驾驶舱

副驾驶艾奇森在强风中竭力操纵着飞机。而兰开斯特则紧贴在驾驶舱外，他双腿卡住了驾驶杆并向前推，导致飞机脱离自动驾驶模式并开始向下俯冲。现在整架飞机乘客的安危都系于艾奇森一人，而此时飞机的速度已经达到惊人的 740 千米 / 小时。

乘务员奈杰尔·奥格登（Nigel Ogden）看到机长被吸出机外，他急忙跳过去勾住机长的脚，在机长完全飞出机舱之前抓住他。兰开斯特不仅要承受强风和缺氧，还要忍受飞机外零下 17℃的酷寒和缺氧。艾奇森通过无线电试图发出最紧急的“Mayday（求救）”信息，但由于强风干扰，管制员根本听不清他在说什么。G-BJRT 号机摇摇晃晃穿越着数条全球最繁忙的国际航线，这大大增加了撞机的风险！

艾奇森经过一番艰难操作，终于控制住了油门杆，乘务员约翰·休沃德（John Heward）也赶来和奥格登合力将机长的双脚挪开。艾奇森并未减慢飞机速度，而是继续下降高度，飞机很快降低到氧气充足的高度。

艾奇森在嘈杂的环境中向地面报告紧急情况，他们在 2 分半钟之内下降了 3 352 米，拉平飞机后减速到 533 千米 / 小时，机长的身体也从驾驶舱的位置滑落到了机身侧面。

艾奇森独自一人操纵飞机，由于紧急降落清单被风吹走，他只能依靠记忆和以往的操作经验控制飞机。他和地面失联 7 分钟后，第一次听到管制员的回话。经过沟通，他决定降落在较近的南安普顿机场。

5390 号航班被赋予优先降落权。在管制员的引导和指挥下，艾奇森克服重重困难成功地操纵飞机安全降落。8 点 55 分，飞机平安降落在南安普顿机场 02 跑道上。紧急救援车辆迅速赶到飞机旁边，乘客们通过登机梯安全撤离。受伤的兰开斯特也被及时送往当地医院接受治疗。

幸运的是，机长兰开斯特及时得到了救治，他除了冻伤、割伤及撞击引致身体多处骨折外并无大碍。经过五个月的康复治疗，他奇迹般地回到了飞行岗位。

英国航空事故调查局（AAIB）负责后续事故调查。调查员相继排除了飞机结构缺陷和高空鸟击的可能性。维修记录显示，G-BJRT 号机在前一天刚进行过维修，并更换了新的风挡。调查员来到伯明翰的英国航空维修中心，并约谈了负责更换风挡的机务。

BAC 1-11 的风挡采用外部固定方式，而非“内部插入”式。这需要在外部通过 90 个埋头螺栓固定，主要为了防止内部增压气体从缝隙中泄漏，这也对螺栓和施工工艺提出更高的要求。

调查员很快就发现了事故原因，飞机如果从内部安装风挡，可以用舱内压力固定，但 BAC 1–11 从外部固定，如果螺栓有瑕疵，舱内压力就会冲破风挡。相对于从飞机内部固定而言，这会使螺栓承受更大的力量，如果从机舱内安装，大部分压力将作用于窗框而非螺栓。

飞机左侧风挡的 90 个螺栓中，只留下 11 个。在找到的 30 个螺栓中，有 26 个新零件（零件号 A211–8C）和 4 个旧零件（零件号 A211–7D），而飞机的零件目录显示，所有螺栓都应该使用 A211–8D 零件。

螺栓技术规格

零件号	长度 / 厘米	直径 / 厘米	螺纹规格
A211–8D	2.03	0.473 7~0.481 3	10UNF
A211–8C	2.03	0.407 9~0.416 3	8UNF
A211–7D	1.78	0.473 7~0.481 3	10UNF

调查显示，6 月 8 日凌晨 4 点左右，一名机务在维修站值夜班。当时维修厂里停满了待修的飞机，G–BJRT 号机被挤到了维修厂的边缘，他需要先拆除飞机上的旧风挡。由于环境很暗，他很难看清风挡的情况。他趴在飞机的边缘，费力地操作螺栓刀。根据以往的经验，机务发现用于固定风挡的螺栓长度不达标，但勉强能用。过去四年里也没有发生过任何意外。出于责任心，他还是决定换用新螺栓。

机务并没有参考零件目录所推荐的标准尺寸，而是直接去仓库里寻找新的螺栓。他也没有使用精确的计量尺子来挑选螺栓，而是凭借肉眼判断。他认为自己视力很好，在备件箱里找到了和旧螺栓“一模一样”的螺栓，并向管理员索要了 90 根 7D 标准的螺栓。

仓库管理员提醒道：BAC 1–11 的风挡用的是 8D 螺栓，而且仓库里也没有 7D 螺栓。但是机务并没有理会这一建议，而是坚持要 7D 螺栓，他随即开车来到机场的另一个备件库。

5 点 15 分，机务在备件库的一个漆黑角落里继续寻找自己想要的螺栓。他在昏暗的环境中挑选了比旧螺栓的直径小的备用螺栓，并赶回维修机库继续完成作业。在 90 个螺栓里，有 84 个 A211-8C 螺栓比规定的直径小了 0.66 毫米，6 个 A211-7D 螺栓比规定的长度短了 2.54 毫米。

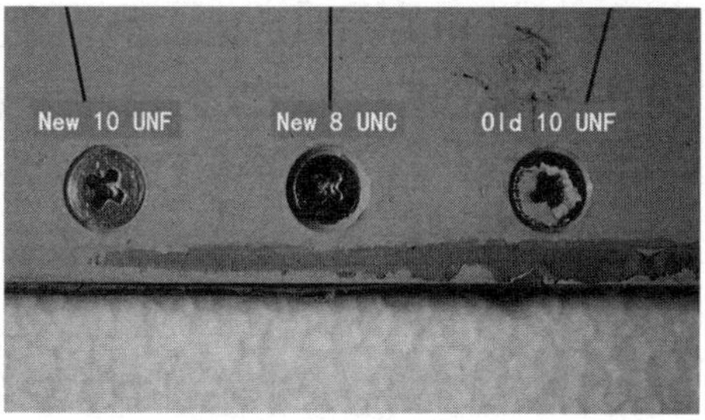

3 种螺栓安装对比图

按照飞机工程要求，螺栓作为一种重要紧固件，其直径和螺纹规格必须与埋头螺栓和自锁螺母保持一致，同时还要与螺栓孔和锪窝相匹配。在安装过程中，托板自锁螺帽需要在一定的扭力下被撑圆，才能达到自锁的目的。此外锪窝也需要填满，以确保表面光滑。由于安装角度略有偏差，机务无法确认新螺栓是否完全契合。事后他随手将旧螺栓丢弃在垃圾桶里。6 点钟，机务打卡下班并签字放行，现在 G-BJRT 号机要交给兰开斯特机长和他的机组，一场灾难即将降临。

6 月 10 日，5390 号航班飞行在 5 273 米高空，客机的密封机壳和稀薄的大气层之间存在巨大压差。在这种强大的压差下，任何有瑕疵的机体部件都将不堪重负。对于调查员而言，查明当晚的情况仅仅是第一步，他们还需要深入挖掘事件背后的深层次原因，判断此次事件是孤立事件，还是更严重事故的开端。

为了更好地了解事件真相，调查员决定采用创新的调查方法。他将机务请到环境优雅的咖啡馆，并邀请了一位行为心理学家协助调查。心理学家分析飞行员在压力下所犯的错误，这就是所谓的“人的因素”。

BAC 1-11 客舱布局

负责G–BJRT号机的是一名资深机务，他曾在皇家空军服役10年，在英国航空公司工作23年，深受飞行机组和同事们的尊敬。然而由于他过度自信和粗心大意，在维修过程中出现4次差错：1. 没有认真研读维修手册。值班机务大约有2年没有更换过风挡，值夜班时粗略浏览维修手册后，认为这是一项简单的任务，没有给予足够的重视。这成为了后续一系列错误的根源。2. 错误选择螺栓。3. 错误设定螺栓扭力并选择不合适的定力扳手。4. 使用错误工装，采用错误的施工工艺。

调查小组根据任意出错理论和系统缺陷理论对机务人员的差错根源进行了进一步分析，认为其错误既包含人的因素，也反映了系统管理层面的问题。任意性问题主要表现为人为差错，具有一定的偶然性。

在心理学家的帮助下，调查小组创新性地应用“人的因素”理论解释了此次意外事故的发生原因：由于日常工作压力过大，即使是技术娴熟的机务人员也可能在工作中犯下致命的错误，但他们往往会因为盲目自信而忽视这些错误。

根据系统缺陷理论，大错都由小错积累而来，乃至引发严重事故，两者之间的比例高达600∶1。按照这一比例推算，该名机务人员在日常工作中很可能积累了不少小错误。然而，由于公司系统层面的缺陷，这些小问题并没有得到及时纠正，反而因为其出色的工作表现而获得了奖励，这进一步助长了他的盲目自信。事实证明，他所获得的奖励并不是工作做得好，而是他有能力让飞机按计划飞行。

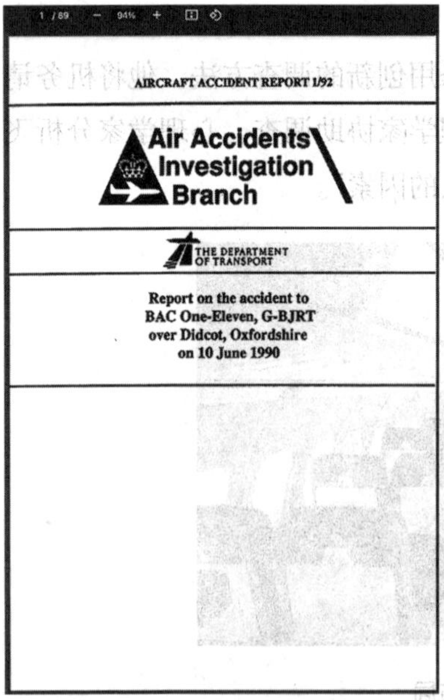
1 / 89 − 94% +

AIRCRAFT ACCIDENT REPORT 1/92

Air Accidents Investigation Branch

THE DEPARTMENT OF TRANSPORT

Report on the accident to
BAC One-Eleven, G-BJRT
over Didcot, Oxfordshire
on 10 June 1990

调查耗时1年8个月，全文89页

整个英国航空公司都过于注重任务完成，严格按照维修手册执行不仅会耗费更多时间，还会影响航班进度。在约谈中，机务人员表示如果他每项任务都遵章执行，那么他将永远无法完成任务。

管理层奖励那些能够确保航班准点的员工，这也是该名机务人员获得奖励的原因。“经验主义”害死人，而应用心理学的方法可以更有效地预防意外事故的发生。

1992年1月，AAIB发布了5390号航班最终事故报告，其中提出了 8 项安全建议。针对英国民航局方面：对航空器工程安全关键任务的自我审查机制进行全面评估，并强调应加强对自我审查部件或系统的功能检查，以及对机务人员进行定期培训和考核等。

事后，副驾驶艾奇森因其英勇行为被授予女王空中服务价值奖和英国民航最高奖——北极星奖。5390 号航班机组成员在危急时刻团结协作、奋力救急的壮举也广受赞誉。

延伸阅读："机务之父"泰勒和维修差错管理

美国空军国家博物馆中陈列的泰勒铜像

航空维修是指对航空器或其部件进行的任何检测、修理、排故、定期检修、翻修和改装工作，其目的在于确保航空器持续满足型号设计和运行规章中提出的技术标准要求，并保证安全运行。

机务，也就是飞机维修工程师（AME），是一个与航空业本身同等古老的职业。1903 年莱特兄弟驾驶"飞行者一号"首飞时，还没有"航空维修工程师"这一职业。然而如果没有机务人员，也就没有莱特兄弟的"飞行者一号"。机务相伴飞机而生。世界上第一名机务是查尔斯·爱德华·泰勒（Charles Edward Taylor），他也是莱特兄弟发明飞机最重要的幕后功臣之一。

1868 年，泰勒出生于美国伊利诺伊州。他自幼就对机械制造有着浓厚兴趣，后来搬家到俄亥俄州的代顿，并成为莱特兄弟自行车公司的员工。

泰勒在莱特公司工厂工作（1911 年）

莱特兄弟希望泰勒制造一个用于飞行器的轻型发动机。泰勒展现出过人的机械天赋，他用自行车工具仅用 6 周时间就造出了 12 匹马力的发动机，这是第一台真正实用的航空发动机，它帮助莱特飞行器实现了 59 秒的飞行时长和 259 米的飞行距离，将人类带入了动力航空时代。

1908 年，泰勒还协助奥维尔・莱特（Orville Wright）建造并维护了“军用飞行器”，并在迈尔堡向美国陆军进行了展示。1909 年莱特公司成立后，泰勒主要负责维修工作。1911 年，卡尔・罗杰斯（Cal Rodgers）驾驶着购买的莱特飞机从长岛飞往加利福尼亚州时，泰勒会乘坐火车沿着罗杰斯的航线赶赴下一个目的地，为罗杰斯的飞机进行必要的维护。

早期的航空维修工作还处于无章可循阶段。在建造第一台飞机发动机时，泰勒没有任何说明书或手册可以参考，只能靠自己摸索解决问题。可以说，泰勒是一位完全自学成才的航空维修专家。

为了表彰在飞机维修领域工作至少 50 年的机务工程师，FAA 于 2001 年设立了著名的查尔斯・泰勒机械大师奖。翌年，加州参议员奈特（Knight）提议将泰勒的生日——5 月 24 日定为“航空维修技术员日”。

中国有句古话：三百六十行，行行出状元。泰勒无意间开创了一个新的行业，并成为了所有机务人员的“祖师爷”。

一、航空维修标准和机务执照

早期航空维修工作缺乏规范和标准，直到 1909 年才开始对技术人员进行资质认证。1919 年，《巴黎公约》附件 E 首次提出了机务领域的国际标准，早期的航空维修资质主要依据机务人员的健康状况和工作经验进行评定。1948 年，国际民航组织（ICAO）颁布了首个机务执照标准。

如今，航空器运营日益复杂，需要对人为失误或系统组件故障导致整个系统失效的可能性进行防范。其中人是航空器运行环节中最关键的一环，而人的本性也是最灵活和多变的。因此，加强对机务人员的培训，将人为失误降至最低，并确保他们具备必要的技能和资质，就显得尤为重要。

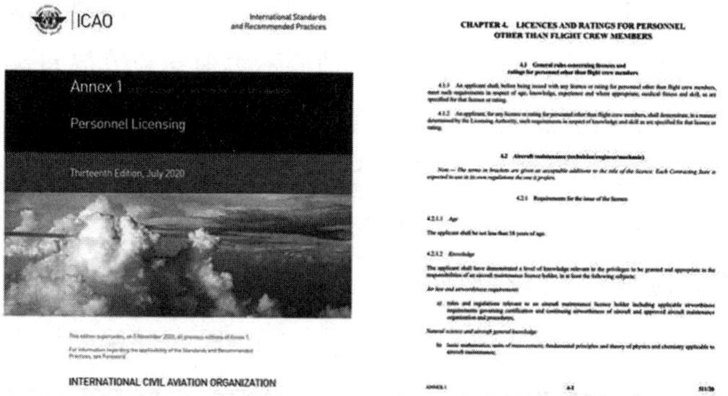
ICAO
International Standards and Recommended Practices
Annex 1
Personnel Licensing
Thirteenth Edition, July 2020
INTERNATIONAL CIVIL AVIATION ORGANIZATION

CHAPTER 4. LICENCES AND RATINGS FOR PERSONNEL OTHER THAN FLIGHT CREW MEMBERS

《国际民航公约》附件 1

《国际民航公约》附件 1 就是《人员执照的颁发》明确规定了向飞机维修人员颁发执照的标准和建议。其中，第一条要求申请人必须年满 18 周岁。其他包括知识、经验、培训和技能建议。

早期的机务工作没有明确分类。在 1920 年之前，没有航空维修的规定，导致每个人都在做完全不同的事情。1926 年颁布的《商业航空法》首次提出了航空维修手册的概念，并要求机务人员记录其维修工作内容。

1969 年，波音公司推出了 747 宽体机，并创新性地引入了“自上而下”的故障排除方法，取代了传统的反复试验方法。这为机务人员提供了一种实用的系统评估方法，帮助他们快速识别故障组件。

从 1960 年起，飞机开始内置测试设备（BITE），但是它仅限于系统提供的指标，无法涵盖所有潜在的故障情况。因此，机

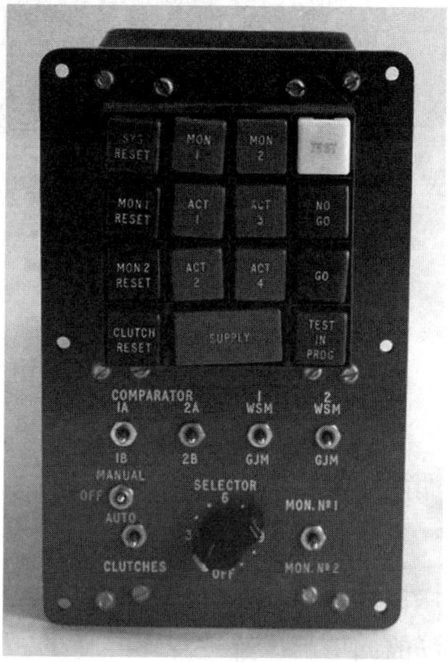

早期的内置测试设备

务人员仍有可能更换错误的部件，而故障部件仍然存在。按飞行小时和定期维护的方式，使航空公司能够节省成本。这种方式只更换必要的部件，而无需处理操作部件。定期维护也有助于提高飞机的安全标准。

技术的进步显著提升了飞行安全，不仅针对乘客和机组人员，也包括地面人员。航空业的一切都受到严格监管，标准和政策由政府制定。然而，最大的变化在于技术人员现在采取的预防措施，他们不再被动地等待问题出现，而是积极地采取措施预防问题发生。

现在，航空维修主要基于以下三个条件：1. 飞行时间达到规定小时数；2. 距离上次检查的天数；3. 起降一定的架次。

在进行维修检查后，持有执照的机务人员必须记录并签署所有相关维修文件。

等待维修的空客 A380

二、维修差错的发生

人为差错是普遍存在且不可避免的现象。人类能力的局限性会对飞机的安全性和可靠性造成影响，导致人为差错的因素主要可以分为生理层面和心理层面两大类。

生理层面包括遗忘和犯错。心理层面包括认知差错、记忆偏差、疏忽、错误假设、技术误解和违规。当地的条件也会对维修差错造成影响。这些条件包括时间压力、维修程序和文件、合作和沟通问题、交接班问题、疲劳、缺乏系统知识、设备缺陷以及设计缺乏可维护性等。

即使是最优秀的人也可能会犯下最严重的错误。人们往往潜意识地认为，大多数差错都是由少数不称职的人造成的。然而，事实并非如此。历史上一些最严重的事故正是由那些工作经验丰富、具备良好安全记录的人造成的。

人为差错随时随地都可能发生，没有人能够幸免。由于最优秀的人往往身居责任最为重要的岗位，因此他们的差错通常会对系统造成最严重的影响。

拆解完成的航空发动机

三、差错管理可以让优秀的人变得卓越

差错管理的首要目标是帮助训练有素、积极进取的机务人员变得更加优秀。回顾机务行业的诞生，我们可以深刻理解机务工作对飞机安全的重要性。为了有效地控制维修差错风险，我们需要从个人行为、当地条件、风险控制、组织和维修差错之间的关系进行风险管理。风险管理包括差错管理系统、维修差错报告、人为因素培训、从事件中汲取经验教训和不安全事件调查系统。

维修费用是航空公司面临的最大成本之一。据统计，每飞行 1 小时，航空器就需要 12 个工时的维修工作。如果没有机务维修人员的辛勤付出，航空器及其部件将无法保持可靠运行，飞机运行的安全性和效率也将受到严重威胁。

维修人员违规则是航空业面临的最难解决的人为因素问题。在执行任务时，机务人员往往处于一种两难的境地：一方面，他们需要严格遵守繁复的规章制度和操作程序；另一方面，公司又希望他们能够快速、高效地完成任务。这种双重标准容易导致机务人员为了追求效率而违规操作，带来潜在的安全隐患。

1950年，美国海军和海军陆战队损失了776架飞机，相当于每天损失2架或每飞行1万小时发生54次重大事故。1961年美国海军建立NATOPS（海军航空训练和操作程序标准化计划），规定了所有美国海军和相关活动的操作程序。到1961年降至每飞行1万小时发生19次，1970年进一步降至每飞行1万小时发生9次，而如今已降至每飞行1万小时发生2次。这一结果充分证明了标准化操作流程的有效性。

美国海军航母机库中的舰载机

波音开发出维修差错判断辅助工具（MEDA），并列出很多差错类型，例如检修口未关闭等，并引导调查人员分析影响因素。它的影响因素多达70个，包括疲劳、知识不足、时间压力等。

欧洲也研发了航空器签派和维修安全系统（ADAMS），影响因素接近100个，其中包括大量维修差错类型和心理因素描述。

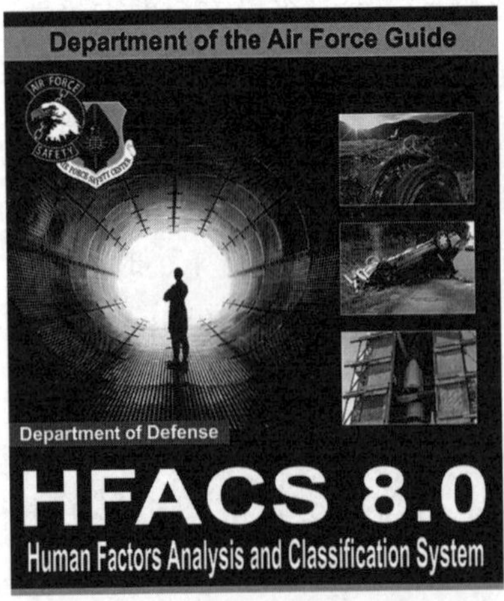

美国国防部出版的HFACS第8版

美国空军在瑞森（Reason）模型的基础上开发了人类因素分析和分类系统（HFACS），美国海军将其应用于维修领域，并发展为 HFACS-ME，用于维修事故征候分析。它还特别强调了监管因素。

飞机的安全离不开机务的贡献。然而，维修差错始终是航空安全领域的一大隐患。过去，机务人员一旦出现维修差错，往往会受到处罚。如今，航空业已达成共识：维修差错反映的是人、工作场所和组织因素之间的复杂交互作用。虽然机务人员必须对自己的行为负责，但维修差错的管理需要从组织层面采取综合措施。因此，建立起航空维修的安全文化至关重要。

2. 意外失灵的方向舵——1991~1996 年波音 737 方向舵非指令偏转系列事故

俯冲坠机示意图

737 方向舵一系列神秘失灵事件，是整个 20 世纪 90 年代困扰波音公司最复杂、最隐蔽、最持久的机械故障之一。这一系列事件始于 1991 年 3 月 3 日，一架执飞美联航 585 号航班（UA585）的波音 737-291 在科罗拉多泉机场降落时坠毁，机上 25 人全部遇难。这起事故也引发了美国国家运输安全委员会（NTSB）史上历时最长的调查。

方向舵是飞机上用于控制航向的装置。它通常位于垂直尾翼上，通过偏转来控制飞机绕垂直轴的旋转，也就是改变机头的指向。方向舵的控制方式主要有液压式、机械式和线传式三种。一旦方向舵失灵，飞机将失去控制，极易发生事故。

一波未平一波又起。1994 年 9 月 8 日，一架执飞全美航空 427 号航班

（US427）的 737–3B7，在匹兹堡附近神秘坠毁，机上 132 人无人生还。

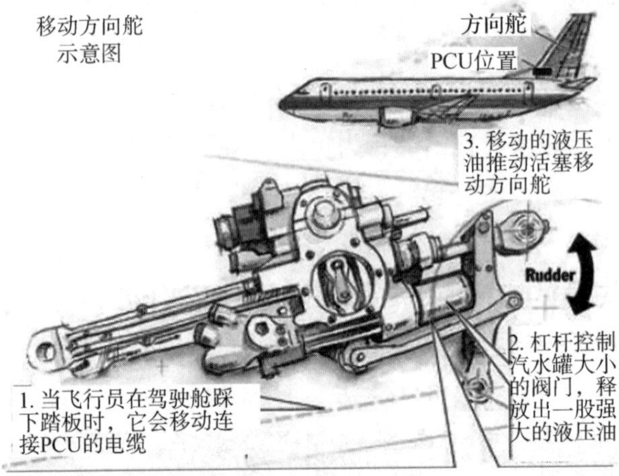

737 移动方向舵示意图

两起 737 空难震惊了全球航空业，737 是全球应用最广泛的窄体客机。这些事故是个例还是共性问题？事故的原因成为大家关注的焦点，如果不能彻底解决隐患，类似事故还会再次发生。实际上，这只是涉及 737 方向舵数百起事件中最危险的两起。

737 是波音公司在 1960 年研发的一款双发窄体客机，和其他同时期的双发喷气客机不同的是，737 采用单舵面和单舵作动器设计。波音公司负责设计动力控制单元（PCU），派克汉尼汾负责制造。

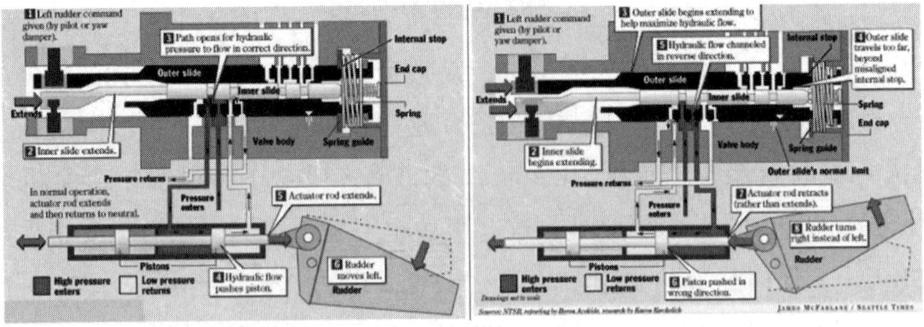

PCU 示意图

单个液压 PCU 控制单个舵面，当飞行员踩下方向舵或者偏航阻尼系统发出指令时，PCU 会通过伺服阀控制液压油流动移动方向舵。伺服阀由内滑阀和外滑阀组合，它们以不同排列方式控制液压油流向左或右推动方向舵，弹簧和端盖则用于限制滑阀的移动范围。

但是，如果弹簧和端盖出现轻微错位，滑阀就会超出设计极限，导致方向舵意外偏转。问题还不止于此，当伺服阀的滑阀伸出过长时，外滑阀的开口会与阀体错位，使液压油流入错误的通道，进而导致方向舵出现极端的反向偏转。PCU 的设计使得 737 的安全冗余度低于其他机型，波音公司需要通过证明 PCU 故障率极低来获得认证。

自 737 服役开始，关于其方向舵非指令偏转的报告便层出不穷。波音将这些问题归咎于偏航阻尼器，这是一种用于抵消飞机偏航的装置。波音给出的解决方案是更换或修理偏航阻尼器，然而这并没有解决根本问题。相关事件报告多达数百起，有些还非常严重。例如 1973 年，边境航空发生 4 起 737 在空中翻滚的事件，所幸飞行员最终都成功控制住了飞机。波音再次修改了偏航阻尼器的设计，但仍然没有意识到问题的根源在于 PCU，直到致命的事故接踵而至。

联合航空 585 号航班是从皮奥里亚机场飞往科罗拉多泉机场的定期航班，中途经停丹佛国际机场。执飞当天航班的客机为波音 737-291(N999UA 号机),累计飞行 26 050 小时 /19 734 起降循环。

美国联合航空涂装的 737-291

航班机长是哈罗德·格林（Harold Green），52 岁，累计飞行 9 902 小时。副驾驶帕特丽夏·艾德森（Patricia Eidson），42 岁，她累计飞行 3 903 小时，她还是美联航首批女飞行员。1991 年 3 月 3 日，飞机上搭载了 5 名机组成员和 20 名乘客。

飞机从丹佛机场起飞不久后就遭遇了强阵风。随着客机进入下降阶段，乱流的影响愈加严重，颠簸程度也越来越剧烈。就在飞机获准降落在35跑道之际，这架737突然陷入向右失速翻滚状态。

由于飞机进场高度较低，且事发突然，飞行员试图通过选择15°襟翼和增加推力来挽救危局。但失速的客机以4g的加速度坠向地面，最终在距离跑道约6千米的地方以394千米的时速坠毁。事故造成机上25人全部遇难。

美国国家运输安全委员会（NTSB）接手了后续调查工作。调查员发现客机坠毁后还引发了火灾，残骸散落在一片足球场大小的区域内。这场调查工作超出了所有人的预料，历时长达21个月。

585号航班事故现场

飞行数据记录仪（FDR）外壳虽然遭到破坏，但内部的数据还是能被完全解读出来。N999UA号机上搭载的老款FDR能记录五个参数，包括航向、高度、空速、加速度和麦克风键控。但它并未记录方向舵、副翼或扰流板的数据。

综合各方证据，调查人员认为PCU故障可能是导致585号航班突然向右翻滚并坠毁的原因。然而由于缺乏确凿证据，这一推测并未得到证实。1992年12月8日，NTSB发布了585号航班事故调查报告，但并未明确指出事故原因。这也是NTSB历史上第四次发布无明确结论的事故调查报告。585号航班事故的原因一度成为航空史上的悬案。直到后来两起类似事故的发生，NTSB才重新启动了对585号航班事故的调查。

1994年9月8日，全美航空427号航班（US427）从美国欧海尔国际机场

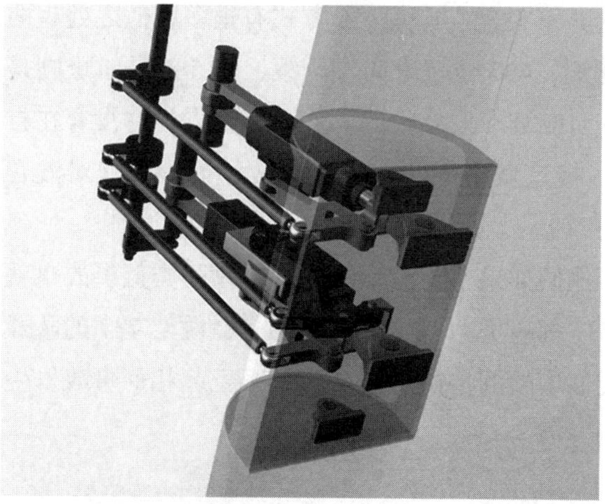

PCU 装置示意图

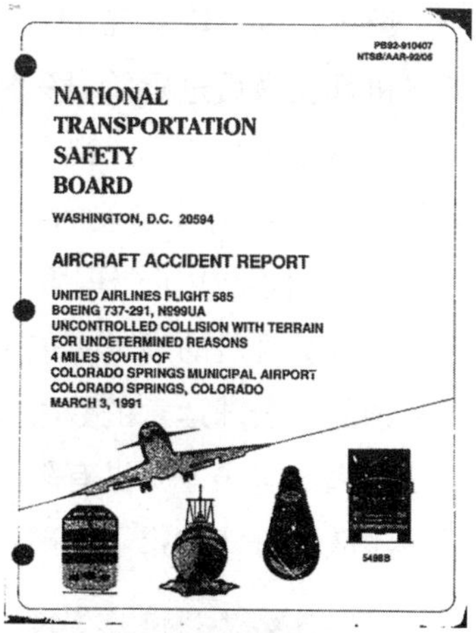

NATIONAL
TRANSPORTATION
SAFETY
BOARD

WASHINGTON, D.C. 20594

AIRCRAFT ACCIDENT REPORT

UNITED AIRLINES FLIGHT 585
BOEING 737-291, N999UA
UNCONTROLLED COLLISION WITH TERRAIN
FOR UNDETERMINED REASONS
4 MILES SOUTH OF
COLORADO SPRINGS MUNICIPAL AIRPORT
COLORADO SPRINGS, COLORADO
MARCH 3, 1991

美联航 585 号航班事故报告封面

飞往匹兹堡国际机场途中，在匹兹堡附近坠毁，机上 132 人全部遇难。

航班的机长是 45 岁的皮特·戈尔曼诺（Peter Germano），他在 1981 年 2 月加盟全美航空公司，累计飞行 12 000 小时。副驾驶是 38 岁的查尔斯·艾美特（Charles Emmett），累计飞行 9 000 小时。执飞机型为 737-3B7（N513AU 号机），累计飞行 23 846 小时 /14 489 起降循环。

晚上 7 点 02 分，427 号航班在 1 830 米高度以 190 节的速度进近时，客机突然向左翻滚，并迅速陷入失控俯冲状态。飞行员竭尽全力试图挽救飞机，但一切都无济于事。飞机以几乎垂直姿态坠毁在宾夕法尼亚州比佛县的森林中，机上无人生还。

全美航空涂装的 737

调查人员很快发现427号航班和585号航班坠毁方式有很多相似之处。两架飞机都在最后进近阶段失控翻滚，427号航班向左翻滚，而585号航班则是向右翻滚。失控的模式都像是方向舵被卡住导致的。然而调查人员并没有在方向舵上发现任何被卡住的痕迹。接连发生的两次类似事故，使得公众对波音737的安全性产生了严重质疑。

调查员身负的担子更重了，他们如果不找出事故原因，预防类似事故也就无从谈起。全球运营的数千架737都有类似风险。遗憾的是，两架737的坠毁和157人的遇难，并没有阻止类似事故的再次发生。直到第三起相似事故发生后，事故调查才取得了突破性的进展。

东风航空涂装的737

1996年6月9日，东风航空517号航班（W9·517）从美国特伦顿–梅沙县机场飞往美国里士满国际机场。飞机在准备降落时突然向右翻滚，所幸飞行员最终掌控了飞行，使飞机安全降落在里士满机场。517号航班的意外情况引起了NTSB的高度重视，调查人员迅速赶到里士满，他们很快判定三起事故的根本原因可能一致，而517号航班也成为破解前两起事故的密匙。

调查员得知当意外发生时，即便飞行员全力踩方向舵踏板，飞机也没有丝毫反应。他们立即拆解了飞机的方向舵PCU，但并未发现任何故障。

调查员模拟517号航班的事故环境，对方向舵内的液压系统进行了反复试验。他们发现液压系统在经受–50℃（9 100米高度环境温度）至30℃（地面温度）时就会卡住，而且不会留下任何痕迹。

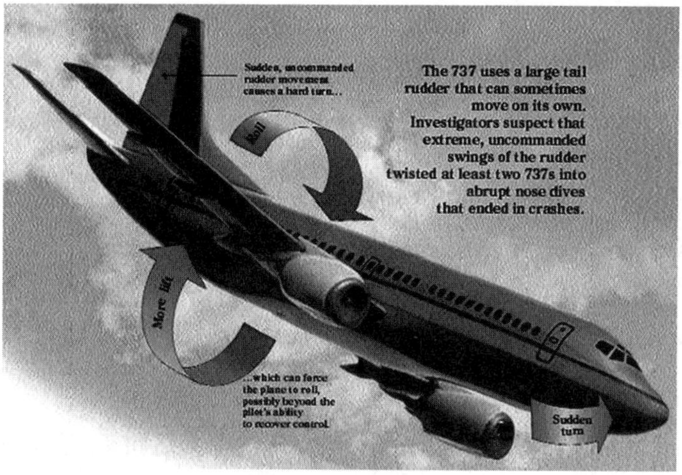

机身翻滚示意图

这一突破性发现揭示了三起事故的真正原因：方向舵 PCU 在特定环境下会卡住。当飞行员试图修正飞机姿态时，方向舵还会适得其反地向反方向移动，最终导致飞机失控坠毁。

NTSB 据此重新梳理了 585 号航班和 427 号航班事故调查。其中，427 号航班调查历时四年半，这也是 NTSB 史上最长的事故调查之一。1999 年 3 月 24 日，NTSB 才发布最终事故调查报告，认定方向舵故障是导致该航班失控坠毁的直接原因。

全美 427 号航班飞机碎片化的残骸

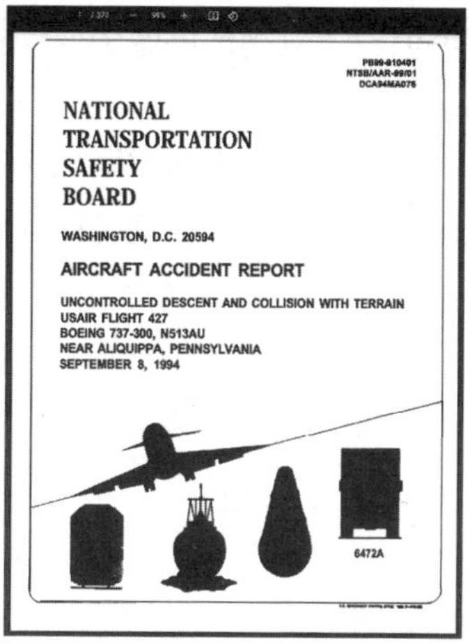

PB99-910401
NTSB/AAR-99/01
DCA94MA076

NATIONAL
TRANSPORTATION
SAFETY
BOARD

WASHINGTON, D.C. 20594

AIRCRAFT ACCIDENT REPORT

UNCONTROLLED DESCENT AND COLLISION WITH TERRAIN
USAIR FLIGHT 427
BOEING 737-300, N513AU
NEAR ALIQUIPPA, PENNSYLVANIA
SEPTEMBER 8, 1994

6472A

全美航空 427 号
航班全文 370 页

事故调查报告公布后，波音立刻对 737 的方向舵进行重新设计，波音还耗费百万美元为全球范围内服役的 737 更换相关零件。此外航空公司也加强飞行员的相关培训，以帮助他们掌握方向舵发生异常后的操作方法。737 经过改进设计后，再也没有发生过类似事故。

这一系列事故也给我们留下了深刻的教训：找出每一起空难的具体原因至关重要。遇难者家属认为，如果美联航 585 事故调查处理得当，就能避免全美航空 427 号航班悲剧。

曾有股东询问波音公司首席执行官菲尔·康迪特（Phil Condit）：737 是否可以安全飞行？康迪特斩钉截铁回答："绝对。肯定的！"

在 20 世纪 60 年代，波音公司被 747、阿波罗火箭和超声速客机项目压得喘不过来气。当时的波音总裁威廉·艾伦（William M. Allen）对小型喷气式客机根本提不起兴趣。但他们当时的竞争对手道格拉斯公司的 100 座 DC–9 销售得热火朝天。波音董事会不顾艾伦的反对，在 1965 年启动了 737 计划，剑指 DC–9。

但波音项目启动就晚了两年，波音公司需要快速研发一款具有竞争力的窄体喷气式客机。他们决定缩短三发客机 727 的机身，于是就有了短粗机身的 737 原型机，里面沿用了 727 的飞行线缆和液压系统。

737 和 727 最大的区别是方向舵。727 使用两段分离式方向舵。737 使用大型单板方向舵。主要为了在单发失效时，将方向舵移动到另一侧，飞行员能抵消另一台发动机的不对称推力，让飞机保持直线飞行。方向舵这种极端的运动被称为"hardover"。

然而，如果在发动机正常运转的情况下，飞行员又没有发出任何指令，方向舵突然左右摆动就可能导致飞机急剧转向甚至翻滚。尤其是在低空低速的情况下，方向舵偏转会导致飞机在数秒钟内陷入俯冲，飞行员只有几分钟改出时间。

波音工程师最初并没有预料到 737 会出现非指令偏转现象。727 使用两段分离式方向舵，一半方向舵偏转，另一半可以抵消掉。DC–9 也使用单板方向舵，但道格拉斯工程师增加了限位器，防止方向舵偏转角度过大。后来的 757、767、777 也采用单板式方向舵，但使用多个控制单元。其中一个单元故障都会被其他控制单元抵消掉。737 是唯一一架单控制单元驱动单板式方向舵的波音飞机。而 FAA 相关规定显示：飞机不应该因单点故障而发生坠毁事故。

尾翼示意图

波音提交的分析报告显示，在 737 的整个服役周期里，此类事件的发生概率为十亿分之一——言外之意是不可能发生。737 在 1967 年顺利取证。在全美航空 427 号航班事故的听证会上，波音公司的证人们花数小时的时间来解释一个汽水罐大小的伺服阀如何控制方向舵。工程师们在事故发生后进行了无休止的测试，但所有伺服阀都经受住了考验。

对于 737 工程师吉恩·麦克格鲁（Jean McGrew）而言，听证会更像是一场炫耀式的游戏。他在听证会上自豪地谈起 737，就像吹嘘自己孩子的高考（SAT）成绩一样——飞机全损率极低，伺服阀也通过了所有测试。他认为："方向舵正在按照指令工作。"言外之意是飞行员搞砸了一切，然而遇难的飞行员却无法替自己辩护。

事故调查员在给 585 号航班残骸拍照取证

波音公司最初按照NTSB的要求提供一份737方向舵的事件清单。但NTSB很快就发现波音隐瞒了很多737方向舵事件。这让NTSB主席吉姆·霍尔（Jim Hall）怒不可遏，他在听证会上向麦克格鲁发难，并直截了当地指出波音隐瞒信息的真相。麦克格鲁仿佛在强行军中遭遇了伏击，此前他已经向NTSB解释了，他认为霍尔的发难不过是哗众取宠，为了博取名声而故意抹黑波音公司。

在听证会结束后，波音公司为了挽回形象，发起了一场宣传攻势。他们将427号航班事故的责任归咎于飞行员——踩错了方向舵。而当时NTSB的事故调查也陷入了困境。这自然引起飞行员群体的强烈反对，担任工会协调员的飞行员赫布·莱格罗（Herb LeGrow）决心和波音一战，他将其称为“大卫和歌利亚之战”。

莱格罗给NTSB写了一封信，严厉指责波音公司试图转移调查视线。他写道：“飞行员们竭尽全力试图控制失控的飞机，当他们看到地面逐渐从风挡中上升时，他们仍在为乘客的生命而战。”

这是一场没有硝烟的战争，双方都将为各自的利益而战。

波音公司并不担心诉讼，因为和解成本对于业内首屈一指的飞机制造商来说只是九牛一毛。他们真正担心的是公众对737安全性的质疑，这可能会严重影响737的销量。而737一直是波音飞机产量的中流砥柱，其销量直接关系到波音商用飞机业务的根基。

麦克格鲁表示，如果调查人员发现737确实存在设计缺陷，他们会立即采取行动修复飞机。但他不希望是飞行员责任让飞机名誉扫地。他的观点引起飞行员工会的强烈抵制。

飞行员工会可以追溯至20世纪30年代，当时飞行员们被迫在恶劣的环境下执行飞行任务，却在事故发生后遭到无情的指责。他们认为将事故责任推卸给飞行员是当局惯用的伎俩，是对飞行员群体的极大不公正。

对于NTSB的调查员汤姆·豪特（Tom Haueter）而言，他曾经的一天这样度过：上午9点，波音公司打电话抱怨调查。10点，飞行员工会打电话抱怨。11点，美国航空公司的代表同样是抱怨。午后，波音公司的电话再度响起……

飞机发动机残骸

这场事故调查也凸显了 NTSB 的局限性。《西雅图时报》消息显示，在 1996 年时，NTSB 只有 90 名全职调查员，年度预算为 3 500 万美元（相较之下，西雅图警察局有 1 269 名警察，年度预算为 1.17 亿美元）。

尽管 NTSB 的调查员们以客观和科学的态度著称，但他们获取信息和专业知识的渠道却极其有限，几乎完全依赖飞机制造商、供应商和航空公司的技术支持。飞机残骸部件的处理、测试和分析工作，通常都会交由飞机制造商和供应商负责。豪特无法证明方向舵向左偏转的原因，但他认为 NTSB 已经发现了 737 足够多的问题，亟须进行重大改进。

427 号航班事故五个月后，NTSB 液压系统专家雷格·菲利普斯（Greg Phillips）给 FAA 写信，建议对 737 的方向舵系统进行全面改进。FAA 编写的 737 安全研究报告，大多数数据来自 NTSB。两个机构同样存在竞争关系，而 NTSB 作为政府调查机构，并无实权，其最大的影响力仅限于向 FAA 提出建议——FAA 通常会接受 NTSB 提出建议的 80%。

实际上，就连 NTSB 内部也存在分歧。NTSB 航空安全副主任巴德·莱诺（Bud Laynor）认为，737 总飞行时间超过 6 000 万小时，从未发生过因方向舵故障导致的坠机事故。在没有铁证的情况下，修改显得为时过早。

为了查明事故原因，调查人员在实验室里测试从炸弹到鸟击的所有可能。与此同时，波音公司正对霍尔展开另一场游说工作。波音试

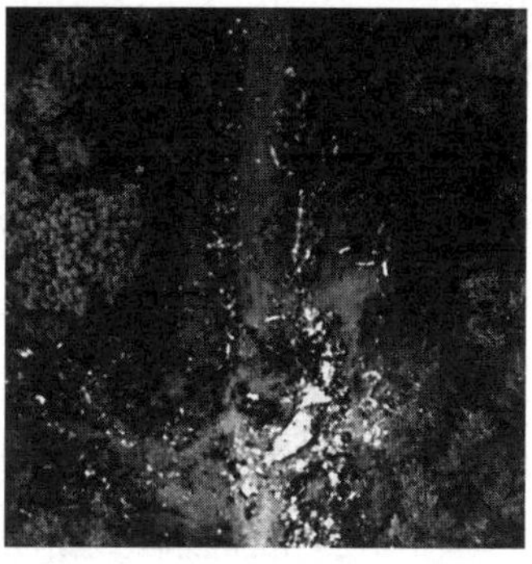

散落的 N513AU 号机残骸

飞员迈克尔·休伊特（Michael Hewett）将霍尔请到飞行模拟器中，试图让他亲身体验427号航班的遭遇。霍尔还拉上了飞行员工会的约翰·考克斯（John Cox）。

休伊特的性格标签是傲慢自大，他想向霍尔传达的消息是：任何合格的飞行员都能避免427号航班的悲剧。当飞机开始向左翻滚时，飞行员应该立即将方向舵向右偏转，并向前推杆，使飞机加速。虽然这会导致飞机高度下降，但至少可以避免坠毁。在休伊特的指导下，霍尔成功地“挽救”了飞机。

然而考克斯却提出了质疑，他认为在模拟飞行中，飞机并没有按照他们预期的方式做出反应。风挡上全是地面时，他们所看到的只是距离地面越来越近，这会让他们感到极度恐慌。

休伊特反驳道：“对于任何接受过喷气式飞机训练的人来说，都知道当抖杆器启动时，唯一的恢复方法就是松开驾驶盘。”此时飞行员应该是向上推杆，而不是向后拉。波音工程师有18个月的时间来研究如何夺回飞机控制权，而427号航班的飞行员却只有10秒。

PB2001-910401
NTSB/AAR-01/01
DCA91MA023

NATIONAL TRANSPORTATION SAFETY BOARD
WASHINGTON, D.C. 20594

AIRCRAFT ACCIDENT REPORT

Uncontrolled Descent and Collision With Terrain
United Airlines Flight 585
Boeing 737-200, N999UA
4 Miles South of Colorado Springs
Municipal Airport
Colorado Springs, Colorado
March 3, 1991

5488C

调查耗时10年，全文214页

NTSB在427号航班事故报告中提到，机组人员在复杂状态训练方面的经验相对有限。其中机长曾在空军服役期间接受过一些特技飞行训练，但副驾驶却没有军机飞行经验，仅接受过通航飞机螺旋（Spin）恢复训练，也缺乏复杂状态训练经验。这一发现引发了人们对飞行员训练水平的普遍担忧。

具体而言，航线飞行员群体大多是军队飞行员转业进入民航公司和通航飞行员晋升为航线飞行员的混合体。民航培训课程相比军事战术飞行训练，相对缺乏复杂状态训练，尤其是和运输机相关的训练。1998年，在FAA的要求下，一个专家组发布了《飞机复杂状态预防和改出训练》辅助工具。

中国民航局在2018年版的《运输类飞机复杂状态预防和改出训练指导材料》中提道：“首要目标是培训飞行员避免进入复杂状态，并在复杂状态形成过程中进行干预或者重新获得控制。熟练性训练已被证明是实现这个目标的最佳和唯一方法。”

信息通告

中国民用航空局飞行标准司

编　号 IB-FS-2018-013

下发日期:2018 年 10 月 12 日

运输类飞机复杂状态预防和
改出训练指导材料

中美发布的《运输类飞机复杂状态预防和改出训练指导材料》

在遇难者家属的强烈呼吁下，美国国会最终通过了《航空灾难家庭援助法》。该法案要求航空公司需要向政府提交如何应对事故的计划；一旦确定遇难者姓名，就立刻向家属公开，而不是像之前那样等待全部名单；在处理遇难者遗体之前，必须征求家属的意见，充分尊重他们的意愿。

延伸阅读：拜伦·阿科希多和普列策奖

《西雅图时报》记者拜伦·阿科希多（Byron Acohido）因其对波音 737 方向舵控制问题进行的详尽调查，并由此促使 FAA 提出重大改进要求，而荣获了 1997 年普利策奖。

在获奖之前，阿科希多积累了丰富的新闻从业经验。1985~1987 年，他任职于达拉斯《时代先驱报》，担任编辑和商业记者。在此之前，他还曾在华盛顿埃弗雷特的《先驱报》担任商业和一般任务记者，专注于刑事司法系统的报道。后来，阿科希多来到《西雅图时报》担任航空航天记者。

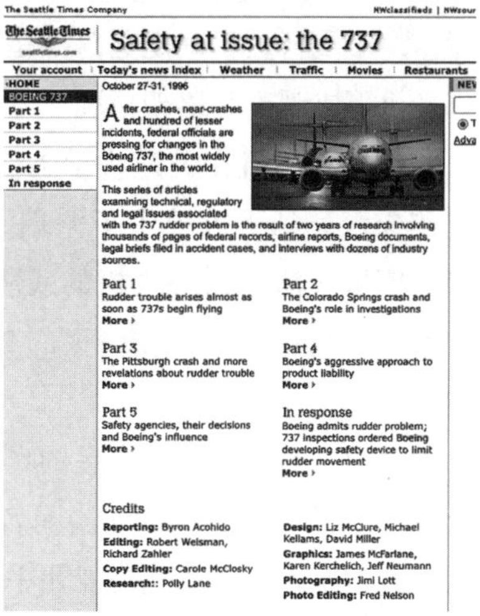

The Seattle Times Company　NWclassifieds | NWsour

The Seattle Times
seattletimes.com

Safety at issue: the 737

Your account | Today's news index | Weather | Traffic | Movies | Restaurants

HOME
BOEING 737
Part 1
Part 2
Part 3
Part 4
Part 5
In response

October 27-31, 1996

After crashes, near-crashes and hundred of lesser incidents, federal officials are pressing for changes in the Boeing 737, the most widely used airliner in the world.

This series of articles examining technical, regulatory and legal issues associated with the 737 rudder problem is the result of two years of research involving thousands of pages of federal records, airline reports, Boeing documents, legal briefs filed in accident cases, and interviews with dozens of industry sources.

Part 1
Rudder trouble arises almost as soon as 737s begin flying
More ›

Part 2
The Colorado Springs crash and Boeing's role in investigations
More ›

Part 3
The Pittsburgh crash and more revelations about rudder trouble
More ›

Part 4
Boeing's aggressive approach to product liability
More ›

Part 5
Safety agencies, their decisions and Boeing's influence
More ›

In response
Boeing admits rudder problem; 737 inspections ordered Boeing developing safety device to limit rudder movement
More ›

Credits

Reporting: Byron Acohido
Editing: Robert Weisman, Richard Zahler
Copy Editing: Carole McClosky
Research:: Polly Lane
Design: Liz McClure, Michael Kellams, David Miller
Graphics: James McFarlane, Karen Kerchelich, Jeff Neumann
Photography: Jimi Lott
Photo Editing: Fred Nelson

《西雅图时报》对 737 问题
的系列报道赢得了普利策奖

3. 好心办错事的直升机飞行员——1991 年美国美浓小学撞机事件

调查员和飞机残骸

1991 年 4 月 4 日，一架载有宾夕法尼亚州参议员约翰·海因茨三世（Henry John Heinz Ⅲ）的派珀航空之星，在费城国际机场准备降落时突发起落架故障。由于飞行员不确定起落架是否放下，附近的一架贝尔 412 直升机主动请缨到飞机下方观察起落架情况。

当两架飞机在美浓小学上空会合时，悲剧发生了。直升机在观察过程中操作失误，从下方撞上了派珀飞机。巨大的撞击力导致两架飞机瞬间解体，碎片四散飞溅。派珀飞机的残骸像雨点般落在附近的几个街区。两架飞机上的 5 个人当场遇难，校园里的 2 名孩子也被坠落的碎片砸死，地面还有 5 人受伤。

海因茨是派珀航空之星的唯一乘客，他除了是宾州参议员，还是著名的亨氏家族成员（以亨氏番茄酱闻名的食品公司的继承人）。海因茨事发当天的行程十分紧凑，从宾夕法尼亚州中部的威廉斯波特镇出发，一路飞往费城。为了节省时间，他选择乘坐飞机出行，并从莱康明航空服务公司租了一架派珀航空之星。

这款由派珀公司制造的航空之星，是一款 6 座双发涡桨飞机。由于自身也是一名飞行员，安全意识强的海因茨特意要求航空公司提供 2 名飞行员。

派珀航空之星

派珀飞机的飞行员是理查德 · 施雷克（Richard Schreck），副驾驶是特隆德 · 斯特根（Trond Stegen）。机长施雷克负责飞行，副驾驶斯特根负责监视仪表。上午 10 点 22 分，这架载有 3 人的派珀飞机从宾夕法尼亚州威廉斯波特镇起飞。一个半小时后，飞机准备在费城国际机场 17 号跑道降落。在放下前起落架后，机长施雷克发现锁定灯没有亮，于是立即向管制员报告了情况。

与此同时，一架隶属于太阳公司的贝尔 412 直升机从费城国际机场起飞。这架直升机刚刚完成了将两名公司高管送往机场的任务，正空载返回公司总部。直升机的机长是查尔斯 · 伯克（Charles Burke）、副驾驶是迈克尔 · 波扎尼（Michael Pozzani），两人累计飞行时间均超过 8 000 小时。

贝尔 412 是贝尔直升机公司制造的一款休伊系列通用直升机，它是 212 的改进型号，主要区别在于复合材料的四叶片主旋翼。贝尔 412 首飞于 1979 年 8 月，并在 1981 年正式服役。从 1979 年至今，一共制造超过 869 架。

贝尔直升机起飞后，管制员指示派珀飞机保持 450 米高度平飞，待贝尔直升机离开机场后再从派珀下方飞过。当贝尔直升机从派珀下方经过时，飞行员决定抬头查看派珀飞机的起落架情况。副驾驶波扎尼通过无线电汇报：“看起来起落架已经放下了。”

派珀飞机的施雷克机长透过贝尔直升机的旋翼反射光，也看到了锁定的起落架。他担心飞机落地时起落架可能发生故障。管制员立即通知机场消防队待命，并建议派珀飞机绕飞塔台，以便管制员检查起落架状态。

贝尔 412 窗户示意图

贝尔 412

施雷克机长接受了管制员的建议。但在 30 秒后，贝尔的伯克机长热情提议：“如果你愿意，我们可以仔细研究一下。”但伯克机长并不知道，他从驾驶舱根本无法看到派珀飞机起落架的锁定机构。唯一的办法是将头伸进机轮舱，这显然在空中无法实现。施雷克机长很清楚这一点，但他还是同意了这一建议。

于是，派珀飞机向西北方向转了 180°，与跑道保持平行，但远离机场。飞机以每小时 230 千米的速度，保持在 330 米的高度飞行。管制员提醒他们注意前方 11 千米处的无线电天线。

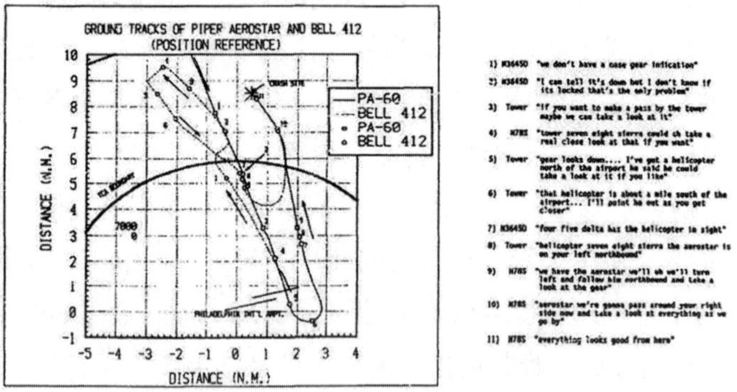

两架飞机的无线电通信和飞行路径图

30 秒后，贝尔直升机出现在派珀飞机的左后下方，随后向右侧移动。然而，由于直升机风挡顶窗被遮挡，直升机飞行员根本无法看清派珀飞机的起落架锁止机构。

早期的贝尔 412 并未获得夜间和云中飞行的认证。它在取证时发现主旋翼反射的光线会直接通过顶窗射入飞行员眼睛，容易引起飞行员“闪烁眩晕”的恶心感觉。因此贝尔飞行员只能通过主风挡上部边缘观察派珀起落架舱。

贝尔副驾驶波扎尼报告称：“从这里看一切都很好。”但几秒后，情况急转直下。可能是派珀飞机遇到了直升机旋翼产生的湍流而下降，也可能是直升机在派珀飞机飞离之前开始爬升。两机发生碰撞，直升机螺旋桨叶击碎了派珀飞机的起落架，随后撕裂了派珀飞机的右下侧机身。派珀飞机在空中解体，残骸散落四周。贝尔 412 桨叶脱落后，机身开始坠向地面。

当两架飞机从美浓小学上空飞过时，操场上正在玩耍的几十名一、二年级学生被突如其来的低空飞行器惊动。一名老师及时发现情况，吹响哨子召集学生们躲避。

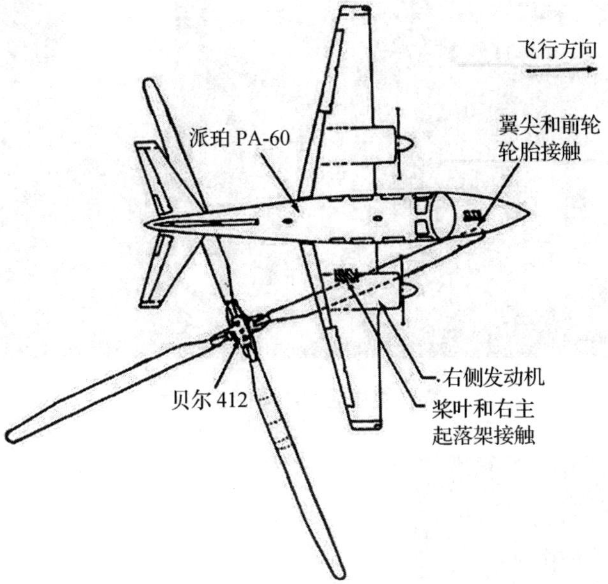

两架飞机在空中相撞示意图

不幸的是，就在学生们向教室撤离时，两架飞机在空中发生了碰撞。受损的直升机失控坠毁在操场上，并发生剧烈爆炸。直升机上的飞行员当场遇难，两名无辜儿童也葬身火海。派珀飞机则坠毁在美浓小学的草坪上，机上 3 名人员亦未能幸免。

事故的原因成为各方关注的焦点问题。美国国家运输安全委员会（NTSB）迅速成立调查组赶赴现场展开调查。调查员发现两架飞机均未配备飞行数据记录仪（FDR），直升机虽然搭载了驾驶舱语音记录仪（CVR），但因安装不当，只记录下背景噪声。

调查人员迅速还原了事故的发生经过：直升机飞行员试图近距离观察派珀飞机的起落架状况时两机相撞。残骸痕迹显示，直升机的旋翼桨叶从下方击中了派珀飞机。此刻，指责谁先撞击谁已无意义，关键在于为何两架飞机会做出如此冒险的操作。

撞机发生后，小学降了半旗

调查员检查直升机主旋翼残骸

派珀飞机的飞行员应当清楚，直升机飞行员根本无法看清起落架锁止装置。而直升机副驾驶曾驾驶过派珀飞机，也应该了解其结构。从整体风险评估来看，两机近距离飞行显然是极其危险且得不偿失的。即便派珀飞机的起落架在降落时发生故障，由于其距离地面仅1米，受损程度也应有限。

其次，两机机组人员在决定进行空中检查时，本应遵循最基本的空中安全规则，将风险降至最低。例如，保持最小安全距离、始终目视对方并对飞行动作达成一致。然而，现实情况却是，两机的编队飞行完全是临时决定的，更遑论制定安全计划了。派珀飞行员根本无法看到直升机，两机之间的无线电通信也非常有限。贝尔飞行员负责保持与派珀飞机的安全距离，但由于驾驶舱天窗被遮挡且主风挡向上的视野有限，其观察能力受到了很大限制。

这起本可完全避免的空难，暴露了多重安全隐患。事实上，派珀飞行员拥有一种无风险的检查方法。根据派珀的紧急起落架放出程序，飞行员可以通过将发动机调整至怠速，并聆听起落架警告喇叭的声音来确定起落架的状态。如果起落架未锁止，则会发出警报声。派珀飞机的培训也提到了这一点。然而令人遗憾的是，这份检查程序并未被明确列入检查单中，而是被隐藏在液压系统故障的检查内容中。

派珀航空之星驾驶舱

调查人员发现，直升机的两名飞行员均拥有丰富的飞行经验。太阳公司也经常使用直升机来协助他人，但他们此前从未尝试过在空中检查其他飞机。

派珀飞机的施雷克机长则有着令人担忧的背景。这仅仅是他的第二次商业飞行。他在首次飞行中便暴露了一些问题。当时他负责运送另一名飞行员。后者观察到，施雷克机长在起飞滑跑过程中过度使用前轮转向。在巡航过程中，飞机发动机开始喘振，但施雷克对此没有任何反应，直到经人提醒后才返航。事后检查发现，发动机已经出现严重故障。

莱康明公司旗下的派珀飞机通常采用单人制机组，机长包揽一切，副驾驶则更像是一个“吉祥物”。施雷克机长驾驶派珀飞机的实际飞行时间可能还不到 72 小时。

坠机现场

The Philadelphia Inquirer

35 Cents

Sen. Heinz, 6 Others Die In Air Crash Over School

Full coverage of the tragedy in Lower Merion

Debris kills 2 girls

A sunny spring Thursday explodes in a ball of fire

Rushing to school, terror in their hearts

FBI, police probe death of man during traffic stop

Heinz, 52, struck down 'at the top of his game'

坠机事故登上当地报纸头版头条

在此次飞行中，施雷克机长依然独自承担了所有任务，包括无线电通信、驾驶飞机和排除起落架故障。而海因茨要求增加一名飞行员正是为了确保安全，但施雷克的做法却让他的担忧成为了现实。

FAA 负责莱康明公司的监察员表示，问题不仅出在施雷克机长身上，他们整个公司都有隐患。1990 年 12 月，监察员对两名莱康明飞行员进行了考核，结果两人均未通过。在随后的复检中，又有一名飞行员未通过考核。监察员开始审查莱康明公司的相关文件，发现其中存在诸多问题，遂勒令该公司在 30 天内整改。监察员还对莱康明公司的首席飞行员进行了考核，发现其表现极其糟糕，最终吊销了他的飞行员执照，并责令其复训。这一系列事件也让监察员对莱康明公司飞行员的整体水平提出质疑。

FAA 的监察员工作繁重，每人需负责监管至少 17 家航空公司，其中大部分是通勤航空公司。

NTSB 发布最终事故调查报告，其建议 FAA 更新《飞行员信息手册》，专门强调两机近距离飞行的危险性；将起落架放出程序纳入“紧急程序”；减少 FAA 监察员的工作量。此外，FAA 还向安装了 CVR 的直升机公司发布了通知，要求其检查是否存在安装错误。

事故调查表明，导致空中碰撞的主要原因是飞行员的判断失误。回顾整个事件，我们不禁质疑在空中检查起落架的合理性。两架飞机的飞行员都过高地估计了自己的能力，而低估了潜在的风险，这也被称为“航空决策”技能。

在撞机事故发生之前，FAA 曾发布过几本关于“航空决策”的书籍，并在各大航空公司飞行员中广泛流传。然而像莱康明公司这样的小型通勤航空公司可能根本没有收到过这些书籍。

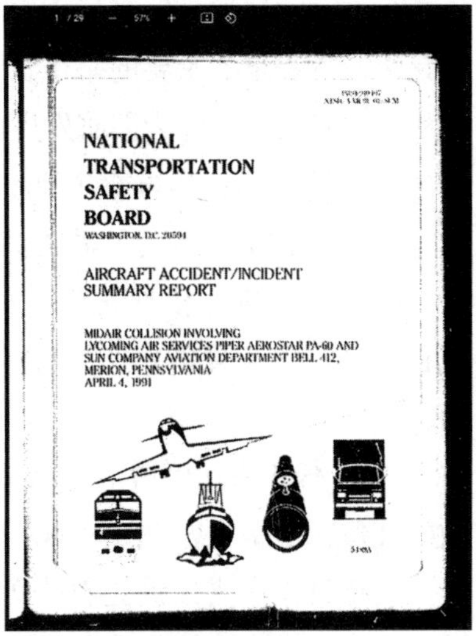
NATIONAL
TRANSPORTATION
SAFETY
BOARD
WASHINGTON, D.C. 20594

AIRCRAFT ACCIDENT/INCIDENT
SUMMARY REPORT

MIDAIR COLLISION INVOLVING
LYCOMING AIR SERVICES PIPER AEROSTAR PA-60 AND
SUN COMPANY AVIATION DEPARTMENT BELL 412,
MERION, PENNSYLVANIA
APRIL 4, 1991

美浓小学撞机全文 29 页

NTSB 建议 FAA 应加大对“航空决策”类书籍的推广力度，以确保相关知识能够深入到商业航空的各个环节。如今，“航空决策”技能已成为全球飞行员培训的标配。不仅在航空领域，在日常生活中，我们也能够从培养全面评估风险的能力中受益匪浅。

延伸阅读：航空决策（ADM）

航空决策（ADM）是指飞行员在飞行过程中有效处理复杂状况的能力。飞行员的决策贯穿于飞行的各个阶段，需要综合考虑天气、空域、机场条件、预计到达时间等诸多因素。在实际飞行中，飞行员往往会受到雇主的时间和燃料限制，而他们的表现也直接影响着公司的收入和品牌形象。这种无形的压力有时会对飞行员的决策过程造成干扰，甚至导致危险发生。据统计，50% 至 90% 的航空事故都与飞行员失误有关。

自1980年起，航空业已将航空决策过程确立为航空安全运营的关键要素。为了进一步提升航空安全性，航空业积极致力于构建由机组资源管理（CRM）补充的决策程序。飞行员决策过程是一种行之有效的五步管理技能，旨在帮助飞行员在遇到意外或关键事件时采取有效措施，最大限度地提高成功率。这种循环模型使飞行员能够做出关键决策，并最终达成最佳解决方案。

1. 情况识别：飞行员首先需要识别当前情况，并评估潜在的危险因素。这是决策过程至关重要的一步，准确的识别状况能够提供关键信息，引导决策过程的正确展开，并为即将发生的事件制定可行的解决方案。

2. 生成方案：尽可能多地生成应对方案，为后续选择提供更广泛的选项。

3. 方案评估：飞行员需要对生成的方案进行评估，分析其风险和可行性。

4. 行动实施：根据安全性和时间可行性，选择并实施最佳方案。在这个过程中，时间至关重要，飞行员必须争分夺秒地在情况进一步恶化之前解决问题。

5. 方案评估：事后对所选方案进行评估，分析其有效性。为未来的事件做好准备，不断改进决策过程。

飞行员需要借助助记符来处理紧急情况和意外事件。这些助记符可以帮助他们快速做出决策并采取行动，从而有效应对突发状况，它包括T-DODAR（时间、诊断、选项、决策、分配、审查）；FOR-DEC（事实、选项、风险和收益、决策、执行、检查）；DECIDE（检测、估计、设置安全目标、识别、执行、评估）；SHOR（刺激、假设、选项、反应）用于时间紧迫的情况；NITS（自然、意图、时间、特殊指示）用于在紧急情况下进行简报。

英国航空公司使用T-DODAR模型，并在模型前面添加了首字母“T”，以提醒飞行员在启动决策过程之前先考虑可用时间，确保高效行动。汉莎航空公司和德国航空航天中心联合开发FOR-DEC模型，该模型也被众多欧洲航空公司和德国核电站使用。模型中的连字符旨在提醒飞行员停下来思考，确保已经考虑了所有可行的选项。

这些技术的优点是，促使飞行员陈述事实，避免仓促下结论；为副驾驶提供发声渠道，使两名飞行员都能参与决策过程；允许机长在不失领导权的情况下纠正错误决定。缺点则是它们可能阻碍快速行动；有时被用作辩解而非决策工具；无法有效传达抽象知识，例如直觉等。

疲劳

随着长途飞行任务的不断增加，飞行员疲劳问题已经成为航空业亟待解决的重大挑战。研究表明，疲劳会对飞行员的决策能力、情景意识和计划制定等关键技能造成显著影响。然而令人担忧的是，仍有 26% 的飞行员未能充分认识到疲劳的危害。统计数据显示，疲劳是导致 4% 至 8% 航空事故的重要诱因之一。疲劳会显著降低飞行员的认知能力和反应速度，进而削弱其决策过程的有效性。此外，长途飞行导致的时差变化还会扰乱飞行员的生物节律，进一步加剧疲劳的影响。

压力

飞行员在执行航班任务时，往往面临着起飞和到达的时间压力，否则可能会导致燃油成本增加、航班延误等问题。这种时间压力会对飞行员造成额外的负担，并可能影响他们的工作绩效。

起飞和着陆阶段是飞行中最危险的环节。虽然进近和着陆的机动过程仅占平均飞行时间的 17%，但其却导致了超过 70% 的航班事故。飞行员在各种压力下，事故发生率要高很多。

自动化偏差

随着科技的进步，人类能够完成越来越复杂的任务。在航空领域，GPS 导航系统、交通警报系统、自动驾驶仪等自动化技术已经得到了广泛应用，并成为飞行员做出关键决策的重要依据之一。

然而过度依赖自动化技术也可能导致飞行员出现自动化偏差。所谓自动化偏差，是指飞行员过分信任自动化系统提供的信息和建议，而忽略了自身判断和分析，甚至在自动化系统提供的信息与自身判断出现矛盾时，也会选择遵从自动化系统的指示。

一项研究表明，过度依赖自动化技术的飞行员在非自动化环境下的表现反而不如那些不依赖自动化技术的飞行员。一项测试显示，第一组飞行员被提供可靠的自动化辅助工具，而第二组飞行员则没有辅助工具。结果显示第二组飞行员在非自动化设置下犯的错误更少。

该研究表明自动化偏差会导致飞行员决策失误，甚至引发严重事故。在当今数字时代，自动化技术在各个领域扮演着越来越重要的角色，因此如何避免自动化偏差，是亟待解决的重大课题。

天气因素

对于目视飞行规则（VFR）下飞行的飞行员来说，正确的天气决策至关重要。他们必须始终保持在特定的 VFR 天气条件允许的范围内。在恶劣天气条件下，飞行员必须做出“继续飞行”或“放弃飞行”的明确判断。

VFR 飞行员主要依靠 GPS 和无线电导航系统进行导航。他们还需要目视识别地面特征并参考地图。然而，如果在没有仪表飞行规则（IFR）设备的情况下进入仪表气象条件（IMC），则极易发生事故。数据显示，19% 的通用航空事故是由 VFR 飞行飞入 IMC 造成的，其中 72% 导致了致命后果。

一项模拟机测试研究了不断恶化的天气条件对飞行员决策的影响。测试中 VFR 飞行员需要在边缘天气条件下进行越野飞行。研究人员通过分析参与者的预期收益或损失，来衡量影响决策的过程。结果表明与采用损失收益框架的飞行员相比，采用预期收益框架的飞行员继续飞入恶劣天气的可能性更低。这表明从收益的角度出发，人们倾向于规避风险。飞行员会权衡进入恶劣天气的边际收益和飞行相关的风险，并做出相应的决策。

对于商业飞行员和航空公司来说，在做出与天气相关的决策时，还必须考虑公司的期望。与通用航空相比，商用飞机具有更高应对恶劣天气的能力，但由于需要考虑乘客安全和飞机成本等因素，其风险也要大得多。因此，不同航空公司对天气的容忍度也存在差异。在恶劣天气情况下，飞行员可能需要做出取消航班的决定。这可能会对航空公司的声誉和收入造成负面影响。

紧急情况

当飞行员遇到紧急情况时，他们会参考检查单来遵循特定的程序来克服这种情况。然而这些检查单并非总是完整无缺，并不能完全指导飞行员在所有情况下该如何应对。例如在迫降的情况下，飞行员需要选择合适的场地进行降落，这需要综合考虑风向、场地质量、障碍物、距离、周边环境等因素。

因此，有效的紧急决策至关重要。飞行员需要仔细评估每个选项的风险和收益，并做出最有利的选择。有效的紧急决策需要具备以下四个关键要素。

决策过程很重要，需要飞行员衡量和比较与每个选项相关的风险，有效的紧急决策需要四个关键要素：1. 飞行员必须意识到如果不采取措施，将会面临严重后果；2. 面对紧急情况，飞行员应保持积极的心态，积极寻找信息和建议，并制定解决方案；3. 飞行员应相信自己有足够的时间进行分析和思考，并在严重威胁发生之前做出正确的决策；4. 飞行员应主动采取措施，而不是被动等待情况的改善。

该理论模型为飞行员在面对紧急情况时提供了重要的指导，帮助他们做出快速、准确的决策。

4. 有缺陷的螺旋桨——1991 年美国大西洋东南航空 2311 号航班

N270AS 号机示意图

大西洋东南航空 2311 号航班（EV2311）是从美国亚特兰大哈特斯菲尔德国际机场飞往布伦瑞克金岛机场的定期航班。1991 年 4 月 5 日，一架巴航工业 EMB-120 执行任务时，在布伦瑞克北部地区坠毁，机上 23 人全部遇难。

航班机长马克 · 弗里德兰（Mark Friedline），34 岁，累计飞行 11 724 小时。副驾驶汉克 · 约翰斯顿（Hank Johnston），36 岁，累计飞行 3 925 小时。飞机注册号 N270AS，累计飞行 816 小时 /845 起降循环。

EMB-120 是巴航工业研发的一款双发螺旋桨式支线客机，载客量为 30 人，航程超过 1 400 千米。在 1983~2001 年间，EMB-120 共制造 354 架。该机搭载 2 台普惠 PW-118 发动机和汉密尔顿标准 14RF-9 螺旋桨。维修记录显示，N270AS 号机的辅助动力装置（APU）曾进行过维修。

大西洋东南航空涂装的巴航工业 EMB-120

早上 6 点 15 分，机长和副驾驶抵达达多森地区机场。他们原本的计划是先飞往亚特兰大，然后再往返于亚特兰大与阿拉巴马州蒙哥马利市之间。最初安排执飞的是一架 EMB-120（N228AS 号机），但该架飞机突发机械故障，因此公司临时调配了 N270AS 号机。N270AS 号机在事发当天已经完成了四趟航班，但飞行员并未报告任何故障。

美国乔治亚州航空名人堂中卡特的匾牌

2311 号航班的乘客中还包括两名重量级人物：前得克萨斯州参议员约翰·塔尔（John Tower）和宇航员桑尼·卡特（Sonny Carter）。塔尔曾作为共和党代表在 1961~1985 年担任四届美国参议员。卡特则拥有医学博士学位，曾是一名海军飞行员，并驾驶“发现号”航天飞机执行 STS-33 任务。

下午 1 点 47 分，2311 号航班从亚特兰大机场起飞，比原计划晚了 23 分钟。为了躲避恶劣天气，飞行员在飞往布伦瑞克的途中更改了航线。2 点 48 分，飞行员确认机场已在目视范围内，并准备进行目视进近。

布伦瑞克机场位于美国佐治亚州格林县北部，主要服务于支线航空公司。该机场于 1942 年 8 月投入使用，最初是美国海军的训练基地。1973 年，达美航空开通了布伦瑞克的民航服务。机场有一条长 2 439 米的 7/25 跑道。

布伦瑞克机场

在 2311 号航班进入降落程序时，弗里德兰机长突然观察到不同寻常的一幕，飞机不知为何开始向左偏转。此时飞机距离地面仅有约 300 米，并且变得越来越难以控制。最终，飞机机身猛烈地向左翻滚坠向地面。弗里德兰机长试图挽救飞机，但最终无济于事，飞机坠毁在机场附近的森林中。茂密的森林为搜救工作带来了巨大挑战。救援人员赶到坠机现场时，只发现了飞机残骸和遇难者尸体。

国家运输安全委员会（NTSB）接管了后续调查。调查员进入事故现场后，也被眼前的景象所震惊：飞机残骸四分五裂，与遇难者遗体混杂在一起。据目击者称，他们当时看到飞机突然向左翻滚，以近乎垂直的角度坠向地面，最终消失在树林中。

目击者还听到发动机发出的声音，这表明飞机可能发生其他机械故障。调查人员根据现场残骸的分布情况推断，飞机在撞击前机身应保持完整。此外飞机撞击地面的角度非常陡峭，残骸分布范围也相对集中。

2311 号航班坠机现场

调查人员根据树木的断裂程度推算出，飞机失事时发生约 90° 的左转，这是一个致命的撞击角度。气象资料显示，飞机失事时天气晴朗，附近空域也没有其他航班活动，飞行员无需为了躲避其他飞机而进行机动操作。

由于当时尚未强制要求 EMB-120 安装飞行数据记录仪（FDR），这给事故调查带来了很大的困难。此外，由于事故涉及前参议员和宇航员，社会舆论也给调查小组带来了额外的压力。

调查人员将搜集到的所有飞机残骸运至仓库进行检查。他们推测，飞机的操纵系统可能发生机械故障。飞机操纵系统主要由操纵面、驾驶舱控制系统、铰链和机械装置组成，负责控制飞机的滚转、俯仰和偏航等动作。许多飞机都带有襟翼作为增升装置，EMB-120 也不例外。

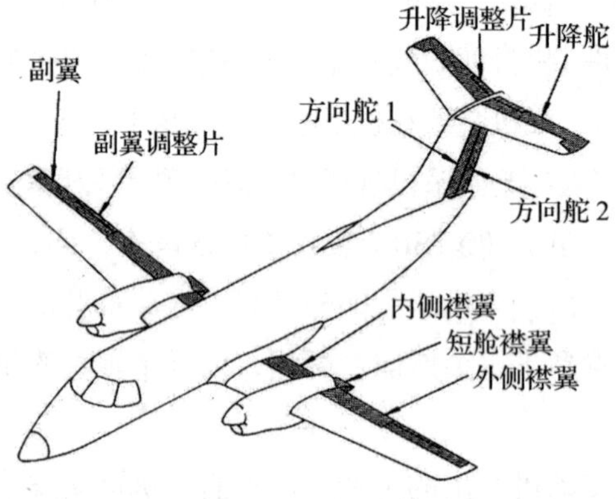

EMB-120 操纵系统示意图

调查人员对 N270AS 号飞机的操纵系统进行了仔细检查，但并未发现异常。他们将调查重点转向了发动机故障的可能性。在检查发动机时，他们发现了一些卡住的树枝和树叶，这可以排除发动机故障的可能性。此外飞机在几乎垂直的情况下坠毁，也表明发动机在坠毁前一直处于工作状态。

然而，调查员在飞机螺旋桨残骸上取得突破，他们从残骸的刮痕推测叶片当时的角度。EMB-120 型飞机的螺旋桨叶片通常以恒定速度旋转。当飞行员需要增加动力时，叶片会扭转并改变角度，从而吸入更多空气并产生更大的推力。在巡航状态下，叶片的角度通常由自动驾驶仪控制。

调查员发现飞机左右两侧发动机叶片角度并不一致，尤其是左侧的螺旋桨叶片处于危险的小角度姿态——大约在 3°，整个叶片几乎是平的，就像一堵墙阻挡了飞机升力的气流。

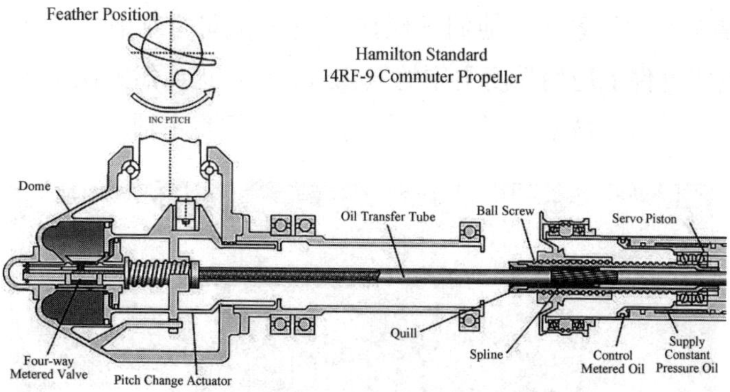

汉密尔顿标准 14RF-9 螺旋桨结构剖面图

调查员发现在控制螺旋桨的齿轮系统中，主轴系统的一个关键零部件处于严重磨损状态。磨损导致套筒花键被磨平，主轴无法固定在控制螺旋桨叶片角度的齿轮系统中，最终导致叶片失控并呈平直的顺桨状态。

套筒花键的严重磨损成为调查的重点。螺旋桨制造商汉密尔顿公司在设计时加入了防故障系统，这能防止叶片在飞行中变为平直状态。汉密尔顿公司进行的测试表明，即使螺旋桨脱落，也不太可能发生类似 N270AS 号飞机的事故。

当控制螺旋桨的系统出现故障时，叶片会自动进入顺桨状态，叶片边缘正对着风向，此时阻力最小。螺旋桨处于顺桨状态不会影响飞行安全。通常情况下，即使双发飞机单发失效，飞行员也能操纵飞机安全降落。

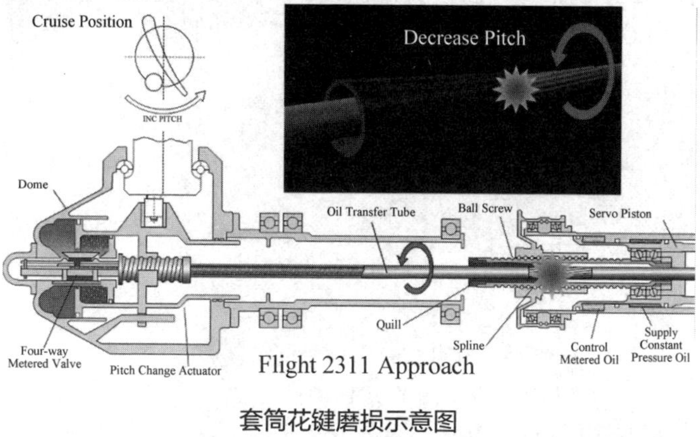

套筒花键磨损示意图

调查员对于汉密尔顿公司的说辞并不满意，他认为主轴系统的磨损是导致空难的原因。然而 FDR 资料的缺失让整个调查又陷入僵局，调查员决定重新审视整个螺旋桨设计系统，他们发现在 2311 号航班空难前，汉密尔顿公司开始在重要的零部件上应用强度更硬的氮化钛涂层，这虽然能使主轴套筒花键的啮合度更好，但这也带来了副作用，它像砂纸一样将主轴的套筒花键磨平了。

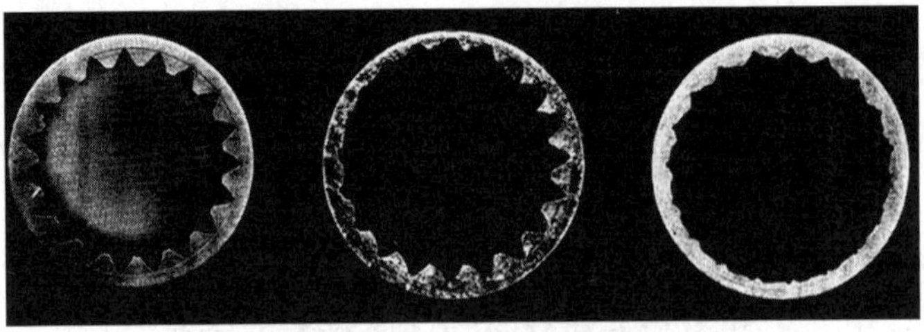

左侧为套筒花键的正常状态，中间及右侧则是磨损后的状态

螺旋桨系统的设计应确保叶片处于更安全的位置。对于螺旋桨制造商提出的叶片会进入顺桨状态的说法，调查人员表示存疑，并决定进行实验室测试。测试结果表明，螺旋桨的防故障系统确实有效，叶片能够自动进入顺桨位置。

调查员发现他们的测试忽略了空中环境因素，飞机在地面上是静止状态，而空中的环境则很复杂，例如飞机遇到乱流，就会导致机身晃动。调查人员决定前往巴西巴航工业总部，与汉密尔顿公司的工程师一起完成空中测试。巴航工业首席试飞员吉尔伯特·席提尼（Gilberto Schittini）驾驶经过改装的测试机，重现了 N270AS 号飞机的事故场景。

顺桨位置的螺旋桨

调查人员将磨损的主轴安装回螺旋桨中，为了确保安全，他们还加装了一个机械锁止装置，它能避免螺旋桨叶片角度小于 22°。此外，工程师还在螺旋桨上安装了传感器，以便实时监测叶片在飞行过程中的状态。

测试团队为机组人员准备了降落伞，以备在极端情况下跳伞逃生。席提尼驾驶测试机起飞后，螺旋桨处于正常角度（约 32°）。他们飞往无人区进行最高危险系数的测试。

测试飞行过程中，飞机的状态突然开始急转直下，螺旋桨叶片开始转向危险的水平位置，这也印证了调查人员此前的猜测。螺旋桨叶片在空中和地面的位置迥然不同，叶片最终固定在机械锁止装置设定的角度——22°。测试机安全返航，调查人员也获得了他们想要的数据。

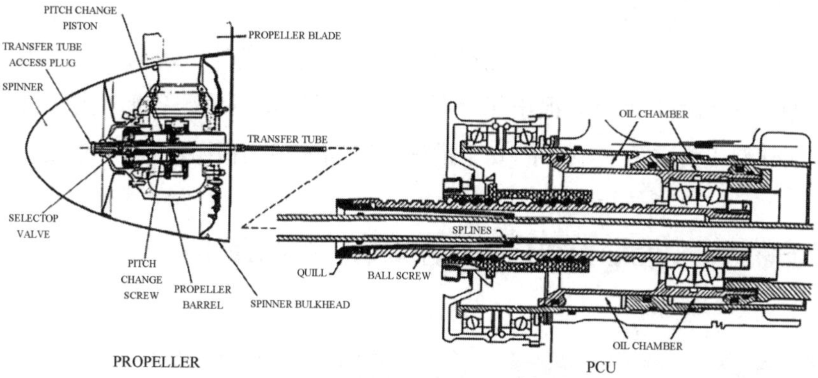

汉密尔顿标准螺旋桨系统示意图

调查人员还有最后一个疑问：螺旋桨叶片完全平直时会发生什么？为了找到答案，他们决定使用飞机模拟器重现 N270AS 号失事时的场景。结果表明当叶片角度接近完全平直时，飞机基本处于失控状态。这也意味着调查接近尾声。

2311 号航班在降落过程中，螺旋桨操纵系统主轴的花键因磨损严重而失效，而降落程序又给主轴的花键带来额外的压力。主轴脱落导致螺旋桨叶片角度失控。在空气乱流和发动机振动的作用下，叶片变为完全平直状态，导致飞机垂直坠毁。

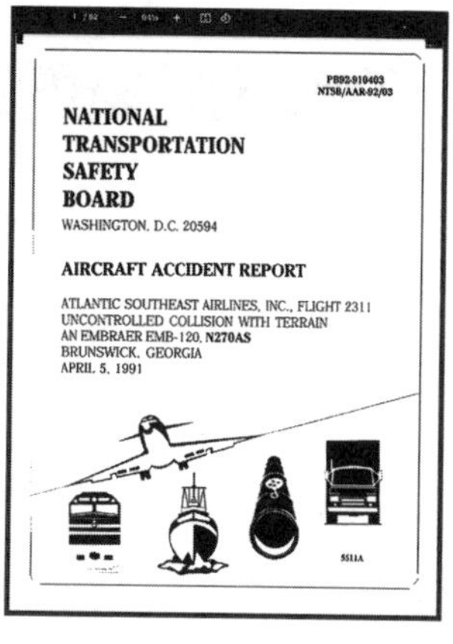

调查耗时 1 月，全文 52 页

1992 年 4 月 28 日，NTSB 发布事故调查报告，报告认定：左发动机螺旋桨控制单元（PCU）故障导致飞行失控。事故原因是汉密尔顿标准公司的螺旋桨控制装置存在缺陷，以及联邦航空管理局（FAA）对该设计的错误批准。该设计没有充分考虑飞行期间可能发生的故障模式，最终导致飞机左螺旋桨叶片在飞行怠速状态下发生非指令且无法纠正的运动。

NTSB 还向 FAA 提出四项建议，向 ASA 和地区航空公司协会（RAA）各提出一项建议。给 FAA 的建议包括：1. 对汉密尔顿标准 14RF 螺旋桨系统进行认证审查；2. 其他同类型螺旋桨系统认证依据的合理性；3. 针对 14RF 螺旋桨及类似设计的螺旋桨的定期检查计划；4. 发布航空公司运营公告（ACOB），以明确澄清减少休息时间的相关规定。针对 ASA 和 RAA 的建议主要涉及机组人员休息时间的问题。

2311 号航班空难不仅给巴航工业公司敲响了警钟，也对其他涡轮螺旋桨飞机的安全设计和运营提出了严峻挑战。事故发生后，各航空公司纷纷对 EMB-120 型飞机采取了额外的安全措施，以期杜绝类似事故的再次发生。

延伸阅读：发动机结构完整性大纲（ENSIP）

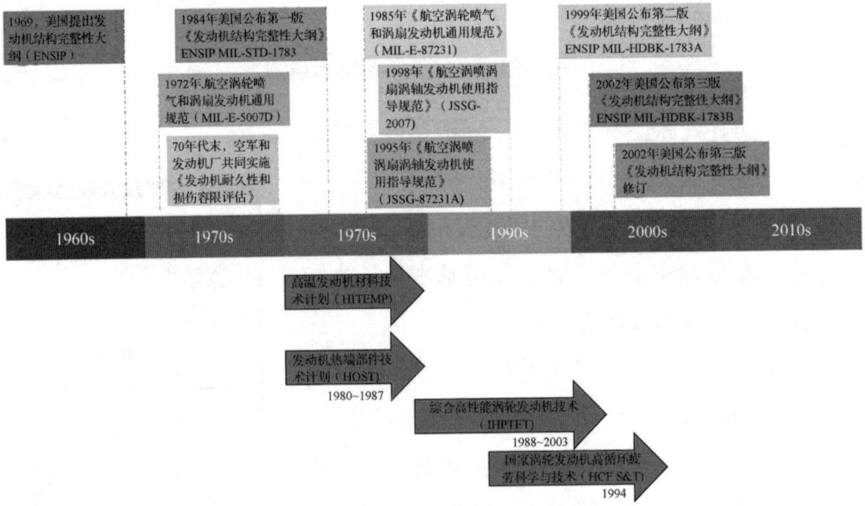

发动机结构完整性大纲演变示意图

航空发动机结构完整性是其安全性和可靠性的重要保障。航空发动机是一种复杂系统，其内部气体经压缩膨胀后高速流动，转子高速旋转，工况恶劣，且要求长寿命，尤其在气动、热负荷和机械载荷的共同作用下，其结构完整性面临着严峻挑战。

为了满足现代高性能发动机对综合性能、安全性和耐久性的更高要求，航空发动机结构完整性应运而生。它不仅要确保发动机的使用功能和有效性，还要保证和提高发动机战备完好率和任务成功率，并尽可能降低全寿命周期成本，于是延伸出了发动机结构完整性大纲（ENSIP）。

ENSIP 涵盖了发动机结构的功能、强度、刚度、振动疲劳、蠕变、损伤容限、寿命及结构可靠性等各个方面，不仅和气动热力学问题交叉、耦合、相互作用，还受结构材料和制造工艺的制约。

1969 年，美国军方为 B–1 搭载 F101 发动机制定投标方案时首次提出了 ENSIP 概念，并在 1972 年颁布的《航空涡轮喷气和涡扇发动机通用规范》中将其正式确立为结构强度的研制思路。

在当时航空发动机领域正处于追求高性能、研制推重比 8 的热潮之中。F101 发动机率先打破了这一纪录，但在 1973~1979 年间，美军装备的 1 100 多台 F101 发动机累计工作时间超过 25 万发动机飞行小时（EFH），综合故障率高达 2.69/1 000 EFH，导致大量 F–15 飞机因“心脏病”问题而趴窝。

根据美国空军材料试验室 1963~1978 年的数据，在发生的 3 828 起飞行故障中，有 43% 是由发动机故障引起的，其中大部分属于结构完整性问题。

痛定思痛，美国军用航空发动机的设计理念和研制思路发生了重大转变。1980 年，美国审计长向国会提交了题为“美国战斗机 / 攻击机发动机采购过程中的管理问题”的报告，建议国防部长建立一套规范有序、强制执行的发动机结构设计、分析、研制、生产和全寿命管理体系。鉴于发动机问题的严重性和对飞机成败的关键影响，报告要求在先进发动机部件和技术验证发动机两个方面开展耐久性试验。

美国空军为研制 F100 发动机投入了 4.75 亿美元，随后又追加了 6.66 亿美元。尽管发动机重量增加了 60 千克，但最终通过了 4 300 次累计循环（TAC）加速任务试车，可靠性和耐久性得到大幅提升。普惠公司在研制 F119 发动机时，就提出了综合考虑发动机各项性能，遵循推重比、工艺性、可靠性、耐久性、维修性、操作性和成本等要素的平衡设计原则。

80 年代中期，美国通用电气公司（GE）在研制 F404 发动机时，也严格遵循了性能与可靠性平衡的设计原则，并确定了作战适用性、可靠性、维修性、费用、性能和质量的优先顺序。

1984 年 11 月，美国正式颁布了第一版《发动机结构完整性大纲》（ENSIP MIL-STD -1783）。该大纲明确定义了发动机结构完整性大纲是燃气涡轮发动机结构设计、分析、定型、生产和寿命管理的一种有组织、有条理的方法，其目的是保障发动机结构的安全性和耐久性，降低全寿命期费用和提高发动机的出勤率。

GE 公司的 F404 发动机

第一版大纲规定了保证发动机具有良好的结构特性，在设计使用寿命内需要满足设计和验证要求，提出设计所需资料；设计分析、材料特性和研制试验；零部件和核心机试验；发动机地面和飞行试验；发动机寿命管理等内容。

该大纲还突出了发动机预研、设计与研制（含试验和试制）、生产和使用（含寿命管理）的全寿命周期过程，标志着现代高性能航空发动机结构完整性的研究发展理念、方法和管理程序迈入了新阶段。

1999 年 3 月，美国颁布第二版《发动机结构完整性大纲》（ENSIP MIL-STD -1783A），大纲名称将“标准”改为“手册”，主要体现指导性作用。第二版大纲显著扩充了附录内容。例如增加零件分类目录，要求对发动机所有零部件、控制件、外部件和消耗件按照危害程度进行分类，并制定了断裂、安全、任务、耐久性和耐久性非关键件的分类标准；在损伤容限内容里增加了对复合材料的要求，并指出有基体复合材料（OMC）零件的损伤容限设计非常复杂，必须进行分析和试验；包容性是发动机“强度”要求的重要内容之一，单独成为一个子条目等。

第二版手册的发布，标志着现代高性能航空发动机结构完整性研究发展理念、方法和管理程序更加成熟。

在当时，航空发动机因低循环疲劳、蠕变 / 应力断裂以及低循环疲劳 / 蠕变交互作用等引起的结构故障大幅下降。然而，随着对叶片强迫振动和非同步振动等问题的研究逐渐深入，再加上先进叶轮机设计中气动与结构耦合问题日益突出，由振动引起的发动机高循环疲劳故障开始激增。

普惠 F135

1994 年末，美国海陆空军、NASA 等部门联合启动了国家涡轮发动机高循环疲劳科学和技术（HCF S&T）计划，其八个方面包括构件表面处理、材料损伤容限、测试、结构分析、强迫响应、被动阻尼、气动 – 结构力学和发动机验证等。1988 年，综合高性能涡轮发动机技术（IHPTET）计划也随之启动。

这两个计划的重点研究目标都是最大限度地降低发动机高循环疲劳失效，从而大幅度降低发动机的非定期维护成本。研究人员主要采用计算流体力学（CFD）和计算结构动力学（CSD）解决叶片高循环疲劳和颤振问题。研究范围涵盖了现役和在研发动机，以及先进发动机的结构、材料和工艺带来的结构完整性问题。

2002年2月，美国发布了第三版《发动机结构完整性大纲》（ENSIP MIL-HDBK-1783B），主要增加了振动与高循环疲劳方面的要求和经验教训。在附录中收录了大量高循环疲劳设计和试验验证指南。该版本对高循环疲劳的模式和高循环疲劳寿命设计的要求进行了细化，并强调了概率设计思想。针对高循环疲劳模式和高循环疲劳寿命，提出了频率概率设计裕度、响应概率分布和构件失效概率等概率设计裕度的分析和验证要求。

第三版大纲的颁布标志着现代高性能航空发动机结构完整性的研究发展理念、方法和管理程序进入全面成熟阶段。

5. 空中解体的支线客机——1991年美国大陆快运2574号航班事故

2574号航班事故示意图

美国大陆快运航空2574号航班（RU2574）是一架从美国拉雷多国际机场飞往休斯敦乔治·布什洲际机场的定期航班。1991年9月11日，该航班在准备降落时于空中解体坠毁，机上14人全部罹难。

2574号航班的机长是布拉德·帕特里奇（Brad Patridge），29岁，累计飞行4 243小时。副驾驶是克林特·罗德索维奇（Clint Rodosovich），43岁，累计飞行11 543小时。执飞2574号航班是一架巴航工业EMB-120RT（N33701

号机），累计飞行 7 229 小时 /10 009 起降循环。

9 月 11 日清晨 9 点 09 分，2574 号航班从拉雷多机场起飞，机上共有 14 人，包括 3 名机组人员和 11 名乘客，航程约一小时。9 点 54 分，2574 号航班收到来自休斯敦管制员的指示，要求下降至 2 700 米高度。

美国大陆快运涂装的 EMB-120RT

大约 10 点钟，一声巨响突然划破了宁静的天空。这架飞机的左水平尾翼与机身分离，飞机瞬间失控，急速俯冲坠毁于科罗拉多县的一个农场中。飞机残骸散落面积达 10 平方千米，部分碎片甚至落入了科罗拉多河。目击者立即拨打了救援电话，事故现场一片狼藉，机上人员无一生还。

事故发生后数小时，美国国家运输安全委员会（NTSB）迅速成立了一支由十余人组成的调查小组赶赴现场展开调查。事故现场让调查员不寒而栗，巨大的撞击力使得飞机残骸面目全非。他们通过走访目击者，收集到了大量宝贵的第一手资料。

2574 号航班残骸

有目击者称，他们看到飞机在空中发生爆炸，就像是被炸弹引爆了一样。美国联邦调查局（FBI）的探员也加入了调查，但他们并未从残骸中提取到爆炸物证据。种种迹象表明，2574 号航班失事的原因很可能与飞机本身的结构问题有关。

飞机残骸支离破碎，水平尾翼也不翼而飞。这意味着飞机在空中便解体了。调查人员在 200 米外找到了飞机的水平尾翼，但上面缺失了左侧前缘，这可能是最先脱离水平尾翼的部件。调查人员没有发现任何锈蚀或疲劳断裂的迹象，这表明它是被硬生生扯断的。

调查人员将找到的“黑匣子”送往 NTSB 实验室进行数据分析。驾驶舱语音记录仪（CVR）的录音显示，飞机失事过程非常突然。当副驾驶罗德索维奇操作飞机下降时，意外突然发生，他们根本来不及做出反应。然而，调查人员并未从中获取更多有价值的信息。飞行数据记录仪（FDR）也证实了这一点。调查人员需要更多证据才能解开空难谜团。

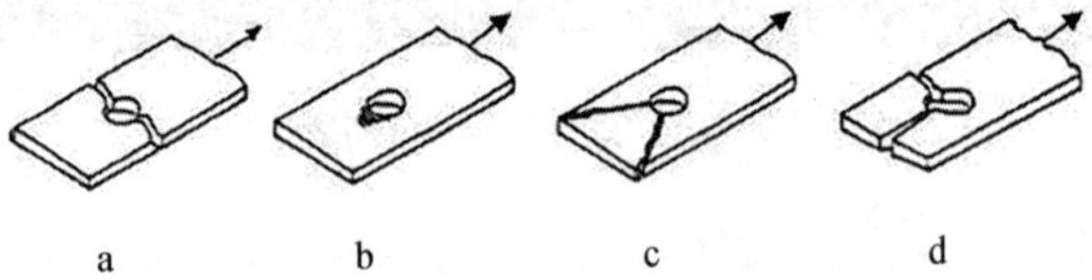

a、c、d 是螺栓孔出现撕裂的痕迹

经过地毯式搜索，搜索人员终于在飞机坠毁地点 1 千米外找到了最先脱落的水平安定面前缘。调查员仔细检查了水平安定面前缘后发现，其上半部分的螺栓孔完好无损，但下半部分的螺栓孔却出现了撕裂痕迹，这进一步证实了它是飞机上最先脱落的部件。

在飞机的结构中，水平安定面前缘固定在水平尾翼上，它能够改善飞机的空气动力特性。上方完整的洞使得它看起来就像没有螺栓固定一样。对于采用 T 型尾翼的 EMB-120 来说，水平尾翼是控制飞机姿态的重要部件。

调查人员将飞机失去水平安定面前缘的数据输入模拟机进行测试，结果发现飞机会立即失控，并产生超过 5 个 G 的过载。这一模拟实验结果也为 2574 号航班事故的调查提供了重要线索。

为了提高运营效率，航空公司通常会在夜间安排维修工作，这也对机务人员的时效性提出了很高要求。调查人员发现，这架客机加入美国大陆快运航空才 3 年时间，却已经经历了 33 次维修。

就在事故发生的前夜（9 月 10 日），机务人员还在对飞机的水平尾翼防冰罩进行维修。由于防冰罩位于水平尾翼前缘内部，因此在维修过程中，他们需要先拆下水平尾翼前缘，然后再重新装回去。维修工作被安排为两班进行，分别是第二班和第三班。晚上 9 点半左右，飞机被送入了机库。

第二班的机务人员乘坐液压升降台来到距离地面 6.1 米的 T 型尾翼处。该班有两位主管，主管 A 负责 N33701 号机，主管 B 则负责另一架飞机的 C 检。两名机务人员拆除了右前缘底部的大部分螺丝和部分防冰罩，助理检查员则拆下了右前缘上部的螺丝和 T 型尾翼左前缘上部的螺丝。

此时，第三班主管提前到岗。他看到第二班的机务人员正在拆卸右侧防冰罩，而检查员则趴在左侧安定面上。第二班检查员的交接表还没有填写 N33701 号飞机的内容，因为他还没有来得及填写。

第三班检查员询问执行 C 检的检查员，左侧安定面的工作是否已经开始。检查员回答：还没有。第三班主管告诉第二班主管，他将在当班时完成右侧防冰罩的安装工作。

晚上 10 点半，第二班负责拆卸安定面两侧上部螺丝的检查员在交接表上填写了“帮助机务拆卸防冰罩”的记录，然后就下班了。这名检查员表示，他将拆下的螺丝放在了液压升降台的袋子里。

第二班的机务人员 A 和第二班主管 B 进行了口头工作交接，A 交代 B 将相关信息转告给第三班机务人员 C。然而，并未被安排负责 N33701 号机维修的第三班机务人员 C，曾看到升降台上有一袋螺丝，并口头告知了负责维修 N33701 号机的第三班机务人员 D。但机务人员 D 却表示不记得 C 的提醒，也否认看到过那袋螺丝。

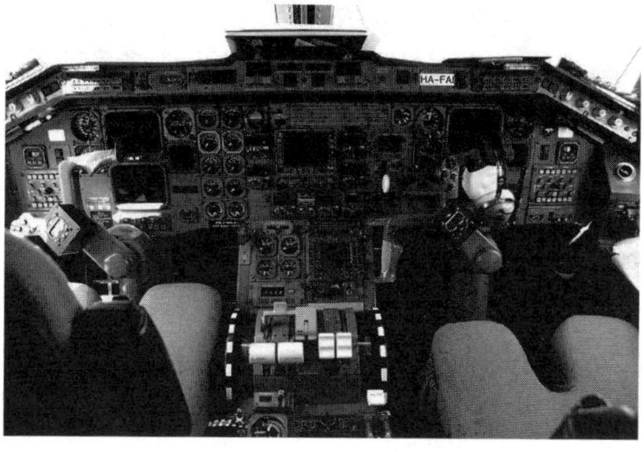

EMB 120RT 驾驶舱

机务人员 D 抵达机库后，主管指示他更换飞机右侧防冰罩，并让他向第二班主管了解工作情况，但并未明确指定要询问哪位主管。于是，机务人员 D 询问了主管 B，得知当晚可能无法完成左侧防冰罩的更换工作。此时，负责 N33701 号机的主管 A 也已下班离开，他并未在下班前与主管 B 和第三班主管进行工作交接。此前协助拆卸右侧防冰罩的检查员也已下班回家。

换班后，第三班机务人员拆下了安定面上右前缘的零件，并安装了新的防冰罩。但为了给另一架飞机腾地方，N33701 号机被拖出机库外，而停机区域也缺乏照明。随后第三班机务完成右侧前缘的安装工作。

第三班的检查员到 T 型尾翼上方帮忙安装防冰罩，并检查安定面右侧的防冰线路。当时，他并未发现左侧前缘部件上方存在螺丝缺失的情况。

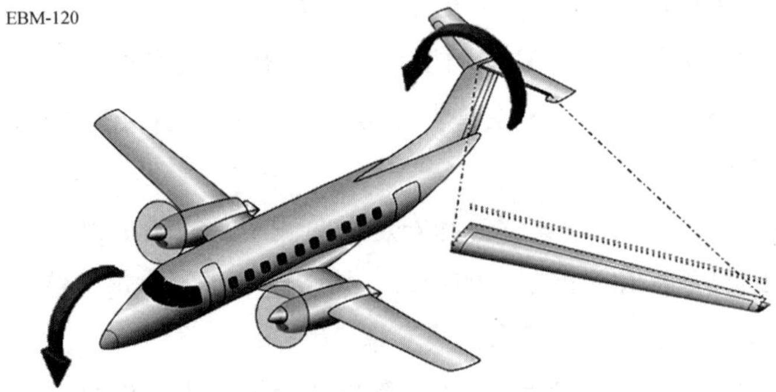

水平安定面前缘脱落后飞机失控示意图

随着调查的深入，N33701 号机的失事过程也逐渐清晰起来。事发前晚，维修人员面临着时间紧、任务重的情况。一名负责监督维修质量的检查员，为了协助其他同事，主动承担了拆卸水平安定面前缘螺栓的工作。由于工程量较大，维修工作进行到一半时就到了换班时间。

通常情况下，两组机务人员需要进行详细的交接班手续。然而，这名检查员留了半拉子工程就走了，他在走的时候也没有留下维修记录。结果，飞机左侧水平安定面的螺栓未能安装到位。次日，2574 号航班带着巨大的安全隐患升空。当飞机起飞时，缺少螺栓固定的水平安定面前缘立刻脱落，最终导致了悲剧的发生。

1992 年 7 月 21 日，NTSB 发布了 2574 号航班最终事故调查报告。报告指出，事故的可能原因是大陆快运航空的维修和检查人员在维修飞机水平安定面防冰罩时，没有遵循正确的维修和质量保证程序，导致飞机在空中突然失去左侧水平安定面前缘，最终机头朝下翻滚并在空中解体。

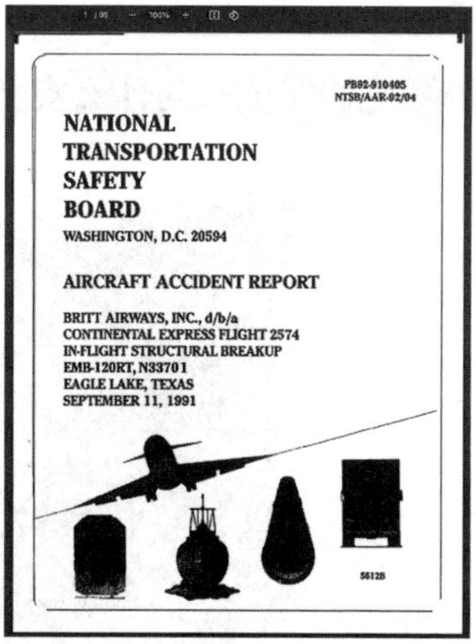
PB92-910405
NTSB/AAR-92/04

NATIONAL
TRANSPORTATION
SAFETY
BOARD
WASHINGTON, D.C. 20594

AIRCRAFT ACCIDENT REPORT

BRITT AIRWAYS, INC., d/b/a
CONTINENTAL EXPRESS FLIGHT 2574
IN-FLIGHT STRUCTURAL BREAKUP
EMB-120RT, N33701
EAGLE LAKE, TEXAS
SEPTEMBER 11, 1991

5612B

调查耗时 8 个月，全文 95 页

事故的促成原因是大陆快运航空管理层未能确保遵守批准的维修程序。FAA 对大陆快运航空的监管存在缺失，未能有效识别和纠正该公司缺乏的管理措施，也未能监督航空公司的维修部门，及时发现维护程序中与综合维修手册（GMM）相背离的做法。

NTSB 认为，造成维修差错和维修计划失效的原因是复杂的，并非单纯由个别人员的单一差错导致。GMM 本身没有问题，问题出在机务人员、主管和质量控制人员没有严格遵循 GMM 中批准的程序，这涉及多名机务人员、检查员和主管。调查结果表明，大陆快运航空的管理层未能确保维修部门严格遵守 FAA 批准的工作程序，最终导致飞机在不适航的状态下飞行。

FAA 针对大陆快运航空公司的维修程序开展了国家航空安全监察计划（NASIP），他们发现该公司的安全系统和内部评估系统有重大漏洞，建议其整改。

维修工作是保障航空安全的重要环节，而维修差错则是一个不容忽视且持续存在的威胁。过去，维修差错仅会招来惩罚，但如今，业内已经逐渐认识到，维修差错的背后往往是人、工作场所和组织因素之间复杂的相互作用。虽然机务依然必须对他们的行为负责，但维修差错的管理需要从组织层面采取应对措施。

2574 号航班事故成为美国航空文化发展历程中的一个重要里程碑。事故发生后，美国各航空公司更加重视安全规章制度的执行。此外，这次事故也促使航空安全文化成为 1997 年美国国家交通安全峰会的主要议题之一，为美国航空安全文化的建设奠定了坚实的基础。

此外 2574 号航班事故还直接促使美国出台“温德 · 福特航空投资和 21 世纪航空业改革法案”，它也被称为“AIR 21”，主要就是为寻求改善航空安全。

安全是任何行业的头等大事，而航空安全更是重中之重。

延伸阅读：为什么安全文化很重要？

安全第一

安全文化是指一个组织对安全的认知、重视和优先程度。它体现了组织各个层级对安全的真实承诺，也被形象地描述为“一个组织在无人监督时所表现的行为方式”。

安全文化不是一蹴而就或可以轻易获得的东西，而是需要长期培育和发展的组织文化、职业文化和国家文化的综合产物。安全文化可以呈现出积极、消极或中性的状态，其核心在于人们对安全重要性的深刻认知，包括同事、上级和领导者是否真心将安全视为重中之重。

安全文化与安全绩效之间存在着密切的联系。如果安全意识淡薄，安全执行就会变形走样，尤其是在面对风险较小或不明显的情况下，更易导致偷工减料或其他不安全行为的发生。

面对安全文化这个概念，人们的第一反应往往是：“我们已经有了安全管理系统（SMS），为什么还需要安全文化？”

SMS 体现着一个组织在安全领域的管理能力，因此拥有完善的 SMS 并配备合格的安全人员至关重要。然而，如何将安全视为压倒一切的优先事项，关键在于执行层面，尤其是领导层的态度。为了确保对安全的承诺，组织领导必须明确表达安全是他们的首要任务。

因此，为了实现可接受的安全水平，组织需要同时兼顾 SMS 和健康的安全文化。对于航空业而言，现阶段的安全水平已经很高，这也意味着几乎所有

工程师对飞机进行检查

航空组织都认为自身的安全状况非常良好。事故报告数量稀少，且事件严重程度也较低。

然而，真实的飞机事故往往情况复杂，导致事故发生的原因可能多种多样，许多潜在风险也可能被掩盖。例如：由于担心受到指责而少报或隐瞒事件信息；出于自身利益或工作压力，人们可能不会冒不必要的安全风险；由于缺乏相互信任，不同部门之间可能无法有效共享信息，导致潜在安全隐患无法及时发现和解决。

航空安全文化示意图

安全文化就像文化本身一样，有时难以从内部清晰地识别。正如鱼儿在水中游泳，它并不会刻意思考水的存在。在大多数行业中，安全文化调查通常需要结合内部和外部视角，以获得更客观的评估。从“局外人的角度”看待问题，可以帮助内部人员客观地审视自身的安全文化状况。

安全文化调查应遵循以下原则：匿名、保密、独立（不偏袒任何特定群体）。组织应制定清晰简洁的调查流程方案，以有效解决调查中发现的任何不足。

优秀的安全文化能够为组织提供更清晰、更全面的风险防范途径，涵盖组织活动的各个方面。这可以通过改善信息流动和在组织内部保持对安全绩效的有效沟通来实现。

6. 机组无视检查单酿大祸——1992 年中国通用航空 7552 号航班

中国通用航空涂装的雅克 -42 型客机

飞行前，飞行员需要对飞机进行数十项设置和检查。经过血与泪洗礼的航空从业者为了保障安全，为飞行员制定了详细的飞行检查单。遗漏或者跳跃检查单项目，都有可能导致事故发生——1992 年中国通用航空 7552 号航班（GP7552）就是其中的典型案例。

7552 号航班是从南京飞往厦门的航班。1992 年 7 月 31 日，一架雅克 –42 从南京大校场机场起飞滑跑时，冲出跑道坠毁，事故共导致 108 人遇难，史称“7 · 31 南京空难”。

当日执行 7552 航班任务的飞机为雅克 –42（B–2755 号机），机龄不到 1 年，累计飞行 967 小时和 595 次起降循环。雅克 –42 是前苏联雅克夫列夫设计局研制的中短程三发客机，类似于波音 727。

雅克 –42 是苏联首款应用大涵道比发动机的客机

1992 年 7 月，南京正值酷暑，高温天气持续了十多天，成为名副其实的“火炉城市”。7 月 31 日，南京机场的气温攀升至 38℃，但能见度良好，风力也适宜飞行。然而，一场悲剧即将在这个看似寻常的日子里发生。

B–2755 号机执飞太原 – 杭州 – 南京 – 厦门任务。15 点 05 分，7552 号航班共搭载 116 名乘客和 10 名机组成员准备从南京飞往厦门。飞机在跑道上加速滑行，但在即将离地时却迟迟未能升空，最终冲出了跑道。飞机在失控后，越过一条宽约 6.8 米的水沟后，以 210 千米的时速撞到护堤上，飞机在空中解体，断裂成 3 部分坠落在地面上。事故发生后，南京大校场机场立刻展开应急响应，消防车和救援人员同时出发。

飞机残骸散布在约 5 000 平方米的范围内，机身前段破碎严重，机翼被烧毁，机尾部分则坠落在附近的水塘中。7552 号航班的空难事件引发了全社会的广泛关注，事故原因成为公众议论的焦点。调查人员在跑道末端和草坪上发现了飞机主轮的滑行痕迹，但并未发现刹车痕迹。同时，飞机的应急刹车手柄处于未提起状态，全动式平尾保持在 –1.5° 的角位置。通过走访目击者，调查人员了解到飞机在滑跑过程中曾两次尝试起飞，但均未成功。

散落在水塘中的飞机发动机

通过对事故现场的仔细勘查，调查人员排除了劫机和跑道异物等外部因素的可能性，并排除了飞机超重的情况。调查的突破口来自飞机上的“黑匣子”。驾驶舱语音记录仪（CVR）显示，飞行员从准备到起飞，并未按照检查单进行检查，也没有按照规定要求地勤人员校对平尾角度。

飞行数据记录仪（FDR）显示，飞机从开车到起飞阶段，飞机平尾一直在 +0.2° 。在飞机冲出跑道前 8 秒，飞行员才开始调整平尾角度。飞机冲出跑道 4 秒前，飞行员大喊紧急刹车。飞机冲出跑道 2 秒前，飞机平尾又变为 –0.7° ，飞行员将油门拉回慢车位置。这显示飞行员在最后时刻进行了紧急处置，但为时已晚。

雅克 –42 驾驶舱

根据当时雅克 –42 的起飞全重和重心位置，平尾应该调整至 –10.3°。飞机起飞时平尾处在错误的 +0.2° 位置上。平尾在 +1° 至 –5° 位置时，飞机都将无法起飞。7552 号航班悲剧的种子在飞机推出那一刻就已经埋下。飞行员在最后的关头所做的调整，已经无法弥补这个致命的错误。

事故报告显示，事故直接原因是飞行员没有将雅克 –42 全动式平尾调整到和飞机重心相匹配的角度，飞机在起飞过程中根本无法离开跑道，最终冲出跑道酿成大祸。事故的根本原因是飞行员没有严格按照雅克 –42《飞行操作指南》行事，属于飞行员违章操作导致的重大责任事故。

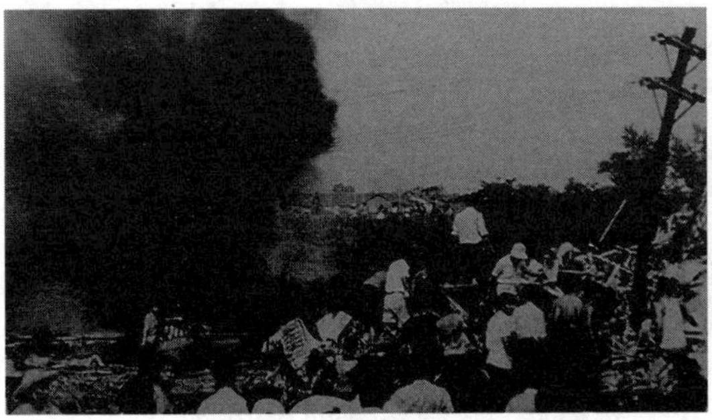

B–2755 号机坠毁后，引发的冲天浓烟

现代家庭报
XIANDAI JIATING BAO
“7·31”南京空难

当时报纸上对“7·31”南京空难的报道

7552 航班的坠毁是一场悲剧，它深刻地揭示了飞行员操作失误可能带来的严重后果。雅克 –42 配备了平尾警告系统。在飞机起飞前，如果平尾没有调整到正确位置，驾驶舱内的黄色警告灯就会亮起，同时伴有清晰的提示音。

飞行员需要在推出前将平尾调整到正确位置，还需和驾驶舱仪表校对平尾角度。此后飞行员需要和地面机务人员核对平尾信息（飞机垂尾上有指示平尾的刻度），才能摁下警报消除摁钮。实际上，飞机起飞前飞行员并未调整平尾位置，也没有和机务人员沟通，就下意识地摁下消除摁钮，导致警报系统形同虚设。

雅克 –42 检查单中明确列出在滑行前检查平尾位置。飞行员也没有落实检查单内容，起飞前一直未发现未调平尾，最终导致事故发生。

事故现场的搜救人员

事故调查报告给出多项安全建议，其中最重要的是严格要求飞行员遵章行事。雅克–42 的飞行手册明确规定了平尾的使用程序。严格执行飞行手册程序是避免事故的前提，这就需要飞行员引起足够的重视，在飞行任务中严格执行所飞机型的飞行手册，发现问题及时解决。通过 7552 号航班事故提醒全体飞行人员，需要制定自身在执行检查单程序方面的改进计划，最终实现口到、眼到、手到。

加强驾驶舱机组资源管理，防止飞行员错、漏、忘。任何一个人可能很容易出错，但是交叉提醒就能降低出错的概率。每个机组都是一个团队，团队成员需要分工协作，相互纠正提醒，协同完成每一次飞行。

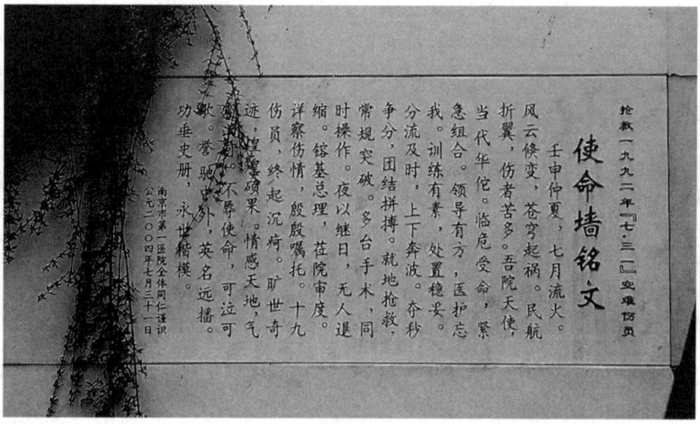

2004 年 7 月 31 日南京市第一医院立下的“使命墙”

厚厚的飞行手册背后都是无数次事故总结下的经验教训，而 7552 号航班就是其中沉痛的注脚。

7. 飞行员处置油门故障失误导致撞山——1992 年中国南方航空 3943 号航班

波音 737-300 驾驶舱

1992 年，世界民航史中最黑暗的年份之一。对于中国民航而言也算是多事之秋。这一年，世界各地发生 15 起航空事故，造成 1 000 余人遇难，直接经济损失超过 20 亿美元。而仅在中国，下半年就发生 5 起空难，导致 400 余人遇难。“11 · 24 桂林空难”就是其中损失最惨痛的一起航空事故。

中国南方航空 3943 号航班（CZ3943）是从广州白云国际机场飞往桂林奇峰岭机场的定期航班。1992 年 11 月 24 日，一架执飞该航线的波音 737，因飞行员操作失误导致客机在桂林阳朔县土岭镇白屯桥村撞山失事，空难共导致 141 人遇难。

11 月 24 日，执飞 3943 号航班的是一架 737–3Y0（B–2523 号机），累计飞行 4 164 小时 /453 次起降循环。航班右座为教员，28 岁，累计飞行 5 327 小时。机长（观察员座），41 岁，累计飞行 2 359 小时。左座为副驾驶，42 岁，累计飞行 1 117 小时。

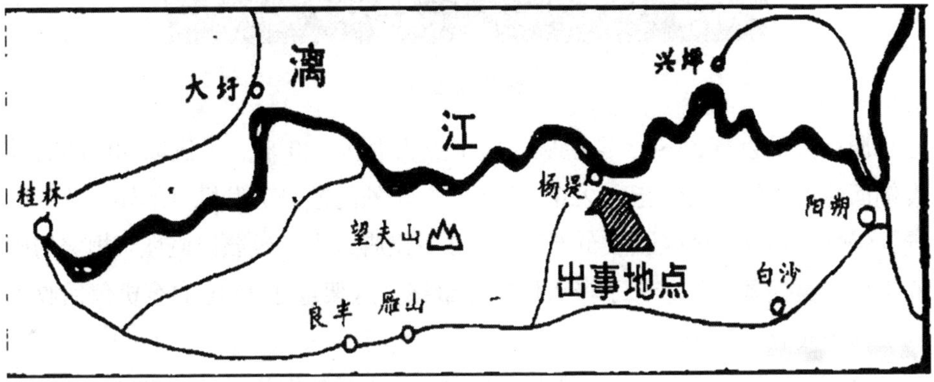

出事地点示意图

早晨 7 点 17 分，3943 号航班从白云国际机场起飞。起飞过程中，飞机引擎出现轻微故障，所幸被机组人员及时发现并排除。随后，飞机爬升至巡航高度 7 000 米。根据飞行计划，航班预计于 7 时 55 分抵达桂林两江国际机场。

航班航线主要穿越层积云和高积云，云底高度约为 1 500 米。桂林机场气象条件良好，能见度超过 10 公里，符合适航要求。7 时 50 分 45 秒，机组向桂林塔台申请在 2 100 米高度进近。塔台批准后，机组回复确认，但随后与地面失去联系。不久，飞机与天马山发生撞击并起火。

事故发生不久后，中国民航局便成立了调查组，并邀请美国国家运输安全委员会（NTSB）、美国联邦航空管理局（FAA）、波音、CFM 国际公司的相关专家。调查人员沿飞机失事前的航迹走访了 11 个点的近 40 名目击者，由于目击者对飞机失事前的描述各不相同，因此无法作为可靠的证据。

桂林天马山

调查人员发现，3943 号航班的撞击点为海拔 520 米。飞机以 90° 的右坡度侧面撞击山体，机头指向 230° 至 250° 。剧烈的撞击引发机身解体，并产生连锁爆炸，导致飞机残骸散布于整个山腰及山脚。大量残骸被掩埋于坍塌的碎石堆中，给搜救工作带来了极大困难。最终，这架重达 35 吨的客机仅回收了约 2 吨的残骸。

11 月 25 日上午，搜救人员在现场发现了飞行数据记录仪（FDR）。然而，其外壳已严重受损，内部磁带断裂，断口处可见烧痕。

事故分析表明，飞机从下降转为平飞后，右侧发动机自动油门发生故障，无法正常调节，但保持在低推力状态。为维持平飞所需的推力，左侧发动机自动油门推力杆由初始的 8° 增加至 41° 。由于左右发动机推力失衡，飞机逐渐向右滚转。

与此同时，自动驾驶仪通过调整副翼以修正飞机姿态。左侧副翼向上偏转 5° ，右侧副翼向下偏转 3.5° 。然而，这已经是副翼自动调整位置的极限，但仍不足以抵消双发推力失衡导致的向右偏转力矩，飞机继续向右偏航。

当飞机向右滚转至 46° 时，机组错误地向右压坡度。这一操作导致左侧副翼从上偏 5° 急剧转至下偏 11° ，右侧副翼则从下偏 3.5° 转变为上偏 13° ，加

飞机残骸示意图

剧了飞机的向右滚转。滚转率从初始的 1°~2° / 秒急剧攀升至 12° / 秒。在撞山前 3 秒，飞机已完成 168° 的翻滚，接近完全倒扣姿态。此时，机组再次大幅拉杆，加速了飞机的俯冲。飞机撞击地面的表速高达 760 千米 / 小时！

事故调查报告认定，3943 号航班事故原因是飞机在下降过程中右侧发动机发生故障，导致左右发动机推力失衡。飞机向右滚转时，机组没有及时发现并采取措施，反而进行错误处置，最终导致飞机失控撞山。

飞行中的 B-2523 号机

事故调查报告提出 3 点建议：

1. 记录显示，B-2523 号机在事发前四天起，右发动机就出现反应迟缓的问题。机务人员虽然进行了检修，但并未彻底解决问题，导致飞机在飞行中反复出现类似故障。为了避免类似 3943 号航班事件再次发生，要求机务人员通知飞行员发生类似情况时，不要使用自动油门，在飞行中发生自动油门故障，需要飞行员手动操纵客机。

2. 右发自动油门故障 1 分多钟的时间内，发动机推力和飞机姿态都发生了很大变化。而飞行员并没有及时采取应对措施，导致事态一步步恶化。这提醒其他飞行员，需要养成严格的飞行作风。执行任务的时候精力集中，随时观察飞机仪表和姿态的变化。不能过分依赖自动驾驶系统，一旦发生特情，整个机组需要协同合作，正确应对。

3. 飞机右坡度已经高达 46°，需要飞行员立即向左修正姿态。然而，飞行员却反其道而行之——向右打驾驶盘，加重了飞机向右滚转。当飞机处于倒飞姿态时，飞行员又猛拉杆，导致飞机加速俯冲。

这就要求飞行员应当充分了解现代客机特性，不仅要掌握驾驶技巧，更要理解飞机的运行原理，做到知其所以然，才能防患于未然。

8. 飞行员听不懂警告酿大祸——1993 年中国北方航空 6901 号航班

中国北方航空 B-2141 号机

1993 年 11 月 13 日，中国北方航空 6901 号航班（CJ6901）执行沈阳经北京至乌鲁木齐的航班任务。在乌鲁木齐机场进近时，由于飞行员操作失误，飞机失控坠毁在距离乌鲁木齐地窝堡机场跑道约 2.2 千米的农田里。导致机上 102 人中，12 人遇难。

执飞机型为麦道 MD-82 型（B-2141 号机），机龄 2.5 年，累计飞行 5 007 小时 /2 698 起降循环。航班右座机长教员，53 岁，累计飞行 15 296 小时。

副驾驶座机长，53 岁，累计飞行 4 620 小时。第二副驾驶 30 岁，累计飞行 1 053 小时。

下午 2 点 51 分，6901 号航班报告已建立盲降，高度为 600 米。地面指挥指示飞行员按照盲降程序进近。地面人员向机组通报机场能见度约为 1.5 千米，并提醒机组跑道入口处近期曾出现雾情，实际能见度可能更低。2 点 56 分，地面人员询问机组是否过远台，未收到机组回复。事后证实，2 点 53 分，飞机撞击高压线后坠毁。

事故现场位于乌鲁木齐机场东端延长线 2 210 米处，飞机残骸散布范围长约 150 米，宽约 60 米。现场东侧 98 米处发现 5 根 1 万伏高压线，走向为 335°，飞机撞断了其中一根。飞机左翼发现与高压线接触痕迹及电击损伤。

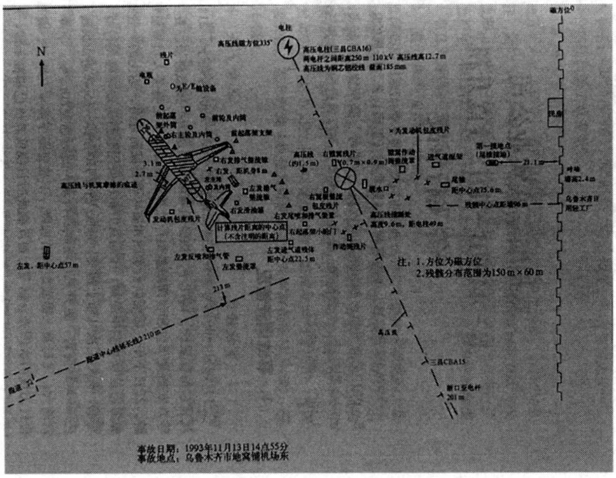

B-2141 号机飞机事故现场残骸分布图

调查人员在驾驶舱语音记录仪（CVR）中发现问题。2 点 34 分。塔台向飞行员通报："场压 947 百帕，高度表拨正值 1 024 百帕，温度 -3℃，地面静风，向西落地。"机长在调整高度表时，对调至"947"还是"1024"产生了疑惑。他问场压到底是多少？有人说是"1024"，右座教员更正说"1024"是修正海压，并向地面再次证实了场压是"947"。但是左座仍将高度表调到了"1024"。

飞行员将管制员提供的修正海平面气压（QNH 1024 百帕），错误理解为场面气压（QFE），并进行了错误的高度表调整。导致机长位高度表数值高出飞机实际离地高度约 648 米。QNH 是航图中标注的机场数据，机场起飞、爬升、下降和着陆，都需要以QNH为标准来拨正高度表，以确保所有起降的飞机都使用同一标准来测定飞行高度。

麦道MD-82驾驶舱特写

由于高度表设置错误，机长误以为飞机飞行高度过高，便按照错误的高度指示打开了自动驾驶仪系统垂直速度模式，并偏离了下滑道。尽管右侧高度表的读数正常，但副驾驶却没有发现机长的错误操作。

飞机的近地警告系统（GPWS）连续两次发出“GLIDE SLOPE（下滑道）”警报，并自动切断了自动油门系统。这迫使飞行员去处理自动油门的问题，他们用1分钟也没有接通自动油门，但极大地分散了注意力。

飞行员重新关注飞机进近情况时，GPWS发出“Pull Up（拉起来）”的警报声，有人问：“啥玩意？”随后驾驶舱又传来3次“Pull Up”警报声，机长问：“Pull Up怎么回事？”机械员回复说：“小心点”。可见当时驾驶舱内的4名机组人员都没有理解“Pull Up”的含义，飞机依旧保持365米/分钟的下降率。

当时天气条件恶劣，伴有米雪、大雾和轻冰，导致五边进近能见度极低。机组虽然打开了风挡雨刷，但能见度仍然很低。此外，左座飞行员一直把“1024”高度当做场压高度进近，误认为飞机高度高，因此低于下滑道飞行。当机械员发现高度低时，喊：“高度啊！”，左座还说“气压高度高”，机械员喊“别下了，别下。”随后，机组按下了高度保持，在自动驾驶作用下，飞机抬头保持高度。但当时自动油门在断开位，又没有人工加油门，因此速度迅速减小，造成失速抖杆。此时，复飞为时已晚。

事故报告指出，北方航空6901号空难的主要原因是由于左座设置了错误的高度表，将修正海压当作了场压。飞行员也没有按照盲降指引进近，而是盲目下降高度。而在当时的环境条件，低空高度具有结冰条件，飞行员目视飞行受限，机组成员中又没有人听懂近地警报的意思，当他们发现高度过低时，导致飞机失速坠地。

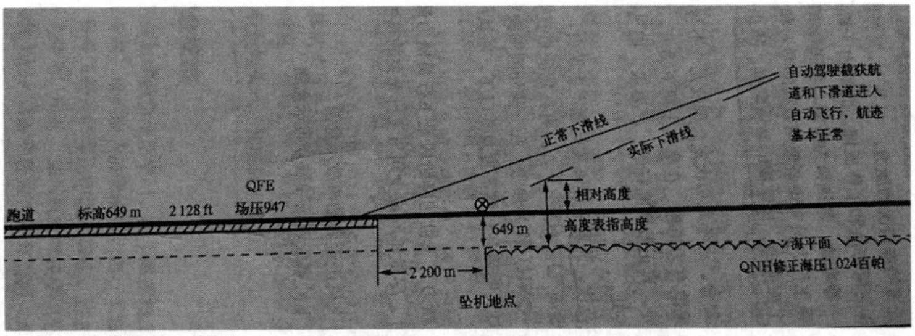

B-2141 号机进近着陆事故示意图

事故报告提出了以下 5 项安全建议。

1. 加强航空理论学习。事故的直接原因是飞行员对高度概念混淆，这本是可以完全避免的悲剧。现阶段我们对航空理论的重视程度也不够，导致部分飞行员理论水平低下，对很多基本概念搞不懂、吃不透，成为影响安全的一大隐患。因此，当务之急是加强飞行员的理论学习。这就要求飞行员不仅需要熟练掌握飞行驾驶技巧，还需要具备扎实的理论知识，以提升对现代化设备的操作和处理特殊情况的能力。

2. 熟练掌握设备的使用方法，理解工作原理。事故是由于飞行员听不懂警告信号，错失时机导致发生一等事故，教训非常惨痛。因此需要各飞行单位要很好的学习此次事故，加强飞行员对设备的学习和训练，不仅知其然，还要知其所以然，防止类似事故发生。

3. 加强机组成员的协同配合。近年来历次重大事故基本都和机组协作配合不佳相关。因此需要采取强有力的措施，加强飞行教员和责任机长的培养。

4. 管制员的管制规范化。为了避免类似 6901 号航班事故中的高度问题。此后，管制员一律使用场面气压（QFE）信息。只有当飞行员提出要求时，才能提供修正海平面气压（QNH）。某些国外飞行员不熟悉我国的相关规定时，必须向其表明在过渡高度和以下，使用的均为场压高度。

5. 不要分散机组精力。飞机起飞和降落阶段是飞行员精力最集中的阶段，管制员在指挥时，尽量不问或少问和飞行无关的事儿，以免飞行员分心。

9. 驾驶舱里的“暴脾气”机长——1993 年美国西北空联航空 5719 号航班

西北空联航空涂装的捷流 31

1993 年 12 月 1 日，美国一架通勤航班在飞往明尼苏达北部城镇机场进近时失事。调查员勘查完现场并分析飞行数据后发现，失事飞机符合可控飞行撞地（CFIT）的所有特征——过高的下降率、驾驶舱通讯不畅、未能及时监测飞行高度、发现危险时为时已晚。当调查员在试图解释飞行员为何犯下连续失误的时候，意外发现了航班机长更多性格的缺陷，而正是他的这个缺陷让航班一步步坠入深渊。

西北空联航空 5719 号航班（TC5719）是从明尼阿波利斯圣保罗国际机场经停奇泽姆 · 希宾机场，飞往国际瀑布城机场的定期航班。执飞该航线的一架捷流 31 准备在希宾机场降落时发生意外，飞机撞上机场东边的树林后坠毁，事故造成机上 18 人全部遇难。

航班机长马文 · 法利茨（Marvin Falitz），42 岁，累计飞行 7 852 小时。副驾驶查德 · 埃里克森（Chad Erickson），25 岁，累计飞行 2 019 小时，他入职刚两个月。涉事飞机是一架英国宇航捷流 31（Bae-3100，N334PX 号机），累计飞行 17 162 小时 /21 593 起降循环，这是一款小型双发涡桨客机。

捷流 31 驾驶舱

12 月 1 日，由于圣路易斯机场跑道灯更换维修，导致 5719 号航班延误 40 多分钟，航班上一共 2 名飞行员和 16 名乘客，航班飞行时间约 1 小时。

希宾机场是一座位于美国明尼苏达州圣路易斯县的公共机场，距离希宾市中心商务区东南约 7 公里。机场有两条沥青跑道：13/31 跑道长 2 060 米，04/22 跑道长 937 米。该机场主要服务于通用航空，同时兼顾商业航空和包机业务。

希宾机场并没有管制塔台，5719 号航班的降落依赖仪表飞行，这对飞行员的驾驶技艺也是一次考验。飞行员和管制员联系后得知，希宾机场附近的天气恶劣，还有冻雨。考虑到在 31 号跑道进近时有顺风，道面湿滑等因素，法利茨机长决定使用非精密进近降落在 13 号跑道。

希宾机场卫星视图

非精密进近是一种有方位引导但没有垂直引导的仪表进近方式，这就需要飞行员根据飞机和跑道头的距离来计算、检查和调整飞行高度，并控制飞机在规定的下滑道上下降，飞行难度相对较高。

根据飞行计划，航班在希宾机场短暂停留后将继续飞往国际瀑布城。飞机很快进入降落程序，在 2 400 米高度拦截仪表着陆系统定位器，但此时飞机高度过高，于是机组使用较大下降率，以 610 米 / 分钟的速率下降。飞机在 620 米高度和树木发生碰撞，随后滑行了 193 米，最终撞击山坡并发生翻转。

倒扣的 N334PX 号机残骸

管制员最先察觉到异常，他们发现 5719 号航班延误了，连续多次呼叫也没有得到回应，他们开始联系搜救队。搜救人员在希宾机场西北 3.2 千米的地方发现 N334PX 号机，机上没有幸存者。

美国国家运输安全委员会（NTSB）迅速成立调查组展开调查。飞机残骸和遇难者遗体散落在山坡上，天空还下着大雪，给搜救和调查工作带来了极大的困难。

调查人员很快在飞机残骸中找到驾驶舱语音记录仪（CVR），但由于当时小型客机尚未强制安装飞行数据记录仪（FDR），他们只能从雷达数据中有限地还原事故发生前的飞行轨迹——5719 号航班最后的进近阶段，下降率异常陡峭是正常下降率的两倍。

希宾机场的进近图显示，飞机需要采用阶梯式下降的方式进场。而 5719 号航班则是向前飞了 8 千米，随后突然以陡峭的轨迹下降。为了能落在跑道

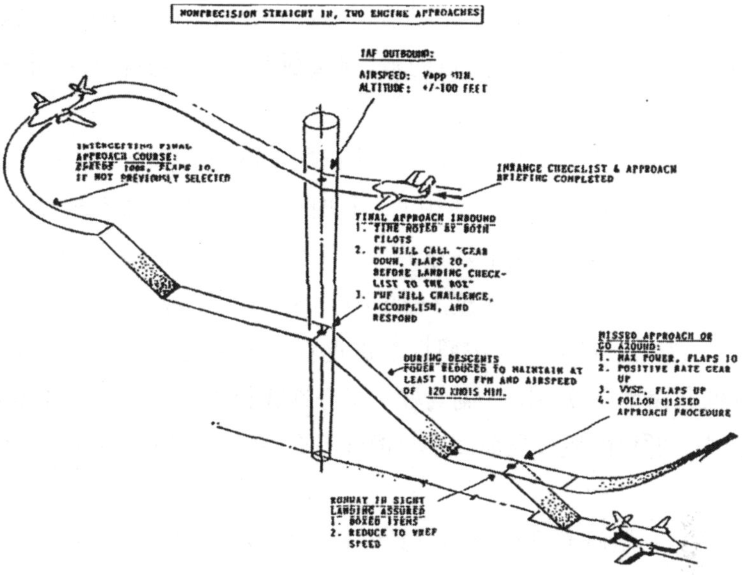

5719 号航班飞行轨迹示意图

上，飞机的下降点越晚，其所需要的下降率就要越高。如果地面有障碍物的话，就会大大增加风险系数。

此外，事发时捷流 31 作为一款小型支线客机，尚未配备地近警告系统（GPWS）。1994 年 4 月，美国联邦航空管理局（FAA）才强制要求所有商业航班安装 GPWS。

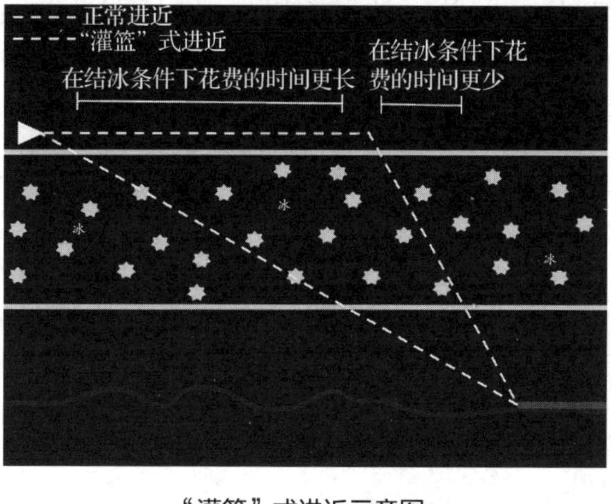

“灌篮”式进近示意图

调查人员在飞机残骸中没有发现有价值的线索，他们开始分析飞机 CVR

信息。CVR 录音显示，机长法利茨在晚 7 点 36 分指示副驾驶埃里克森与管制部门联系，报告飞机即将抵达目的地。4 分钟后，法利茨机长决定调整进近计划。

由于其他飞行员报告在 2 400 米以下云层中遭遇轻度至中度积冰，法利茨机长为尽量减少飞机在积冰环境中的飞行时间，计划尽可能长时间地在 2 400 米以上高度飞行，然后快速下降穿云。这种非标准的“灌篮式”进近方式尽管未见于官方飞行手册，但在捷流 31 的飞行员中较为常见。

然而，5719 号航班并未按照标准进近程序下降至中间高度，而是以 610 米 / 分钟的高速率持续下降。副驾驶有义务在飞机下降率超过 304 米 / 分钟时向机长报告，并提醒机长当前高度与最低下降高度的差值。但埃里克森却什么都没有说。

调查人员开始研究飞行员的背景资料。25 岁的埃里克森是一名自费飞行员，他的飞行训练成绩优秀，在平时飞行任务中也是做足了功课，包括每个机场的详细信息。他作为一名新入职的试用期飞行员，担心机长的绩效考核会影响自己的职业生涯。

法利茨机长背景呈现出更为复杂的特征，他的训练从一开始就发出危险信号。1980 年，法利茨首次参加商业飞行员的考试就失败了。在驾驶萨博 340 期间，教员曾对他做出负面评价：法利茨在与机组成员的沟通方面存在严重问题，表现出固执、好争辩且自以为是的个性。此外，在一次模拟发动机故障演练中，由于与副驾驶沟通不畅，法利茨错误地关闭了发动机。

1987 年起，法利茨开始在例行能力检查中屡屡不合格。1988 年、1992 年他连续两年挂掉飞行测试。甚至在事发前 6 个月——1993 年 5 月，法利茨又一次挂掉了飞行测试。

N334PX 号机残骸

除飞行能力外，法利茨的性格问题也为其职业生涯蒙上了阴影。档案记录显示，他曾多次因性骚扰女员工而受到指控、飞行期间存在睡觉等现象。甚至还有人投诉称，法利茨在盛怒之下动手打了同事。其他副驾驶和埃里克森分享了法利茨的负面信息后，可能让埃里克森对和法利茨的搭班心生畏惧，他可能害怕任何轻微或次要的错误，都会招致后者写一篇糟糕的评论毁掉他的职业生涯。

大量证据表明，法利茨在任职期间并不如意。西北空联航空实施新的飞行员居住政策，公司为了削减成本，要求飞行员住在明尼阿波利斯郊外的小镇。法利茨为了留在市区，被迫改飞小机型，并降薪 12%。心怀不满的法利茨开始以自己的方式报复公司，例如对所飞机型挑三拣四，飞行中故意作出野蛮的机动动作，吓唬乘客远离西北空联航空的航班。

就在执飞 5719 号航班前，法利茨还和客户服务代表发生了激烈冲突。公司没有将法利茨的名字列入加机组的名单，这让他勃然大怒，并用粗鲁的语言辱骂了客服代表。加机组是指飞行员、管制员或签派员经过办理手续后，能以机组成员的身份乘坐飞机，而无需购买机票。

地勤人员向调查员反映，法利茨还因飞行前检查的问题大声训斥了埃里克森。一名“菜鸟”副驾驶，做事难免有不到位的地方，这就需要有成熟经验的飞行员做好“传、帮、带”的工作。飞行还未开始，法利茨就以大动肝火的方式为此趟航班的飞行定下了基调。

调查员仔细复听了一遍 CVR 录音，又有了新的发现。法利茨在不起眼的问题上对埃里克森横挑鼻子竖挑眼，甚至以羞辱的方式让后者很难堪。咄咄逼人的法利茨让驾驶舱变得充满火药味，吓坏的埃里克森估计也不敢给机长提醒飞行高度信息。而在飞行中，即便法利茨操作出现错误，埃里克森也很难张口提醒。

1994 年 5 月，NTSB 公布 5719 号航班最终事故调查报告，报告指出，该事故的主要原因是机组人员的协调失灵，具体表现为机长在夜间仪表飞行条件下执行了不稳定的进近操作，导致飞机丧失了安全高度。

造成事故的因素还包括：航空公司管理层对机长此前存在的飞行技术和机组资源管理问题未予以足够的重视，未能采取有效的纠正措施。飞行员广泛采用未经批准的进近方式，增加了飞行风险。FAA 对航空公司的监管也不到位。

5719 号航班的事件凸显了和谐驾驶舱氛围的重要性。在高风险的飞行任务中，如何充分发挥机组资源管理团队协作的力量至关重要。通过发现问题并及时提出质疑，才能在第一时间消除潜在的安全隐患。

经验丰富的机长应起到指导和培养副驾驶的作用，营造一个鼓励沟通、尊

5719 号航班事故纪念碑

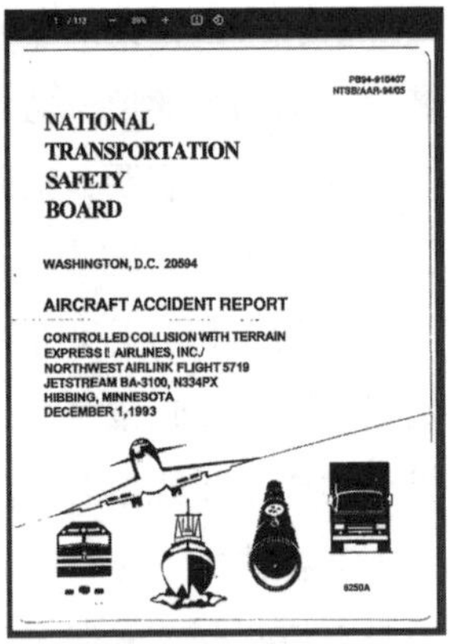

PB94-910407
NTSB/AAR-94/05

NATIONAL
TRANSPORTATION
SAFETY
BOARD

WASHINGTON, D.C. 20594

AIRCRAFT ACCIDENT REPORT

CONTROLLED COLLISION WITH TERRAIN
EXPRESS II AIRLINES, INC./
NORTHWEST AIRLINK FLIGHT 5719
JETSTREAM BA-3100, N334PX
HIBBING, MINNESOTA
DECEMBER 1,1993

6250A

调查耗时 6 个月，
全文 113 页

重意见的驾驶舱氛围。脾气乖戾的法利茨机长通过糟糕的方式让埃里克森面对危险选择视而不见，他不仅害了自己，害了副驾驶，还连带上客舱中无辜的乘客。

希望每名飞行员都能得到善待。

10. 机务插错图 -154 插口酿事故——1994 年中国西北航空 2303 号航班

图 -154 驾驶盘和飞行仪表

中国西北航空 2303 号航班（WH2303）是从西安飞往广州的国内定期航班。1994 年 6 月 6 日，一架执飞该航班的图 –154 在起飞不久后，因自动导航系统故障导致飞机失控解体，最终坠毁在西安咸阳国际机场附近，机上 160 人全部遇难。

6 月 6 日，执飞 2303 号航班的是一架图 –154（B–2610 号机），该机累计飞行 12 134 小时 /6 409 次起降循环。航班机长 46 岁，累计飞行 8 328 小时。机长教员 45 岁，累计飞行 4 702 小时。副驾驶 25 岁，累计飞行 921 小时。

6 月 6 日，2303 号航班一共搭载了 160 人，包括 14 名机组成员和 146 名乘客。早晨 8 点 13 分，2303 号航班顺利起飞。然而，24 秒后，飞机机身开始出现异常晃动并发出异响。飞行员使用额定马力保持飞机以 400 千米 / 小时的速度爬升，并向东南方向飞行。

随后，飞行员向塔台报告飞机姿态保持不住，飘摆坡度达到 20° ~30° 。他们尝试短暂接通自动驾驶仪，但并未解决问题。塔台告知 2303 号航班，技术人员已经赶到现场，并已清空附近空域。

图 –154 客舱示意图

飞机时速降至 373 千米，飞机迎角达到 20° ，并发出失速警报。飞机突然向左滚转并急剧向下俯冲，下俯角最高达到 65° ，最大坡度达到 66.8° 。同时，飞机速度飙升至 747 千米 / 小时，超速警报响起。飞机高度从 4 717 米骤降至 2 884 米，飞行航向从 280° 左转到 110° ，最大垂直过载达到 2.7g，最大的侧向过载达到 1.4g。驾驶舱中有人喊道："失速了！"

8 点 22 分 42 秒，飞机在 2 884 米高度时开始解体。最终坠落在西安市长安区鸣犊镇，距离咸阳机场约 49 千米。事故发生后，当地立即展开救援活动。救援人员发现，飞机主要残骸散布在浐河两岸长 2 000 米、宽 1 000 米区域内。现场没有发现幸存者，法医尸检报告显示，死者基本为颅脑崩裂，躯体也是多发性骨折，这也凸显出坠机发生时，发生了非常大的冲击力。

中国民航总局成立调查组负责事故调查。调查员勘察事故现场发现，驾驶舱中央操纵台指示偏航 37 千米，正驾驶高度表为 990 米、空速表为 570 千米 / 小时，襟翼指位表左指为 0，右指为 15，马赫数表 0.56，磁航向为 82 度。调查员很快在前设备舱的残骸中发现异常：ПКА–31 安装架后方的倾斜式阻尼插头（Щ7）和航向阻尼插头（Щ8）相互插错了！

维修记录显示，6 月 4 日航班前机务为 B–2610 号机更换了 BH–701–2C 微动开关和 ПКА–31 安装架。航班后，机务为了排故又更换了 ПКА 安装架。当时是一名工段长带两名无操作证人员完成操作。检查完成后，整机放行单没有按照规定签字。6 月 6 日，飞行员发现 B–2610 号机的 А Б СУ 俯仰通道有一次未接通。但仪表员通电检查时一切正常。

飞行数据记录仪（FDR）的数据显示，客机起飞滑跑时，为了保持 51° 航向，飞行员蹬舵对方向进行修正。虽然飞机驾驶盘没有动，但副翼角度和方向舵有同步变化。

飞机失事前，基本保持在 400~500 千米 / 小时的缓慢爬升姿态，最高爬升至 4 717 米。起飞半分钟后，方向舵和副翼的舵杆行程出现低频振荡现象。伴随而来的是飞机开始左右翻滚和侧滑。飞行员开始修正姿态，但飞机始终没有稳定下来，随着高度的增加，飞机摆幅越来越大。飞机坠毁前 15 秒，局部迎角达到 20°，并发出失速警告。飞机开始突然向左滚转并急剧向下俯冲。

调查组开始研究 Щ7 和 Щ8 插错后对飞行安全的影响。地面故障模拟试验结果表明，当 Щ7 和 Щ8 插错后，飞机在杆操纵状态下，转动驾驶盘时，方向舵和副翼联动会发生异常。而且根据俄方制造厂提供的方案通电检查时，在驾驶舱故障搜索台和仪表板指示器上无法检测出这种插错故障。

调查组还进一步赴独联体和独联体国家间航空委员会（MAK）和图波列夫设计局讨论事故原因。中俄双方人员还在茹科夫斯基飞行试飞基地，对

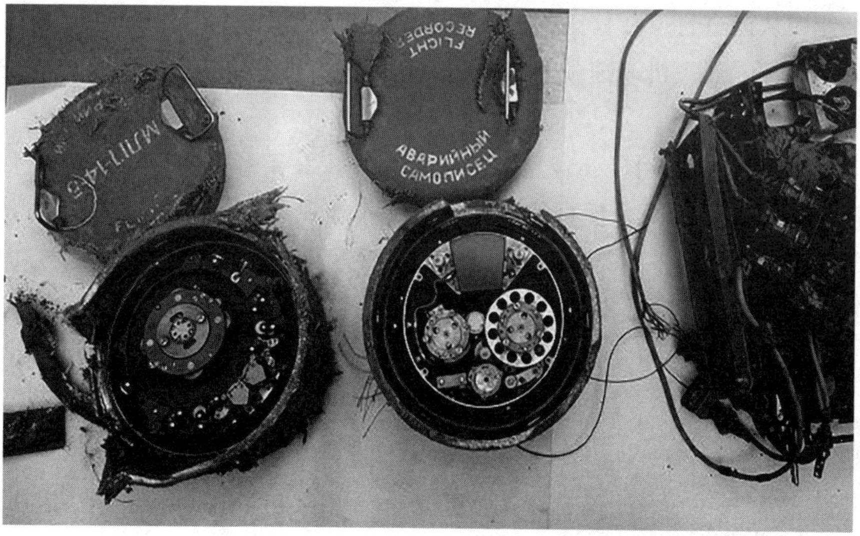

图 –154 的“黑匣子”

图 –154 飞机关断阻尼器后的操稳特性进行试飞测试。调查员在试飞中发现，关掉 PA–56 舵机后，飞机的俯仰、横侧操纵性和震荡衰减能力变差。但具备一定技能的飞行员能通过该科目的带飞训练，可以掌握关闭 PA–56 舵机后操纵飞机的特点，能够实现平安降落。

事故调查报告显示，B–2610 号机执行完 6 月 4 日任务后，机务在更换 ПKA–31 安装架时，地面人员将倾斜阻尼（Щ7）和航向阻尼（Щ8）相互插错位置。而插错后，地面通电试验并未发现该故障。从而导致 B–2610 号机带着安全隐患起飞了。

倾斜阻尼的陀螺仪能侦测到倾斜角速度信号，并传送给副翼舵机。而航向阻尼的陀螺仪则是侦测偏航信号，并传送给方向舵舵机。但是由于两个插头差错，导致倾斜阻尼将收集到的倾斜角速度信号传给了方向舵舵机。而航向阻尼将收集到的偏航角速度信号传给了副翼舵机。

当 B–2610 号机起飞滑跑时，飞行员蹬舵保持航向，产生的偏航角速度信号，传送到了副翼舵机。从而导致和偏航角速度对应的副翼偏转。此时由于飞机没有起飞，飞行员并未感受到飞机发生倾斜。但当飞机升入空中时，飞机立刻开始明显倾斜。

飞行员操纵驾驶盘修正飞机姿态时，倾斜角速度信号又被传送到方向舵舵机。方向舵随之偏转，导致飞机姿态异常现象更加严重，飞行员发觉飞机失去控制，从而进行反复修正，这又加剧了飞机飘摆现象，最终导致飞机失速并向下俯冲。而飞机表速和侧向过载均超过机身强度上限，导致飞机在空中解体。

调查报告指出，图 –154 型飞机 ПКА–31 安装架和 А Б СУ 系统并没有防错设计，Щ7、Щ8 两个插头位置相邻，尺寸外观类似，插头的线数也相同，仅用色标予以区别，在实际应用中很容易发生安装差错。调查员发现俄方也多次发生错插现象。

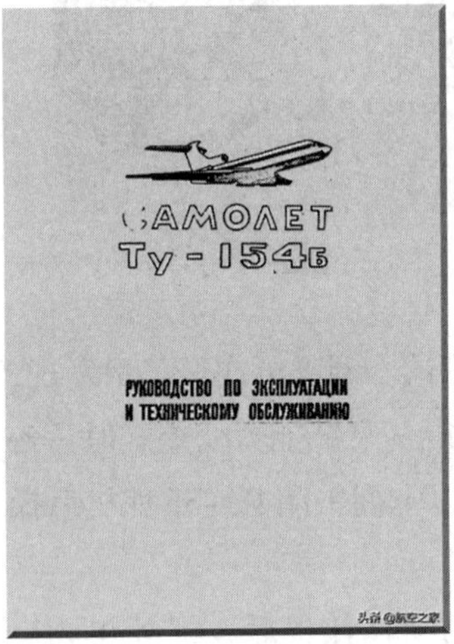

图 –154 飞机技术维护手册封面

图 –154 的飞行手册显示，飞行员在消除飞机飘摆故障时，需要同时关闭“航向”和“倾斜”两个阻尼器。但是图 –154 的模拟机飞训大纲中，并没有针对消除飞机飘摆的训练科目。

事故的直接原因是机务在更换 А Б СУ 安装架时，将 Щ7、Щ8 插头相互错插，导致飞机操纵出现异常，使动稳定性变差，导致飞机失控在空中解体。

调查报告同样提出了安全措施和建议。

1. 调查组发现西北航空公司在机务维修过程中存在很多漏洞，例如不能严格遵守适航管理规定；当事的飞机维修人员没有上岗合格证；有严重违反操作规程现象、操作和管理有很大随意性。对图 –154 飞机机务维修可能影响飞行安全的重要部门，并没有执行相关检验规定，因 Щ7、Щ8 相互错插导致发生特大事故。西北航空公司必须展开全面大检查，杜绝类似事件再次发生。民航西北管理局要结合这次事故教训，对西北航空公司各航修厂进行认真检查，对维修工作提出相应的要求，保证飞机维修质量，保障飞行安全。

2. 民航总局进一步强化政府职能和行业归口管理职能，完善规章制度，并狠抓落实。加强机务维修的质量保障体系，完善和健全维修操作规程和检查制度。同时加强监督检查力度，强化对各类人员的技术培训和遵纪守法自觉性的教育。同时将图 –154M 飞机设计上的缺陷和维修工作的相关规定，通报给相关航空公司，并提出具体要求并落实。

3. 要求对机长进行处置实际问题能力的培训。提升机长在发生特殊和应急情况时，发现问题、统一指挥、正确处理和应变能力。根据事故中暴露出的图 –154M 飞行员训练中的问题，进行专门的特情训练。

4. 建议图波列夫设计局对 Щ7、Щ8 的插头进行重新设计，防止错插事件发生。对飞行技术维护规则和工艺卡片作出相应改变，能使地面维护和飞行人员在飞机起飞前，对杆操纵状态下的 А Б СУ 对飞机的控制进行检查。

5. 由于俄制客机未采用国际通用适航标准，今后在引进俄制飞机时，民航总局需要进行严格的型号合格审定工作。

2001 年 3 月 20 日，在新疆服务多年的 5 架图 –154 集体退役，自此我国航空公司中再无图 –154。2003 年 3 月，根据国务院组建“三大航空集团”的改革方案，一直处于亏损状态的中国西北航空公司被并入东方航空集团。

延伸阅读：詹姆斯·瑞森和“瑞士奶酪模型”

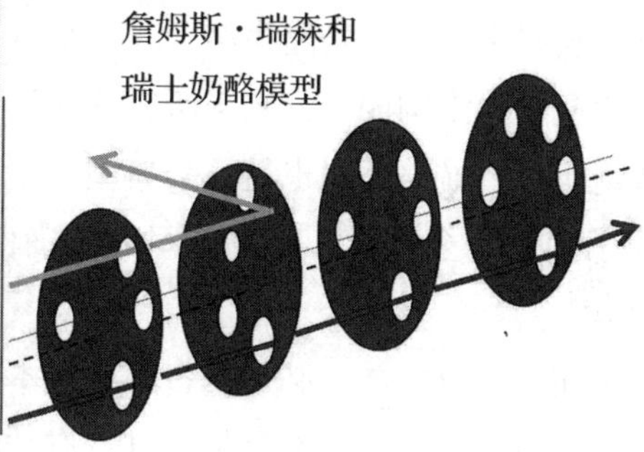

詹姆斯·瑞森和“瑞士奶酪模型”

詹姆斯·瑞森（James Reason）是英国曼彻斯特大学心理学荣誉退休教授。他最早提出了“瑞士奶酪模型（Swiss Cheese Model）”，将人类系统的防御比作一系列随机穿洞的瑞士奶酪片。这些奶酪片呈垂直平行排列状态，每片之间都有间隙。

瑞森假设大多数事故都可以追溯到以下四个故障级别中的一个或多个：组织影响、不安全监管、不安全行为的前提条件、不安全行为本身。

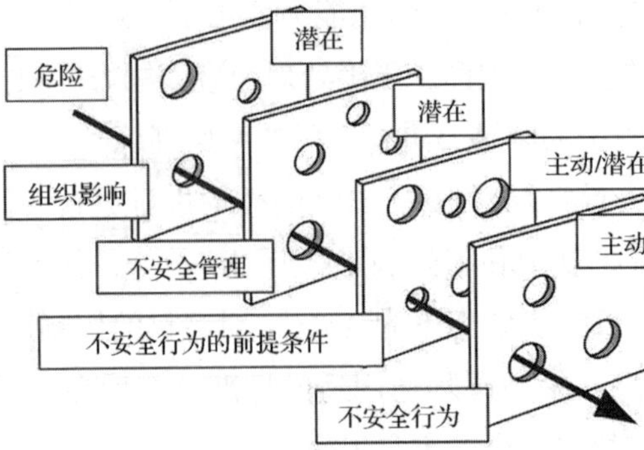

“瑞士奶酪模型”示意图

在“瑞士奶酪模型”中，一个组织对失败的防御被比作一系列相互叠加的奶酪片。每个奶酪片代表系统某一部分的防御能力，而奶酪片上的洞则代表该部分存在的漏洞。这些漏洞的大小和位置在不断变化，并且可能出现在任何一个奶酪片上。当多个奶酪片上的洞恰好对齐时，就会形成一条贯穿所有防御层的通道，危险因素就会沿着这条通道乘虚而入，导致事故发生。

瑞森最初提出“瑞士奶酪模型”时，是以核电站为研究对象的。他认为任何组织都由基本元素构成，只有当所有这些元素都正常发挥作用时，组织才能安全高效地运行。航空公司也是一个典型的生产系统，其主要“产品”是安全运营。为了确保安全运营，航空公司需要确保系统中的每个单元都能够有效协作。

航空公司在运营之前，必须具备某些基本条件，例如保养良好的设备和训练有素的员工。同时，还需要对员工进行有效的管理和监督。即使是最优秀的管理者，也需要来自他人（例如员工和更高层决策者）的支持和指导。此外，决策者还需要关注组织外部的环境、政治和经济因素，以及内部员工的反馈。

生产过程逐渐失效与瑞士奶酪的物理结构相似。因此，瑞森将该模型命名为“瑞士奶酪模型”。1990 年 4 月，瑞森在伦敦皇家学会哲学汇刊上发表了题为《潜在的人为失误对复杂系统崩溃的贡献》的文章，正式提出了“瑞士奶酪模型”。

事故的发生往往源于生产过程中系统单元之间的互动出现问题。当某些单元失效时，会损害系统的整体性，使系统操作变得更加危险，并更容易导致灾难性后果。组织活动可以分为多个层面，每个层面都可能存在漏洞。如果这些漏洞恰好重叠，形成一条贯穿所有防御层的通道，那么不安全因素就会像光线一样穿过通道，最终引发事故。在航空安全事故调查中，经常可以看到这种“层层失误，最终酿成灾难”的案例。

“瑞士奶酪模型”包括主动失误和被动故障。主动失误是指可能与事故直接相关的不安全行为，包括差错和违规。事后分析通常会认定这些行为是不安全的。主动失误通常发生在一线工作人员（例如飞行员、空中交通管制员、机务人员等）身上，并可能带来严重后果。被动故障可能潜伏数天、数周甚至数年之久的问题，直到最终导致事故发生。

瑞森因其在人为失误和组织失败方面的研究而享誉世界。他是英国心理学会、皇家航空学会、英国学院的院士，也是皇家全科医师学院的荣誉院士。2003 年，瑞森被授予大英帝国司令勋章，以表彰他在降低医院风险方面做出的贡献。

11. 驾驶舱中“洋红色的孩子”——1995 年美国航空 965 号航班

965 号航班坠毁前示意图

一架美国航空公司的波音 757 在夜间执行从迈阿密飞往哥伦比亚卡利的航班时，意外偏离航道。在伸手不见五指的安第斯山脉上空，飞机穿梭在浓密的雾气中，飞行员不经意间累积的错误像雪球一样越滚越多。

突然驾驶舱紧急警报声给手忙脚乱的飞行员当头一喝，他们竭力拉升飞机以避免撞山，但为时已晚，陡峭的爬升姿态使飞机接近失速边缘，最终飞机迎头撞到哥伦比亚布加的一座山上，事故造成机上 159 人死亡，仅 4 人幸免于难。

坠机消息传回美国后，也引起整个航空业的震动。一家世界顶级航空公司旗下的先进客机，怎么会撞到山上？经过世界最严格培训体系的飞行员为什么没能避免灾难？这起事故也产生了深远影响，让航空业人士对人类和自动化的互动有了新的认知，随后的改进措施又诞生了足以挽救数以千计生命的新技术。

20 世纪 90 年代中期，哥伦比亚陷入了中央政府军与贩毒集团、地方叛军之间的泥潭混战。与此同时，该国基础设施建设也非常落后，国有航空公司哥伦比亚航空的安全问题频发，一系列致命的空难事故令其名誉扫地，特别是大毒枭埃斯科瓦尔炸毁一架 727 后，更是导致哥伦比亚民众对该航空公司失去信心，纷纷转而选择美国航空公司。

迈阿密是美国航空飞往南美地区的桥头堡

美国航空公司是全球最大的航空公司之一，成立于 1926 年，总部位于美国得克萨斯州沃斯堡。以机队规模、定期旅客运输量和收入客千米数衡量，美国航空公司均居世界首位。

当时美国航空公司在拉美航线上主要使用 757。757 是波音公司在 20 世纪 80 年代研发的双发窄体客机，旨在取代 727。该机型配备了当时先进的玻璃驾驶舱，仪表采用 CRT 和 LCD 显示器，而非传统的机械仪表。在空客 A321LR 投入生产之前 757 拥有窄体客机中最大的航程，满载 200 名乘客的情况下航程可达 7 200 千米以上，甚至超过了协和客机。

美国航空公司深知哥伦比亚基础设施落后，管制员形同虚设，因此为其

757 配备了先进的飞行管理系统（FMS）。该系统集成了全球地理数据库、GPS 和惯性导航系统（INS）。飞行员在控制台将航线输入控制显示单元（CDU），FMS 能自动将飞机引导至目的地。757 高度自动化，仅需两名飞行员驾驶。在培训过程中，飞行员了解到他们将穿越海拔 6 000 米的山脉，且大多数机场没有雷达，需要保持高水平的态势感知能力。

美国航空 965 号航班（AA965）是从美国迈阿密国际机场飞往哥伦比亚卡利阿方索·邦尼拉·阿拉贡国际机场的国际航班。1995 年 12 月 20 日，该航班由一架 757-223（N651AA 号机）执飞，机龄 4 年，累计飞行 10 657 小时 / 3 768 起降循环。机上搭载 163 人，包括 155 名乘客和 8 名机组成员。

航班机长是尼古拉斯·塔夫里（Nicholas Tafuri），57 岁，累计飞行 13 000 小时。副驾驶唐纳德·威廉姆斯（Donald ‘Don’ Williams），57 岁，累计飞行 5 800 小时。威廉姆斯曾在空军服役，他在 1985 年还被评为年度空军教官。

当时美国东北部地区遭遇暴风雪袭击，导致该区域航班大面积停飞，引发了连锁延误。为了等待大量转机的乘客，965 号航班延误两小时后才于下午 6 点 35 分从迈阿密起飞。

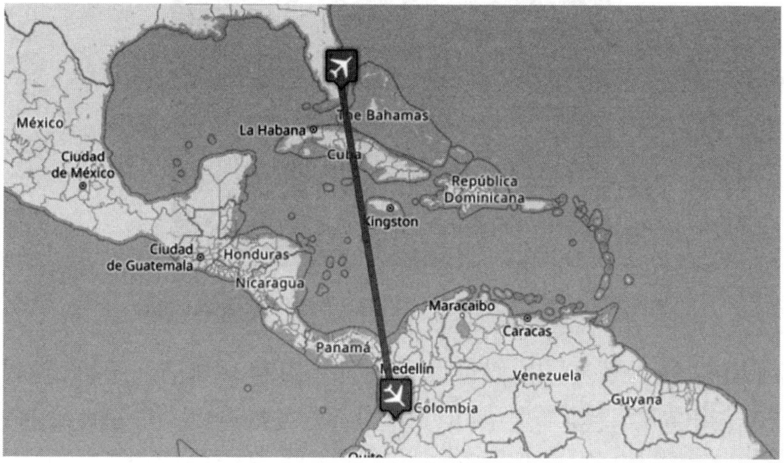

航线示意图

阿拉贡国际机场坐落于哥伦比安第斯山脉中心，机场海拔 964 米，拥有一条 3 000 米长的 01/19 跑道。机场周边地形复杂，狭长的山谷自南向北绵延数百千米，西部山脉平均海拔 1 500~1 800 米，东部山脉则高达 3 350~3 650 米。

机场 19 号跑道北侧设有甚高频全向信标（VOR）和名为“ROZO”的非定向信标（NDB）。机场以北 61 千米处还有另一个名为“TULUA”的 VOR。飞机需按以下顺序飞行：先飞至“TULUA”，再飞至“ROZO”，最后在机场南侧盘旋降落。

965 号航班起飞后，一路向南飞越加勒比海进入哥伦比亚领空。飞行员计划在 01 号跑道使用仪表着陆系统（ILS）进近。在此过程中，FMS 将自动跟踪地面一系列无线电信标进行导航。

晚上 9 点 34 分，飞行员和管制员取得联系。由于当地的叛军炸毁了雷达，管制员指示飞行员沿着进近航线飞行，并在飞越每个信标点时报告位置。测距仪（DME）显示飞机距离机场 117 千米时，双方沟通的时候发生了一个误会。

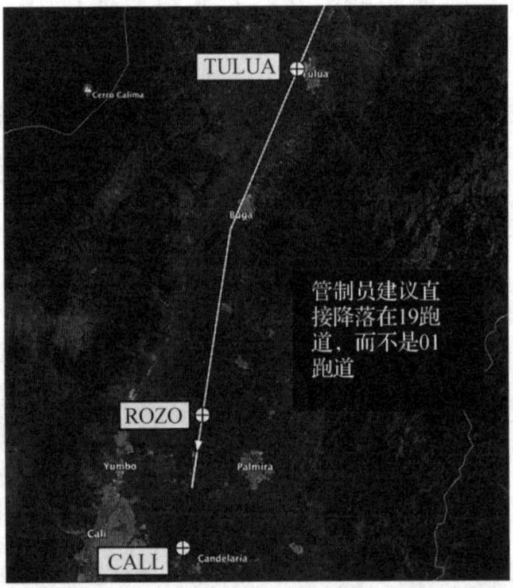

红色虚线为预定航线，白线则为管制员建议航线

管制员告知飞行员，他们可以直接飞往卡利 VOR。在美国，如果管制员指示飞行员可以直接飞越 VOR，则意味着飞机可以沿最短路径直接飞向 VOR，无需经过中间信标点。然而在哥伦比亚，情况有所不同，965 号航班需要在飞越两个信标点时向管制员进行报告，这是管制员跟踪飞机位置的唯一方式。

塔夫里机长判断他们可以直飞卡利 VOR，于是他在 FMS 上输入“卡利”并按下“执行”键。航线被拉直，两个信标点信息也随之消失。

很快，管制员再次联系 965 号航班，告知其可以使用 19 号跑道以最短路径进近。这意味着飞机可以直接进近，无需到南边盘旋转弯，从而缩短距离、节省时间。

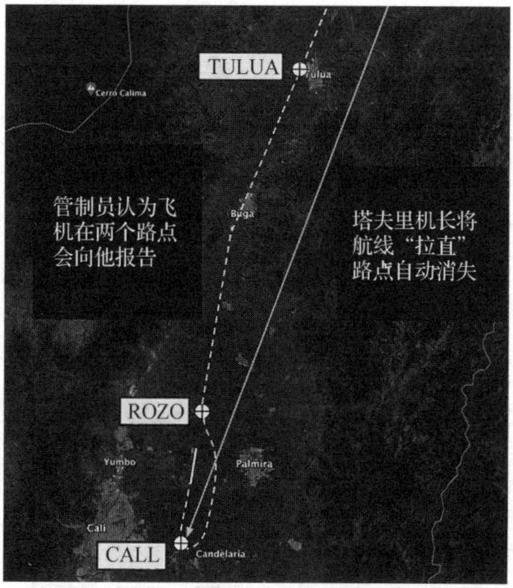

白色虚线是原定航线，实线为拉直后的航线

塔夫里机长决定降落 19 号跑道，也推下了导致事故的第一块“多米诺骨牌”。他们距离 19 号跑道太近，飞行高度过高，来不及在着陆前重新配置飞机。虽然飞行员应该按照原计划降落，但或许出于赶时间的考虑，或许是高估了自身能力，他们最终选择了冒险。为了迅速降低高度，副驾驶威廉姆斯打开了减速板。

管制员指示塔夫里机长飞越“TULUA”后向他报告位置，这令塔夫里机长感到意外。他原以为可以直飞卡利，而这个信标点已经被取消，他甚至都不知道“TULUA”位于何处。

塔夫里机长找到 19 号跑道进近图，经过一番查询，终于发现“TULUA”是飞机的初始进近点，这也是管制员要求他们报告经过该点的原因。于是，塔夫里机长询问管制员是否可以跳过“TULUA”，直接飞往“ROZO”。

卡利机场的标准进近程序是从“TULUA”点开始，而“ROZO”点则位于跑道入口附近。飞行员必须严格按照标准程序进近，不能跳过“TULUA”点直接从“ROZO”点进近降落。

虽然管制员批准飞行员直接飞向卡利，但他不明白塔夫里想要表达什么意思，而自己的英语能力又有限，于是回复：“ROZO 19，风很平静”，同时强调在“TULUA”点报告位置，但他不知道的是飞机已经飞过了该点。

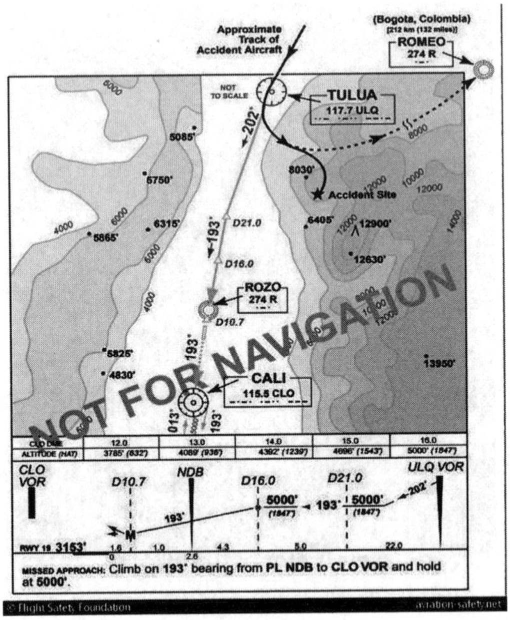

飞机坠毁轨迹示意图

塔夫里机长在后续操作中又犯了一个致命的错误。在 FMS 系统中选择导航辅助设备时，他需要输入国际民航组织（ICAO）代码。该代码由标识符（通常是名称的首字母）和国家代码组成。但在哥伦比亚，两个信标的标识符却相同。“ROZO”和波哥大附近的灯塔“ROMEO”点都使用标识符“R”，导致 ICAO 代码也完全一致。为了区分两者，FMS 系统的数据库将“R”标识符赋予了“ROMEO”点，因为后者位于更繁忙的机场附近，而“ROZO”点则使用全称进行标识。

虽然这是 ICAO 区分信标的标准做法，但飞行员们却对此并不了解。他们习惯使用哥伦比亚版进近图中的“R”，而不是 FMS 数据库中的“ROZO”。因此，当塔夫里机长想在 FMS 系统中选择“ROZO”时，他输入“R”后，跳出来第一个信标点是“ROMEO”。此时正确的做法是输入完整的“R-O-Z-O”标识符。他并没有注意“ROZO”不在列表上，于是按下“执行”键。而“ROMEO”信标点实际上位于他们身后左侧约 250 千米处。

757 的 FMS

当飞机飞往“ROMEO”时，FMS 的洋红色线条闪变为虚线后，又显示了转弯的飞行线路。此时飞行员需要确认导航辅助设备并检查飞行路径，但两名飞行员却都没有对此提出任何质疑。他们或许是为了急于着陆，忽略了可以发现错误的交叉检查，从而转向了一条不归路。

飞机转弯后，很快便进入了山区。飞行员突然意识到他们偏离了航线，进入了陌生区域。塔夫里机长输入“TULUA”信息，白色的虚线显示了预计飞行航线，但明显和他预想的位置不一致。他随即命令副驾驶向右转弯，进入与原航线平行的山脉，飞机以每分钟 822 米的下降率向山体俯冲。

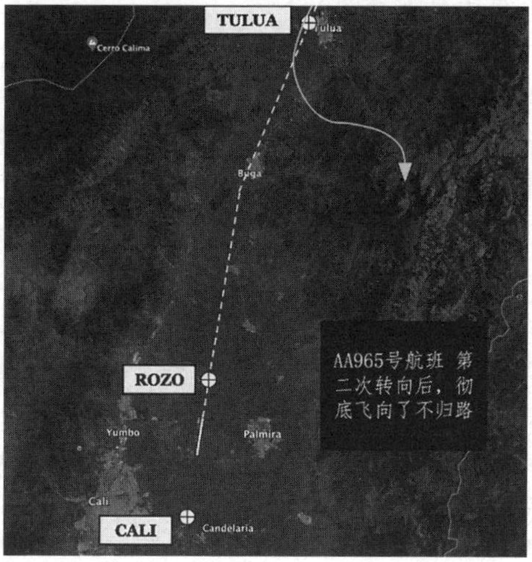

虚线为预定航线，实线为 965 号航班实际飞行轨迹

驾驶舱内突然响起近地警告系统（GPWS）的警报声，警告飞行员飞机即将撞山。副驾驶威廉姆斯察觉到情况危急，立即断开自动驾驶仪，将油门开到最大，并将飞机拉入陡峭的爬升状态。客舱中的乘客犹如坐过山车一般，抖杆器以机械振动的方式提醒飞行员即将失速。

9 点 41 分 28 秒，这架 757 在飞行员绝望的拉杆中，以 346 千米 / 小时的速度撞向山顶的树林，飞机俯仰姿态接近 28°。飞机撞树后，机身开始四分五裂，残骸碎片不断翻滚、破碎，散落四周。管制员多次呼叫 965 号航班，但始终没有收到回应，他永远也听不到回应了。焦急的家属们在机场等待着亲朋好友的消息。但航班抵达时间一再推迟，考虑到当地复杂的局势，谣言开始在机场蔓延。

最初没有人知道失联飞机的具体方位，卡利以北的布加镇传来消息：有人听到附近山上有疑似坠机的爆炸声。搜救行动随即展开，消防车和救护车呼啸着赶往事发现场。坠机地点附近山陡、路窄、夜黑，加上附近还活动着反政府武装，给搜救工作带来了极大的困难。

天亮后，救援直升机也加入了搜寻行列。清晨 6 点半左右，他们发现了坠机现场，惨烈的情景令人触目惊心：山顶的树林被夷为平地，飞机残骸和遇难者遗体散落四处。

救援直升机的及时赶到带来了生的希望。在飞机残骸附近，救援人员找到了 4 名幸存者！更令人惊喜的是，在飞机货舱中，救援人员还发现了一只毫发无损的小狗，这简直是生命的奇迹！

坠机现场，被夷为平地的树林和四处散落的飞机碎片

这起悲惨的航空事故瞬间成为全球媒体的头条新闻，并在航空业掀起轩然大波。一架配备了先进导航设备的 757，怎么会坠毁在机场附近的山顶上？

事故调查由哥伦比亚民航局（UAEAC）牵头，美国国家运输安全委员会（NTSB）、美国联邦航空局（FAA）、美国航空公司、美国航空机师工会（APA）、波音公司以及罗·罗公司派员协助调查。

"All the News That's Fit to Print"

The New York Times

Late Edition

VOL. CXLV . . . No. 50,213 — NEW YORK, FRIDAY, DECEMBER 22, 1995 — 60 CENTS

PRESIDENT AGREES TO RELEASE NOTES ON WHITEWATER

COURT FIGHT IS AVERTED

Agreement by White House and Congress Ends Weeks of Political Warring

By STEPHEN LABATON

150 Die as Jet From Miami Crashes in Colombia; 7 Survivors Found

No Indication of Bomb, Officials Report — Cause a Mystery

By PAMELA MERCER

Two rescue workers carried a girl who was found alive, top, and anxious relatives awaited word of survivors.

CONFERENCE PACT ON COMMUNICATION FACES HOUSE SNAG

SOME REPUBLICANS BALK

G.O.P. Angry Over Perception Democrats Got Upper Hand — Further Delay Seen

By EDMUND L. ANDREWS

空难发生 2 天后的《纽约时报》头版头条新闻

调查人员迅速排除了机械故障和人为破坏的可能，将调查重点转向了飞行员的操作。“黑匣子”信息解释了飞机偏航的原因。调查人员听完驾驶舱中飞行员的录音后陷入了沉思，在长达 7 分钟的时间里，两名飞行员仿佛置身迷雾——他们不清楚自己在哪，也不知道要往哪去。

当他们得知可以降落在 19 号跑道时，飞机已经处于高度偏高、速度偏快、距离又偏近的状态。为了提高下降率，副驾驶打开了减速板。然而在紧急避险爬升过程中，他却忘记关闭减速板。

飞行员需要在短时间内重新设置飞行程序，但是在时间压力下开始差错频出。当塔夫里机长看到“ROZO”时，就下意识地输入了“R”，他以为能直达“ROZO”点。实际上，FMS 优先显示是使用频率更高的“ROMEO”，飞机因此开始转向。

根据美国航空公司的飞行操作规范，在执行导航操作之前，需要两名飞行员交叉检查。很明显，副驾驶没有确认机长的动作。965 号航班的飞行员在偏离航线后，没有采取任何措施进行纠正，最终酿成悲剧。在飞机偏航一分钟后，机长忙着查看进近图，副驾驶则在调整无线电频率，导致两人都没有操纵飞机。他们错误地认为交给自动驾驶仪就万事大吉了。

俗话说："凡事预则立"，这句话在航空业尤为重要。飞行员们常说："在驾驶飞机前往某个目的地时，大脑应该提前五分钟进行思考。"很显然，965号航班的飞行员在做出决定之前，并没有经过深思熟虑，完全是下意识的行为，最终酿成了灾难。当他们意识到飞机位置不明时，正确的做法应该是关闭自动驾驶仪，放弃着陆，爬升到安全高度后再重新进场。

更深入的事故分析表明，飞行员的困惑主要源于FMS。与传统导航系统相比，757搭载的新款FMS功能更加强大，但也存在一些鲜为人知的缺陷。虽然FMS拥有前所未有的可靠性和准确性，但它毕竟是一台计算机，可以完全执行飞行员的指令，即使这些指令是错误的。

此外，FMS功能的完善也使得飞行员对其愈加依赖。美国航空高级飞机操纵计划教官沃伦·范德伯格（Warren Vanderburgh）将这些飞行员称为"洋红色的孩子"，他们习惯于遵循FMS显示的洋红色航线飞行，逐渐丧失了质疑其能力的判断力。在那个年代，许多飞行员都被告知：只要遵循洋红色线，就能远离麻烦。

整个行业的飞行员都经过了多年的自动化培训。当塔夫里机长在FMS系统中误输了另一个信标点时，他毫不迟疑地选择了第一个选项，他甚至没有看一眼系统将会带他们飞往何处。

调查员和N651AA号机残骸

FMS 的设计也加剧了飞行员的困惑。当塔夫里机长选择直飞卡利时，中间的导航信标点竟然消失了，令他失去了重要的参考。塔夫里面前的屏幕上只有一条洋红色线和空白的背景，而信标点的消失是他失去情景意识的根本原因。在接下来的宝贵时间里，他大部分时间都在焦急地寻找“TULUA”的位置。

FMS 制造商霍尼韦尔公司很清楚信标点消失的原因，并对新款 757 系统进行了更新，令人遗憾的是，更新并没有覆盖老款机型。757 的飞行系统由霍尼韦尔公司提供，而软件则由吉普森公司负责。事故发生前 11 个月，吉普森公司内部一份备忘录写道：“如果飞行支持系统的问题得不到解决，可能会导致严重事故。从现在开始，必须采取一切措施满足客户需求。”吉普森公司的备忘录一语成谶。

事故的另一个重要转折点是塔夫里机长决定接受在 19 号跑道进近的建议。当时，飞行员已经没有足够的时间执行所有必要的降落程序。多重因素促使他们决定冒险一试：飞机已经晚点两个小时，飞行员希望追回时间。此外，他们也高估了自己的能力，经验丰富的人往往喜欢走捷径。尤其是塔夫里机长曾在卡利机场降落过 13 次，并成功处理过一次跑道变更的情况。他们没有充分评估风险，一旦做出决定就执行到底。

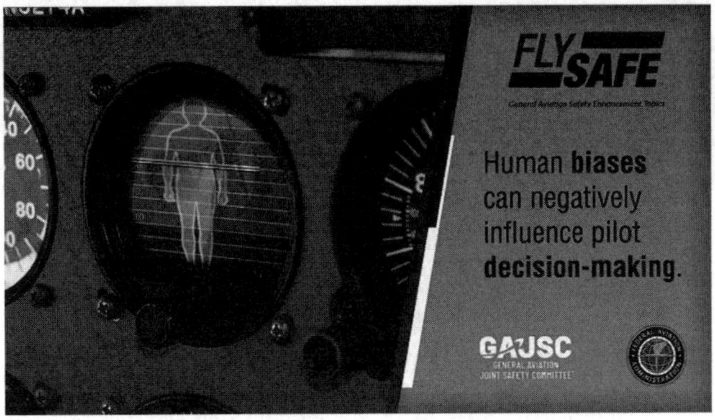

人的偏见会对飞行员的决策产生负面影响

心理学家将这一现象描述为计划延续性偏差（plan continuation bias），飞行员则将其称为“get there it is”——意为即使在飞行条件极度危险的情况下，飞行员也要坚决按时到达目的地。这是一种无意识的偏差，尤其是在接近完成一项任务时（例如接近着陆），它就会越强烈。

飞行员一旦不确定自己的位置，当务之急就是爬升至最低扇区高度，直到搞清楚方位再重新进近。调查人员认为飞行员对南美之行的准备不足。例如，塔夫里机长将美国空管系统的规则套用到了南美管制员身上。其次，在安第斯山脉中迷失方向后果极其严重。1985 年，一架美国东方航空的 727 坠毁在玻利维亚海拔 6 000 米伊利马尼山顶，至今仍是商业航空史上发生在最高海拔的可控飞行撞地事件。

飞行员操作失误和心理学陷阱一步步洞穿了 965 号航班的“瑞士奶酪模型”。但即便发生了所有意外，近地警告响起时，飞行员仍有最后一次挽救飞机的机会，他们正确执行了所有 GPWS 逃生机动，唯一的漏洞是：忘记收回减速板！

调查员吊起飞机残骸

事故发生几分钟前，副驾驶威廉姆斯为了加速下降，放下了飞机的减速板。然而，在最后的逃生关头，这个看似简单的操作却成为了飞机的“阿喀琉斯之踵”。减速板会降低飞机的升力，导致飞机在较低的迎角失速。而在 GPWS 逃生机动中，飞行员必须让飞机逼近失速迎角的边缘飞行，以获取最大的爬升性能。调查人员经过计算发现，如果飞行员在逃生机动启动后 1 秒内收起减速板，飞机将有充足的安全空间飞越山顶。

美国航空公司要求飞行员记忆的 GPWS 逃生机动中，并不包含收起减速板的步骤。考虑到这一步骤可能会分散飞行员的注意力，因此最好的解决方案是：在飞行员执行起飞 / 复飞程序时，减速板应自动收回。这一程序已经融入空客 A320 中，假设 965 号航班使用空客飞机，他们可能躲过一劫。

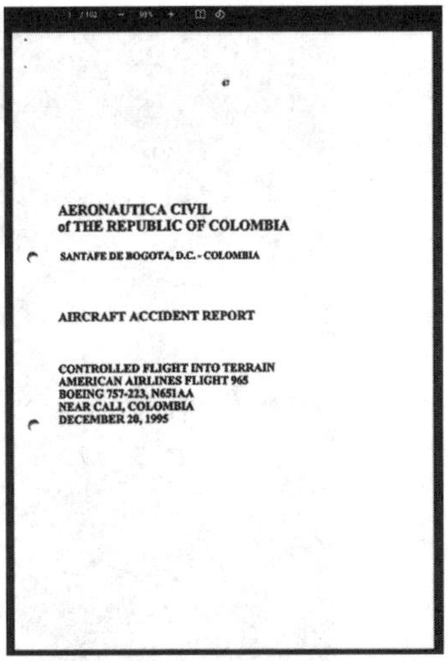

AERONAUTICA CIVIL
of THE REPUBLIC OF COLOMBIA

SANTAFE DE BOGOTA, D.C. - COLOMBIA

AIRCRAFT ACCIDENT REPORT

CONTROLLED FLIGHT INTO TERRAIN
AMERICAN AIRLINES FLIGHT 965
BOEING 757-223, N651AA
NEAR CALI, COLOMBIA
DECEMBER 20, 1995

航班调查耗时 9 个月，全文 102 页

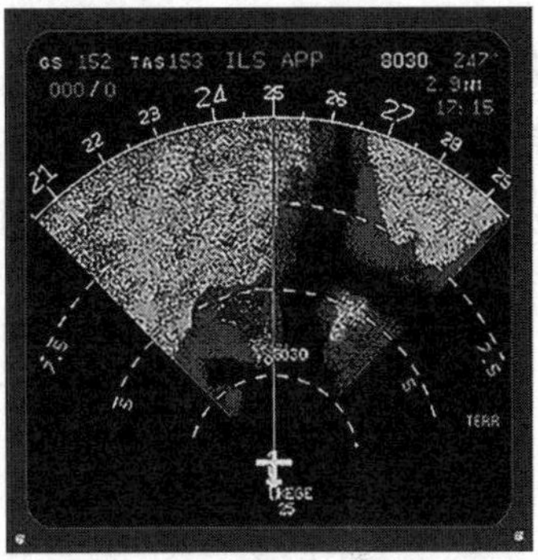

EGPWS 示意图

美国航空的两位优秀飞行员塔夫里和威廉姆斯，接受了全球顶尖的飞行员培训。他们学习了最新的机组资源管理（CRM）课程，掌握了如何保持情景意识和避免可控飞行撞地等关键技能。就在事故发生前，他们刚刚学习了泰国航空 311 号航班的案例。该航班在接近尼泊尔首都加德满都时意外偏离航线，最终撞毁在喜马拉雅山脉。虽然两人都学习了泰航案例，但在关键时刻他们还是踏进了同一条“河流”。

事故发生后，FAA 和美航公司联手制定一项新的安全评估计划，旨在从七个方面降低可控飞行撞地（CFIT）的风险。为此，美航公司成立了可控飞行撞地工作组和非精密进近工作组，为飞行员提供相关技术支持。此外，美航公司还将非精密进近的最低能见度提高了 30 米，并将进入拉美空域的“静默驾驶舱规则”高度提升至 7 600 米。

965 号航班最大的遗产是增强型近地警告系统（EGPWS）的快速推广。EGPWS 最显著的进步是消除了对无线电高度计的依赖，以及能够预测飞机前方的情况。此外，它还能利用 GPS 和全球地形数据库，提前 1 分钟以上预警潜在的撞山风险。GPWS 还配备彩色浮雕移动地图显示器，直观呈现周围地形信息，大幅提升飞行员的态势感知能力。

965 号航班事故发生后，航空公司对 EGPWS 的态度迅速升温，从最初的犹豫不决转为大力支持。美航公司率先宣布将该系统安装在旗下所有飞机上，美联航迅速跟进。

在航空公司的推动下，FAA 进行一系列研究和评估后，在 1996 年正式批

N651AA 号机残骸

准了 EGPWS。1998 年，FAA 建议在六座及以上的飞机上安装该系统。现在它拥有更广义的名字——地形感知和警告系统（TAWS）。2001 年，TAWS 安装要求正式生效，并在 2002 年推广到所有适用飞机上。

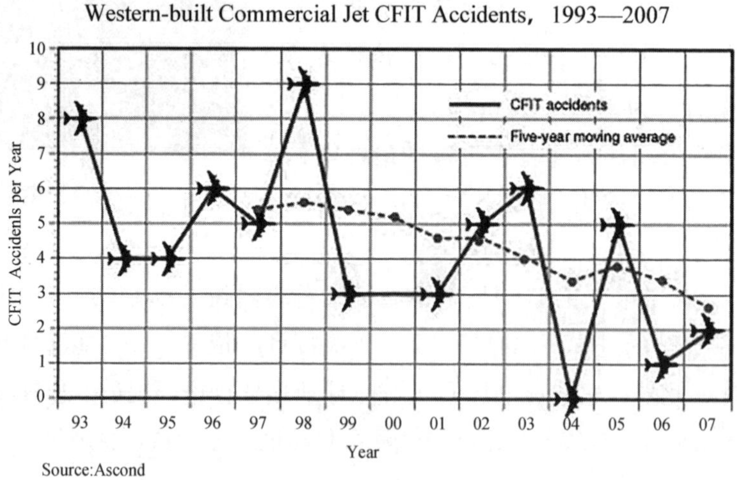

1993~2007 年，西方国家制造商用喷气机 CFIT 事故图表

TAWS 堪称飞机的“保护神”，其卓越之处在于它深刻地认识到人类会犯错。无论接受过怎样的训练，人类都无法完全避免错误的发生。塔夫里和威廉姆斯的案例为我们敲响了警钟，飞行员们应该借此反思，并思考如何避免重蹈覆辙？

延伸阅读：计划延续性偏差

FAA 对计划延续性偏差的介绍

计划延续性偏差（Plan Continuation Bias）是指飞行员在执行任务时，过分依赖初始计划，而对动态变化的环境感知不足，导致决策僵化，难以灵活应对突发情况，从而影响任务的顺利完成。

1. 实时态势感知：飞行员和管制员应通过多源信息融合，建立对飞行环境的实时、准确的认知。这包括天气、空域情况、飞机性能、通信系统等方面的实时信息。

2. 动态风险评估：基于实时态势感知，飞行员和管制员应持续评估任务执行过程中的风险。风险评估应考虑多种因素，如天气恶化、空中交通拥堵、设备故障等，并量化风险等级。

3. 灵活决策机制：建立一套灵活的决策机制，以应对突发事件。这包括制定明确的决策流程、明确各方职责，并定期演练应急预案。

4. 人机协同：充分利用先进的飞行辅助系统和自动化技术，提高飞行员的态势感知能力和决策效率。同时，应重视人机交互设计，确保人机协同顺畅。

5. 持续学习与培训：飞行员和管制员应定期参加培训，提升对计划延续性偏差的认识，掌握应对策略。此外，应鼓励飞行员和管制员分享经验教训，不断完善决策机制。

诸多不利因素会对飞行员的决策过程产生负面影响。例如，过大的工作量会削弱飞行员感知和评估关键信息的能力，导致注意力收窄。从而易引发确认性偏差，即飞行员倾向于选择性地关注支持其现有假设的信息，而忽略与之相悖的可能性。这种认知偏差可能导致飞行员在决策过程中未能全面评估潜在风险，从而做出错误判断。

此外，一旦飞行员制定并执行飞行计划，他们往往会忽略环境中的变化，即使这些变化可能对任务的完成造成重大影响。随着工作量的增加，外部环境的变化对于旁观者而言可能更为显著，但飞行员却可能因过度专注于既定计划而未能及时调整。

“计划延续性偏差”和“情景意识丧失”是导致飞行员无法准确识别并理解关键信息、进而做出错误决策的重要因素，最终可能危及飞行安全。美国国家航空航天局（NASA）艾姆斯研究中心对美国国家运输安全委员会（NTSB）调查的 37 起航空事故进行深入分析后发现，其中高达 75% 的飞行员决策失误与“计划延续性偏差”直接相关。

因此，及时识别并纠正“计划延续性偏差”显得尤为重要。飞行员在飞行过程中应时刻保持高度警惕，仔细分析不断变化的飞行环境，全面评估各种因素对飞行计划可能产生的影响，并据此做出及时、准确的决策调整。特别是在单人飞行的情况下，飞行员在处理突发情况、调整飞行计划时，其认知能力和心理压力往往会受到较大挑战。

12. 让 FAA 将“安全”作为首要任务的空难——1996 年美国瓦卢杰航空 592 号航班

瓦卢杰航空涂装的 DC-9

1996 年 5 月 11 日，美国发生震惊全国的瓦卢杰航空 592 号班机空难，造成 110 人死亡。空难发生时，美国运输部监察长玛丽・夏沃（Mary Schiavo）正在家中工作。突然电话铃声响起，正是她最担心的事情：瓦卢杰航空 592 号航班（J7 592）在佛罗里达州大沼泽地坠毁。

这架从迈阿密飞往亚特兰大的 DC-9 货舱发生火灾，浓烟迅速蔓延至客舱，导致机上人员可能在飞机坠毁前就已经窒息。更令夏沃痛心的是，她在三个月前就曾向美国联邦航空管理局（FAA）发出警告，指出了瓦卢杰航空存在的严重安全问题。夏沃愤怒地控诉道："我们的安全机构被称为'墓碑机构'，只有等到重大人员伤亡事故发生后，才会采取行动改进安全措施！"

592 号航班事故的恶劣后果也引发了美国航空监管机构的大地震：美国运输部长换岗、FAA 局长被迫辞职。这起事故也成为美国航空史上影响力最大的事故之一。并促使美国国会对 FAA 的职责进行了修改，将"安全"放在了首位。

瓦卢杰航空公司成立于 1992 年，是一家以激进的成本削减措施著称的超低成本航空公司。为了降低运营成本，该公司采取了一系列措施，包括大量使用二手飞机、减少员工培训和广泛外包运营服务。例如他们和 21 个不同的维修站保持合作，将所有检查外包出去，这些承包商为了进一步降低成本，往往会再次将任务分包给更多第三方维修站。这种层层外包的做法导致了维修质量难以控制，安全隐患逐渐暴露。瓦卢杰航空也因此很快以糟糕的服务和频繁的机械故障而"出名"。

瓦卢杰航空 597 号航班起飞时，发动机故障起火

1995 年 6 月 8 日，一架执飞瓦卢杰航空 597 号航班的 DC-9，在亚特兰大哈兹菲尔德 - 杰克逊国际机场（ATL）起飞滑跑时，右侧发动机突然起火，导致起飞中断，并造成七人受伤。8 月，美国国防部以瓦卢杰航空质量保证程序存在严重缺陷为由，拒绝了瓦卢杰航空运送军事人员的飞行任务。

1996 年 2 月份，FAA 亚特兰大飞行标准地区办事处（FSDO）向华盛顿总部发送一份备忘录，建议对瓦卢杰航空进行 FAR-121 重新认证。这份备忘录的潜台词是：FAA 希望瓦卢杰航空停飞，直到其安全问题得到解决。作为对备忘录的回应，FAA 命令瓦卢杰航空在新增飞机或航点之前必须寻求批准。这项命令是自 1978 年美国航空管制放松以来的头一遭，表明了 FAA 对瓦卢杰航空安全状况的严重担忧。

瓦卢杰航空的安全状况令人担忧。在不到三年的时间里，该公司发生了 129 次紧急迫降：1994 年 15 次、1995 年 57 次、1996 年 1 月至 5 月发生 57 次。瓦卢杰航空的不安全事件率不仅在低成本航空公司中最高的，更是传统航空公司安全事件率的 14 倍！

1996 年春天，瓦卢杰航空深陷舆论漩涡，声誉跌至冰点，总裁刘易斯 · 乔丹（Lewis Jordan）不得不举行一次特别新闻发布会，强调瓦卢杰航空是一家安全的航空公司，并指出该公司从未发生过死亡事故。瓦卢杰航空的客流还是源源不断，总有人不能抵挡超级低的票价诱惑。

看似风平浪静，实则暗潮汹涌。

1996 年初，瓦卢杰航空订购了两架麦道 MD-82 和一架 MD-83，这些二手飞机需要大修才能符合运营要求。瓦卢杰航空和往常一样，将大修任务外包给了三家承包商，其中一项是检查氧气面罩的制氧机。

MD-80 使用的是化学制氧机。当乘客在紧急情况需要使用面罩时，他们需要拉动一根绳拔出固定销，撞针就能击中小炸药，炸药爆炸产生的能量将制氧机中的氯酸钠加热至分解温度。氯酸钠分解成氯化钠和氧气。紧急情况下能为乘客提供 12 到 20 分钟氧气。

当制氧机工作时，其表面温度可高达 230℃至 260℃，足以点燃附近的易燃材料。因此，制氧机必须安装在专用的隔热罩内，并张贴醒目的高温警告标签。

制氧机的使用寿命约为 12 年，到期后必须拆除。承包商发现两架 MD-80

的制氧机已经服役超过 12 年，因此必须立即拆除。拆除工作需要动用数百名工人，耗时数周才能完成。两架飞机上总共拆下了约 144 台制氧机，其中有 138 台仍然能够正常工作。

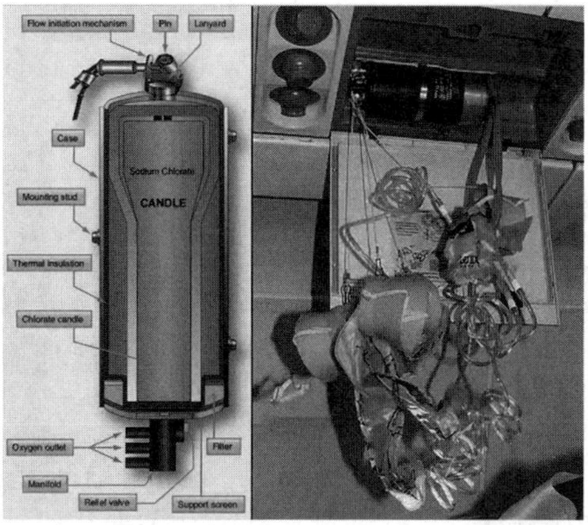

化学制氧机示意图

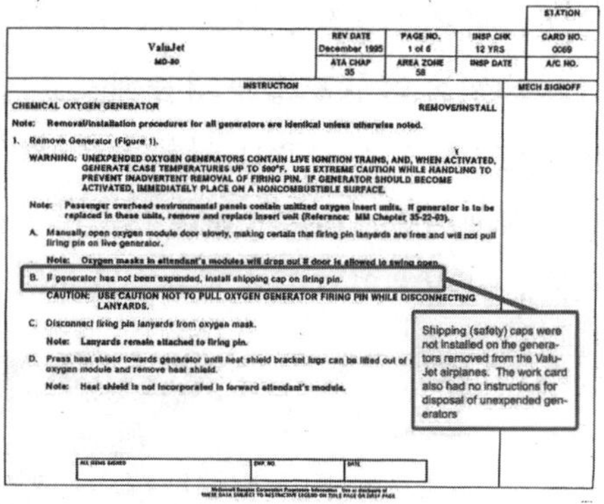

ValuJet MD-80	REV DATE December 1995	PAGE NO. 1 of 6	INSP CHK 12 YRS	STATION / CARD NO. 0069
	ATA CHAP 35	AREA ZONE 58	INSP DATE	A/C NO.

INSTRUCTION | MECH SIGNOFF

CHEMICAL OXYGEN GENERATOR　REMOVE/INSTALL

Note: Removal/installation procedures for all generators are identical unless otherwise noted.

1. Remove Generator (Figure 1).

WARNING: UNEXPENDED OXYGEN GENERATORS CONTAIN LIVE IGNITION TRAINS, AND, WHEN ACTIVATED, GENERATE CASE TEMPERATURES UP TO 500°F. USE EXTREME CAUTION WHILE HANDLING TO PREVENT INADVERTENT REMOVAL OF FIRING PIN. IF GENERATOR SHOULD BECOME ACTIVATED, IMMEDIATELY PLACE ON A NONCOMBUSTIBLE SURFACE.

Note: Passenger overhead environmental panels contain unitized oxygen insert units. If generator is to be replaced in these units, remove and replace insert unit (Reference: MM Chapter 35-22-03).

A. Manually open oxygen module door slowly, making certain that firing pin lanyards are free and will not pull firing pin on live generator.

Note: Oxygen masks in attendant's modules will drop out if door is allowed to swing open.

B. If generator has not been expended, install shipping cap on firing pin.

CAUTION: USE CAUTION NOT TO PULL OXYGEN GENERATOR FIRING PIN WHILE DISCONNECTING LANYARDS.

C. Disconnect firing pin lanyards from oxygen mask.

Note: Lanyards remain attached to firing pin.

D. Press heat shield towards generator until heat shield bracket lugs can be lifted out of oxygen module and remove heat shield.

Note: Heat shield is not incorporated in forward attendant's module.

Shipping (safety) caps were not installed on the generators removed from the ValuJet airplanes. The work card also had no instructions for disposal of unexpended generators

0069 号工卡

承包商的工人此前从未拆卸过制氧机。他们按照瓦卢杰航空提供的 0069 号工卡，照猫画虎地分步骤完成。由于缺乏经验，工人们并不知道拆解过程中制氧机会产生热量。一些工人甚至出于好奇，启动了几台制氧机。

0069 号工卡在施工步骤中明确规定：“如果制氧机尚未耗尽，请在撞针上安装运输帽（安全帽）”。即便固定销被移除，运输帽也能防止撞针误触。根据合同，瓦卢杰航空本应提供这种高度专业化的一次性耗材，但不知为何，他们并没有履行义务。

由于缺少运输帽，无法按照标准程序进行拆除。承包商的工人决定将挂绳缠绕在制氧机上，并用胶带固定，然后将它们打包成五个纸箱。然而，0069 号工卡明确要求在制氧机上安装运输帽，但实际上并没有安装。

瓦卢杰航空的技术代表在检查了这批制氧机后，发现存在潜在的火灾隐患，于是要求工人将它们搬离飞机更远的地方。工人便将制氧机搬运到存放瓦卢杰航空材料的仓库中。由于仓库内空无一人，工人放下箱子后就直接离开了，也没有进行任何交接手续。

APPENDIX C—SHIPPING TICKET FOR THE COMPANY MATERIAL

SabreTech

SHIPPING TICKET NO: 01041

B-1

REPLY TO: P.O. Box 6063 · Miami, Florida 33102-6063 · Phone: (305) 871-6650

SHIP TO: ValuJet Airlines

DATE: 5/10/96

Atlanta, GA 30320

VIA: VALUJET (COMAT)

WEIGHT:

P/O#:

ATTENTION: Stores

B/L NO.

ITEM	QTY	U/M	PART NUMBER	SERIAL	COND.	DESCRIPTION
1	5	each	"5 boxes"			Oxy Canisters "Empty"
2	1	each	9560892			Main tire/wheel
3	1	each	9550267			DC9 Nose tire/wheel
4	1	each	A9560892			Main tire/wheel assy

Five boxes of oxygen generators were incorrectly identified as empty and were not marked as hazardous material

592 号航班货运单

与此同时，装货员正在准备将一批瓦卢杰航空的材料运回亚特兰大。收货员在没有对货物进行任何检查的情况下，就直接在货运单上填写了“氧气瓶——空”，并在箱子里塞入了气泡膜作为填充物。这批贴着“Expired”（已废弃）标签的制氧机，竟被稀里糊涂地搬上了 592 号航班的前货舱。

592 号航班是从迈阿密飞往亚特兰大的定期航班。1996 年 5 月 11 日，该航班由一架 DC-9（N904VJ 号机）执飞，机龄 27.1 年，累计飞行 68 400 小时 /80 636 次起降循环。

这架客机是麦道公司长滩工厂组装的第 496 架 DC-9，于 1969 年 7 月交付予达美航空（N1281L 号机）。1993 年 12 月，这架飞机被转售给瓦卢杰航空。在坠毁前两年，这架飞机曾发生过一系列事故，包括两次中断起飞和八次紧急迫降，其中大多数事故都是由发动机和增压系统故障引起的。

DC-9 驾驶舱

航班机长是坎迪 · 库贝克（Candi Kubeck），35 岁，她累计飞行 8 928 小时，其中 DC-9 为 2 116 小时。副驾驶理查德·哈森（Richard Hazen），52 岁，累计飞行 11 800 小时，其中 DC-9 为 2 148 小时。

5 月 11 日下午，N904VJ 号飞机在起飞前的检查中发现自动驾驶仪出现故障，左侧燃油流量计也无法正常工作。592 号航班因此延误了 1 小时 4 分钟，直到下午 2 点 04 分才从迈阿密机场的 09L 跑道起飞。

在飞行过程中，不知何种原因制氧机的固定销脱落，撞针击发了火药，导致氧气开始冒出。制氧机内部温度迅速升高，并很快引燃了周围的气泡膜。几秒钟后，火焰烧穿了纸箱，并蔓延到更多的制氧机。

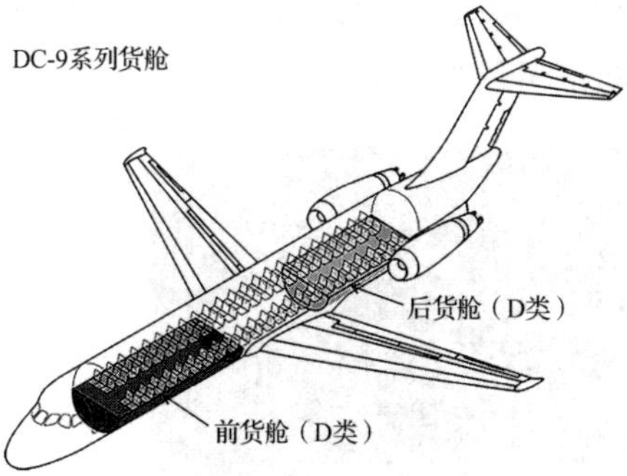

DC-9 货舱示意图

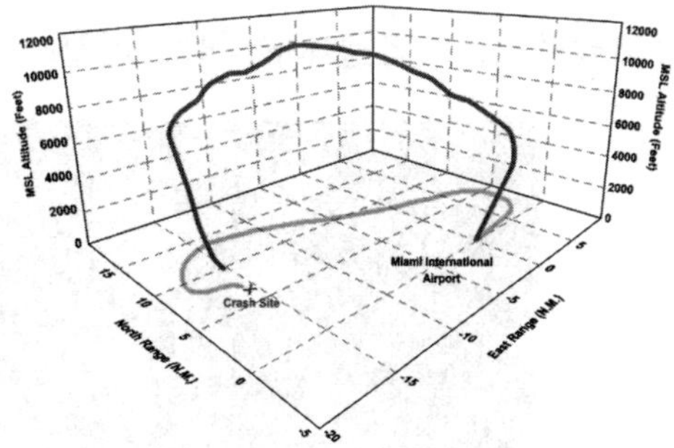

592 号航班飞行轨迹示意图

DC-9 的前货舱没有配备任何烟雾探测器，机组人员对舱内火灾的蔓延一无所知，大火正悄无声息地在他们的脚下肆虐。随着越来越多的制氧机被点燃，不断释放的氧气助长了火势，火势变得更加猛烈。2 点 10 分，一个充气的飞机轮胎被烧爆，巨大的爆炸声震动着整个机身，也惊醒了飞行员。与此同时，乘客开始闻到烟味。

驾驶舱内各种警报灯接连亮起，库贝克机长决定立即返航。根据瓦卢杰航空乘务员培训手册的规定，在客舱可能存在烟雾或其他有害气体的情况下，严禁打开驾驶舱门。面对无法工作的对讲机，乘务员们只能冲进驾驶舱，大声呼喊着机舱内发生了火灾！

距离爆炸发生仅仅 24 秒，飞机上的火势已经完全失控。飞行员迅速与管制员取得联系，请求返航指令。然而大火此时已经烧穿了机舱地板，并切断了飞机的控制电缆，导致飞机失控。

驾驶舱语音记录仪（CVR）和飞行数据记录仪（FDR）相继停止记录。雷达数据显示，飞机在 2 255 米平飞，然后突然陷入俯冲，下降率高达 3 600 米 /

分钟。飞机在 274 米的高度时又奇迹般地拉平了机身。飞行员似乎在尽力挽救失控的飞机。然而仅仅几秒钟后，飞机再次失控，并开始向右滚转，以超过 400 节的速度坠入佛罗里达州的大沼泽地。

救援直升机第一时间赶到坠机现场，但并没有发现任何幸存者。机上 110 人全部遇难。事故现场也给搜救行动带来了极大的困难。飞机坠毁在一片深水沼泽中，距离最近的道路足足有 400 米远。巨大的撞击力将飞机机身撕成了碎片，而沼泽中还潜伏着鳄鱼和毒蛇。

这起空难立刻让瓦卢杰航空成为舆论关注的焦点。美国国家运输安全委员会（NTSB）迅速成立调查小组赶赴事故现场。调查人员穿着防护服，在搜寻飞机残骸和遇难者遗体的同时，还要时刻防备鳄鱼的袭击。

打捞飞机残骸的调查员

经过数月的艰苦调查，病理学家也只能确定 68 人的遗骸，这足以说明撞击的猛烈程度。

调查人员从各种渠道搜集信息，试图拼凑出 592 号航班的最后时刻。他们发现飞机在 2 255 米高度时发生非指令改平，而左发动机没有响应指令，这表明飞机设备已经不可靠。由于 CVR 和 FDR 在事故中损坏，调查人员推测，飞行员在最后一刻可能还在试图挽救飞机。

种种迹象表明，这起空难的罪魁祸首很可能是机上火灾，而起火点位于飞机前货舱。调查人员在事故现场找到了数十个破损的制氧机，其中大部分都曾被使用过，所有制氧机上都没有运输帽。这些制氧机并非 DC-9 飞机的标配，而是货运单上所列的“氧气瓶”。

事实上，即使是单个制氧机维护不当，也可能引发火灾。1986 年，一架执行包机任务的美国跨航空 DC-10（N184AT 号）在起飞后不久发生火灾。

事故调查显示，这起火灾的原因是机务人员对机上制氧机处理不当，导致制氧机产生 430℃的热量，引燃了飞机座椅的套垫。大火迅速蔓延，最终烧穿了机舱，导致飞机报废。

废弃的制氧机

火灾后报废的 DC-10

调查人员为了研究机上火灾的情况，特意模拟了事发时的场景。在一次测试中，火灾温度在短短 11 分半钟内就飙升至至少 1 760℃，这一数值已经超过了温度计的测量上限。

火势如此凶猛的原因并不难理解。一台制氧机起火后，会引燃附近的其他制氧机，而制氧机燃烧产生的氧气又会助长火势，形成恶性循环。就像滚雪球一样，火势和温度迅速攀升，产生的热量让温度计都爆表了。

592 号航班灾难再次警示我们，火灾对飞机的安全构成极大的威胁。从飞行员发现火灾到飞机坠毁，仅仅过去了三分钟的时间！

火灾的第一迹象是货舱内的轮胎爆炸，随后多个飞机设备发生故障。调查人员通过测试发现，大火通常需要燃烧 16 分钟才能烧爆轮胎。然而根据 FDR 的数据，592 号航班起飞仅 6 分钟后就发生爆炸，这表明飞机在地面上就已经起火了。

如果飞机前货舱配备了烟雾探测器，可能飞行员一开始就放弃了起飞，所有人都有机会生还。当时的民航法规将货舱划分为四个防火等级：A 类货舱容易被机组人员发现并扑灭火灾；B 类货舱需要警报提醒机组人员，并使用手持灭火器灭火；C 类货舱最常见，由于机组人员难以发现火情，因此必须配备烟雾报警器和灭火系统。

D 类和 C 类相同，但采用密封式设计，并加装防火内衬，它能让火势自身因缺氧而自动熄灭，因此不需要烟雾报警器和灭火器。DC–9 的前货舱就属于 D 级货舱。但是在 592 号航班中，D 级货舱的设计形同虚设，制氧机本身就能产生氧气，火势足以摧毁防火内衬。

D 类货舱的安全隐患由来已久。早在 1988 年，一架美国航空的 MD–83 在着陆阶段就曾发生 D 类货舱起火事故。尽管飞机最终安全着陆，乘客也得以疏散，但大火却未能自行熄灭。

事故调查显示，火灾的原因是过氧化氢与原硅酸钠混合物之间发生了化学反应。该反应的副产物是氧气，这使得 D 类货舱的设计失效。

此次事故发生后，NTSB 向 FAA 建议，强制要求在所有 D 类货舱中加装烟雾报警器和灭火器。然而，FAA 却以成本过高为由拒绝了这一安全建议，认为 3.5 亿美元的投入并不划算。

NTSB 在事故报告中抨击 FAA 的这一决定是短视和错误的。他们指出如果在 1988 年事故发生后就采取了相应的安全措施，那么 592 号航班的悲剧完全可以避免。此外 NTSB 还罕见地指出，FAA 未能采纳安全建议是造成事故的直接原因之一。

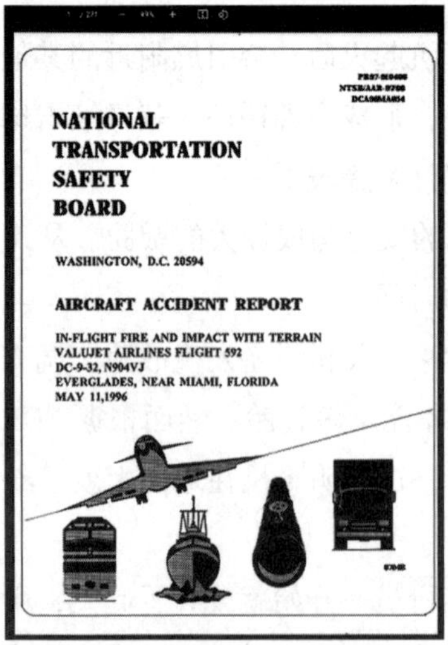

调查耗时 1 年 3 个月，全文 271 页

直到 1998 年，FAA 才彻底取消了 D 级货舱的标准。如今，每架客机的每个不可进入货舱都强制安装了烟雾报警器和灭火器。货舱火灾探测系统必须能够在 1 分钟内向飞行机组提供视觉指示（14 CFR 25.858）。

NTSB 还指出，FAA 对瓦卢杰航空的监管也存在严重问题。当时负责监管责任的是 FAA 亚特兰大飞标处的主任维修监察员（PMI），该办公室还负责监管美国整个东南地区的航空公司。

早在 1995 年，这位 PMI 就曾向上级反映，他的人手不足，无法应对此时瓦卢杰航空的快速发展。瓦卢杰航空每月都会培训 40 名新飞行员，而他和他的助手必须对每个人进行检查，仅此一项就够他们忙活了。

PMI 请求增加人手监管瓦卢杰航空，却遭到了上司的拒绝。上司解释道，FAA 的人员配置模型是根据航空公司机队数量来确定人员数量的，而他认为 PMI 现有人手已经足够。然而该人员配置模型却忽略了瓦卢杰航空正在快速扩张这一重要事实。

调查人员和飞机残骸

即便如此，FAA 内部仍有人对瓦卢杰航空的安全状况发出了预警。1996 年 2 月，FAA 飞标处提交了一份内部报告，指出在过去的 27 个月里（从 1993 年开始），瓦卢杰航空共发生 46 起监管违规事件，其中 20 起至今仍未解决。其事故率比全国平均水平高出 14 倍。报告建议对瓦卢杰航空进行重新 121 认证。

基于这份报告，FAA 指示亚特兰大飞标处对瓦卢杰航空展开为期 120 天的特别监管，重点是瓦卢杰航空的高事故率、服务困难报告率以及大量使用第三方承包商的情况。然而讽刺的是，特别监管行动尚未结束，592 号航班却在大沼泽中坠毁了。

NTSB 还指出 FAA 在应对瓦卢杰航空独特的商业模式方面存在明显不足。FAA 主要监管传统航空公司，这些航空公司的总部集中一地，而瓦卢杰航空的承包商遍及全美。例如，负责处理制氧机的承包商不在亚特兰大区域，负责他们的 PMI 还需要监管其他 30 家公司，其中包括 20 家类似的维修公司和一家航空公司，工作任务非常繁忙。以至于该承包商给瓦卢杰航空提供服务以来，PMI 还从未检查过他们。

1996 年 6 月 16 日，亚特兰大飞标处结束了对瓦卢杰航空为期 120 天的特别监管，他们发现 412 项问题，其中一些承包商的机务人员甚至没有接受过 DC–9 的维修培训。

The Herald

Broward Edition of The Miami Herald

SUNDAY, MAY 12, 1996

BARELY A TRACE

Search resumes today for 109 on doomed jet

Cruel scenes leave families bereft of hope

Flight 592

For relatives, a chaotic search for answers

Through muck and sawgrass, a grim and dangerous search

Brother renews charges against Jorge Mas Canosa

当地报纸头版头条报道 592 号航班事故

FAA 撤销了瓦卢杰航空的运营资格，使其进入无限期停飞状态。瓦卢杰航空被迫大幅削减机队规模，并进行重组。1996 年 9 月 30 日，瓦卢杰航空在整改后获准复飞，但是消费者却不买账。1997 年，瓦卢杰航空管理层为了重塑品牌形象，决定与一家规模较小的穿越航空公司“合并”，并将其名称改为“穿越航空”。穿越航空又运营了 17 年，直到 2014 年被并入美国西南航空公司。

除了 592 号航班事故之外，FAA 还调查了另外 14 起与飞机运输制氧机相关的事件。其中，一家名为圣巴巴拉航空航天公司（Santa Barbara Aerospace）的维修站因将 37 台包装不合格的制氧机运送至美国大陆航空的航班上而受到严厉处罚。这家公司因屡次违规操作，最终被 FAA 关闭。值得一提的是，该公司还因错误安装机上娱乐设施导致了 1998 年瑞士航空 111 号航班事故。

FAA 内部也因此掀起了一场人事动荡：局长被迫辞职，并启动了一项为期 90 天的内部安全审查，旨在评估 FAA 对快速扩张航空公司的监管效力。此外，FAA 还为危险品执法计划拨款 1 400 万美元，用于增加执法人员数量。

592 号航班事故纪念碑特写

592 号航班事故纪念碑

美国国会也做出了反应，修改了 FAA 的使命声明，将“安全”明确列为首要任务。

592 号航班空难是典型的“墓碑规章”案例，即只有在悲剧发生后，相关部门才会采取行动。110 人因航空监管部门的缺位而命丧黄泉，他们本应该好好活着。

在 NTSB 召开的听证会上，遇难者家属得知了事故的真相以及相关机构的失误后，悲痛化为愤怒，并决定采取行动。他们意识到，没有哪场空难是纯粹的“意外”，592 号航班更是其中最具里程碑意义的案例之一。

这起事故不仅仅是一场火灾，更折射出瓦卢杰航空的安全文化缺失和政府监管部门的严重失责。导致事故的根源，早在很久之前就已经埋下伏笔。

1999 年，在瓦卢杰航空 592 号航班空难发生三周年之际，一座由 110 根混凝土柱组成的纪念碑在大沼泽地揭幕。

每个遇难者都有一座墓碑，而这一座座墓碑组成了纪念碑。从航空发展历程来看，这些纪念碑也是航空安全的里程碑，最终指引我们走向更安全的航空世界。

延伸阅读：玛丽·夏沃眼中的“墓碑机构”

一名匿名的 FAA 官员在接受采访时表示：“我们靠着计算墓碑来进行监管。”

曾任美国运输部监察长玛丽·夏沃（Mary Schiavo）提到航空监管的惨痛过往：对飞机草率的检查、对飞行员的审查敷衍了事、对航空公司程序的松懈监管、无视假冒伪劣的飞机部件、机场犹如筛子般的安全漏洞、陈旧过时的空

刻有瓦卢杰航空 592 号航班遇难者姓名的纪念碑

中交通管制系统。FAA 只有在发生重大事故、面对人员死亡和幸存者的哭泣时，才会采取行动并做出改变。

美鹰航空 4184 号航班坠机现场

1994 年，一架执飞美鹰航空 4184 号航班的 ATR 72 在美国印第安纳州罗斯劳恩附近的豆田里坠毁，造成 68 人死亡。事故调查发现，设计缺陷让飞机很容易在冰冷天气中失控，而且飞行员和工程师都知道问题出在哪——ATR 机翼的除冰靴不够大。

除冰靴是安装在 ATR 机翼上的橡胶套，它展开后能打破冰层。FAA 认为加长除冰靴成本过于高昂，因此迟迟未采取行动。直到三起类似事故发生后，FAA 才终于下令延长 ATR 72 的除冰靴。

ATR 72 除冰靴

此外，FAA 还忽视了飞机安全间隔问题。NTSB 研究发现，从 1983~1993 年，共有 51 起事故由飞机尾流湍流引起，造成 40 架飞机受损、27 人遇难。NTSB 向 FAA 建议制定新的安全间隔规则，但遭到拒绝。直到三年后，FAA 才决定增加重型机和轻型机之间的安全间隔。

NTSB 自 1982 年起就一直敦促 FAA 要求航空公司安装性能更好的“黑匣子”，以便在飞机发生灾难性爆炸或断电情况下也能继续记录数据。许多欧洲航空公司的飞机已经更新了此类设备，但 FAA 却态度消极，认为这会增加航空公司的成本。然而，性能更好的“黑匣子”可以记录更丰富的数据，能帮助 NTSB 更有效地调查事故。遗憾的是，多起事故的调查因“黑匣子”数据不足而受到阻碍。

2021 年，欧盟航空安全局（EASA）率先要求“黑匣子”的记录时间延长至 25 小时。直到 2023 年 12 月，FAA 才提议将新制造的驾驶舱语音记录仪（CVR）的记录时间延长至 25 小时。

为什么没能避免瓦卢杰航空事故?

1996 年 5 月 11 日，一架执飞瓦卢杰航空 592 号航班的 DC-9，起飞不久便坠毁在佛罗里达大沼泽中，110 人遇难。事故原因是将没有正确处理制氧机放入货舱引起的。

实际上 FAA 早就知道瓦卢杰航空糟糕的安全状况，他们的事故率是同类的 14 倍。与之形成鲜明对比的是瓦卢杰航空极速的扩张速度，他们在短短三年里，就从 2 架飞机运营 8 条航线，飙升至 51 架飞机运营 320 条航线。

调查员在打捞飞机残骸碎片

瓦卢杰航空也希望拿下军方大单，他们在 1995 年向国防部递交了竞标合同。国防部专家审查他们的信息，检查硬件设备并走访了飞行员、机务和管理人员。答案是否定的。

如果 FAA 对瓦卢杰航空进行适当的监管，可能就不会有灾难发生。瓦卢杰航空糟糕的安全记录几乎和他们的快速增长成正比，1994 年有 15 次紧急降落、1996 年有 57 次紧急降落。FAA 的监察员在三年间对瓦卢杰航空检查了近 5 000 次，但从未有任何重大问题报告。

而实际上瓦卢杰的安全状况可谓是百孔千疮：波士顿一架飞机起落架卡住，途中又好了，但是他们并没有维修；机务用胶带修补飞机；还有机务使用锤子和凿子修理一台发动机，后来这台发动机空中停车了。

空难发生后，政府官员通过电视向公众保证低成本航空也同样安全。美国运输部也迅速进入危机管理模式。时任国务卿费德里科·佩纳更是站出来向公众保证："我乘坐过瓦卢杰航空，他们是一家安全的航空公司，我们整个航空系统也是如此。如果他们不安全，我们就将其停飞！"

FAA 局长大卫·辛森回应了佩纳的承诺，他曾是中途航空公司和麦道公司高管。一名匿名的 FAA 员工向美国运输部监察长举报，称亚特兰大飞标室曾在 2 月份建议"立即考虑对瓦卢杰航空进行 FAR 121 重新认证。"这份备忘录使 FAA 陷入非常尴尬的境地，他们最终在 6 月 17 日停飞了瓦卢杰航空。

FAA 的数千名监察员是政府和航空公司之间的纽带，他们的工作是确保航空公司在法律框架内运营，验证飞机和飞行员是否适于飞行。这是一份需要亲力亲为的工作。监察员需要遵循详细的检查单行事，并定期接受培训。

而美国运输部监察部门发现，FAA 的七个地区的监管表现堪忧——许多必要的检查根本没有进行、有些检查只是敷衍了事、即使发现了问题也经常没有被报告。此外，很多对飞机、飞行员、机务和维修站的检查也不靠谱。飞行安全全凭航空公司自身的努力。

一个惊人的数据显示，从 1988~1990 年，FAA 监察员进行 83.3 万次检查，仅发现不到 4 000 起违规行为。1995 年达美航空接受 1.3 万次检查，但只有 7 次被发现违规。

1990~1996 年，监察部门发布了 10 份报告，所有报告都对 FAA 的检查系统提出了批评。报告提出了 70 条加强 FAA 检查的建议，NTSB 也指出如果 FAA 在检查航空公司和飞行员时更加细致，可能就可以避免 1988 年导致 12 人死亡的坠机事故。不幸的是，FAA 对飞机的草率检查是常态，而不是例外。

“诈弹”测试

1993 年，美国运输部监察部门派出便衣人员对美国 19 个最繁忙的机场进行暗访，他们在机场内四处游荡，很少受到机场或航空公司员工的质疑和阻止。

1995 年，监察部门再次派出便衣人员，携带假炸弹进入各大机场的安全区。结果令人震惊的是，有 40% 的便衣人员成功通过了安检。1996 年初，监察部门决定发布一份关于机场安全的最终报告，但是并没有人关注里面的信息。

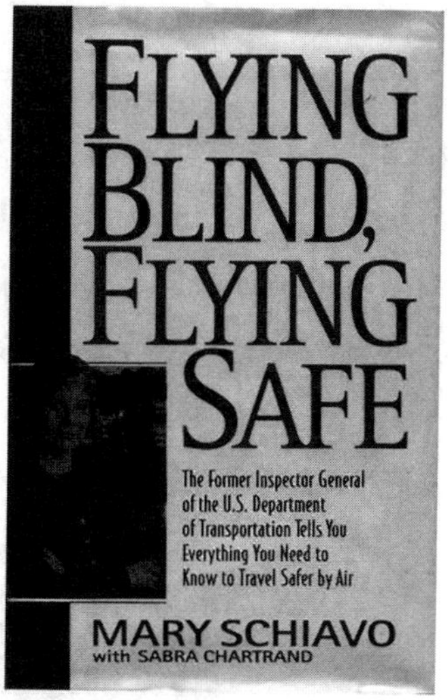

《盲目飞行，安全飞行》封面

玛丽·夏沃在六年里的任期内顶住了美国运输部和 FAA 的内部压力，一直试图揭露和纠正发现的问题。1996 年 7 月 8 日，她从运输部监察长的职位上辞职，随后出版了《盲目飞行，安全飞行》一书，详细阐述了她对 FAA 系统性缺陷的担忧，并呼吁采取必要的改革措施来保障航空安全。

13. 航空发动机的制造瑕疵——1996 年美国达美航空 1288 号航班

N927DA 号机发动机爆炸后的场景

达美航空 1288 号航班（DL1288）是从佛罗里达州彭萨科拉飞往佐治亚州亚特兰大的定期航班。1996 年 7 月 6 日，执飞该航班的麦道 MD-88 在彭萨科拉 17 号跑道起飞时，左侧发动机发生非包容性故障，飞行员中止起飞，并停在跑道上。该起事故造成 2 名乘客死亡。

航班机长 A，40 岁，累计飞行 12 000 小时，其中 MD-88 为 2 300 小时。副驾驶 B，37 岁，累计飞行 6 500 小时，其中 MD-88 为 500 小时。航班上一共搭载 142 人，包括 137 名乘客和 5 名机组成员。

执飞 1288 号航班的是一架 MD-88（N927DA 号机），机龄 8 年，搭载两台普惠 JT8D-219 发动机。事故发生时累计飞行 22 031 小时 /18 826 起降循环。

达美涂装 MD-88

在起飞前的检查中，副驾驶发现 1 号发动机鼻锥有几滴油渍，左翼上也有一些铆钉不见了。他认为这两个问题并不严重，飞机处于适航状态，因此没有通知机务。

下午 2 点 23 分，1288 号航班从 17 号跑道起飞，副驾驶推上油门杆，飞机加速至 74 千米 / 小时，后舱突然传来巨大的爆炸声。驾驶舱随即失去仪表和照明，机长果断宣布中止起飞。飞行员立即将油门收至慢车档，并刹停了飞机。随后他们启动了应急电源，联系塔台管制员，并宣布进入紧急状态。

故障的发动机开始冒出火焰，出口排的乘客迅速打开翼上逃生门。飞行员立即请求紧急医疗救助，并报告机身有一个大洞，机舱内到处都是发动机碎片。救援人员事后经过清点，发现 2 名乘客不幸被碎片击中遇难，140 人成功逃生。

事故发生当晚，国家运输安全委员会（NTSB）的调查人员已经赶到现场。调查员发现，飞机没有坠毁，甚至没有升空，但是却导致 2 人遇难（第 37 排座位 A 和 C）。

事故过程并不复杂，起因是左侧发动机的风扇轮盘出现故障，这是一块钛合金，上面连接着风扇叶片。风扇轮盘相当坚固，即使在高速碰撞后也能保持一体。但涉事轮盘却发生了破裂，碎片散落到 200 至 700 米远的地方，还有一部分嵌入了右侧机舱壁。

破裂的风扇轮盘

风扇轮盘破裂还带来次生灾害，它在客舱上撕开一个巨大的口子，左侧机翼也被打一个洞，并打掉了发动机前进气道。碎片还切断了机舱壁和天花板内的电线，导致两台“黑匣子”停止记录，飞机也发生电气故障。零件散落的位置和对飞机的破坏程度，凸显出失效风扇轮盘巨大的破坏力。

根据设计标准，风扇轮盘使用寿命达到 20 000 次起降循环，达到标准后必须更换。而在实际运营中，大多数风扇轮盘的使用寿命远超设计标准。而左侧发动机风扇轮盘仅运行了 13 835 起降循环，且未发现外部撞击痕迹。调查人员随后在断裂面上发现了一条清晰可见的裂纹，判定其为金属疲劳所致。

金属疲劳是指金属在持续的动态应力作用下发生结构失效的现象。它是一种渐进的、局部的结构损伤过程，通常在长时间反复载荷作用下积累形成，并可能在没有任何预兆的情况下突然断裂。

疲劳裂纹在每次载荷作用下都会扩展，并在断裂表面留下细微的生长痕迹。通过计算这些痕迹的数量，可以推断出裂纹的萌发时间。调查人员通过显微镜观察发现，风扇轮盘断裂面上至少有 13 000 条细纹，这表明裂纹早在 1990 年安装时就已开始出现。

左侧发动机进气道

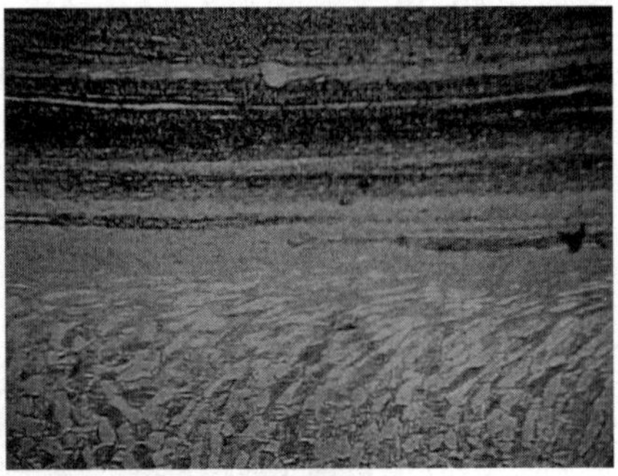

变色区域特写

裂纹的起点位于风扇轮盘 24 个孔位中的一个孔边缘，由孔背面一直延伸至轮盘后表面，深度长达 3.54 厘米，最终导致轮盘结构失效。调查人员通过扫描电镜在孔口附近发现了一个长约 23 毫米、深约 0.05 毫米的变色区域。该区域含有大量氧和铁杂质，硬度比周围区域高 50%。形成该区域需要暴露在 650℃以上的高温中，高温导致金属结构改变并掺入杂质，加速了裂纹的扩展。

只有制造缺陷才会导致这种类型的损伤。普惠公司虽然在美国工厂组装 JT8D 发动机，但很多零部件来自遍及全球的供应商。其中位于瑞典的沃尔沃负责生产风扇轮盘，调查员决定远赴瑞典进行调查。

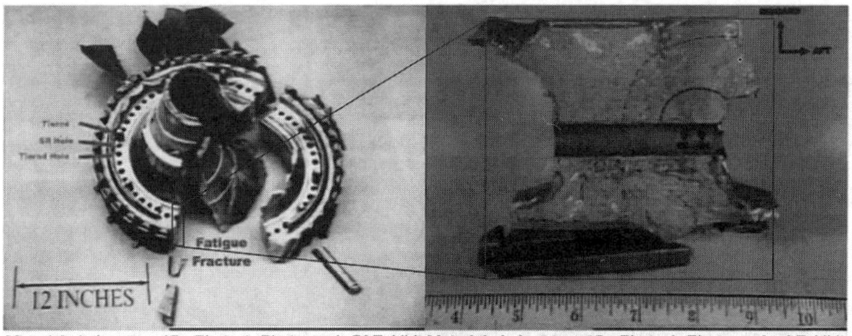

Materials Laboratory 15 - Photo 1. Photograph Of Exhibit No. 15C Materials Laboratory 15 - Photo 1. Photograph of Exhibit No. 15D

风扇轮盘受损示意图

沃尔沃使用数控机床加工风扇轮盘，其中一项是钻出直径 1.31 厘米、深 7.39 厘米的梯形孔。该工艺包括三个步骤：首先使用钻头钻出初始孔，然后用镗床扩宽孔径，最后进行内侧孔面精加工。

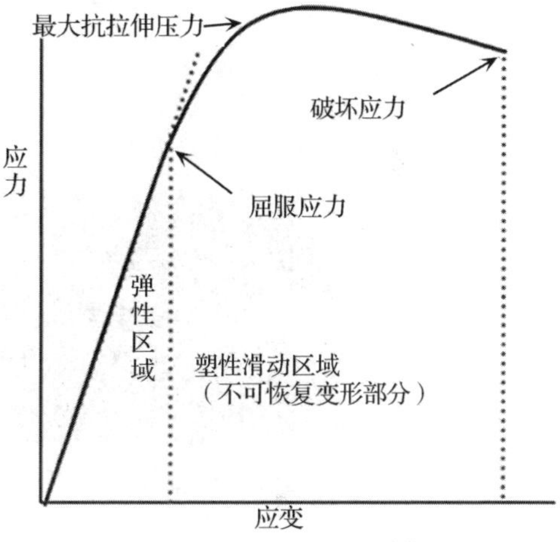

韧性材料应力－应变曲线

钻初始孔是整个过程中最为关键的步骤，因为它需要去除大量材料，并且金属加工过程中会产生大量热量。为了防止钻头损坏，需要使用冷却液进行降温、润滑和排屑。否则，钻头可能因过热而损坏，或者因切屑堵塞而无法正常工作。

传统的高速麻花钻通常采用“啄削工艺”，即每深入孔内 0.5 厘米就需将其取出并进行清洁，以清除孔中的碎屑。这一操作通过反复拔出钻头和喷射高压冷却液来实现。然而，JT8D-200 系列风扇轮盘的横截面厚度超过 7.6 厘米，导致孔的长径比高达 6，极易出现切屑堵塞问题。

事故风扇轮盘冷却液通道的钻孔采用带有碳化钨切削刃刀片的麻花钻头。钻头直径为 1.22 厘米，内部设有冷却液导管。冷却液在钻孔过程中起到润滑和冲洗的作用，可有效清除孔中的切屑。其中，冲洗尤为关键。钛屑容易在钻头和孔壁之间堆积，钻孔内增加摩擦导致温度升高，最终可能损坏钻头。

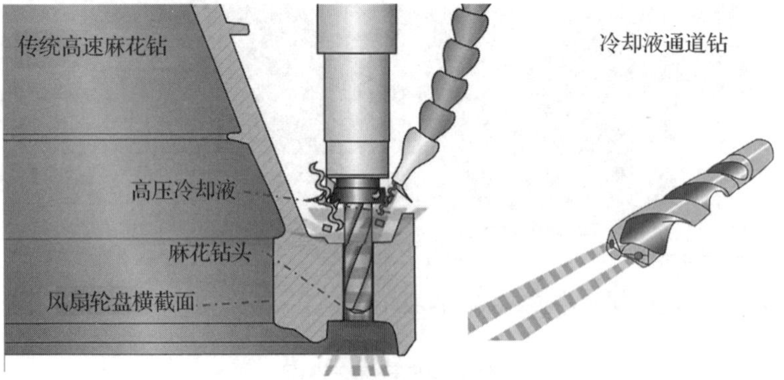

传统高速麻花钻和冷却液通道钻对比示意图

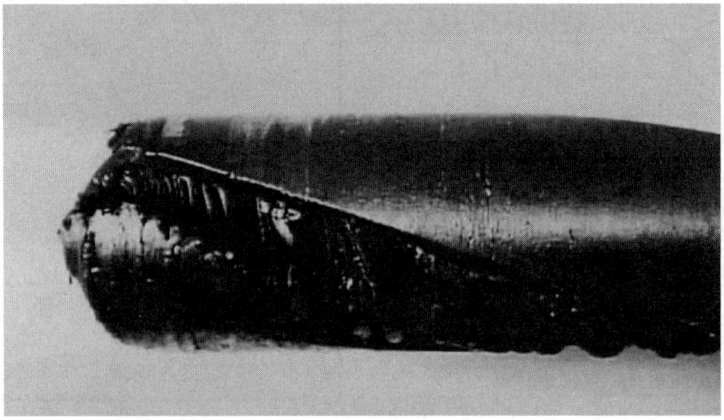

带有钛屑的钻头

调查员怀疑钻孔时就出现问题。他们通过重复性试验发现，当钻头以超高转速运行时，会导致钻头失效，并产生大量钛屑堆积。这些堆积的钛屑阻碍了冷却液的流动，导致孔壁温度升高并产生变色区域。

沃尔沃公司为了发现制造瑕疵，除了进行最基础的目视检查之外，还采用了荧光渗透检测（FPI）检查裂纹和蓝色蚀刻阳极氧化（BEA）检测变色区域。

BEA 是一种高灵敏度的无损检测技术，用于检测材料表面的不连续性。其工作原理是先将风扇轮盘进行阳极氧化处理，在表面形成一层蓝色的氧化膜，然后用硝酸和氢氟酸溶液去除氧化膜。在观察变色区域的时候，能看到缺陷部位保留的蓝色氧化物。沃尔沃的检查员会通过对比六块彩色标牌识别缺陷部件。

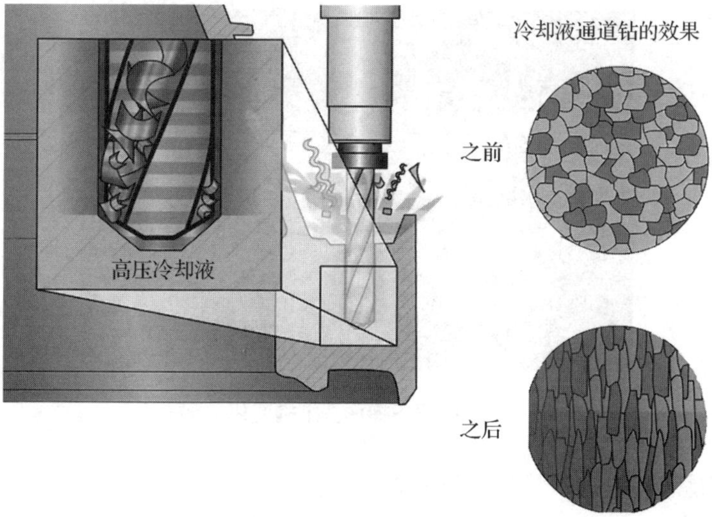

冷却液通道钻和切屑堵塞示意图

1989 年，一名检查员在检查事故轮盘时，在梯形孔内观察到了一处异常的图像，该图像与彩色标牌中的任何图案都不匹配。然而，风扇轮盘在随后的复检中却顺利通过，最终被交付给普惠公司。

普惠公司对沃尔沃的质量控制体系过于自信，认为其能够有效发现并剔除缺陷零件。因此，他们仅对风扇轮盘进行了粗略的目视检查就将其安装到了发动机中，这为事故埋下了隐患。

在实际使用过程中，风扇轮盘上的裂纹会逐渐扩展。然而，该风扇轮盘在随后的荧光渗透检测（FPI）中也顺利过关。FPI 检测的原理是将清洗后的轮盘浸入接近沸腾的水中，取出后利用余热快速干燥。然后再将带有荧光染料的低粘度油涂抹在轮盘表面，荧光染料会渗入缺陷处。最后，洗掉表面染料，再涂上显影剂粉末，就能在紫外线灯下看到裂纹。

然而，FPI 检测存在局限性。如果清洁过程中残留了微小的污染物，可能会掩盖裂纹。此外，行业专家指出，在轮盘快速干燥过程中，水可能会残留在较深的裂缝中，阻碍染料渗入，导致检测失效。

此外，还有多种因素导致漏检。例如检查员资历较浅，只有 18 个月工作经验。现有工具很难观察到梯形孔的深处，存在检测盲区。检查过程枯燥单调，整个过程耗时 40 分钟到 2 个小时，检查员很少发现问题，容易让他产生一种永远不会发现裂纹的预期，从而降低了警惕性。此外，检查一旦被打断，

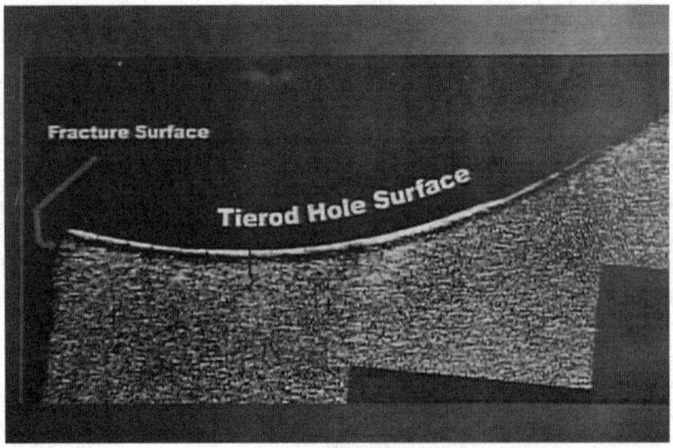

显微镜下梯形孔结构变化

检查员容易忘记进度，导致跳过检查步骤。

在 1996 年，航空业对有寿命限制的部件的认识仍存在局限性，普遍认为部件的标定使用寿命是其最低失效时间，而未充分考虑制造缺陷可能导致部件提前失效的情况。1996 年 1 月，这个轮盘被装到 N927DA 号机上，并在 1996 年 7 月 6 日执飞达美航空 1288 号航班。

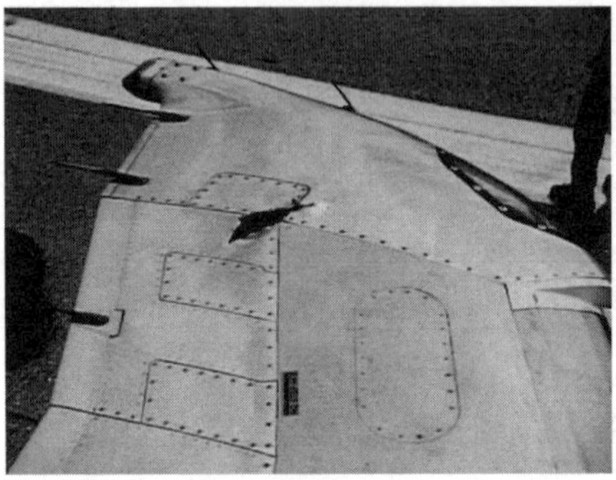

碎片击穿左侧机翼

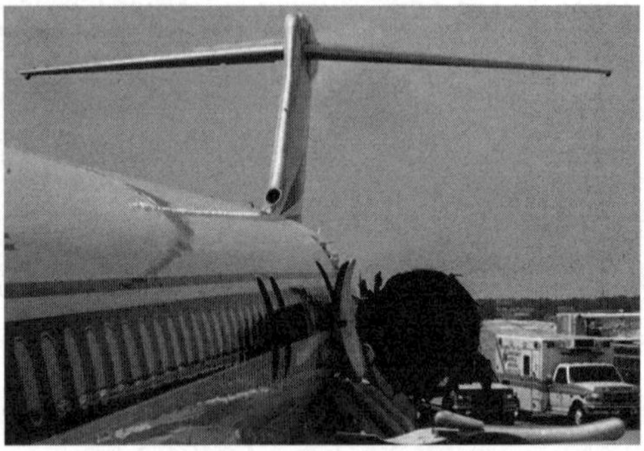

发动机受损情况

因此，NTSB 建议对寿命限制的零件在计划寿命的 1/3 和 2/3 期间进行两次检查，增加检查冗余度。此外，达美航空的安全文化也可能导致检查质量的下降。20 世纪 90 年代初期，面对来自瓦卢杰航空和美西南航空等低成本航空公司的激烈竞争，达美航空推出了“领导力 7.5”计划，旨在将运输成本从每座每英里 9.3 美分降至 7.5 美分。如果该计划成功，达美航空将节省 20 亿美元。为了实现这一目标，达美航空管理层决定从削减维护成本入手。

“领导力 7.5”计划导致达美航空解雇了大量经验丰富的维修人员，并招聘了大量薪资较低的新员工。此举使达美航空检查员的平均工作经验从 20 年降至 7 年。其中，负责故障风扇轮盘的检查员工作经验仅有 1 年半。

随着经验丰富的机务人员流失，达美航空开始遭遇越来越多的非包容性发动机故障。在 1993 年 ~1997 年间，达美航空就发生 10 起此类故障。以至于 FAA 开始对达美航空展开相关调查。面对调查，达美航空则将责任推给了普惠公司。

在 1288 号航班事故听证会上，达美技术运营高级副总裁雷・瓦莱卡（Ray Valeika）辩解道："普惠公司交付了有缺陷的零件，这比达美航空未能检测到它们更重要。"

1998 年 1 月 13 日，NTSB 发布了历时 1 年 9 个月调查的 1288 号航班最终事故调查报告，报告共 137 页，提出了 19 项安全建议。报告指出事故原因：左侧发动机前压气机风扇轮盘断裂。断裂是由于达美航空在 FPI 过程未能发现可检测的疲劳裂纹，该裂纹起源于制造过程中钻孔操作造成的微观结构改变区域，沃尔沃公司在制造过程中也未能发现。造成事故的原因是现役检查程序中缺乏足够的安全冗余。

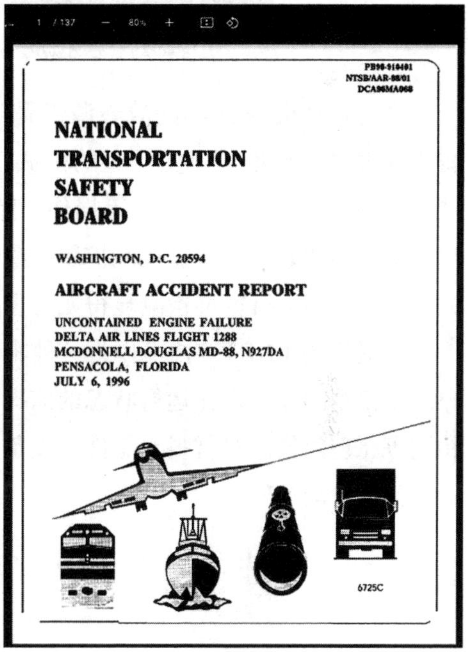
PB98-910401
NTSB/AAR-98/01
DCA96MA068

NATIONAL
TRANSPORTATION
SAFETY
BOARD

WASHINGTON, D.C. 20594

AIRCRAFT ACCIDENT REPORT

UNCONTAINED ENGINE FAILURE
DELTA AIR LINES FLIGHT 1288
MCDONNELL DOUGLAS MD-88, N927DA
PENSACOLA, FLORIDA
JULY 6, 1996

6725C

事故调查报告封面

NTSB 指出达美航空需要对检查流程进行重大改革，包括使用内窥镜观察梯形孔。此外还需要改进干燥过程，并为检查员提供更好的培训。

FAA 发布一项适航指令，要求立即对所有 JT8D 风扇轮盘进行检查，以找出任何类似的有缺陷产品。他们还要求航空公司对寿命有限的发动机部件进行更密切的监测。

1288 号航班也成为达美航空里程碑式的事故——它也是达美航空最后一起致命事故。而 N927DA 号机修复后，一直运营到 2018 年才退役。

延伸阅读：常见的无损检测（NDT）——从渗透到相控阵超声波

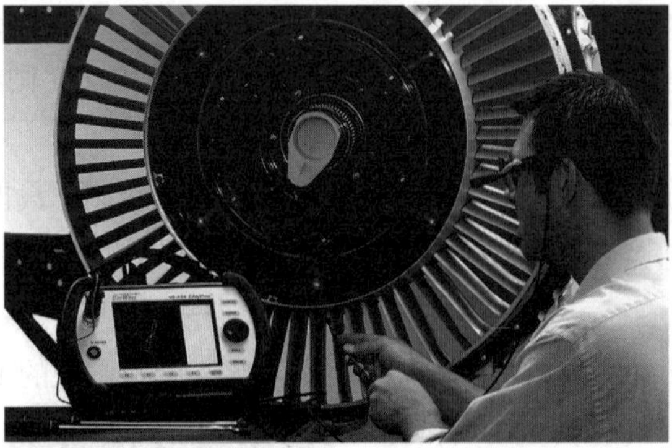

工程师对一台发动机进行无损检测（NDT）

喷气发动机约 50% 的故障源于涡轮叶片和轮盘的损坏。这些部件长期暴露于高温高压环境，承受巨大的机械载荷，极易发生蠕变、氧化、低周疲劳（LCF）和高周疲劳（HCF）等损伤。随着发动机服役时间的延长和环境的恶化，微小的初始缺陷可能逐渐扩展，最终导致发动机故障。因此，对早期萌生的裂纹等缺陷进行精准检测显得尤为重要。

无损检测（NDT）技术作为一种非破坏性检测方法，是指在不影响被检对象未来使用功能或现在运行状态的前提下，采用射线、超声、红外、电磁无损检测等原理的仪器对材料、零件、设备进行检测的技术。

渗透检测（PT）

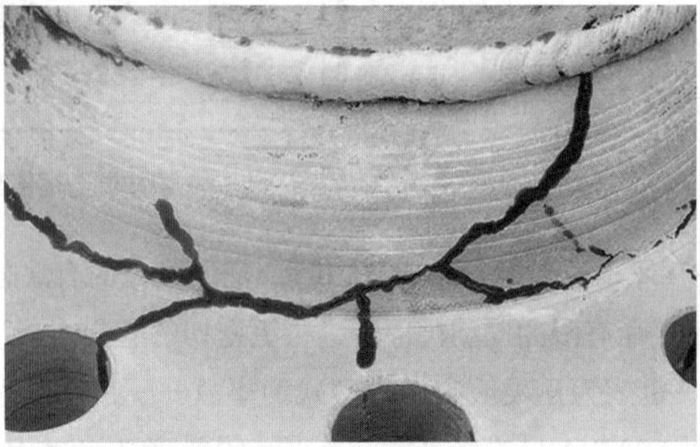

染料渗透检测检查出的裂纹

渗透检测主要包括染料渗透检测（DPI）和荧光渗透检测（FPI）。染料渗透检测是一种应用广泛且成本低廉的检测方法，适用于各种无孔材料，包括金属、塑料、陶瓷等。

渗透检测技术的历史可以追溯到 19 世纪初，当时铁路行业使用油和白粉法来检测钢轨上的裂缝。该方法利用油的渗透性，将油渗入裂缝中，然后用白粉或粉笔涂覆表面，使裂缝显露出来。

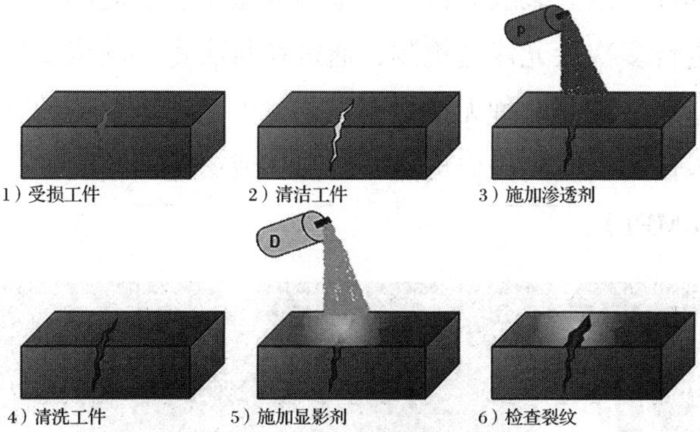

渗透检测过程示意图

20 世纪 40 年代，荧光或可见染料被添加到用于 DPI 的油中。液体渗透检测基于毛细管作用，其原理是利用低表面张力的液体渗入干净、干燥的材料表面存在的裂纹、间隙等缺陷之中。渗透剂可以通过浸泡、喷洒或刷涂的方式施加到被测工件上。经过充足时间的渗透后，去除多余的渗透剂，再施加显影剂。显影剂可以帮助将渗透剂从缺陷中吸附出来，以便检查员可以看到不可见的缺陷。检查在紫外线或白光下进行，具体取决于所用染料的类型（荧光或非荧光）。

使用荧光渗透检测飞机发动机零部件

荧光渗透检测（FPI）是一种利用荧光染料检测无孔材料表面缺陷的无损检测方法。该方法以其成本低、工艺简单等优点而著称，被广泛应用于各个行业。

荧光渗透检测使用的染料相比其他液体渗透检测中使用的渗透剂更敏感，这种荧光染料在紫外线照射下会发出明亮的黄色荧光，与深色背景形成鲜明对比，即使是微小的缺陷也容易被熟练的检查人员发现。

荧光渗透检测对小缺陷很敏感，特别适用于检测具有细小、紧密孔隙和光滑表面的金属部件，这些裂纹通常是由金属成型工艺引起的。一个零件在完成之前可能需要进行多次荧光渗透检测，通常在每次重要的成型操作之后进行一次。由于荧光渗透检测是一种无损检测工艺，因此选择合适的染料和工艺非常重要，以确保零件不会受到任何可能导致损坏或染色的情况。

磁粉探伤（MPI）

在磁粉探伤中，磁化部件上涂有荧光颜色的磁粉组成的溶液

磁粉探伤利用磁场来检测铁磁材料的表面和浅表面缺陷，适用于铁、镍、钴等磁性材料及其合金。该过程将磁场引入被测工件中，磁化方式可分为直接磁化和间接磁化。当电流直接通过测试对象并在材料形成磁场时，就会发生直接磁化。没有电流通过，但从外部施加磁场时，就会发生间接磁化。磁力线与电流的方向垂直，电流可以是交流电（AC）或直流电（DC）。

因为空气不能像金属那样支持每单位体积的大量磁场，因此材料表面或浅表面的缺陷会导致磁场泄漏。为了识别这些泄漏，需要将干燥或湿悬浮液中的铁质颗粒施加到零件上。这些颗粒被吸引到磁场泄漏的区域，从而暴露缺陷。

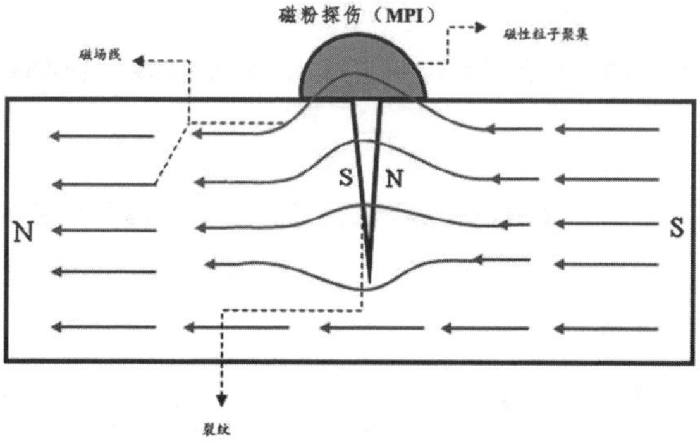

磁粉探伤原理示意图

红外热像检测（IR）

飞机的热成像示意图

红外热像检测是一种被动热成像检测技术。现代的热成像设备配备了灵敏的红外探测器，能探测从 –20℃到 2 000℃之间的细微变化。

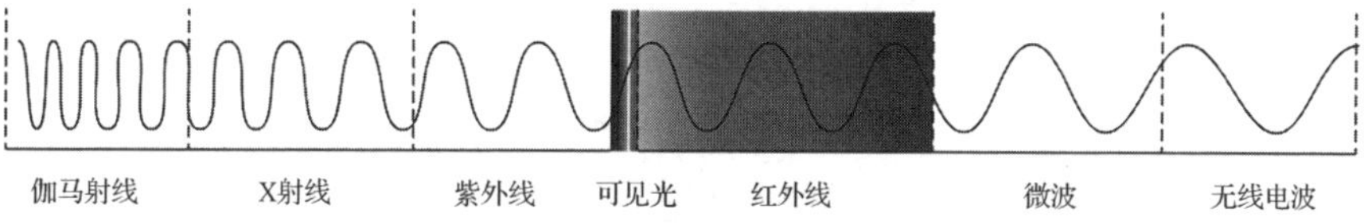

电磁波谱从近红外 0.75 μ m 到远红外 1mm 的红外波段范围。

人眼是复杂而精密的器官，但它们只能感知可见光。而热的传递方式有三种：传导、对流和辐射。所有物体都会发射电磁辐射，其波长取决于物体的温度。辐射的波长和温度成正比，发射的能量从高温向低温流动。光的范围跨越整个电磁波谱，包括可见光和不可见光，以及 X 射线、伽马射线、无线电波、微波和紫外线。

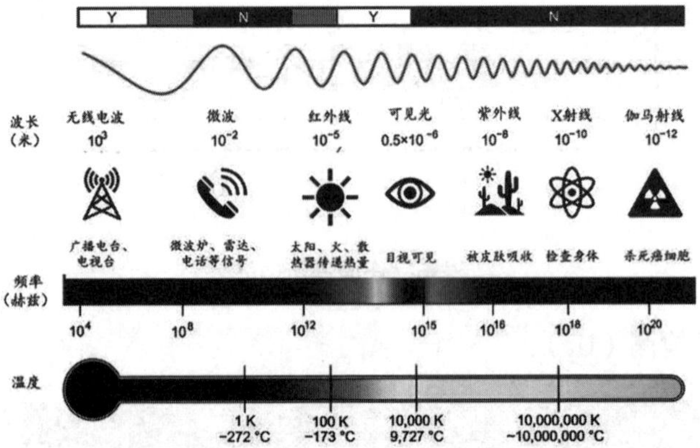

电磁频谱图

通过分析红外辐射，红外热像仪可以用于检测几乎任何物体的热特征。几乎所有物质都会至少发出一点热量，即便是非常冷的物体，例如冰。除非物体处于绝对零度（-273.15℃），否则其原子仍会运动，并通过碰撞产生热量。

在航空业对降低成本的不断追求中，热成像技术被引入飞机检测领域，它能有效缩短检测时间。航空业通常使用极高热分辨率（20mk）或高帧速率（100Hz）的热成像仪。例如，对航空发动机进行热成像分析可以有效地进行故障分析。

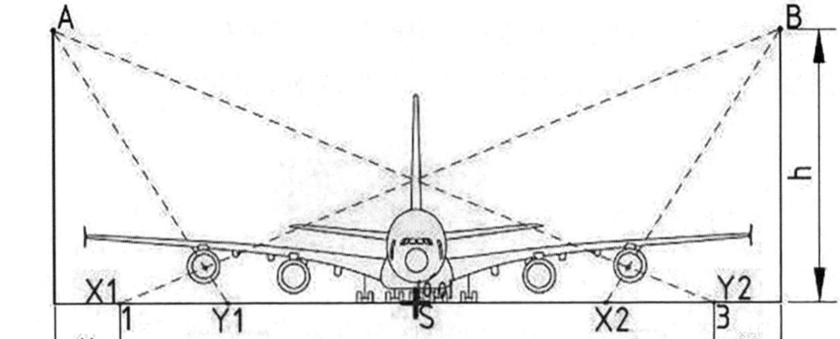

热成像设备在飞机监控系统的应用

射线检测（Radiographic testing，RT）

射线检测示意图

射线检测是一种利用电离辐射来检测材料和部件缺陷的方法，其目的是定位和量化可能导致工程结构失效的材料性能缺陷和退化。在实际应用中，通常使用 X 射线或伽马射线进行检测，X 射线束穿过被测工件后，光子被探测器捕获，在胶片上留下阴影图像，材料密度的变化会导致捕获的图像发生变化，技术人员根据图像分析材料内部的缺陷。

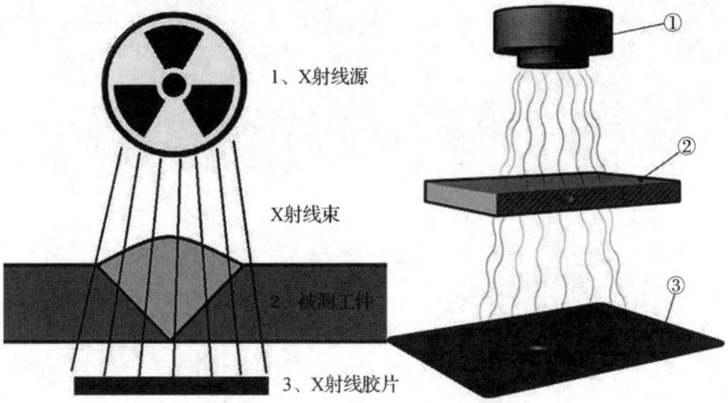

射线检测原理示意图

1938 年，乔治・牛顿（George E. Newton）作为采购代理和道格拉斯合作时，发现需要在交付前对零件进行检查，于是创办了首个飞机 X 射线实验室。此后，该实验室迅速发展壮大，并在堪萨斯州威奇托、得克萨斯州达拉斯和沃斯堡以及路易斯安那州新奥尔良设立了四个分厂。

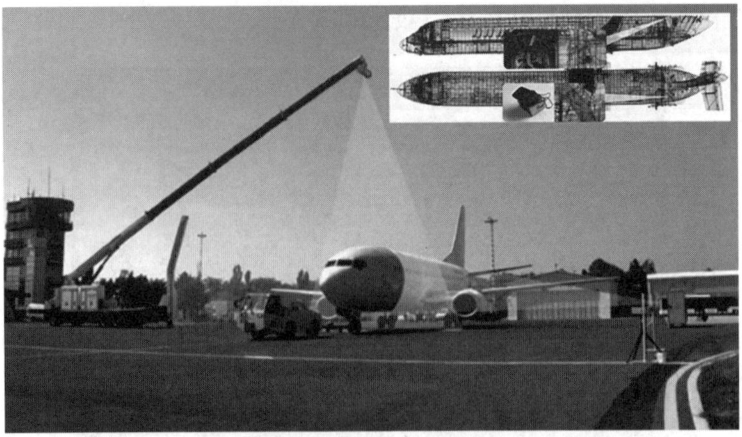

X 射线飞机扫描系统示意图

如今，机场安检通常使用 X 光机对乘客的行李进行检查，美国等国家还使用伽马射线来扫描联运集装箱。甚至还有公司研发出飞机整机 X 射线扫描系统，20 分钟即可完成整架飞机的扫描。

涡流检测（ECT）

工程师在进行涡流检测

涡流检测是一种基于电磁感应原理的非破坏检测技术，其原理是用激磁线圈在导电构件中产生涡流，并借助探测线圈测量涡流的变化量，从而获取构件缺陷的信息，它能检测到人眼无法察觉的细微裂纹，主要应用于表面和管道检测，在航空航天领域得到了广泛应用。

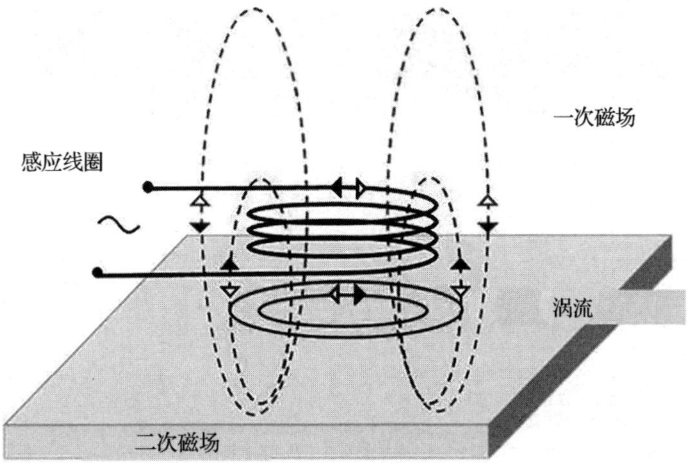

涡流检测原理示意图

超声波检测（UT）

超声波检测是一种基于超声波在被测物体或材料中传播的检测技术，它利用频率为 0.1~15MHz 的超声波来探测缺陷。

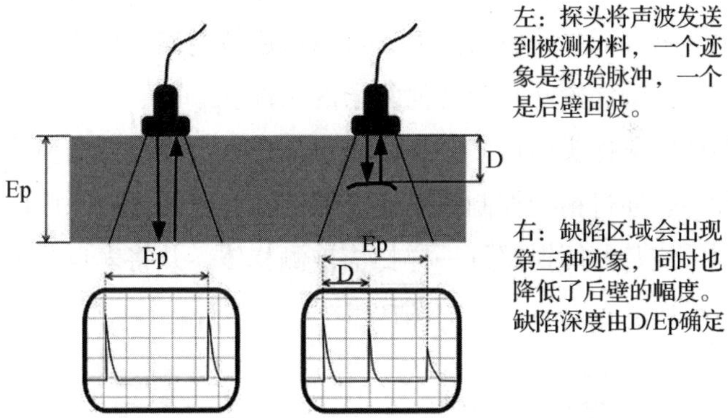

左：探头将声波发送到被测材料，一个迹象是初始脉冲，一个是后壁回波。
D
Ep
Ep
Ep
D
右：缺陷区域会出现第三种迹象，同时也降低了后壁的幅度。缺陷深度由D/Ep确定

超声波检测原理示意图

1940 年 5 月 27 日，美国密歇根大学研究员弗洛伊德·费尔斯通（Floyd Firestone）为第一个使用的超声波检测方法申请了发明专利，并命名为“探伤装置和测量仪器”。美国工程师詹姆斯·F·麦克纳尔蒂（James F. McNulty）和弗雷德里克·G·威格特（Frederick G. Weighart）在荧光镜上产生了世界首张实时生成的图像，后来他们又开发出商业化的便携式设备，可以对海军飞机进行无损检测。

方法	优点	缺点
渗透检测	灵敏度高，实现简单，原理清晰，较为经济，适用于缺陷的可视化检测。	仅对开口缺陷敏感，微裂纹缺陷难以检出，检测准确度与操作人员的主观判断密切相关。
磁粉探伤	对裂纹、夹杂等缺陷检测效果较好，可检测缺陷的长度和外形。	缺陷深度检测难，仅适用于铁磁性材料检测，耗时长，检测范围小。
红外热像检测	检测效率高，环境适应性强，检测结果比较直观	可能灼伤叶片表面，材料的温度对成像分辨率影响大，对不可见的缺陷检测效果较差。
射线检测	对检测零件表面形状及粗糙度要求较低，操作直观，具有可视化检测效果和后续的缺陷成像潜力。	设备复杂，成本高，对裂纹缺陷不敏感检测速度慢，具有一定的安全隐患。
涡流检测	灵敏度高，检测速度快，对表面缺陷检测效果好，电信号易于处理和传输检测效率高，环境适应性强检测结果比较直观。	对复杂形貌试件的检测灵敏度较低，难以进行涡轮叶片内部缺陷定量分析。
超声检测	实施方便、检测速度快、指向性强、灵敏度高、安全性好。	只能进行逐点扫查，对不可达位置难以检测。

六种无损检测方法优缺点对比

相控阵超声波检测（PAUT）

相控阵超声检测基于相控阵雷达原理，它能利用自适应时间延迟法控制相控阵探头中的多个阵元晶片发射声波，可以形成特定偏转角度和聚焦深度的合成声束，能有效检测涡轮叶片等几何复杂的工件。

相控阵超声检测探头由许多小型超声波换能器组成，每个换能器都可以独立发射超声脉冲。通过精确控制每个换能器的发射时间延迟，可以对超声波束进行精细控制，使其如同探照灯一样扫描被测物体，并将来自多个光束的数据组合在一起，形成显示物体切片的图像。

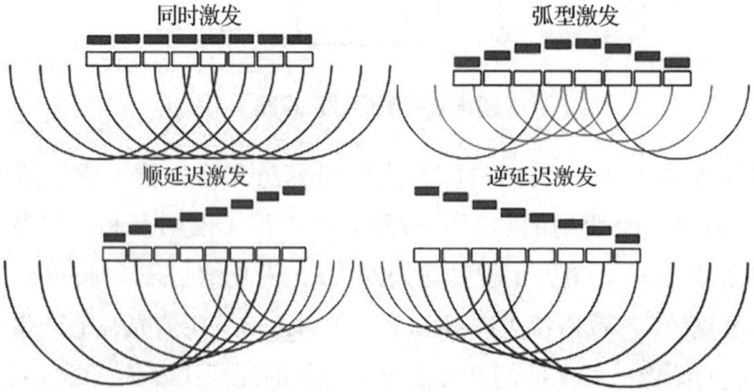

相控阵超声检测原理示意图，不同的激发方式得到不同的声束

20 世纪 60 年代，研究人员开始研发相控阵超声检测系统，并在 20 世纪 70 年代引入医疗领域。在工业领域，由于金属、复合材料、陶瓷、塑料和玻璃纤维的声学性质差异很大，而且被测物的厚度和几何形状差异巨大。20 世纪 80 年代推出第一代工业相控阵检测设备时，该设备体积庞大，需要将数据传输到计算机上才能处理图像。后续多名科学家用了几十年时间才研发出适合航空业的相控阵超声检测设备。

14. 纽约长岛上空的“断头”波音 747——1996 年美国环球航空 800 号航班

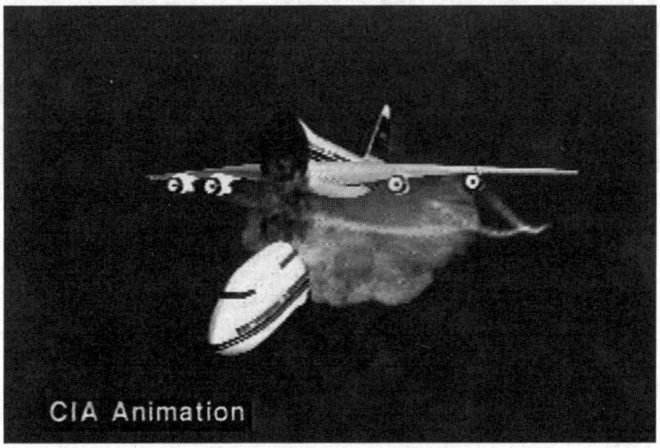

航班爆炸瞬间示意图

1996 年 7 月 17 日，一架波音 747 在纽约长岛上空突发解体，机身断裂为数段后坠入大西洋，机上 230 人全部遇难。此次空难震惊全球，引发了航空史上规模最大、耗时最长的调查。美国联邦调查局（FBI）和美国国家运输安全委员会（NTSB）对事故原因的调查结果分歧严重，导致公众对事故真相产生广泛疑虑，并滋生了大量阴谋论。

NTSB 历时 4 年 1 个月的调查，在 2000 年发布了厚达 341 页的最终事故调查报告。报告详细还原了事故发生的全过程，并提出了多项安全建议。这些建议促使监管部门出台了一系列针对航空燃油系统安全的监管措施，显著提升了民用航空器的燃油系统安全性。

环球航空 800 号航班（TW800）是从美国纽约肯尼迪国际机场飞往意大利罗马菲乌米奇诺机场的定期国际航班，中途经停法国巴黎。1996 年 7 月 17 日，执飞该航班的是一架波音 747-131（N93119 号机），机龄为 24.9 年，累计飞行 93 303 小时 /16 869 次起降循环。

环球航空涂装的 747

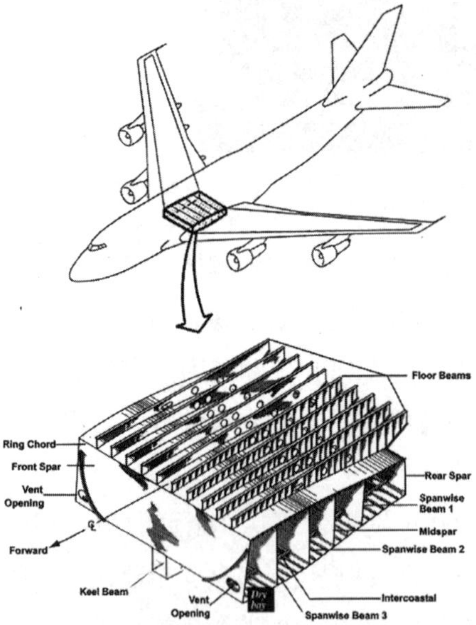

747 最大的油箱——中央油箱

下午 4 点 38 分，飞机抵达肯尼迪机场，进行加油和机组更换。由于纽约飞往巴黎的航程远低于 747 的最大航程，地勤人员只需加注机翼中的燃油，而位于飞机机翼根部和机身下部的中央油箱则基本空置。

航班机长是拉夫 · 克沃尔基安（Ralph G. Kevorkian），58 岁，累计飞行 18 800 小时。副驾驶是史蒂芬 · 斯奈德（Steven E. Snyder），57 岁，累计飞行 17 000 小时。机上搭载 230 人，包括 212 名乘客和 18 名机组成员。

环球航空曾是美国航空史上重要的航空公司，成立于 1930 年，但于 2001 年破产。鼎盛时期，它与美国航空、美联航和东方航空并称为美国“四大”国内航空公司。1978 年，《航空公司放松管制法》在美国引发一波航空公司倒闭和初创企业的收购潮。环球航空经营陷入困境，还因负债卖出了伦敦航线。1996 年的一场事故更是让环球航空雪上加霜，最终在 2001 年被美国航空公司收购。

波音 747-100 驾驶舱

8 点 19 分，800 号航班从肯尼迪机场 22R 跑道起飞。在管制员的指挥下，飞机向东转向，沿着长岛海岸逐步爬升。然而灾难突然降临，飞机在 4 206 米高度时发生爆炸，瞬间摧毁了两个“黑匣子”的线路。5 秒钟后，747 的机头和机身分离，像巨大的铁块一样坠向大西洋。机上 230 人全部遇难。

飞机从爆炸到坠入大西洋，整个过程仅持续了 54 秒，但飞机解体的瞬间，却被曼哈顿中城的居民和康涅狄格州海岸的人们目睹。海面上散落着燃烧的残骸。这起 747 爆炸事件通过新兴的网络媒体迅速传播，导致《纽约时报》和 CNN 的网站流量激增。事件在美国也引起巨大轰动，公众迫切想知道事故背后的真相。

为了回应民众对飞机爆炸事件的强烈关注，美国政府多个部门迅速行动起来。NTSB 作为事故调查的牵头单位，派出史上规模最大的调查团队。这起事故发生时，飞机并未发出任何求救信号，这引发了民众的猜测，有人怀疑飞机上可能安放了炸弹。为此 FBI 也派出庞大调查组，介入调查事件是否存在刑事犯罪的可能性。

FBI 探员走访了多名目击者，NTSB 调查员则马不停蹄地展开海底搜救工作，调动遥控潜水器、侧向扫描声呐和激光扫描仪等设备，全力打捞飞机残骸。

打捞上来的飞机驾驶舱

为了确定爆炸发生的位置，调查人员仔细拼凑起回收的飞机残骸。他们在机身上发现了 196 个窟窿。NTSB 和波音联合开展了一项实验：向金属板发射小块弹片，并测试不同速度下产生的窟窿形状。结果显示当速度超过 460 米 / 秒时，会形成明显不同的窟窿。

飞机油箱中发现了 800 个窟窿，所有窟窿都显示出向后的特征，这是移动速度太慢留下的痕迹，因此也排除了炸弹猜想。此外，FBI 对回收的碎片进行了分析，他们也没有发现任何炸弹或导弹的残留物。

调查人员从海底打捞起“黑匣子”，但可惜有价值的信息寥寥无几。驾驶舱语音记录仪（CVR）仅记录下了最后 0.1 秒的爆炸声。对比泛美航空 103 号航班和印度航空 182 号航班的爆炸录音，调查人员发现飞机爆炸时会发出尖锐刺耳的声音，声音强度会突然急剧上升。而 008 号航班的爆炸声则显得较为缓慢。

飞机解体成三部分，并散落区域示意图

根据残骸的分布情况，调查员倒推出了飞机解体的顺序。第一个区域是红色，距离爆炸点最近，包括驾驶舱后侧和机翼前侧的机身碎片。第二个区域是黄色，位于红色区域的东北角，包含整个机头部分，该区域没有火灾迹象。第三个区域是绿色，包括机翼、中后机身和尾翼。飞机向海面下降时，油箱被点燃，并引发了大爆炸。

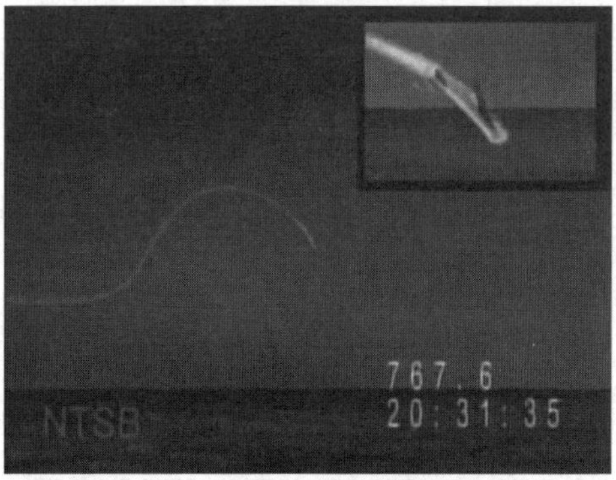

飞机坠海前的轨迹

调查员将收集到的碎片与飞机速度和风速数据结合起来，在计算机中模拟了爆炸发生的场景：爆炸发生后，红色区域立即断裂，不到5秒钟机头就掉落了。绿色区域又以半稳定的方式飞行40秒，最后以自由落体的形式坠入海中。

波音公司的计算显示，爆炸发生后，飞机的绿色区域依然保持完整，机翼继续产生升力。由于飞机重量减轻、重心后移，导致飞机严重俯仰，高度从4 206米骤增至4 724米到5 059米之间，最终失速坠海。

第一个从飞机上掉落的部件是#3翼展梁，它从右到左贯穿中央油箱内部，这表明爆炸位于后方的中央油箱。调查人员为了查明油箱爆炸的原因需要解决一些疑问：一、航空煤油是否易燃？747飞机使用的燃油是航空煤油（Jet A），它在液态时不易燃。但当它和适量空气混合时，不仅易燃，且易爆。

燃料和空气形成混合气体，并与火焰接触时被点燃的最低温度称为闪点。800号航班燃油的闪点为45.5℃。然而，影响混合气体是否会燃烧的因素还包括温度和压力。NTSB的试验表明，在海拔4 206米的高度，仅需35.8℃燃料就被点燃。

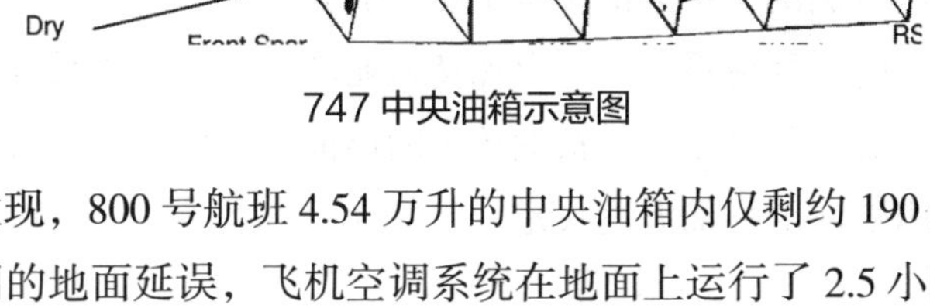

747 中央油箱示意图

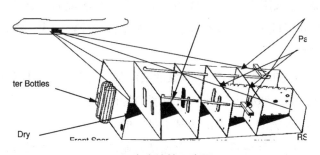

调查员发现，800号航班4.54万升的中央油箱内仅剩约190升燃油。由于高温和长时间的地面延误，飞机空调系统在地面上运行了2.5小时。空调组件

恰好位于中央油箱下方，距油箱底部仅 5 厘米，且无绝缘保护。

NTSB 决定还原 800 号航班环境，在油箱中留下 190 升燃油，空调运行 2 个半小时。在 800 号航班实际起飞时间 1 分钟内，使用相同的配置和重量，沿着 800 号航班实际飞行轨迹保持相同的爬升率，同时监测油箱里的各项数据。当飞机达到 4 206 米的高度时，中央油箱的温度介于 38.3℃至 51.7℃之间，高于 36.4℃的最低点火温度。燃料空气比为 0.054，高于 0.038 的最低点火浓度。

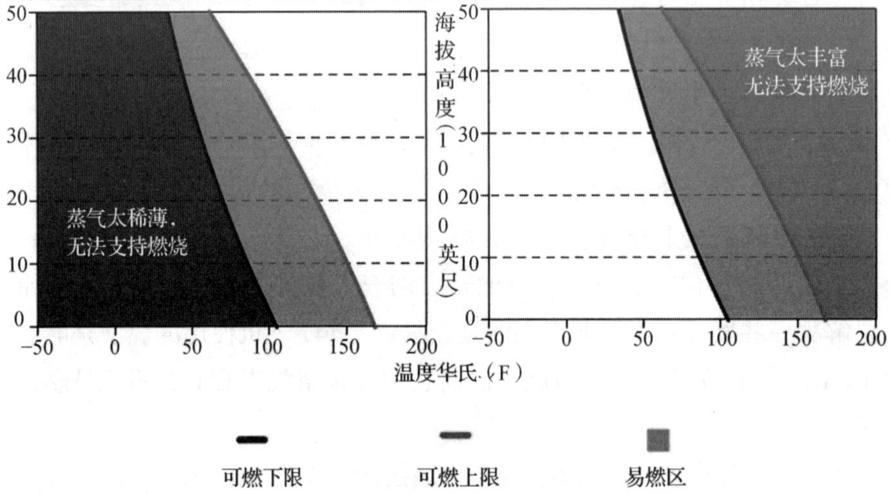

可燃性包络线示意图

可燃性包络线的左侧边界是可燃性的下限，在这个区域内，燃油蒸汽过稀，无法燃烧。右侧边界是可燃性的上限，在这个区域内，燃油蒸汽过稠，也无法燃烧。中间区域表示只有很少能量的火花就会导致起火，在油箱等密闭空间则会发生爆炸。

随着飞机高度的增加，气压和温度会降低，包络线会向左倾斜。图中是 747 机翼油箱和中央油箱内燃油蒸汽温度的特性。在 800 号航班中，飞机在地面时，机翼油箱是满的，中央油箱基本是空的。

飞机在地面时，环境系统运行以保持机舱的舒适度。该系统产生的热量被空的中央油箱下表面所吸收，并被油箱中的燃油蒸气所吸收。机翼油箱的燃油蒸气温度基本由加注的燃油温度决定。

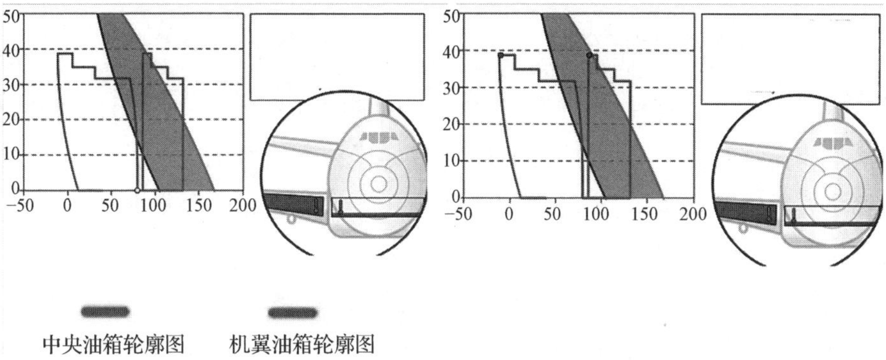

800 号航班中央油箱和机翼油箱可燃性示意图

在飞机爬升阶段，两侧油箱的燃油蒸气温度起初保持一致。随着飞机高度的增加，两个油箱的燃油蒸气温度和气压持续下降。通过油箱温度分布叠加在可燃性包络图中可以得知，800 号航班中央油箱的燃料在事故时是易燃的。

接下来，NTSB 还花了 2 年时间展开一项大规模的爆炸实验，他们重建 747 等比例中央油箱，并进行了 72 次燃烧试验，观察火焰在油箱内的传播情况。实验结果显示，在 800 号航班相似条件的测试中，燃油均被引燃，火焰迅速蔓延至整个油箱。此外，油箱隔舱也被逐个点燃，导致油箱内部出现多个压力峰值。

波音公司还计算了导致 #3 翼展梁失效所需的力，正是这个巨大的力导致了飞机解体。NTSB 还进行了一次规模庞大的爆炸测试，他们在一架退役的波音 747 上引爆了炸弹，并记录了爆炸在 CVR 上产生的声音。结果证实了此前的猜测：炸弹爆炸产生的声音迅速上升并消退。混合气体产生的爆炸声很慢，和 800 号航班的 CVR 录音一样。

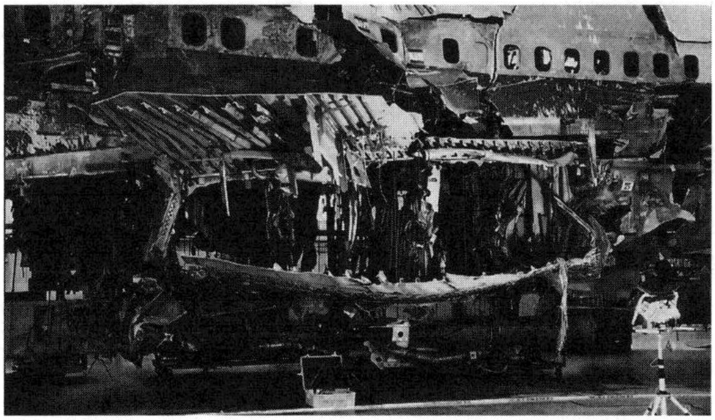

飞机右翼残骸

二、火花从何而来?

美国联邦航空管理局（FAA）将飞机油箱视为易燃物品。因此，根据相关法规，油箱的设计必须杜绝任何可能引燃易燃混合物的火源。所谓的防爆油箱也并非绝对安全，曾多次发生爆炸事故。其中，雷击是最典型的点火源之一。

例如1963年12月8日，一架执行泛美214号航班（PM214）的波音707在从巴尔的摩飞往费城的途中遭到雷击，并坠毁在马里兰州埃尔克顿附近。机上81人全部遇难，这也是泛美航空707的首起致命事故。

民航委员会（CAB）调查显示，雷击点燃了飞机其中一个油箱中的燃油蒸气，导致爆炸摧毁了其中一个机翼。这起事故也引起了航空业对雷击对飞机造成的未知风险的关注。

FAA在214号航班事故发生一个月后成立了燃料系统防雷技术委员会，该委员会汇集了来自FAA、CAB等机构的专家。1967年，FAA更新了运输类飞机适航标准，明确规定燃油系统设计必须能够防止雷击引燃系统内的燃油蒸汽，并发布和该要求相关的指南。1970年，FAA颁布了加强飞机防雷击的附加要求。

新法规对飞机的设计提出新要求，例如飞机表面与安装在靠近油箱的机翼表面上的任何物品（例如加油口盖、排水阀和检修面板）之间必须进行电气连接；飞机上必须加装燃料通风口阻火器，用于检测和排放灭火剂，以扑灭在燃料通风口处点燃的燃油蒸气；内部通风管增加被动阻火器，以帮助扑灭突破第一级阻火器的火焰；增加机翼铝表面的厚度，以降低雷击通过机翼表面完全熔化机翼内部组件的可能性。

NTSB的数据库记录了至少15起油箱爆炸事故，但都和800号航班有所不同。事故发生时晴空万里，附近没有任何雷暴或闪电活动。调查员考虑了至少14种可能的点火源，包括电磁干扰、静电，甚至还有陨石撞击，但都因缺乏证据或点火能力不足而被排除。最终，他们将点火源锁定在飞机的电源系统上。

计算结果显示，在海平面点燃Jet A燃料蒸气需要0.25毫焦耳（mJ）的能量，而在4 206米的高度则需要0.5到500mJ的能量，具体取决于燃料的温度。只有唯一的途径可以将这些能量引入油箱：油量指示系统（FQIS）。

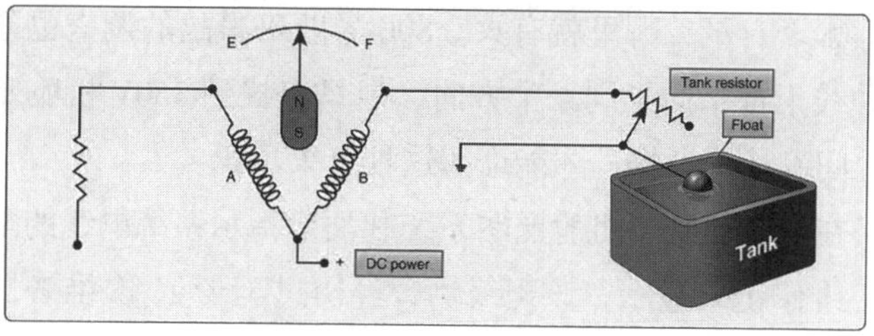

飞机油量指示系统示意图

FAA 法规要求飞机油箱内不允许存在任何点火源。因此，油量指示系统是唯一被允许安装在油箱内的电路。然而，该系统所承载的电能不超过 0.02mJ，仅为点燃油箱内混合气体所需能量的 10%。

调查员开始了工作量浩大的排除法，结果表明，飞机雷达和无线电产生的电磁干扰能量不超过 0.1mJ，只有不到 0.01% 的能量会进入油量指示系统中。NASA 的一项研究表明，即使在最极端的情况下，飞机上的任何电磁源也无法向电路提供超过 0.123mJ 的能量。

虽然 FAA 的规定要求某些关键系统的电路应远离其他电路以防止短路，但 NTSB 发现这些规定并未明确提及油量指示系统。此外，波音公司也没有在 747 的油量指示系统上采取任何额外的保护措施。

调查员发现，包括事故飞机在内的 747，其油量指示系统电线与机舱照明系统等大功率电路存在混接现象。多个间接证据表明，在爆炸发生前一分钟左右，机长克沃尔基安曾发现四号燃油流量计出现异常显示。在爆炸发生前零点几秒，CVR 的机长语音通道捕捉到电气背景噪音中的两个短暂间隙，只留下频率为 400Hz 的异常音调。

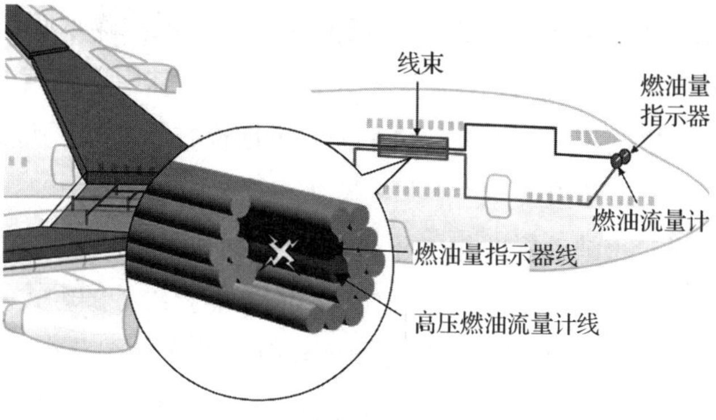

线束示意图

俗话说，哪里有烟，哪里就有火。800 号航班事故的调查也遵循着这一逻辑。尽管各种线索都指向了同一个方向，但只有找到 350V 机舱照明系统和油量指示系统之间确凿的证据，才能证明这种点火场景。

调查人员在一条容纳了机舱照明系统和油量指示系统电线的配线槽中发现了电弧痕迹。维修记录显示，该配线槽曾经历过至少 10 次维修，其中一次是为了修复水渍。每一次维修都有可能造成损伤，维修后还留下尖锐的金属屑。

此外，前舱厨房还存在排水问题，导致水滴落到配线槽中，也可能造成电线短路，但不会留下任何证据。就如同垃圾桶中的电线短路一样，任何细微之处都可能成为火灾的源头。

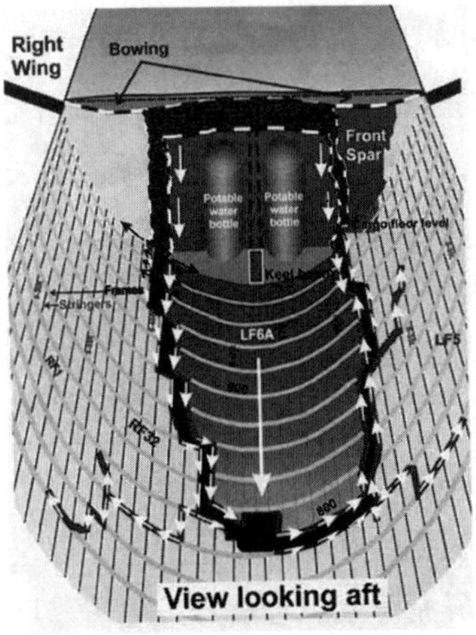

飞机结构失效示意图

调查人员在回收的电线上也有惊人的发现：许多绝缘层破损，金属屑、电线和配线槽遍布水渍和其他污渍。包括油量指示系统在内的许多电线拼接不当或修理不当，周围电路杂乱无章，甚至电芯都暴露在外。

N93119 号机并非孤例。NTSB 对其他 25 架飞机的检查发现，在美国商业机队中，类似的布线问题普遍存在，包括磨损的绝缘层、破裂的 O 型圈以及粘在一起的线束。在一些受检的 747 上，布线完全不符合制造商的图纸要求。调查人员还发现，在被调查的 25 架飞机中，有 5 架曾发生过电气火灾，但这些火灾都未被察觉，自行熄灭了。

当时，几乎美国每家主要航空公司的在役飞机都存在不同程度的布线问题，其中一些问题甚至比 N93119 号飞机更加严重。其中一个原因是，大多数布线在发生故障之前不需要更换，也不需要定期检查。此外，大部分线路为隐蔽式布线，根本无法检查。

其次，布线检查缺乏标准化。环球航空在维护过程中并没有采用标准化流程来保护附近的电线，而是由机务人员自行判断需要维护的方式。波音公司也没有提供明确的指导，从而导致波音和环球航空的布线图存在差异。实际上，大多数飞机的实际布线方式都存在很大差异，布线维护的随意性不断累积，导致短路现象在飞机中变得非常普遍，几乎每天都会发生。这些短路最终酿成了

800 号航班的悲剧。

水平漂浮的飞机残骸

三、能量进入油量指示系统线路后，会从哪里流出？

其中一个原因是接线部分损坏，但大部分电线丢失，缺乏直接证据。其次燃油探测器上有一个补偿器被严重烧伤，但无法确定其损坏是发生在爆炸前还是爆炸后。

调查员在接线点附近发现了黑色的硫化银沉积物，这可能是燃油中的硫杂质与线路周围的镀银层发生化学反应后产生的。硫化银具有半导体特性，因此在裸露的导线和附近的硫化银沉积物之间可能发生电弧放电，从而点燃燃油蒸气。

大量证据表明，燃油指示器上的硫化银沉积物在飞机上普遍存在。然而，航空公司只有在飞机 D 检的全面检查中才会检查油箱内部，而 D 检的间隔时间约为五年。

NTSB 发现，波音公司至少在 1991 年就意识到燃油量指示系统镀银电线存在问题，但他们并没有意识到问题的严重性，因此没有对在役飞机进行改造。

至此，800 号航班爆炸的证据链已经形成闭环：飞机在地面上长时间使用空调组件，导致中央油箱的燃油温度升高，最终达到易燃蒸汽浓度。当飞机爬升至 4 206 米高度时，机舱照明系统和燃油量指示系统之间可能发生电弧。在断路器启动之前，电涌会沿着电线进入中央油箱。在此，电弧可能从暴露或损坏的导体跳跃到硫化银沉积物上，产生火花并点燃燃油蒸汽，最终导致飞机爆炸。

被拼接好的飞机残骸

调查员吊起飞机残骸

800 号航班事故对每一位航空旅客的安全都产生重要影响。事故调查发现了一系列潜在的故障点，这也规避了长期以来油箱设计原则中规定的安全预防措施。如果不采取预防措施，类似的悲剧将再次发生。

NTSB 统计数据显示，空中所有航班中约有 30% 的油箱含有易燃蒸汽，而 7% 的机翼油箱也存在易燃蒸汽的情况，这在炎热的夏季尤为严重。尽管相关法规已经假设油箱是易燃的，但事实证明，FAA 排除火源的原则存在缺陷，这意味着 30% 的航班都携带了一个潜在的定时炸弹，它们距离爆炸只差一个火花。

STUNNING DISCLOSURE

SHOT DOWN?

Missile attack, bombing probed

SHOULDER-FIRED MISSILE

THE CRASH OF FLIGHT 800

当时的媒体煞有介事地报道 008 号航班被击落

当 NTSB 要求波音评估油箱爆炸风险时，波音方面却并未重视。波音进行的故障树分析显示，油箱爆炸的风险极低，仅为每飞行小时 1/120 亿。故障树分析图还列出了分配给每个风险因素的概率。而 NTSB 在计算过程中发现，油箱爆炸的实际概率为每飞行小时 1/68 500，两者计算结果相差 17.5 万倍。

此外，还有一些目击者坚称飞机是被导弹击中的。研究表明，人类的记忆和感知从一开始就存在偏差，随着时间的推移，这种偏差会进一步加剧。目击者对他们所“目睹”的事件往往深信不疑，而一些新闻报道和目击者的陈述也强化了这一印象。

为了平息导弹阴谋论，NTSB 还借助了军方的力量。在调查末期，NTSB 在佛罗里达州的一个空军基地安排了一系列导弹试验。他们在事故发生时段发射了多枚导弹。然而，在 2 至 14 海里外的观察员根本无法看到导弹发射的过程。事实上，导弹发射产生的光迹只会在发射后的 7~8 秒内可见，也就是发动机燃烧期间。发动机关闭后，导弹进入滑翔状态，任何观察员都无法看到它。此次试验也证实了，那些声称目睹导弹击落客机的人，其所述并非基于事实，而是出于个人臆想。

然而，美国公众却对“阴谋论”有着特殊的偏好。1998 年，NTSB 宣布油箱爆炸是导致飞机坠毁的原因后，只有 50% 的美国人相信这一结论。2004 年出版的一本关于 800 号航班被击落的虚构小说，在《纽约时报》畅销书排行榜上高居榜首长达 11 周。

大多数阴谋论都基于以下两个原因：首先，对 NTSB 结论提出质疑。其次，认为油箱“不可能”爆炸。其中，最受欢迎的 800 号航班阴谋论者之一威廉·唐纳森（William Donaldson）声称：“在航空史上，从来没有发生过任何一架波音喷气式客机在空中飞行时因燃油混合体爆炸的案例。”

唐纳森的观点也反映了大多数 800 号航班阴谋论背后的无知。这种无知源于普通人难以或不愿深入研究 NTSB 得出结论的依据和过程。

2000 年 8 月 23 日，NTSB 发布了 800 号航班最终事故调查报告。该报告用大量篇幅反驳了每一个潜在的怀疑来源，这份重量级的调查报告充分体现了 NTSB 调查的深度和广度。这也是 NTSB 历史上规模最大、成本最高的调查，由众多领域的顶尖专家历时多年、经过数十次耗费巨大的试验完成，最终得出了一份具有公信力的事故报告。

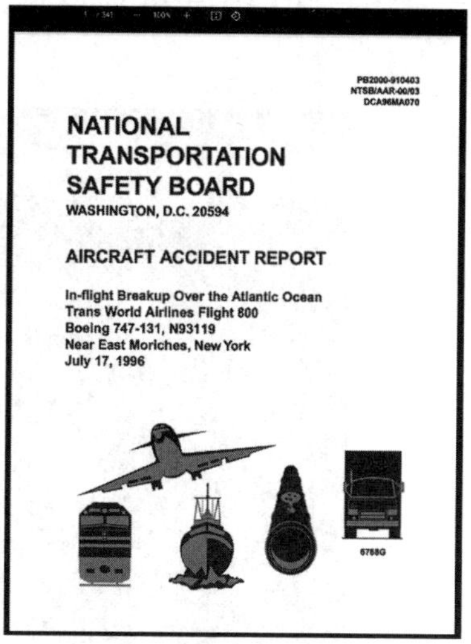
PB2000-910403
NTSB/AAR-00/03
DCA96MA070

NATIONAL TRANSPORTATION SAFETY BOARD
WASHINGTON, D.C. 20594

AIRCRAFT ACCIDENT REPORT

In-flight Breakup Over the Atlantic Ocean
Trans World Airlines Flight 800
Boeing 747-131, N93119
Near East Moriches, New York
July 17, 1996

事故调查报告封面

800 号航班事故最重要的遗产是推动了监管部门做出改变。2008 年，FAA 强制要求所有美国客机安装氮气惰化系统，将氮气泵入油箱以减少易燃性。此外，FAA 还启动一项整个机队的电气问题的计划。该计划涵盖了对老龄飞机的特殊检查要求，并制定了航空公司定期检查飞机布线的具体规定。

在此过程中，FAA发布了150多项适航指令，要求对飞机进行大规模设计改动，以提高油箱安全性、消除火灾隐患、确保油量指示系统布线安全并降低整体电气故障率。从适航指令数量来看，800号航班事故也创下了美国航空安全史的新纪录。

800号航班事故纪念碑

在800号航班空难前，环球航空的经营就陷入困境。环球航空正试图在1996年亚特兰大奥运会打一场翻身仗，空难事件让他们彻底翻不了身，最终被并入美国航空公司。

15. 涡桨客机的“冰桥”死亡传言——1997年美国康姆航空3272号航班

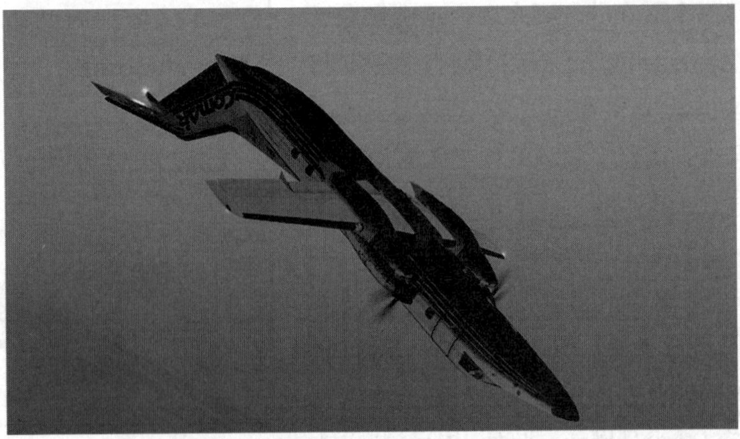

飞机俯冲姿态示意图

1997年1月9日，康姆航空一架EMB-120（N265CA号机）在飞往底特律的途中突发意外，飞机在 1 220 米高度突然快速翻滚并坠向地面，机上 29 人全部遇难。

康姆航空公司成立于 1977 年，曾是全球最大的支线航空公司之一。该公司主要为达美航空公司提供支线航班服务，航线主要集中在美国中西部和南部地区。其机队规模一度超过 170 架，包括大量巴航工业 EMB-120。然而，由于经营压力等原因，该公司于 2012 年宣布解散。

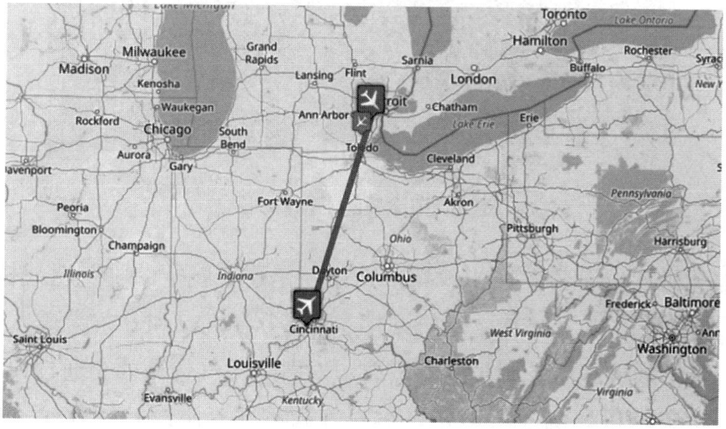

航线示意图

康姆航空 3272 号航班（COMAIR 3272）是从辛辛那提 / 北肯塔基国际机场飞往底特律大都会机场的定期支线航班。事发当天，航班机长丹恩·卡尔森（Dann Carlsen），42 岁，累计飞行 5 329 小时。副驾驶肯尼思·里斯（Kenneth Reece），29 岁，累计飞行 2 582 小时。机上共有 26 名乘客和 3 名机组人员。N265CA 号机机龄 6 年，累计飞行 12 751 小时 /12 734 起降循环。

下午 2 点 53 分，3272 号航班从北肯塔基国际机场起飞，开启了当天第三次飞行任务，副驾驶里斯负责操纵飞机。飞行机组在起飞前已获悉，此次飞往底特律的航线将遭遇恶劣天气，包括中度结冰和湍流。

结冰会严重威胁飞机的安全，当飞机在接近冰点的温度下穿行于高含水量云层时，冰容易积聚在机身寒冷的金属蒙皮上，机翼和尾翼的前缘更是结冰的重灾区。对于 EMB-120 而言，由于机翼面积较小，更容易受到积冰的影响，因此该机型配备了强大的防冰和除冰系统。

3 点 29 分，3272 号航班获得降落许可。3 点 33 分，卡尔森机长向底特律管制中心报告飞机高度为 3 350 米，并开始向大都会机场的 3R 跑道进近。底

康姆航空涂装的 EMB-120

特律大都会机场位于密歇根州罗穆卢斯市，是达美航空的主要枢纽机场之一。该机场占地 2.9 万亩，拥有 2 座航站楼、129 个登机口和 6 条跑道。它也是密歇根州最繁忙的机场，管制员经常需要应对恶劣天气带来的交通延误。

由于进近该机场的航班数量众多，管制员需要协调安排各航班的降落顺序，并确保它们保持安全距离。EMB-120 属于涡桨飞机，飞行速度相对较慢，因此在降落时的优先级低于速度更快、机动性更强的喷气式客机。

底特律大都会机场

3 点 35 分，管制员指示 3272 号航班跟进一架空客 A320，并要求后者减速至每小时 190 节。随后，飞机在向 2 100 米下降时，副驾驶里斯执行了下降检查。云层环绕四周，附近有接近冰点的雨滴，逐渐附着在飞机的机翼和尾翼上。由于冰层太薄，飞行员几乎没有察觉。

管制员发现 3272 号航班与前方的空客 A320 距离过近，要求他们减速至 170 节。不久后，另一位管制员再次联系 3272 号航班，并允许他们降至 1 200 米高度，并进一步减速至 150 节。而飞机外部的冰层持续堆积，并开始改变飞机的气动外形。

管制员开始指示飞行员向左转 90° 以拦截航向道。副驾驶里斯认为自动驾驶仪会将飞机自动改平，然而驾驶舱内突然响起失速警报。卡尔森机长要求副驾驶里斯增加推力，但飞机自动驾驶仪却突然断开。不到 2 秒内，飞机从 45° 滚转至 146°，呈现出剧烈左滚状态。

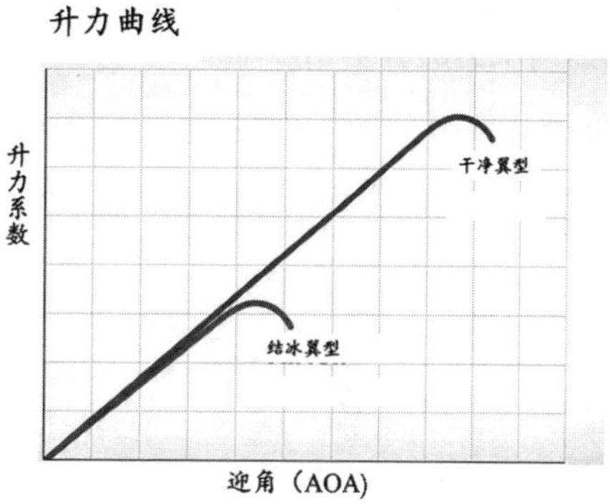

结冰会让飞机在较低迎角处失速

尽管飞行员竭力挽救，但飞机仍旧翻滚着坠向地面，最终坠毁在门罗县莱辛维尔镇的一片农田里，距离机场跑道 35.4 千米。飞机完全解体，并在撞击处形成一个巨大的坑洞。机上无人生还。

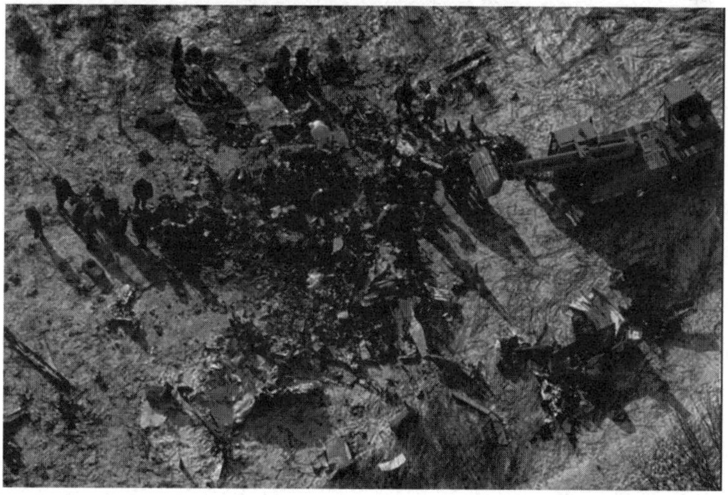

N265CA 号机残骸

事故发生后，美国国家运输安全委员会（NTSB）立即成立调查组赶赴现场。调查人员在第二天就找到了飞行数据记录仪（FDR）和驾驶舱语音记录仪（CVR），并采访了目击者，审查了相关文件。

FDR 显示，飞机在从 2 100 米高度下降过程中，所有参数均处于正常范围。然而，在飞机坠毁前 5 分钟，情况开始发生变化：飞机性能衰减速度远超预期，自动驾驶仪需要更大的动力输出才能维持飞行。在飞机高度降至 1 200 米并开始改平时，失速警报响起，飞机以 155 节的速度失速。调查人员发现，这起事故与美鹰航空 4184 号航班事故有相似之处。

1994 年万圣节之夜，一架执飞美鹰航空 4184 号航班的 ATR 72，在芝加哥奥黑尔国际机场外盘旋等待降落时，因机身积冰导致飞机失速并向前翻滚。飞机在空中连续翻滚后，最终坠毁在一处农田上，机上 68 人全部遇难。

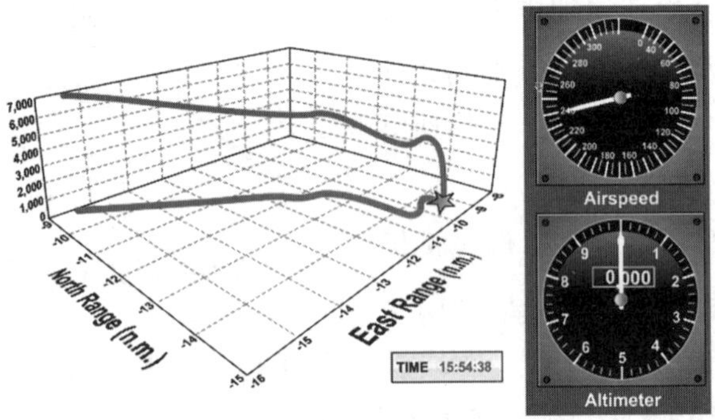

3272 号航班飞行轨迹示意图

美国一项测试表明，涡桨飞机机翼顶部结上一层砂纸厚度的冰，就足以对飞行安全造成严重威胁。轻微的结冰会破坏飞机的气动外形，严重时甚至会导致飞机失速。

2001 年 3 月 9 日，一架执行康姆航空 5054 号航班的 EMB-120，在从巴哈马拿骚飞往美国佛罗里达州奥兰多的途中，在 5 180 米巡航高度时飞入一片冻雨云层。飞行员立即启动除冰程序，但飞机空速仍在一瞬间下降了近 70 节。飞行员在飞机急速下降约 2 100 米后才重新控制住飞机。5054 号航班之所以能够幸免于难，关键在于其飞行高度较高，而 3272 号航班的飞行高度仅为 1 200 米。

调查人员推测，3272 号航班事故可能与结冰有关。当时天气状况恶劣。两分钟后起飞的西北航空 272 号航班也遭遇了中度至严重的结冰，结冰速度约为 1.27 厘米 / 分钟，迫使这架 DC-9 改变航线。

美国航空航天局（NASA）风洞模拟 3272 号航班飞行环境的研究显示：机翼上逐渐形成了一层粗糙而透明的冰层，虽然不易察觉，却改变了机翼的气动外形。

机翼结冰示意图

为了应对冬季结冰问题，现代民航客机通常配备防冰或除冰系统，但只有在飞行员启动的情况下才能有效除冰。EMB-120 的防冰系统采用电力加热方式，可清除风挡和螺旋桨上的冰。机翼则使用除冰靴，这些嵌在机翼前缘的橡胶靴会周期性地充气和放气，以胀破机翼上的冰层。

调查员在 CVR 录音中并未发现飞行员启动除冰靴的迹象。3272 号航班的签派记录显示，当时底特律地区存在结冰风险，那么飞行员为何没有启动关键的除冰设备呢？

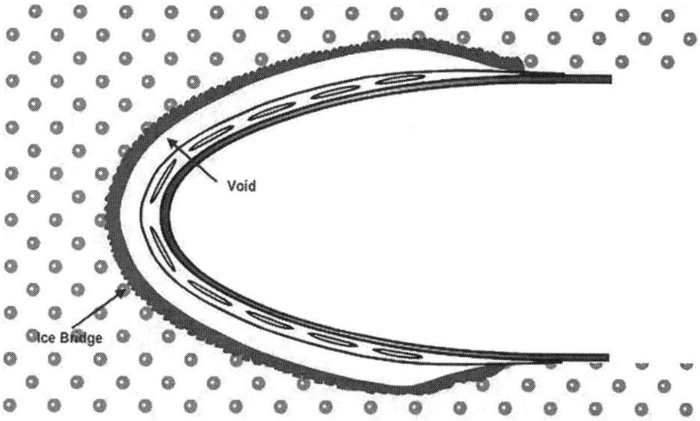

“冰桥”示意图

卡尔森机长在康姆航空公司拥有 7 年的飞行经验，并直接参与了公司飞行员手册的编撰。该手册明确规定，飞行员必须在机翼冰层厚度达到 1.27 厘米后才能启动前缘除冰靴。手册中特别强调，过早启动除冰靴可能导致“冰桥”现象：当冰层较薄且具有延展性时，除冰靴充气会将冰层向外推挤，形成一层包裹住除冰靴的冰壳，从而影响其正常工作。

早期除冰靴的充气压力较低，充气和放气过程相对缓慢。当飞行员过早启动老式除冰靴时，冰层会在除冰靴周围迅速冻结，形成坚固的“冰桥”，将严重威胁飞行安全。

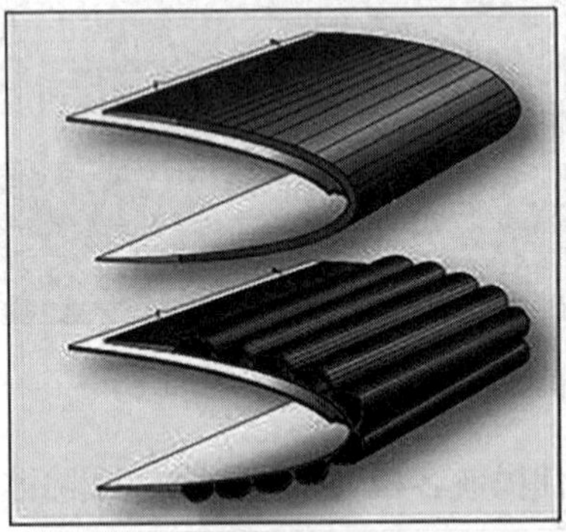
Upper illustration shows leading edge boot held against the leading edge contour (normal in-flight condition). Lower illustration shows leading edge boot in an inflated condition, typically held in that position for a short time only, to remove an accumulation of ice.

上图为正常前缘轮廓，下图为处于充气状态的前缘轮廓

许多航空公司的飞行员（包括康姆航空）都被告知，只有在观察到厚度为 0.625 厘米至 3.75 厘米之间的积冰时，才应启动除冰靴。这意味着 3272 号航班的飞行员在飞行过程中已经意识到机翼上有积冰，但在飞行过程中，这些冰在任何时候都达不到足以启动除冰靴的厚度。N265CA 号飞机配备了新型除冰靴，该系统能够在不到 1 秒内快速膨胀，有效破除所有积冰，消除“冰桥”隐患。

康姆航空和巴航工业公司分别为 EMB-120 编写了飞行手册。康姆航空的飞行手册沿用传统做法，要求飞行员等到冰层厚度达到 1.27 厘米后再启动除冰靴。而巴航工业则建议在发现结冰后立即启动防冰系统。两家公司制定的飞行手册“打架了”。

3272 号航班事故是 EMB-120 首次因结冰导致的致命空难。而在此前的 8 年里，该机型已发生 6 起因结冰导致的失控事件。面对飞机结冰带来的安全风险，航空监管机构似乎缺失了必要的监管和措施。

调查员从 FAA 档案库中发现多份有关飞机结冰的报告，但这些报告都被束之高阁，后续也没有任何强制措施。1994 年美鹰 4184 号航班事件后，NTSB 才进行了一次具有里程碑意义的调查，他们发现 ATR 72 在某些结冰条件下会发生严重的失控问题，这也促使 FAA 要求对涡桨飞机进行类似的检查，其中就包括 EMB-120。

调查员和飞机残骸

1995 年，FAA、巴航工业公司和 EMB-120 运营商举行了一系列会议，讨论了 6 起由 EMB-120 结冰引起的飞行安全事件。案例中，EMB-120 都出现了失速、向左翻滚以及因积冰导致高度大幅掉高的情况。飞行员要么没有意识到结冰的存在，要么认为结冰程度不足以启动除冰系统。

1996 年 1 月，FAA 一名工程师在一份报告中指出，当 EMB-120 遇到飞行员认为微不足道的积冰时，可能会陷入危险的翻滚中。报告强调，在结冰条件下 160 节的飞行速度不足以保证飞机的安全，失速警报系统可能滞后激活，自动驾驶仪也可能无法及时切断，从而导致更严重的事故。然而，这份报告并未得到 FAA 的正式采纳。

尽管如此，巴西航空工业认识到 EMB-120 即便有少量积冰，也具有潜在危险。他们修改了 EMB-120 的飞行手册，要求飞行员在结冰条件下飞行速度不能低于 160 节，并在冰形成的第一时间就启动除冰系统。

1996年初，EMB-120手册的新版本（第43版）提交给FAA审批时，却引发了巨大争议。许多FAA专家对此感到震惊：该手册鼓励飞行员过早启动除冰靴，这难道不会导致危险的“冰桥”现象吗？

与此同时，一些专家也表达了反对意见。他们认为，“冰桥”根本不是问题，而是一个没有任何科学依据的传言。FAA官员为了平息争执，还专门征求了巴航工业和B·F·古德里奇（除冰靴制造商）的意见。古德里奇回复FAA称，他们几年前就对此事进行过测试，结果表明新型除冰靴并不存在“冰桥”风险。

1995年，英国民航局（CAA）资助的一项研究表明，所谓的“冰桥”现象主要出现在搭载活塞发动机的旧型飞机上。活塞发动机采用发动机驱动的泵为除冰靴充气，与涡桨发动机的除冰靴相比，这些除冰靴功率较小，充气速度也较慢。涡桨发动机则可以直接从涡轮吸入的压缩空气中获取动力，因此根本不会发生“冰桥”现象。过早启动除冰靴唯一的副作用是会增加其运行循环次数，缩短使用寿命。

EMB-120 驾驶舱

基于上述研究结果，FAA发布了第43版飞机手册，并要求所有运营EMB-120的航空公司遵照执行。然而，康姆航空等五家运营商拒绝实施该变更，理由是新规与现有培训和程序不兼容，且可能导致飞机在结冰条件下出现

“冰桥”风险。此外，巴航工业建议在 EMB-120 结冰时飞行速度不应低于 160 节，但康姆航空也未采纳这一建议。

基于调查结果，NTSB 得出 3272 号航班事故主要原因：FAA 未能为结冰条件下的飞行制定充分的认证标准，且未有效监督航空公司对第 43 版手册的执行。

NTSB 发布最终事故调查报告后，终于促使航空业采取实质性的措施来防止类似事故再次发生。FAA 发起了一项全行业行动，旨在消除“冰桥”的错误观念，并要求飞机在进入结冰条件时立即启动除冰系统。

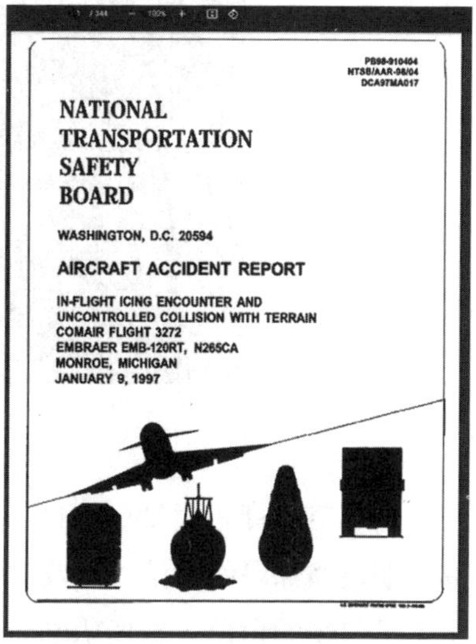
PB98-910404
NTSB/AAR-98/04
DCA97MA017

NATIONAL
TRANSPORTATION
SAFETY
BOARD

WASHINGTON, D.C. 20594

AIRCRAFT ACCIDENT REPORT

IN-FLIGHT ICING ENCOUNTER AND
UNCONTROLLED COLLISION WITH TERRAIN
COMAIR FLIGHT 3272
EMBRAER EMB-120RT, N265CA
MONROE, MICHIGAN
JANUARY 9, 1997

调查耗时 1 年 10 个月，全文 344 页

FAA 规定所有 EMB-120 和其他几种飞机必须安装自动结冰探测系统。康姆航空将结冰条件下的最低飞行速度设定为 170 节。FAA 要求所有飞机制造商为结冰条件下的飞行提供明确的最低速度信息，并建立 FAA 专家与航空公司运营监察员（POI）之间的标准化沟通机制。此外，FAA 还创建了新的数据库，以更密切地跟踪涉及外国制造商适航认证的问题。

更重要的是，FAA 还启动了一项大规模研究计划，旨在确保 FAR 第 25 部附录 C 的要求能够切实有效地应对飞行中可能出现的各种冰形，尤其是具有高度危险性的砂纸状薄冰。这项研究旨在确保所有在役飞机都能针对所有类型的飞行结冰情况做出正确的应对。

3272 号航班空难是一起典型的“系统事故”，其发生并非偶然，而是一系列系统性缺陷累积的结果——从 FAA 官员到飞行员，事故的诱因并非源于单一因素，而是根植于航空公司运营体系中深层次的结构性问题。事故的根源在于认证过程中的盲点和现实情况之间的脱节。相关人员对“冰桥”现象和砂纸型薄冰的危险性并非一无所知。然而，由于组织间沟通不畅、信息传递不及时等问题，这些关键信息并未在决策过程中得到充分考虑，最终导致悲剧发生。

3272 号航班事故纪念碑

这起空难夺走了 29 条鲜活的生命，每一位遇难者背后都是一个完整的家庭，朋友间深厚的情谊，以及对未来的无限憧憬。系统性的缺陷在事故中扮演了不可忽视的角色。这场悲剧向全球航空业敲响了警钟，迫切需要对现有的安全体系进行全面审视和改革，以避免类似悲剧再次发生。

事故发生地位于密歇根州拉萨尔的一处私人领地。为了缅怀遇难者，他们的遗体被安葬于当地的玫瑰草坪纪念公园。一座庄严肃穆的纪念碑矗立在园中，时刻提醒着人们这场空难所带来的沉重伤痛，也激励着人们为提升航空安全而不懈努力。

延伸阅读：商业航空安全小组——十年降低航空事故率 83%

2008 年，商业航空安全小组荣获罗伯特 · 科利尔奖杯

1997 年 2 月，美国白宫航空安全与保障委员会发布了一份报告，提出在未来十年内将航空事故率降低 80% 的目标。美国国家民用航空审查委员会提议：FAA 与航空业携手制定一份全面的航空安全计划。该计划旨在全面落实既有安全建议，并建立一套完善的绩效评估体系，以便对安全目标的实现进展进行量化评估。

委员会同时强调了航空安全问题的全球性，认为航空安全的提升需要全球范围内的共同努力。FAA 与航空业达成共识，认为双方应加强合作，共同推进航空安全宣传工作。在此背景下，商业航空安全小组（CAST）于 1997 年正式成立。

CAST 成立之初，便设定了雄心勃勃的目标：在 2007 年之前，将美国的商业航空事故率降低 80%；并通过与全球航空公司和国际航空组织的合作，推动全球民航安全水平的提升。

得益于 CAST 在 1998 年 ~2008 年间的不懈努力，以及新一代飞机的研发、更严格的安全法规的实施等多重因素的共同作用，美国的商业航空事故率实现了惊人的 83% 的降幅。这一卓越成就使 CAST 于 2008 年荣获了享有盛誉的罗伯特 · 科利尔奖杯。

展望未来，CAST 在 2010 年提出了更具挑战性的目标：到 2025 年，将全球商业航空事故率进一步降低 50%。

16.“沉默”的里尔喷气公务机——1999 年美国里尔 35 喷气机事故

里尔 35 喷气机事故后的残骸

1999年10月25日，一架里尔35型公务机（N47BA号机）从佛罗里达州奥兰多国际机场起飞，原计划飞往得克萨斯州达拉斯/沃斯堡国际机场。然而，该机在起飞不久后即偏离航线，由原定的西向航线转向北飞，随后与地面管制失去联系。为防止发生更严重的事故，美国国民警卫队紧急派遣了4架F-16战斗机进行伴飞。

机外检查显示该机外观并无异常，但机舱内窗玻璃上的严重冷凝现象表明机舱可能发生了失压。飞机在自动驾驶仪的控制下，继续向北飞行约4小时，最终因燃油耗尽而坠毁于南达科他州阿伯丁附近的一处空旷地带。机上6名乘员全部遇难。

里尔35

里尔35A是里尔喷气机公司生产的一款小型公务机，最早的用户是美国空军，其在1983年订购80架里尔35A作为空军支援飞机使用。作为公务机使用时，里尔35A可以搭载8名乘客。

飞行员迈克尔·克林（Michael Kling），42岁，累计飞行4 280小时。副驾驶斯蒂芬妮·贝勒加里格（Stephanie Bellegarigue），27岁，累计飞行1 751小时。机上还有4名乘客，包括PGA高尔夫球手佩恩·斯图尔特（Payne Stewart）。

左为军机监视公务机示意图，右为斯图尔特

上午 9 点 19 分，N47BA 号机从奥兰多国际机场起飞。起飞时，飞机油箱中加注了 2 400 千克燃油，预计可飞行 4 小时 45 分钟。公务机的巡航高度通常比民航客机高，在空气稀薄的高空飞行更加省油。9 点 27 分，管制员指挥 N47BA 号机爬升至约 11 890 米高度。副驾驶贝勒加里格确认收到指令，并回复：“ three nine zero，bravo alpha（390，BA）。”这是 N47BA 号机与管制员的最后一次联系。

管制员发现 N47BA 号机并未按照航线飞行。9 点 22 分，管制员指示 N47BA 号机切换至另一频率，并联系下一位管制员。然而，在接下来的 4 分半钟里，管制员连续呼叫 N47BA 号机 5 次，均未收到任何回应。

根据飞行计划，N47BA 号机起飞后应向西北方向飞行，途经克罗斯城后，再向西飞向达拉斯。但实际上，这架飞机却一直向西北方向偏航。考虑到飞机一旦坠入人口稠密的大城市，后果将不堪设想，管制员立即将这一异常情况上报。同时，工程师也大致计算出 N47BA 号机燃料耗尽后可能坠毁的区域。

9 点 52 分左右，佛罗里达州埃格林空军基地第 40 飞行试验中队的奥尔森（Olson）上校，正在驾驶 F-16 战斗机进行例行训练。被管制员引导拦截 N47BA 号机。战斗机一度距离里尔 35 约 600 米。奥尔森上校两次通过无线电呼叫对方，但均未收到回应。于是，他开始对 N47BA 号机进行目视检查。经观察，该飞机外观完好，无结冰现象，两台发动机运转正常，红色防撞灯也亮着。

然而，奥尔森上校无法看清驾驶舱内部的情况，因为窗户似乎很暗，驾驶舱风挡也结了霜，呈现不透明状。他甚至驾驶战机飞到 N47BA 号机前方，并做出了一些机动动作试图引起驾驶员注意，但依然没有任何回应。10 点 12 分左右，奥尔森上校结束对 N47BA 号机的检查，并降落在伊利诺伊州斯科特空军基地。

现在 N47BA 号机成了一架“幽灵航班”，在自动驾驶仪的操纵下向西北方向飞去。美国媒体开始追踪报道，甚至引起了美国总统的关注。N47BA 号机上还乘坐着一名高尔夫明星运动员斯图尔特，他曾赢得包括 1999 年美国公开赛在内的 11 场 PGA 巡回赛，其中包括 3 场大满贯冠军。

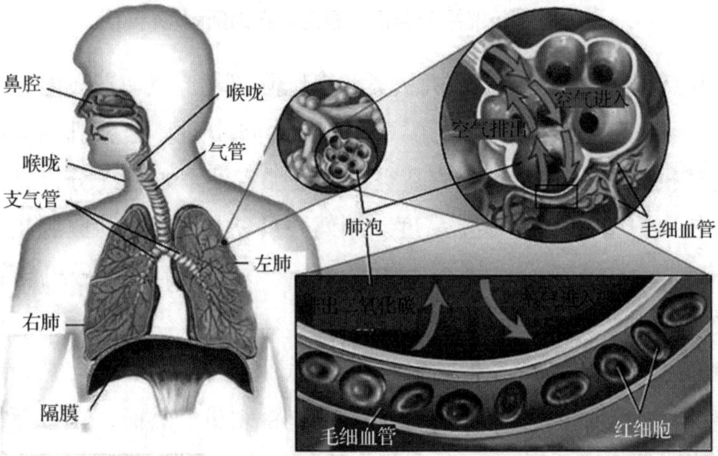

肺泡气体交换示意图

11 点 13 分，在 N47BA 号机自主飞行近 3 小时后，俄克拉何马州空军国民警卫队第 138 战斗机联队派出两架 F-16（呼号：TULSA 13）进行拦截。战斗机飞行员报告称，他们看不到驾驶舱内的任何动静，风挡很黑，无法判断是否结冰。11 点 39 分，两架 F-16 战斗机脱离拦截，并与加油机会合。

11 点 50 分，北达科他州空军国民警卫队第 119 联队派出两架 F-16（呼号：NODAK 32）继续拦截。不久后，经过加油的两架 F-16 也赶了上来，此时里尔 35 公务机附近有 4 架战斗机伴飞。新的报告显示：N47BA 号机驾驶舱窗户结冰，飞机没有任何操纵面的动作。由于里尔 35 喷气机可能坠毁在人口稠密地区，媒体开始猜测军方可能会将其击落。然而，五角大楼官员否认了这种可能性。

战斗机监视公务机示意图

加拿大总理让·克雷蒂安（Jean Chrétien）则授权加拿大皇家空军，在N47BA 号机未经允许进入加拿大领空时将其击落。克雷蒂安的回忆录中提到："这架飞机正飞往温尼伯市，管制员担心它会坠入马尼托巴省首府，我批准了加拿大军方在必要时击落飞机的程序。但是在作出决定不久后，这架飞机就坠毁在南达科他州。"

12 点 10 分，N47BA 号机燃油耗尽，驾驶舱语音记录仪（CVR）记录下发动机停止运转的声音，随后就传来类似于飞机抖杆器和自动驾驶仪断开的声音。飞机很快便从雷达屏幕上消失。伴飞的战斗机飞行员报告称：飞机以螺旋下降的姿态坠地。

让人松一口气的是，N47BA 号机坠毁地点位于南达科他州阿伯丁附近的一块空地，没有造成地面人员伤亡。但机上人员却无一生还。

飞机坠地后起火并引发了浓烟

美国国家运输安全委员会（NTSB）立刻成立调查组展开调查。调查员进场后的第一件事儿就是勘察事故现场，收集飞机残骸。飞机坠地速度高达804千米/小时，坠机现场十分惨烈。巨大的冲击力在地面上留下了深坑，飞机残骸散落在泥土中，呈碎片化状态。调查员搜集残骸的过程犹如考古挖掘现场。

在搜寻“黑匣子”的同时，调查员也开始梳理掌握的资料。战斗机飞行员表示，N47BA号飞机的飞行高度波动异常，上下摆动规律，类似于高空“海豚跳”。这可能是因为飞机的自动驾驶设定在爬升模式，但飞机爬升有高度限制，达到一定高度后就会下降，然后再继续爬升。飞行员不会刻意做出这种操作。

此外，战斗机飞行员还表示，他们看到驾驶舱风挡上有霜，表明驾驶舱内温度很低。这一细节让调查员推测，飞机可能遇到了失压问题。

烧焦的公务机残骸

调查员很快就找到了飞机的CVR，并很快其送到NTSB的实验室进行数据解析。CVR记录下坠机前30分钟的声音，但录音中没有飞行员的声音，而是各种警报和提示声。这使得机舱失压成为调查员重点关注的方向。

在现实世界中，高度越高，气压越低。每升高12米，大气压就会降低1毫米汞柱。在1万米高空，大气压约为198.3毫米汞柱，相当于海平面的1/4。同时，氧气也会变得稀薄，含量约为地面的1/5。此外，温度也会越来越低，每上升1 000米，气温会降低6℃。民航客机巡航高度在1万米以上，因此客舱都会进行加压。

相关数据表明，脑部大约会留存4~5秒氧气，血液循环系统大约有12~15秒氧气。一旦这些氧气耗尽，人体就会出现严重问题。在万米高空，人类的有用意识时间（TUC）通常为 30 秒到 1 分钟。

Time of Useful Consciousness				
Altitude (feet)	Flight Level	Pressure (hpa)	Temperature (C) (ISA)	Consciousness
15,000	150	571.8	-14.7	30 minutes or more
18,000	180			20-30 minutes
22,000	220			5-10 minutes
25,000	250	376.0	-34.5	3-5 minutes
28,000	280			2.5-3 minutes
30,000	300	300.9	-44.4	1-3 minutes
35,000	350	238.4	-54.2	30-60 seconds
40,000	400	147.5	-56.5	15-20 seconds
45,000	450			9-15 seconds
50,000	500			6-9 seconds

不同的高度和人有意识的时间对照

调查人员在事故现场只找到飞机增压系统几个受损的阀门。其中，流量控制阀负责控制发动机向客舱输送空气的流量，该设备故障有可能导致飞机失压。通过高倍显微镜检查，调查人员在 N47BA 号机的流量控制阀上发现重要线索：阀门金属管壁上存在细微划痕，这表明飞机坠毁时流量控制阀处于关闭状态。

现在导致流量控制阀关闭的原因被聚焦为两个：阀门本身存在故障；飞行员在起飞前没有正确设置阀门。由于无法找到控制流量控制阀的开关，该线索暂时搁置。

CVR 只能保留最近半小时的录音，调查人员转而从管制员录音中寻找线索。客舱中的增压空气来自发动机，因此温度较高。部分飞行员可能在最后时刻才打开流量控制阀，如果忘记操作，会导致类似 N47BA 号机的状况发生。

如果飞行员忘记打开流量控制阀，在飞机超过 4 500 米高度后，就会出现缺氧症状。随着高度的快速爬升，人意识丧失的时间也会迅速缩短。而缺氧会严重影响人的精神状态，表现类似于醉酒，说话时语速会变慢。

调查人员发现，飞行员和管制员最后一次沟通时并没有什么异常。当时，N47BA 号机飞行高度约为 8 500 米。4 分钟后，当飞机升至约 1.1 万米高度时，就与管制员失去了联系。

里尔 35 配备有紧急氧气罩，可为飞行员提供足够的氧气，帮助他们安全降落。但调查人员怀疑，氧气面罩可能发生了故障。N47BA 号机的维修记录显示，里面的设备一切正常。在此前的飞行中，飞行员也能正常使用氧气面罩。

调查员在检查飞机残骸

调查人员决定重返模拟机，还原 N47BA 航班最后的场景。他们发现在缺氧的情况下，机组人员只有约 15 秒的清醒时间。当客舱失压时，飞机的紧急检查单针对客舱失压的解决方案第一项并非“戴上氧气面罩”，而是“自动控制系统故障，将解除自动模式，并停止客舱高度继续上升”。然而，此时最关键的行动应该是戴上氧气面罩，而非排查失压原因。

调查员根据以上线索推测，N47BA 航班在 7 300 米高度以前一切正常。但随后，客舱因某种原因失压，飞行员开始执行紧急检查单。当他们阅读冗长的检查程序时，缺氧症状开始显现。

短短十几秒内，飞行员意识迅速模糊，并很快失能，最终因缺氧而遇难。客舱失压时，最有效的措施是：立即戴上氧气面罩，迅速降低高度。检查单设计不合理，成了 N47BA 号机灾难的一个注脚。

事故纪念碑

事故调查结束了，调查员虽然并未查清飞机失压的确切原因。但当时如果飞行员及时戴上氧气面罩，灾难就会化解于无形。

NTSB 发布 N47BA 号机最终事故调查报告显示，事故可能原因是：机组人员在机舱失压后未能及时获得补充氧气，导致意识丧失。NTSB 还提出安全建议：要求修改可能误导飞行员的检查单。FAA 也迅速响应，现在当飞机遇到类似故障时，飞行员的第一要务就是戴上氧气面罩。

N47BA 号机事故深刻地揭示了紧急检查单在航空安全中的重要性，凸显了完善应急程序和加强机组培训的必要性。

National Transportation Safety Board
Aviation Accident Final Report

Location:	ABERDEEN, SD	Accident Number:	DCA00MA005
Date & Time:	10/25/1999, 1213 CDT	Registration:	N47BA
Aircraft:	Learjet 35	Aircraft Damage:	Destroyed
Defining Event:		Injuries:	6 Fatal
Flight Conducted Under:	Part 135: Air Taxi & Commuter - Non-scheduled		

Analysis

The full report is available on the NTSB Web site. See http://www.ntsb.gov/publictn/publictn.htm for details. SUMMARY On October 25, 1999, about 1213 central daylight time (CDT), a Learjet Model 35, N47BA, operated by Sunjet Aviation, Inc., of Sanford, Florida, crashed near Aberdeen, South Dakota. The airplane departed Orlando, Florida, for Dallas, Texas, about 0920 eastern daylight time (EDT). Radio contact with the flight was lost north of Gainesville, Florida, after air traffic control (ATC) cleared the airplane to flight level (FL) 390. The airplane was intercepted by several U.S. Air Force (USAF) and Air National Guard (ANG) aircraft as it proceeded northwestbound. The military pilots in a position to observe the accident airplane at close range stated (in interviews or via radio transmissions) that the forward windshields of the Learjet seemed to be frosted or covered with condensation. The military pilots could not see into the cabin. They did not observe any structural anomaly or other unusual condition. The military pilots observed the airplane depart controlled flight and spiral to the ground, impacting an open field. All occupants on board the airplane (the captain, first officer, and four passengers) were killed, and the airplane was destroyed.

Probable Cause and Findings

The National Transportation Safety Board determines the probable cause(s) of this accident to be: Incapacitation of the flight crewmembers as a result of their failure to receive supplemental oxygen following a loss of cabin pressurization, for undetermined reasons.

Page 1 of 7

调查耗时 1 年 1 个月，全文 7 页

延伸阅读：看不见的“敌人”——缺氧和高空有效意识时间

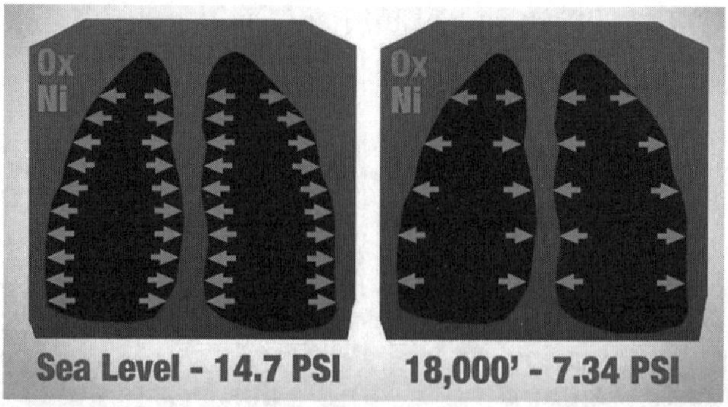

缺氧示意图

缺氧是指人体组织和器官由于无法获得足够的氧气而出现的一种病理状态。这种状态可能由多种原因引起，比如呼吸的空气中氧气含量降低（如高海拔地区）、血液携带氧气的能力下降（如贫血），或者身体组织无法有效利用氧气等。

缺氧会对人体产生一系列不良影响，轻则导致疲劳、头晕、注意力不集中，重则引起精神错乱、欣快感、决策能力下降，甚至运动能力丧失和意识丧失。如果缺氧情况持续恶化，最终可能危及生命。

缺氧是一种隐匿的威胁，它并不会一开始就带来明显的疼痛或强烈的不适感。正因如此，飞行员往往很难察觉到缺氧的悄然来袭。影响缺氧发生和严重程度的因素有很多，比如个人的身体状况、机舱内的温度、飞行的高度、上升的速度以及在高海拔地区停留的时间。由于每个人对缺氧的耐受能力不同，有些人可能在缺氧的早期阶段就出现比较严重的症状，而另一些人则可能感觉不太明显。

飞行中缺氧的发作方式可以分为两种：突发性和渐进性。突发性缺氧往往来得猝不及防，要求飞行员具备迅速而本能的反应能力；而渐进性缺氧则更像是一个潜伏的危险，飞行员需要保持高度警惕，并在意识完全丧失前采取应对措施。

我们的血液中含有血红蛋白，它就像一辆辆“小卡车”，负责将肺部吸入的氧气运送到身体的各个角落。充足的血红蛋白水平和血红蛋白饱和度对于维持正常的身体功能至关重要。

缺氧分为四种类型。

1. 高原性缺氧：高原地区空气稀薄，氧气含量较低。当我们身处高原，身体无法吸入足够的氧气，就会出现高原反应，这就是高原性缺氧；

2. 贫血性缺氧：贫血性缺氧就像血液的“运氧能力”下降了。这可能是因为血液中的红细胞数量减少，或者红细胞携带氧气的能力下降。比如，一氧化碳中毒就会导致血红蛋白与一氧化碳结合，从而减少了携带氧气的能力；

3. 循环性缺氧：循环性缺氧就像血液运输出现了“堵车”。心脏病、血管硬化等疾病会导致血液循环不畅，血液无法将足够的氧气输送到身体各处，从而引起缺氧。在高重力加速度的情况下，血液可能会在身体下部淤积，也属于循环性缺氧的一种；

4. 组织毒性缺氧：组织毒性缺氧就像是细胞“罢工”了。即使血液中氧气充足，但细胞本身无法有效利用氧气，也会导致缺氧。比如，一些毒素会损害细胞的呼吸酶，从而影响细胞对氧气的利用。

随着海拔高度的攀升，环境中的空气压力会逐渐降低，这会导致血氧分压（pO_2）的降低。对于健康人而言，血红蛋白的氧饱和度在最初阶段几乎不会受到影响。即使在海拔 3 000 米处，气压降低了 25%，血红蛋白与氧气的饱和度也只从 98% 下降至 90%，这对大多数人来说影响微乎其微。唯一的明显变化是夜视敏感度会显著下降（大约 30%）。

然而，心脏是人体对血氧分压最为敏感的器官之一，它从动脉血中提取的氧气量远超其他组织，因此也会受到更大程度的影响。血氧分压显著下降也会暴露此前未被识别的心血管疾病。

在海拔 3 000 米以上，人体血液中的氧气含量会开始迅速下降。例如，在海拔 6 000 米的高度，血液中的含氧量仅为 65%。这会导致正常的人体功能严重受损，并随着时间的推移逐渐恶化。在更高的海拔，情况会迅速恶化。

人体对缺氧的反应各有不同。有些人会出现嘴唇和指尖发青，有些人可能会感到过热，另一些人则可能感到寒冷或耳鸣。其他常见的症状包括：呼吸困难、过度打哈欠、疲劳、学习能力下降、思维能力受损以及意识丧失等感觉中枢改变。尤其需要警惕的是，缺氧可能导致欣快感和精神能力受损，而这往往没有任何警告信号。这对飞行员来说尤其危险，因为他们在工作中需要保持高度的清醒和判断力。

为了让乘客在高空飞行时也能舒适呼吸，大多数飞行高度超过 3 000 米的飞机都配备了增压系统，让机舱始终保持在相当于海拔 2 400 米左右的环境。在增压系统工作期间，飞行员必须严格遵循操作规程，密切监控机舱高度、升降速率以及压差值。

飞机缺氧会以两种截然不同的方式出现：爆炸性减压或快速减压：通常是飞机结构故障导致在高海拔地区突然失去正常舱压；逐渐发生的缺氧：这通常发生在飞机升至海拔 3 000 米以上时，而飞机的增压系统却没有正常工作。

对于飞行员而言，适当的训练能确保在突然减压情况下，将立即戴上氧气面罩变成本能反应。这能让飞行员在意识丧失前，以最快速度降低至安全高度。乘客需要在出发前注意听安全简报，并在需要的时候第一时间戴上氧气面罩。当飞机突然减压时，机组成员将无法提供帮助。

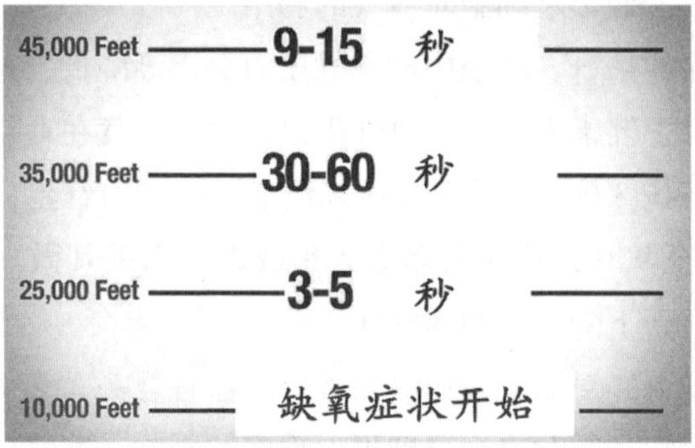

有效意识时间简化示意图

缺氧初期并不会带来明显疼痛或不适感。可能会出现嘴唇和指尖发青的症状，导致呼吸频率和深度加快。缺氧症状与过度换气相似，但后果严重，应立即重视并采取措施。

机组人员必须严格遵循增压系统的标准操作程序（SOP）。一旦增压系统出现异常，机组人员应立即按照快速参考手册（QRH）规定的程序做出响应。

有效意识时间是指人在突然暴露在缺氧环境中，从保持正常意识到丧失有效行动能力（比如无法采取紧急措施）的这段时间。简单来说，就是人在缺氧的情况下，还能保持清醒并做出反应的时间窗口。

值得一提的是，有效意识时间不是完全无意识的时间。当飞机在高空发生爆炸性减压事件时，飞行员第一要务是戴上氧气面罩，向管制员请求高度低于 3 000 米，并执行快速下降程序。必须牢记：此时，时间就是生命！

17. 机长永远是对的？——1999 年韩国大韩航空货运 8509 号航班

消防队员在 HL7451 号机残骸前

有效的机组资源管理（CRM）是保障航空安全的重要一环。在飞行过程中，机组成员应相互协作、交叉检查，以及时发现并纠正潜在的错误。然而，当深层次的文化因素介入时，CRM 体系可能会出现漏洞。例如韩国社会传统文化非常重视阶级观念，强调尊重权威、服从命令，下属不应置疑上级的决定。这种文化背景在军队中可能行之有效，但在民航系统则可能会酿成大祸。

大韩航空货运 8509 号航班（KE8509）事故就是 CRM 缺失的典型反面案例。在飞机失控的危急时刻，驾驶舱内竟然无人采取有效措施阻止悲剧发生。副驾驶在生死关头之时选择默不出声，似乎完全忽视飞机的警报。

有效的机组沟通本可以避免这起悲剧，但 8509 号航班的悲剧却非个例，它也困扰着整个大韩航空公司。这起怪异事件的根源究竟何在？答案或许并非来自事故现场，而是远在千里之外，隐藏在数百年的“文化传统”中。

大韩航空货运涂装的 HL7451 号机

8509 号航班是从韩国首尔金浦国际机场飞往意大利米兰马尔彭萨机场的定期国际货运航班，中途经停乌兹别克斯坦塔什干国际机场和英国伦敦斯坦斯特德机场。1999 年 12 月 22 日，一架执飞 8509 号航班的波音 747 货机刚从斯坦斯特德机场起飞，55 秒后便翻滚着机体呼啸着朝地面撞去，该起事故造成 4 名机组成员遇难。

航班机长朴得圭（Park Duk-kyu），57 岁，累计飞行 13 490 小时。副驾驶尹基植（Yoon Ki-sik），33 岁，累计飞行 1 406 小时。飞行工程师朴薰圭（Park Hoon-kyu），38 岁。飞机维修机械员金日奭（Kim Il-suk），这次搭乘航班飞回汉城。执飞机型为波音 747-2B5F 全货机（HL7451 号机），机龄 19.7 年，累计飞行 83 011 小时 /15 451 起降循环。

斯坦斯特德机场距离伦敦市中心东北 68 千米，是伦敦主要的廉价航空和货运航空机场。12 月 22 日，晚上 6 点 36 分，飞机延误 1 个小时后才起飞。机长朴得圭明白他们不可能按时返航了，心情有些沮丧。飞机起飞后不久就爬升至 762 米并向左转弯，但此时朴得圭的姿态指引仪（ADI）却没有显示转向信息，飞机的警报器开始响起。飞行工程师朴薰圭焦急地喊道：“小心，坡度！坡度！”驾驶舱内陷入短暂的沉默，随后飞机划过一道弧线后直挺地坠向地面……

伦敦斯坦斯特德机场鸟瞰图

目击者惊慌失措地拨打报警电话，救援团队历经半小时才抵达现场，事故现场没有幸存者。一架大型货机竟在短短几十秒内坠毁，酿成如此惨痛的空难，事故原因成为各界关注的焦点。英国航空事故调查局（AAIB）随即派员展开调查。

令大韩航空难堪的是，这已是过去两年半内发生在他们身上的第五起重大安全事故。1997 年 8 月 6 日，大韩航空 801 号航班在关岛降落时失事坠毁，造成 228 人遇难。他们急需重塑公司形象，8509 号航班事故让大韩航空的声誉雪上加霜。

调查员将事故中飞机散落的仪器带回实验室进行分析，其中一个重要的仪表是 ADI，它是用来显示飞机的俯仰和翻滚的仪表。在夜间或低能见度条件下，这是飞行员判断飞机姿态的重要仪表。

现代客机通常配备三套仪表，机长和副驾驶各一套，中间还有一套备用仪表。如果其中一名飞行员面前的仪表失灵，可以使用中间的备用仪表获取准确数据。调查人员发现，机长的 ADI 出现故障，显示飞机在撞击地面时处于平飞状态，这与失事现场发现的证据矛盾。然而，由于缺少“黑匣子”数据，调查人员无法解释其中的原因。

飞行记录显示，HL7451 号机在前一天从乌兹别克斯坦首都塔什干起飞后向左转时，机长侧的 ADI 并未同步显示。当时是白天，飞行员可以通过目视舱外的地平线来判断 ADI 是否出现故障。当班机长决定以中间 ADI 作为主要

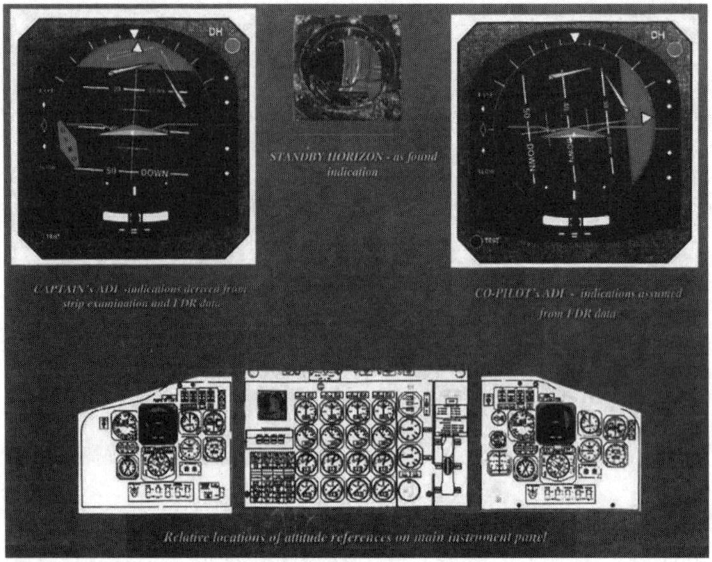

HL7451号机三个姿态指示仪最终在仪表板上的状态

参考，顺利完成了飞行任务。降落后，完成任务的机组人员却在接班飞行员尚未抵达机场的情况下便离开了航站楼。根据惯例，两班机组人员应进行口头交接，以便了解飞机状况。

747-200驾驶舱

HL7451 号机的维修记录被随机带走，机场维修部门也没有留下备份文件。现在唯一知道仪器出问题的是韩籍维修工程师，不过他并没有维修仪器必需的工具。所以他请求当地机务人员协助拆除故障仪器，然而维修过程却让事件变得更加扑朔迷离。

前一航班飞行员报告 ADI 故障，要求进行维修。失事现场证据显示，事发时机长前的 ADI 依然存在故障。唯一了解维修全过程的韩籍工程师已遇难，调查人员询问协助维修的英籍机务，得知后者拆除了 ADI 并拔掉了连接电线。机务发现仪器后面的连接销存在问题，在更换了新的连接销后重新安装了仪表，维修后仪表通过了技术测试。

飞行数据记录仪（FDR）的数据显示，HL7451 号机的坡度不超过 2°，但现实是飞机的坡度可能达到 90°！这表明上一航班飞行员反映的 ADI 故障问题并未得到有效解决。降落后，执行完飞行任务的机组人员在维护记录上输入了代码，上报了飞机 ADI 的故障，并向维修工程师反映了该问题。

HL7451 号机残骸

正确的维修程序是记下故障代码，并查阅故障隔离手册（FIM）获取详细的故障排除说明。然而，当时大韩航空的维修工程师并未配备 FIM，因此只能凭借经验排除故障。

经过深入调查和分析飞机导航系统，调查人员最终确定了问题根源：机长面前的 ADI 接收到了错误信息。飞机上的惯性导航装置（INU）负责将飞机的俯仰和翻滚数据传送到机长和副驾驶的 ADI。经查证，故障并非出在 ADI 本身，而是 INU 出现了问题。正确的维修方案是更换 1 号 INU。

FDR 显示副驾驶和备用的 ADI 均工作正常，只有机长的 ADI 出现故障。仅凭这些数据无法确定飞机坠毁的原因，直到 AAIB 导出驾驶舱语音记录仪（CVR）的数据，调查才取得突破性进展。

CVR 记录显示，飞机从斯坦斯特德机场起飞时，驾驶舱内警报器突然响起，提醒机组人员有一个 ADI 出现故障，他们应该对比备份仪表并确认是哪个出现问题。但奇怪的是，驾驶舱内大家都默不作声。飞行工程师对比了备用 ADI 和其他 ADI 后，曾试图指出问题所在，但机长完全忽视了他的提醒。

副驾驶尹基植看到仪表盘上的 ADI 显示飞机处于极度危险的姿态，正确做法是立即指出机长面前的 ADI 出现的问题，但面对生死攸关的险情，他却选择了沉默。

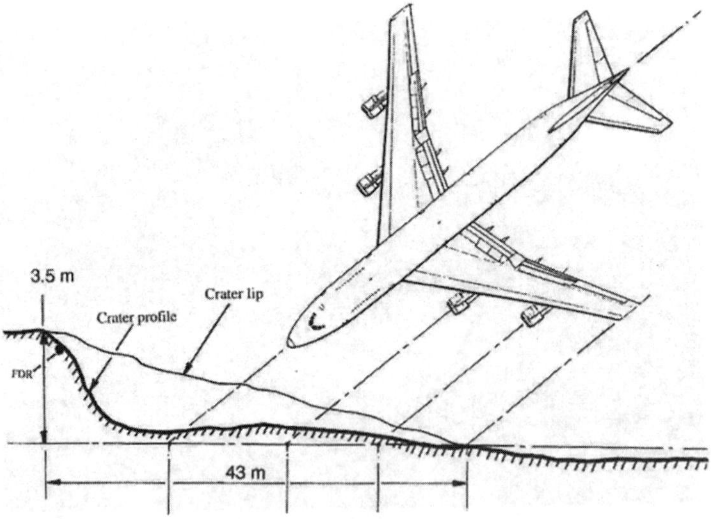

飞机撞击发生时示意图

调查人员获取的录音记录了韩语对话，他们邀请了韩语专家对录音进行分析以获取更深层含义。事发当晚 5 点 27 分，机组完成飞行前检查。副驾驶尹基植不小心使用晚上无人值守的无线电频率联系塔台，没有获得回应。随后，他使用正确的频率联系了管制员，并传达了飞行计划。直到 5 点 42 分，他们才收到航线许可，6 点 25 分才获准滑行。

在起飞前，朴得圭机长对延误情况表现出明显的不耐烦，并对尹基植的语气十分严厉。他训斥道："说话之前，要确保你理解地面人员在说什么！"很明显，朴得圭机长对尹基植的能力感到不满。随后他接管了无线电通信，这也违反了大韩航空的正常流程：该规则要求副驾驶在地面上处理无线电。尹基植则表现得十分卑微。即使如此，朴得圭机长仍然催促尹基植回复信息："回答他们！他们在问延误多久！"

调查人员想知道，如果机长当时听从了工程师的警告，会发生什么后果？为了查明真相，调查人员利用飞行模拟机和 FDR 数据进行了模拟实验。结果表明，坠机并非不可避免。如果飞行员及时发现飞机处于危险姿态，并采取正确措施，完全有可能避免事故发生。这一结果促使调查人员将目光投向了大韩航空的飞行员训练程序。

调查人员随即赶赴韩国，实地考察了大韩航空的飞行训练流程。背景调查显示，大韩航空的许多机长都曾是空军军官。例如，朴得圭机长在加入民航之前曾担任空军少校，以驾驶轻型战斗机而闻名。

在韩国当时的社会文化背景下，飞行员应当享有在军队服役时同等级别待遇，拥有空军上校衔位的朴得圭自然不愿屈居副驾驶之职，因此他一进入公司便直接担任了机长，尽管他此前只有驾驶战斗机的经验。

调查人员最终确定了事故原因：8509 号航班因飞行计划延误而推迟起飞，这令朴得圭机长十分焦躁。为了维护与机长的微妙关系，副驾驶尹基植选择了保持沉默。然而，安全飞行离不开机组成员之间的默契配合和关键时刻的有效沟通。朴得圭独断专行的作风无疑打破了这一安全准则。

当朴得圭机长操控飞机向左转的关键时刻，他面前的 ADI 却没有任何转动迹象。尽管心存疑虑，他仍旧继续向左转动飞机，并不断提高飞机坡度。飞机工程师立即察觉到飞机姿态已达安全极限，并提醒机长注意飞机坡度，但机长朴得圭却无视了所有的警告。更加糟糕的是，由于缺乏目视参照物，他完全无法感受到飞机所处的险境。

尹基植此时如坐针毡，在那种气氛下，他宁愿一死，也不愿与机长发生任何冲突。8509 号航班机组并不是一个有效的团队，更像是一名军事指挥官带着他的下属。最终，飞机以接近 90° 坡度姿态俯冲，以超过 400 千米 / 小时的速度在地面爆炸。

受传统文化影响，韩国几百年来形成了以韩国文化为基础的等级制度。调

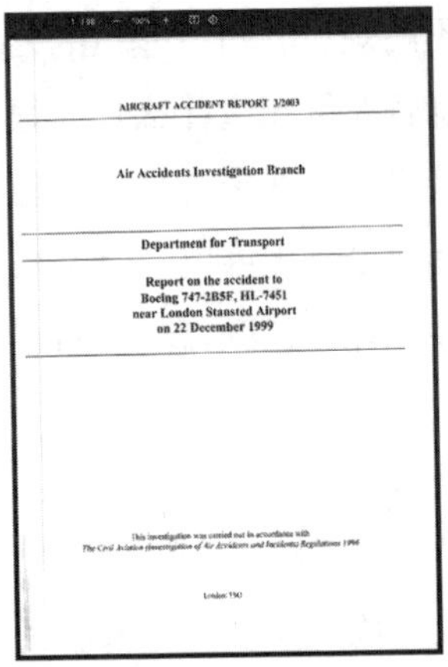
AIRCRAFT ACCIDENT REPORT 3/2003

Air Accidents Investigation Branch

Department for Transport

Report on the accident to
Boeing 747-2B5F, HL-7451
near London Stansted Airport
on 22 December 1999

This investigation was carried out in accordance with
The Civil Aviation (Investigation of Air Accidents and Incidents) Regulations 1996

London: TSO

最终全文 89 页

查员发现，荣誉至上的韩国军队在民用航空领域有着极大的影响。这种文化导致机组人员在踏入驾驶舱的一刻便危机丛生。韩国军队文化的根深蒂固更放大了机长和副驾驶之间的地位差异，最终导致机组成员沟通不畅以及长期存在的层级问题集中爆发。两年前，大韩航空 801 号班机坠毁关岛，这起事故已经暴露了类似的潜在问题，但大韩航空却未能及时纠正错误。

2003 年，AAIB 历时 3 年 5 个月发布了 8509 号航班最终事故调查报告，报告建议大韩航空应持续更新培训和飞行质量保证计划，以适应机组资源管理（CRM）理念的演变和民航业的发展趋势；解决其运营环境特有的问题，并需要对进口培训教材进行必要的本土化改造以适应韩国航空运营环境；应审查其飞机维护程序。

8509 号航班空难让大韩航空公司名誉扫地。事故发生后，大韩航空对 CRM 培训进行彻底更新，并建立了全新的驾驶舱文化。公司层面也制定了更为严格的程序。这起空难也让航空业更加关注国家层面的文化对飞行员行为的影响，例如官僚体系可能会影响飞行员的操作方式和决策。

1999 年的一项调查显示，大韩航空的飞行员确实比其他航空公司的飞行员更倾向于将机长视为权威。这可能和当时大韩航空和军队之间的“旋转门”相关——军队是一个等级森严、强调服从的组织。此外，大韩航空在 90 年代经历了快速扩张，这也可能导致了飞行员培训质量的下降。在这样一个不鼓励下级飞行员发现和报告错误的环境中，上述外部因素可能会导致飞行员更容易犯错。

8509 号航班空难发生后，大韩航空痛定思痛，深刻认识到飞行安全的重要性，并投入大量资源强化飞行安全管理。截至 2024 年再也没有发生过致命事故。

延伸阅读："霍夫斯塔德文化维度"的权力距离

霍夫斯塔德

吉尔特·霍夫斯塔德（Gerard Hendrik Hofstede，1928 年 10 月 2 日 ~2020 年 2 月 12 日）是一名荷兰社会学家和心理学家。他以其对跨文化管理的研究而闻名，尤其是提出了著名的"霍夫斯塔德文化维度"理论。

霍夫斯塔德毕业于代尔夫特理工大学，后来加入 IBM 欧洲总部的人力资源部。在 IBM 任职期间，他主要负责招聘工作，评估应聘者的危机处理能力、协调合作能力以及对待权威的态度等。此外，他还发表了"霍夫斯塔德国家文化模型"，该成果主要探究了不同国家文化差异对管理层决策的影响。

霍夫斯塔德认为，不同文化之间的价值观差异可以通过个人与集体的关系来区分。他将这种差异称为"个人主义 – 集体主义"维度，也就是人们熟知的"霍夫斯塔德文化维度"。在这个维度中，美国代表了个人主义倾向最高的国家，而危地马拉则代表了集体主义倾向最高的国家。

每个人的个性都受到其成长环境中特定倾向、习惯和条件反射的影响，这种影响在不同文化背景下更为明显。因此，每个人的个性都是独一无二的，在面对高风险和不确定性问题时，人们采取的处理方式也不同。

"霍夫斯塔德文化维度"理论中的六个文化价值观维度之一就是权力距离指数（PDI），它指的是人们对待比自己更高阶层人士的态度，特别是对权威的重视和尊重的程度。

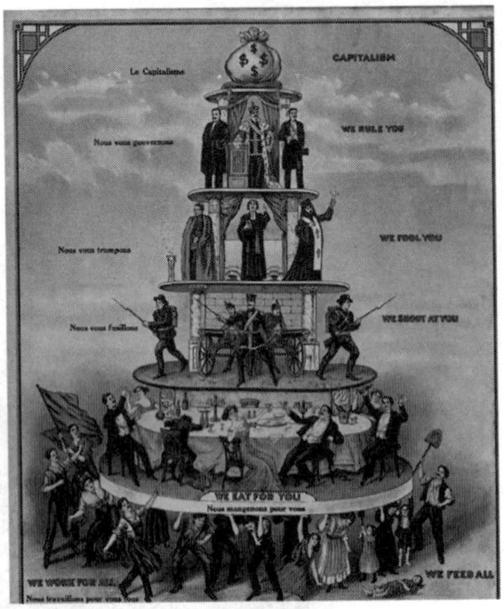

高权力距离示意图

在权力距离指数较高的社会中等级观念更为强烈，地位较低的成员更倾向于服从地位较高成员的命令，即使这些命令可能并不合理，他们也更习惯于由上至下的管理方式，并认为领导者应该拥有更多的权力和特权。在权力距离指数较低的社会中，人们更加注重平等和民主。他们认为每个人都应该享有平等的权利和机会，即使是地位较低的人也应该受到尊重。他们也更倾向于参与决策过程，并希望得到合理的解释和说服才愿意服从命令。

不同文化对权力的理解和分配方式存在显著差异，这体现为权力距离的高低。在高权力距离文化中，社会等级制度森严，人们对权威人物心存敬畏，并习惯于服从命令。例如，17~20 世纪的英国社会，从国王、贵族到平民，这就是高权力距离文化的缩影，底层人民深知无法与上层阶层平起平坐，并对此习以为常。

相比之下，低权力距离文化则更加强调平等，人们普遍认为每个人都拥有上升和取得成功的潜力。在这种文化背景下，社会阶层并非固定的，人们可以通过努力改变自己的命运。

马尔科姆·格拉德威尔（Malcolm Gladwell）认为，权力距离文化也可能导致飞机事故。一些本可避免的空难，往往源于机长出现错误判断，而副驾驶却碍于文化因素而未能及时纠正。在高权力距离文化中，下属往往不太敢于公开质疑上级，即使发现机长出现错误判断也多会选择沉默，这容易导致沟通障碍，并最终在其他因素共同作用下酿成机毁人亡的惨剧。

2017 年，卡尔·E·榎本（Carl E. Enomoto）和卡尔·R·盖斯勒（Karl R. Geisler）对 1970~2012 年间 68 个不同国家的飞机失事事件进行了研究分析。他们收集了每个国家的国内生产总值（GDP）、教育水平、飞机维护和文化维度数据，并进行了多重回归分析。研究结果表明：权力距离与飞机失事数量之间存在显著正相关关系。

这些研究阐释了文化维度如何影响行为，也就是机长和副驾驶之间的沟通。在权力距离较大的文化中，经验不足的副驾驶对经验丰富的机长往往更加恭敬，他们在沟通时也更加谨慎温和。这可能导致驾驶舱内信息传递失真或沟通不畅，最终增加事故发生的风险。因此，降低驾驶舱中的权力距离指数，鼓励副驾驶勇于表达自己的意见，对于提高航空安全具有重要意义。

哥伦比亚航空 052 号航班残骸

美国属于典型的低权力距离国家，其文化背景下成长的飞行员不会受管制员威势所影响。在面对压力时，他们更倾向于发挥“美国精神”，即强调平等和自主。但是来自高权力距离国家的飞行员就会出现问题。例如，1990 年 1 月 25 日，哥伦比亚航空 052 号航班在纽约肯尼迪国际机场降落时坠毁。事故的直接原因是飞行员失误导致燃油耗尽，但深层次原因则可能与哥伦比亚文化中长久以来对权威的敬畏和服从观念有关，这使得飞行员在面对管制员时容易出现犹豫和服从，最终错过关键的决策时机。

心理学家罗伯特·黑尔姆赖希（Robert L. Helmreich）认为：来自高权力距离文化背景的副驾驶，在机长没有下达明确指令时感到压力。在高权力距离文化中，人们习惯于由地位较高、更有权威的人做出决定，并认为服从权威是理所当然的。副驾驶和航空工程师只是一味地等待机长做出决定，因为他们认为自己不应该越俎代庖。

052 号航班只是哥伦比亚航空公司系列空难中的冰山一角。1983 年 11 月，一架执飞 011 号航班的 747，在马德里巴拉哈斯机场降落时坠毁。1988 年 3 月，一架执飞 410 号航班的 727，在库库塔起飞时坠毁。这三起空难都与飞行员操作失误有关。

大韩航空 801 号航班残骸

哥伦比亚并非权力距离指数最高的国家。根据黑尔姆赖希的排序，韩国位列第二，韩国的民航发展同样是一部血泪史。在 1970~1999 年间，大韩航空发生 17 起航空事故，造成 700 余人死亡，其中两架飞机被苏联击落，一架是执飞 902 号航班的 707，另一架是执飞 007 号航班的 747。1987 年 11 月，一架执飞 803 号航班的 707 在安达曼海上空解体。1989 年 7 月，一架执飞 803 号航班的 DC-10 在黎波里坠毁，11 月一架执飞 175 号航班的福克 F-28 在首尔机场失事。1994 年 8 月，一架执飞 2033 号航班的 A300 在济州岛坠毁。1997 年 8 月，一架执飞 801 号航班的 747 在关岛坠毁……

20 世纪 80 至 90 年代，一连串致命的空难事件重创了大韩航空的声誉。统计数据显示，1988~1998 年，美联航飞机机身损失率为每百万起飞 0.27 次，相当于每飞行 400 万次发生 1 次，而大韩航空同期则高达 4.79 起，足足高出美联航 17 倍以上！

1999 年 4 月，一架执飞大韩航空货运 6316 号航班的麦道 MD-11F 在上海坠毁后，导致 FAA 降低了韩国的航空安全系数等级，驻韩美军也明令禁止乘坐大韩航空飞机，美国达美航空、法国航空中止和大韩航空的合作。

一份第三方公司出具的运营审计报告，令大韩航空更加颜面扫地。该报告指出：机组人员在给飞机加油时随意在附近吸烟，有时在货舱抽烟，甚至在飞机升空后还在驾驶舱抽烟。曾多次发生机组人员在飞行过程中阅读报纸，导致视线被遮挡，无法及时查看警报信号的情况。最终报告得出结论——大韩航空对 747 机型机组人员的培训严重不足，以至于在机长意外丧失操纵能力时，副驾驶很可能无法独自驾驶飞机安全降落。

时任韩国总统金大中曾严厉指出："大韩航空的问题已经不仅仅是这家公司自身的问题，而是上升到了国家层面，严重损害了韩国的国际形象。"随后，金大中指示将负责运营总统专机的重任从大韩航空转交给韩亚航空。这起事件也成为了大韩航空发展历程中的转折点。

大韩航空 801 号航班事故纪念碑

韩国语言学家宋侯名（Ho-min Sohn）曾对韩国文化进行过如下描述：餐桌上，地位较低的人必须等待地位高的人先入座、先用餐，不能反过来；在地位高的人在场时，地位较低的人不能吸烟；地位较低的人在喝酒时要避开位尊者；地位较低的人在问候地位高的人时必须鞠躬；在地位高的人入场时，其他人必须起身示意；地位较低的人不能从地位高的人面前穿过。这些礼节和习俗都体现了韩国社会的尊卑等级观念。

1999 年，达美航空管理团队一项调查显示，大韩航空的许多困境源自其在 80 年代的快速扩张，导致他们招聘了大量飞行员。然而，这些新招募的飞行员中有许多人资历较低，其中大部分是韩国空军的退伍军人。导致机长经常会忽视副驾驶的警告或建议，尤其两者在空军有从属关系的，导致副驾驶更不愿发声。

2011年，大韩航空在法国图卢兹接收A380

2000年，痛定思痛后的大韩航空决定采取行动，他们聘请了退休的达美航空副总裁戴维·格林伯格（David Greenberg）来完成这项艰巨的任务。格林伯格上任后推动的第一项改革就是全面评估机组人员的英语水平，随后则是举办一系列培训课程，帮助他们提高英语水平。第二项改革是将公司所有培训课程外包给翱腾航训（Alteon Training），这是波音一家子公司，培训采用全英语环境。

格林伯格的"三板斧"致力于大韩航空迈向全英语工作环境。他的逻辑清晰明了：英语作为国际民航业的通用语言，从飞行员执行起飞前检查单，到飞行中和世界各地的管制员联络，使用的都是英语。

格林伯格的目标是尽快帮助飞行员完全融入全英语环境。他认为，韩国飞行员深受本土文化"束缚"，在驾驶飞机时需要突破这种限制。学习英语不仅能打破韩国的等级文化，更能充分借鉴另一种语言的文化优势。

格林伯格深谙文化在日常生活中的重要性，并坚信文化并非不可改变。他在大韩航空推行大刀阔斧的改革时，并没有选择简单粗暴地解雇韩国飞行员，或引进来自低权力距离指数国家的飞行员。相反，他致力于帮助韩国员工认识到韩国文化在空难事件中所发挥的负面作用，并促使他们从根本上改变这种文化。

格林伯格的文化改革取得了巨大成功，大韩航空的声誉逐渐回升。FAA

将韩国航空安全水平评级恢复为最高级别。美国国防部也解除了禁止乘坐大韩航空的禁令。2002 年 2 月，达美航空和法国航空在分别审查大韩航空的安全标准后，恢复了后者代码共享联盟（天合联盟）的会员资格。

18. 被磨平的麦道 MD-83 螺纹——2000 年美国阿拉斯加航空 261 号航班

坠向太平洋的 261 号航班示意图

2000 年 1 月 31 日，一架从墨西哥巴亚尔塔港飞往美国西雅图的阿拉斯加航空 261 号航班，在太平洋上空突遇险情，坠毁于大海中，机上 88 人无一生还。

1990 年阿拉斯加航空年度报告封面

经过长达 2 年 11 个月的调查，事故原因才最终揭晓。导致事故的直接原因不仅是螺纹磨损殆尽的螺母，还包括多年的疏于维护和监管的缺失。时至今日，261 号航班仍是一起里程碑式的航空安全案例，它用血和泪的教训告诉我们：当监管出现漏洞时，可能让航空公司跌入深渊。

阿拉斯加航空的前身是麦基航空公司，成立于 1932 年，早期主要运营阿拉斯加的区域航班。1978 年美国解除对航空业的管制后，阿拉斯加航空进入快速扩张期，很快将波特兰、旧金山等城市纳入航线网络。到90年代末，阿拉斯加航空已经发展成为美国主要的航空公司之一。

随着航空业管制的放松，激烈的市场竞争席卷而来。通货膨胀加剧了成本和薪资的上涨压力，阿拉斯加航空也不例外。1991年，该公司巨亏1.21亿美元。为了生存，阿拉斯加航空不得不大刀阔斧地削减成本。

经过数年的努力，到2000年，阿拉斯加航空成功扭亏为盈。机队规模不断扩大，旅客数量也持续增长。没人料到此前埋下的安全隐患，最终以死伤惨痛的空难形式出现了。

阿拉斯加航空涂装的MD-83

2000年1月31日，261号航班搭载了88人，包括83名乘客和5名机组成员。由一架麦道MD-83（N963AS号机）执飞该航班，机龄7.8年，累计飞行26 584小时/14 315起降循环。航班机长西奥多·“泰德”·汤普森（Theodore “Ted” Thompson），53岁，累计飞行17 750小时。副驾驶威廉·“比尔”·坦斯基（William “Bill” Tansky），57岁，累计飞行8 140小时。两人都曾在美军服役，汤普森在美国空军，坦斯基在美国海军。

下午1点37分，261号航班从巴亚尔塔港起飞。两个小时后，飞行员第一次联系位于华盛顿西塔科的公司签派处和位于洛杉矶国际机场的调度和维修部门，他们报告飞机的水平安定面出现卡阻故障，并讨论了改降洛杉矶机场的可能性。

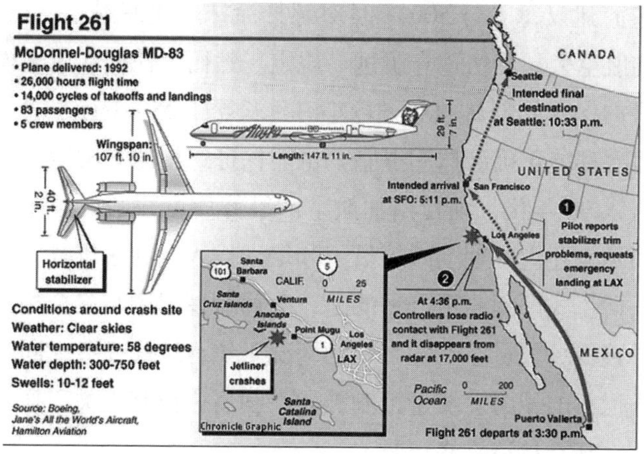

261 号航班失事示意图

MD-83 的水平安定面位于机尾上方，与升降舵一起控制飞机的俯仰姿态。为了保持平稳飞行，水平安定面需要根据不同的飞行阶段和速度对尾翼施加力。

水平安定面的结构相对简单：它通过一根升降舵螺纹螺杆连接，螺杆穿过与之匹配的螺母。两个电机驱动螺杆旋转，使安定面向上或向下移动。内部的机械止动器可防止其向上移动超过 2.5° 或向下移动超过 12.5° 。螺杆是 MD-83 上为数不多在发生故障时没有冗余备份的部件之一，因此需要定期涂抹润滑脂以保持其正常工作。螺杆由比螺母更硬的金属制成，长期使用会导致螺杆磨损螺母上的螺纹。定期涂抹润滑脂可以使螺母在更换前使用 30 000 飞行小时，而大多数 MD-83 飞机在整个使用寿命中只需要更换 2~3 个螺母。

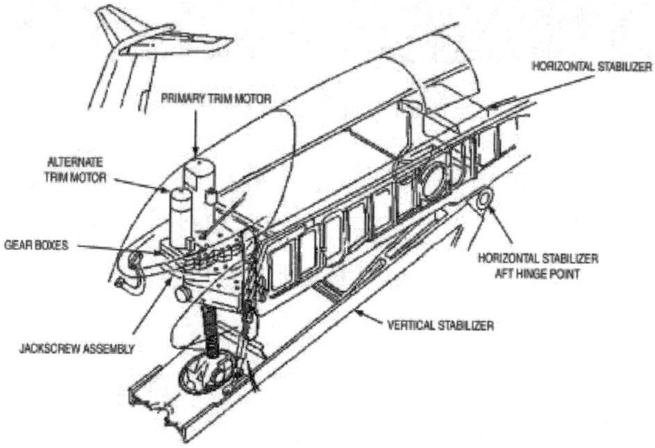

螺杆结构示意图

飞机制造商建议每飞行 500 小时对螺杆涂抹一次润滑脂。在 1987 年的时候，阿拉斯加航空公司严格遵守了这一规定。然而，他们在大规模削减成本活动中，将螺杆的保养间隔从 500 飞行小时延长至 2 250 飞行小时（约 8 个月），理论上只要每次都能正确涂抹润滑脂，也能保证螺杆的正常运行。

然而，进入 90 年代，阿拉斯加航空的维修质量开始大滑坡。他们不仅一再延长维修间隔，还大幅度削减了员工和培训投入。许多机务人员只接受在职培训，没有任何正式课程。更严重的是，公司管理层中与安全相关的关键职位长期空缺，导致机务人员在一知半解的情况下执行维修任务，同时还面临着尽快让飞机投入运营的压力。质量控制被抛在脑后，没有人关心技术日志，表格填写流于形式，甚至伪造维修记录。

正常涂抹润滑脂的螺杆

看似简单的螺杆润滑脂涂抹程序，阿拉斯加航空的机务执行起来却是漏洞百出。官方维护手册规定了三个步骤：1. 加注润滑脂：将润滑脂加压注入螺母上的特殊管中，直到它完全填满螺母和螺杆之间的所有螺纹间隙，并从顶部溢出；2. 涂抹螺杆：在螺杆的整个长度上涂抹额外的润滑脂，确保所有螺纹都被均匀覆盖；3. 反复移动安定面：使润滑脂均匀分布在整个螺杆表面。

按照规定，整个螺杆维护过程应耗时约 4 小时。然而，阿拉斯加航空的机务通常只用 1 个小时就完工了，他们并非找到了“捷径”，而是不了解正确的操作程序，跳过了许多关键步骤。许多机务仅给螺母涂抹了润滑脂，没有给螺杆涂。更糟糕的是，一些机务甚至没有确保润滑脂完全填满了螺母内部。其结果就是导致 MD–83 螺杆长期处于润滑不良的状态，导致螺母螺纹磨损速度急剧加快，在完全没有润滑脂的情况下，磨损会加剧十倍甚至更多！

为了防止螺母失效，阿拉斯加公司的维修人员需要每隔 9 550 飞行小时（30 个月）定期检查螺杆螺母进行的磨损情况。检查方法是测量轴向间隙，制造商规定磨损深度应小于 1 毫米。然而，这种检测方法存在精度不足的问题，很多飞机在模糊的标准下漏检了，N963AS 号机就是其中的“漏网之鱼”。

1997 年 9 月，阿拉斯加航空公司奥克兰维修基地首席机务约翰·利奥廷（John Liotine）对 N963AS 号机进行检查。他发现螺母的磨损深度正好为 1 毫米（0.04 英寸）。他认为螺母已经失效，并签了一张要求更换的工作卡。利奥廷走后，值班主管对该螺母进行了五次重复测量，他发现平均磨损深度约为 0.84 毫米，于是否决了利奥廷的工作卡，并批准放行。

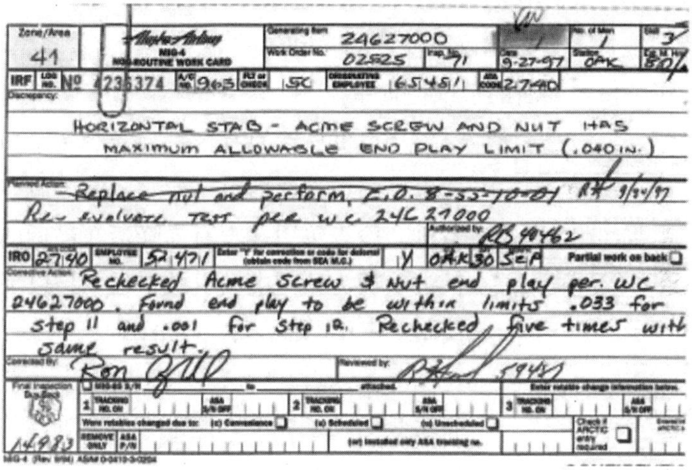
Zone/Area 41
Alaska Airlines
NRG-4
NON-ROUTINE WORK CARD
Generating Item 24627000
Work Order No. 02525
Date 9-27-97
Station OAK
IRF Nº 4235374
A/C No. 963
HORIZONTAL STAB - ACME SCREW AND NUT HAS MAXIMUM ALLOWABLE END PLAY LIMIT (.040 IN.)
Planned Action: ~~Replace nut and perform E.O. 8-55-10-01~~ 9/24/97
Re-evaluate test per WC 24C 27000
IRO 2740
Corrective Action: Rechecked Acme screw & nut end play per. WC 24627000. Found end play to be within limits .033 for step 11 and .001 for step 12. Rechecked five times with same result.
Corrected By: Ron
Reviewed by:
Partial work on back

有可能改变 261 号航班命运的工卡

面对阿拉斯加航空公司罔顾安全的做法，利奥廷无法坐视不管。1998 年，他勇敢地向美国联邦航空管理局（FAA）举报了公司的违规行为，并提供了相关证据。1998 年 12 月，FAA 对阿拉斯加航空展开刑事调查，扣押了相关文件，并传唤了证人。

在调查结束后，平稳过关的阿拉斯加航空在 1999 年展开对利奥廷的报复行动，让后者无限期休假，并散布关于他的虚假谣言。他们试图将利奥廷描绘成一个“心怀不满的员工”，其举报行为的动机是为了报复影响他升职的主管。

与此同时，机务人员每隔 8 个月对 N963AS 号机的螺杆涂一次润滑脂，但其中至少有 2~3 次涂抹方式错误。例如，1999 年 9 月，该飞机在旧金山进行维修时，螺杆几乎没有涂抹任何润滑脂。螺母的螺纹磨损开始加速，最终损失高达 90% 的螺纹深度（1 毫米的螺纹磨损就相当于 22% 的深度损失）。

2000 年 1 月 31 日，也是螺母失效之时。N963AS 号机爬升至 7 100 米高度时，螺母内磨损严重的螺纹开始脱落并缠绕在螺杆上，导致安定面卡死。飞行员决定使用检查单排故，他们尝试打开 / 关闭电机，检查电机断路器，并试图手动调整安定面，但所有操作都未能成功。检查单显示：安定面可能被卡住，建议不要使用自动驾驶仪，并提供了一份着陆时的事项检查单。

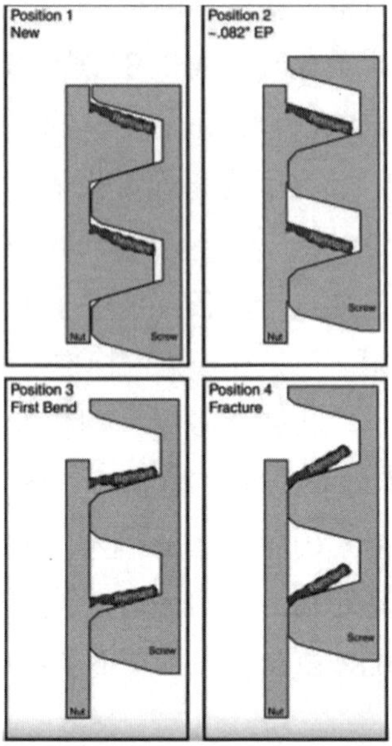

不同阶段的螺母磨损示意图

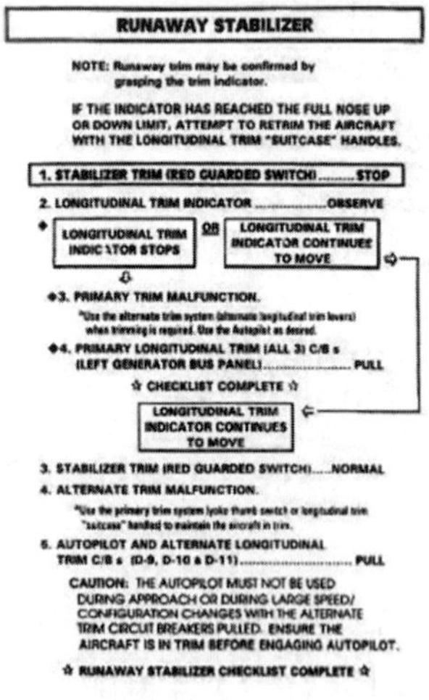

RUNAWAY STABILIZER

NOTE: Runaway trim may be confirmed by grasping the trim indicator.

IF THE INDICATOR HAS REACHED THE FULL NOSE UP OR DOWN LIMIT, ATTEMPT TO RETRIM THE AIRCRAFT WITH THE LONGITUDINAL TRIM "SUITCASE" HANDLES.

1. STABILIZER TRIM (RED GUARDED SWITCH) .... STOP
2. LONGITUDINAL TRIM INDICATOR .... OBSERVE

◆ LONGITUDINAL TRIM INDICATOR STOPS OR LONGITUDINAL TRIM INDICATOR CONTINUES TO MOVE

◆3. PRIMARY TRIM MALFUNCTION.
"Use the alternate trim system (alternate longitudinal trim levers) when trimming is required. Use the Autopilot as desired.
◆4. PRIMARY LONGITUDINAL TRIM (ALL 3) C/B s (LEFT GENERATOR BUS PANEL) .... PULL

☆ CHECKLIST COMPLETE ☆

LONGITUDINAL TRIM INDICATOR CONTINUES TO MOVE

3. STABILIZER TRIM (RED GUARDED SWITCH) ..... NORMAL
4. ALTERNATE TRIM MALFUNCTION.
"Use the primary trim system (yoke thumb switch or longitudinal trim "suitcase" handles) to maintain the aircraft in trim.
5. AUTOPILOT AND ALTERNATE LONGITUDINAL TRIM C/B s (D-9, D-10 & D-11) .... PULL

CAUTION: THE AUTOPILOT MUST NOT BE USED DURING APPROACH OR DURING LARGE SPEED/ CONFIGURATION CHANGES WITH THE ALTERNATE TRIM CIRCUIT BREAKERS PULLED. ENSURE THE AIRCRAFT IS IN TRIM BEFORE ENGAGING AUTOPILOT.

☆ RUNAWAY STABILIZER CHECKLIST COMPLETE ☆

检查单示意图

从“事后诸葛亮”的角度来看，261 号航班如果立即返航墨西哥巴亚尔塔港，或许还有一线生机。检查单中并没有提降落在最近的机场，飞行员误认为只是电动机被卡住了，以为可以在不使用安定面的情况下飞往旧金山。

下午 4 点 09 分，飞行员设法使卡住的安定面略微活动了一下，这也带来灾难性的后果：螺母的螺纹彻底脱落，螺杆和螺母分离，导致安定面向下倾斜 3.1°，超过了设计最大的 2.5°。飞机随即陷入高速俯冲姿态，下降率高达 1 800 米 / 分钟。直到降至 7 300 米高度，飞机才逐渐恢复水平飞行。飞行员与管制员取得联系后，决定备降至洛杉矶国际机场。为了避免飞越人口密集地区，他们还计划绕飞海湾上空。

在长达 10 分钟的俯冲过程中，安定面始终保持朝下 3.1° 的位置，一直由螺杆的机械止动器顶着。此前，螺母一直承受着推动安定面的巨大压力。但由于螺纹磨损，所有压力都直接传递到了机械止动器上。然而，该机构并非为承受如此巨大的压力而设计，因此开始逐渐断裂，并在下午 4 点 19 分失效。

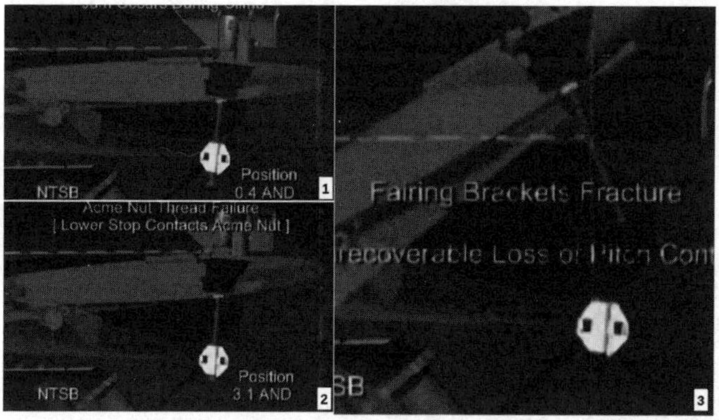

螺杆失效示意图：1 是安定面第一次卡住后，飞机向下俯冲时的位置。图 2 是第一次俯冲后到第二次俯冲前安定面的位置，图 3 是机械止动器完全失效的示意图。

机械止动器失效后，安定面偏转超过 14°，飞机开始急速俯冲。附近的飞机向管制员报告，261 号航班正在急剧向下俯冲。驾驶舱语音记录仪（CVR）显示，飞行员在坠毁的最后关头仍试图夺回飞机的控制权，当他们意识到无法拉起机头的时候，还试图让飞机以上下颠倒的姿态继续飞行。

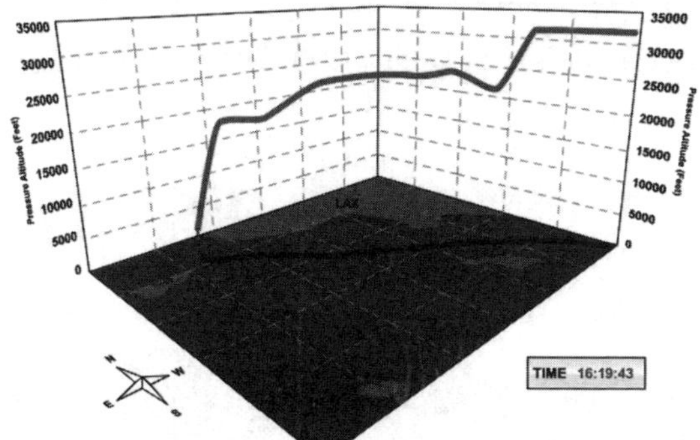

261 号航班飞行轨迹示意图

飞行员想尽办法让受损严重的 MD-83 减慢俯冲速度，并将机头从 70° 拉低到 28°，但飞机依然倒转着向海面坠去。在最后的 81 秒里，N963AS 号机机头朝下翻滚，以超过 4 000 米 / 分钟的下降率坠落 5 400 米后高速撞击海面，飞机在巨大的撞击力下解体，机上 83 人无一生还。

被打捞上来的螺杆残骸，连接在水平安定面上，但脱离了螺母

救援人员获悉事故后，立即赶往圣巴巴拉海峡阿纳卡帕岛以东 3 000 米处的坠机现场，但他们只发现了漂浮的燃油和飞机碎片。调查人员从海底打捞出更多飞机残骸后，261 号航班事故的原因也逐渐清晰起来。调查发现，控制水平安定面的螺杆上没有任何润滑脂痕迹，螺杆上缠绕着螺母脱落的螺纹。

美国国家运输安全委员会（NTSB）的进一步调查揭露了 261 号航班事故背后的运营和监管问题：阿拉斯加航空公司决定延长螺杆润滑脂磨损检查间隔的做法，在未经充分论证的情况下获得了 FAA 的批准，这是导致事故发生的直接原因。在 2000 年，阿拉斯加航空公司每隔 30 个月才检查一次螺母的磨损情况，相当于 9 550 飞行小时，远远超过制造商建议的 7 200 飞行小时限制。

N963AS 号机原定于 2000 年 3 月进行检查，它还是没能撑到这一天。退一步讲，该机如果按照制造商建议的 7 200 飞行小时进行检查，该飞机完全可以避免空难发生。

缠绕螺母螺纹的螺杆

NTSB 调查发现，FAA 间接批准了阿拉斯加航空公司不安全的检查间隔时间。该公司每两次“C 检”检查螺杆磨损情况，这是一项需要飞机停场多日的全面检查，每架飞机大约每年进行一次。1996 年，阿拉斯加航空向 FAA 申请将 C 检的间隔时间从 13 个月延长至 15 个月。FAA 批准了延期申请，但却没有评估 C 检延期对个别检查项目的影响，例如螺杆的检查间隔从 26 个月增加到了 30 个月。

救援人员打捞上来飞机残骸

在事故发生的数年间，阿拉斯加航空慢慢地消除了所有旨在防止螺杆失效的安全冗余层。延长涂润滑脂的时间，意味着每次润滑操作都必须严格按照规定进行，否则会导致螺杆磨损加速。延长检查间隔也增加了螺杆失效的风险，而防止灾难发生的唯一屏障就落在了机务身上。

261 号航班事故后，FAA 在一次特别检查中，发现阿拉斯加航空的安全文化存在严重问题：运营总监职位空缺；安全总监兼任质量控制总监和培训总监；缺乏维护培训课程；实际操作与维护手册规定不符；飞机在文件不完整的情况下通过了“C 检”；使用过期耗材；交接班文件缺失、未签字或不完整；工卡填写不完整。有了以上种种不规范的行为，机务人员对螺杆润滑操作不熟悉也就不足为奇了。

NTSB 还指出，MD-83 螺杆的设计可能就不符合认证标准，其缺乏必要的

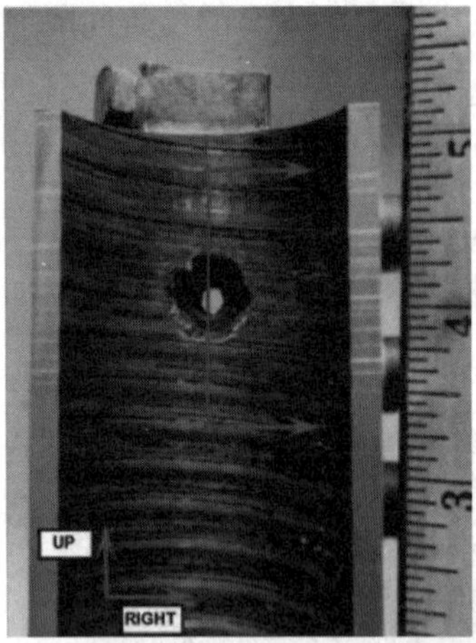

N963AS 号机上消失螺纹的螺母

安全冗余度。这意味着，一旦螺母螺纹失效，将无法避免灾难性后果。MD-80 系列飞机的螺杆设计和 20 世纪 60 年代道格拉斯 DC-9 相同，其认证要求是单点故障不会危及飞机的操纵系统。这就要求螺母具备两个独立且互不相连的螺纹，即使其中一个失效，另一个仍能将螺杆固定到位。这一设计存在重大缺陷：它仅考虑了螺纹可能因金属疲劳或工艺不当而与螺母分离，却忽视了异常磨损可能同时损害两个螺纹强度的可能性，这违反了安全冗余度设计的基本原则。

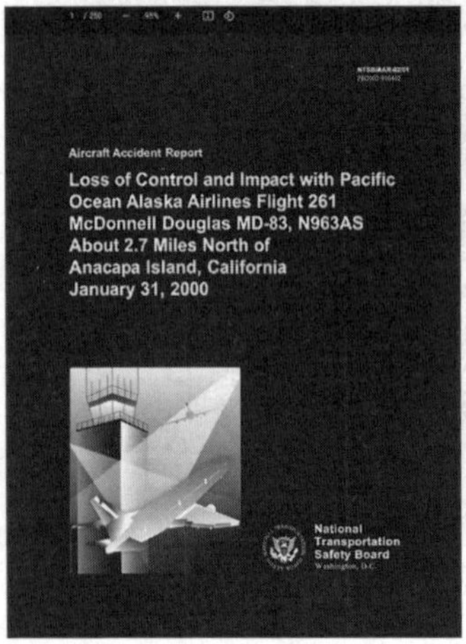

调查耗时 2 年 11 个月，全文 250 页

报告还指出，如果飞行员在发现水平安定面卡阻时立即返回巴亚尔塔港，事故本可以避免。然而，由于检查单的误导，飞行员错将问题判断为电气故障，而忽视了严重的机械故障。地面机务人员和签派员也未能意识到问题的严重性，最终导致 261 号航班机毁人亡。

事故发生后不久，利奥廷发现他在 1997 年就检查出问题的螺杆并没有被更换，而这个螺杆最终成为了导致 261 号航班事故的“直接凶手”。2000 年 9 月，利奥廷以名誉受损为由起诉阿拉斯加航空公司，索赔 2 000 万美元。最终双方达成 50 万美元的和解协议。

尽管阿拉斯加航空公司多次违反监管规定，但相关调查最终在 2003 年终结，该公司也未被提起任何诉讼。不过，阿拉斯加航空因允许飞机在没有完成维护记录的情况下飞行 840 次，最终被处以 4.4 万美元罚款。此外，他们还与 261 号航班遇难者家属达成了庭外和解，由保险公司承担 3 亿美元的赔偿金。

NTSB 在事故报告中提出多项建议，包括修改 MD-80 系列飞机螺杆的润滑程序；开发更精确的螺杆测量方法；规范机务人员润滑和检查螺杆程序；对所有航空公司进行调查，确保其都遵守螺杆润滑程序；飞行员不要对不起作用的飞控装置进行排故操作；对机务和签派人员进行培训，当飞机发生重大故障时需要就近降落；检查员在每次螺杆润滑后签字；根据数据分析结果，重新审视 MD-80 关键部件的维护间隔时间；改革维修间隔变更申请程序；按照更严格的时间表对 MD-80 螺杆进行检查；引入故障保护机制，确保 MD-80 螺杆的冗余度；确保水平安定面在未来不会出现单点故障问题。

针对 FAA 的报告，阿拉斯加航空对他们的维修计划进行了彻底改革，包括遵守新的 FAA 适航指令，该指令规定将螺杆的润滑间隔缩短至 650 飞行小时以内。

为了表彰机长汤普森和副驾驶坦斯基在紧急时刻选择避开人口密集区的英勇行为，航空公司飞行员协会追授他们“英雄主义金质奖章”。这是该奖章设立以来，唯一一次授予已故飞行员。

261 号航班事故纪念碑

为了纪念 261 号航班事故遇难者，人们在加利福尼亚州海岸的惠尼美港建造了一座日晷纪念碑，每个遇难者姓名被镌刻在表盘周边的青铜板上。每年 1 月 31 日下午 4 点 22 分，日晷都会将阴影投射到纪念碑上，这一时刻正是飞机坠毁的时间。日晷的设计寓意深远，它不仅是一个悼念的场所，更是一个时刻提醒人们珍惜生命的纪念碑。

自从 261 号航班事故以来，阿拉斯加航空再未发生过致命事故，美国民航业也没有发生因机械故障导致的重大事故。

延伸阅读：单点故障（SPOF）

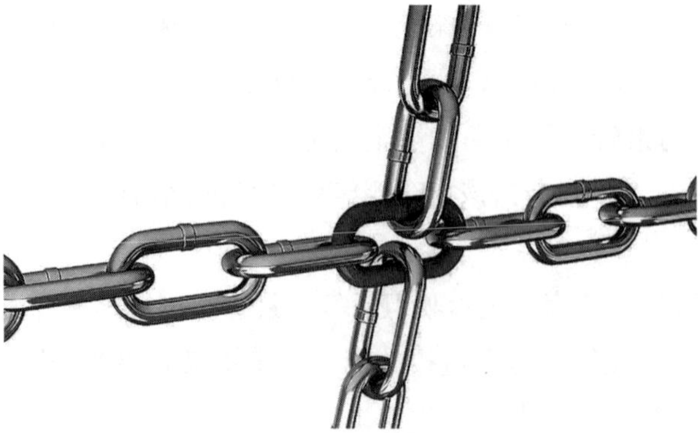

单点故障示意图

单点故障（SPOF）是指系统中某一关键部件或环节发生故障，便会导致整个系统无法正常工作的情况。换句话说，单点故障会导致整体故障。高可靠性系统的设计理念之一便是消除或降低单点故障的风险，通常的做法是通过冗余的方式，增加多个具有相同功能的部件或环节。只要这些冗余部件或环节没有同时发生故障，系统仍可以运作。

飞机设计是单点故障防范的典型案例，例如空客 A380 拥有超过 10 万根总长达 470 千米的电线，重达 5.7 吨。为了降低因电线缺陷（例如腐蚀、绝缘磨损或接触不良等）或断线（例如发动机故障导致的碎片切断电线等）引发的单点故障风险，A380 的布线系统采用了两倍甚至三倍的冗余设计。

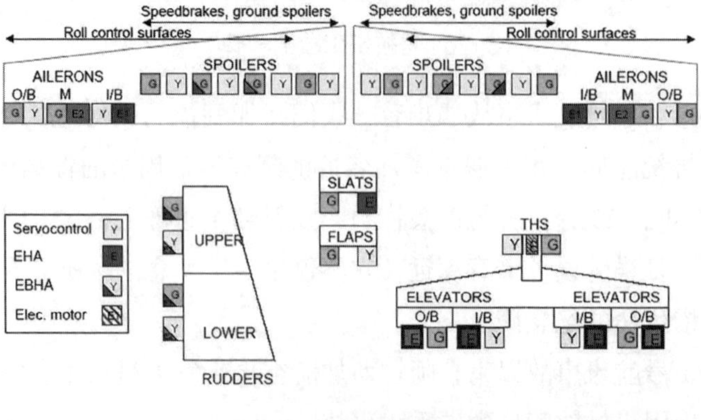

A380 的飞控系统示意图

空客飞机的电传操纵系统采用四倍冗余设计，五台飞行控制计算机，即使其中四台出现故障，仅剩一台也能控制飞机安全飞行。这五台计算机中，三台为主计算机，两台为备用计算机。主、备用计算机使用不同的处理器，由不同的供应商设计和供应，采用不同制造商的不同芯片，由不同团队使用不同的编程语言开发不同的软件系统。这些冗余设计都降低了可能导致系统故障的常见硬件和软件错误的概率。

多台飞控计算机持续监控彼此的输出数据，如果某台计算机出现异常数据，系统会自动将其排除，确保系统的整体稳定性。当某个关键部件发生故障时，飞机的控制律将自动切换到降级模式，飞行员仍能操控飞机的基本功能，保证飞行和降落。即便飞机完全失去动力，冲压空气涡轮机也能为电传操纵系统提供最关键的电力保障。

19. 协和客机哀鸣曲——2000 年法国航空 4590 号航班

喷出火舌的法国航空 4590 号航班

协和客机是 20 世纪航空史上的一颗璀璨明珠，由法国宇航和英国飞机公司联合研制，它飞行的速度甚至超过了地球上昼夜分界线——晨昏线，英国航空曾打出“出发前就到达”的著名广告语。

搭乘协和客机从巴黎飞往纽约，仅需 3 小时 20 分钟，比传统涡扇客机节省了一半的时间。虽然票价高昂，但还是让商务客户趋之若鹜。然而，协和客机也是典型的赢了技术，输了市场。虽然它的性能独树一帜，但是造价高昂，从1965~1979年仅下线20架。2000年发生的巴黎戴高乐机场空难更是奏响了协和机队退役的哀鸣曲，该机型最终在2003年全部退役。

协和客机于1969年3月2日首飞，凭借其超音速飞行能力，主要执飞跨大西洋航线。该机拥有极高的安全记录，在四万次、长达九十万个小时的飞行中从未发生过致命的飞行事故。

直到法航4590号航班事故发生前，协和客机一直保持着“最安全客机”的称号。在尚未发生事故前，任何客机从“事故率”上讲都是最安全的。然而，这一完美的安全记录在2000年7月25日戛然而止，这也导致协和成为史上“最危险”的客机，每100万人次航班中死亡旅客人数12.5人。

1969年，协和飞机001原型机进行首次试飞

法国航空4590号航班（AF4590）是从法国巴黎夏尔·戴高乐国际机场飞往美国纽约肯尼迪国际机场的定期航线。当天由一架协和（F-BTSC号机）执飞，机龄25.5年，累计飞行11 989小时/4 873起降循环。

航班机长克里斯坦·马提（Christian Marty），54岁，累计飞行13 477小时，其中协和317小时。副驾驶简·马克特（Jean Marcot），50岁，累计飞行10 035小时，其中协和2 698小时。飞行工程师吉尔·贾迪诺（Gilles Jardin-aud），58岁，累计飞行12 532小时。

协和客机看起来很美，用起来却很贵。其维护时间远超飞行时间，且小毛病不断。事发当天，F-BTSC号机因反推装置故障，导致乘客登机延迟45分钟。该航班共搭载109人，包括100名乘客和9名机组人员。

下午4点38分，美国大陆航空55号航班的DC-10在26R跑道起飞时，

1977 年，伊丽莎白二世女王乘坐协和飞机旅行

发动机罩脱落一块钛合金碎片。该金属条长约 43.5 厘米，宽 2.9 至 3.4 厘米，厚 1.4 毫米。4 点 42 分，4590 号航班获准在同一条跑道起飞，协和客机在跑道上加速滑跑，意外不期而遇。

当飞机以 300 千米 / 小时的速度滑行时，左主起落架 2 号轮胎碾过金属条，导致轮胎爆胎和 5 号油箱破裂。燃油泄漏后立即被点燃。飞行工程师根据火警警报关闭了 2 号发动机。在协和客机起飞之前，塔台管制员发现了异常情况。他观察到飞机尾部冒出火焰，并立即通过麦克风报告 4590 号航班失火。

跑道上的协和客机拖着“火舌”

此时飞机已超过决策速度，拖着火舌的协和客机只能继续爬升。因起落

架舱受损，起落架无法正常收回，飞机在三台发动机的推力下无法获得足够空速。

马提机长努力保持飞机高度，却不知左翼已被大火吞噬。燃起大火的协和客机令戴高乐机场附近民众目瞪口呆，目击者拍摄的飞机燃烧视频也成为事故调查组的关键线索。

协和客机左翼喷出巨大火焰，导致 1 号发动机也失去动力。两台发动机关闭，且起落架伸出，飞机仅保持高度就需要超过 300 节速度。此时，压下机头是协和客机唯一的希望，但飞机高度太低，安全空间不足。4 点 43 分，协和客机仍在拼命爬升，但距离地面只有 30 米。受损的飞机即将坠毁，而航道下方是一座拥有 2.5 万人的小镇。

2 分钟后，协和客机左翼逐渐解体，机身出现严重左滚。机长马提竭力操控飞机，但无济于事，最终飞机失速撞向地面。管制员看到这一幕，马上通过无线电呼叫 4590 号航班，但没有任何回应。这架满载乘客和燃料的协和客机最终撞向机场旁的一家旅馆。

4590 号航班坠机事故现场

事故发生不到 8 分钟，数十辆消防车和救护车赶到现场。这场悲剧的空难不仅夺走了机上乘客的生命，还波及了旅馆的客人。消防队员奋战了三个小时才扑灭大火，旅馆被夷为平地。事故共造成 113 人遇难，其中包括机上人员和 4 名地面人员。救援人员从现场找到遇难者遗体，大部分都被烧得面目全非，法医只能通过牙科记录进行身份确认。

4590 号航班事故对协和客机的运营产生了重大影响。法航所有协和飞机都被停飞，等待事故调查结果。

巴黎戴高乐机场和 4590 号航班坠机地点

法国空难调查局（BEA）立刻成立调查组展开事故调查。飞行数据记录仪（FDR）的数据显示，飞机在时速 323 千米之前一切正常。随后，飞机左翼下方的两台发动机突然失去部分动力，驾驶舱语音记录仪（CVR）记录下来自塔台的警告："法航 4590，飞机起火了！"

马提机长虽然听到了警告，但剩余的跑道长度不够，他只能硬着头皮起飞。调查人员将发动机问题列为调查的重点，他们在跑道上发现了一些轮胎碎片，其中一块重达 4.5 公斤——这些碎片来自坠毁的协和客机。

调查人员和飞机残骸

协和客机的轮胎胎压通常远高于其他飞机，因此更容易发生爆胎。当飞行员拉起飞机时，轮胎会承受比平常更大的压力。调查人员查阅记录发现，协和客机的爆胎事件并不鲜见。

在协和客机服役的 24 年中，共发生过 50 多起爆胎事件。其中最严重的一次发生在 1979 年，一架协和客机在华盛顿杜勒斯国际机场降落时发生爆胎，导致机翼和油箱破损，大量燃油泄漏。这架协和客机在滑行时爆胎，外露的金属轮毂迅速过热，并在起飞前发生爆炸。幸运的是，飞机在起飞 20 分钟后安全降落。该事件促使飞机制造商改进轮胎设计。工程师们加装了爆胎侦测器，并改进了每次飞行前的轮胎检查程序。

调查员封锁了事故现场，协和的发动机残骸散落在一边

工程师们研发出了能够承受两倍正常载荷的强力轮胎。在测试飞机时，他们制定了更加严格的标准：即使发生轮胎爆胎，飞机也能正常起飞；在极端情况下，即使没有轮胎，飞机也能安全降落。协和客机本身也做了多项保护措施，因此单一的轮胎爆胎并不足以导致飞机失事。

调查人员更加细致地检查跑道上的碎片，他们发现了至关重要的证据：一块长达 43 厘米的金属条。他们将金属条与受损的轮胎进行了对比，发现两者完全匹配。这块金属条立刻成为调查的重点。

这块钛合金金属条做工粗劣，表面还涂有红色航空胶。调查员发现一架美国大陆航空的 DC-10 在协和客机起飞前五分钟也从这条跑道起飞，他们在美国休斯敦找到了这架飞机，并发现用红色胶粘剂固定在发动机上的金属耐磨条不见了。

飞机起飞时，整流罩会因轻微摆动而产生磨损。耐磨条固定在整流罩框内侧，就是牺牲自己，保护整流罩。耐磨条属于易耗品，可由机务人员现场加工。金属条虽小，但也有一套标准制作流程。

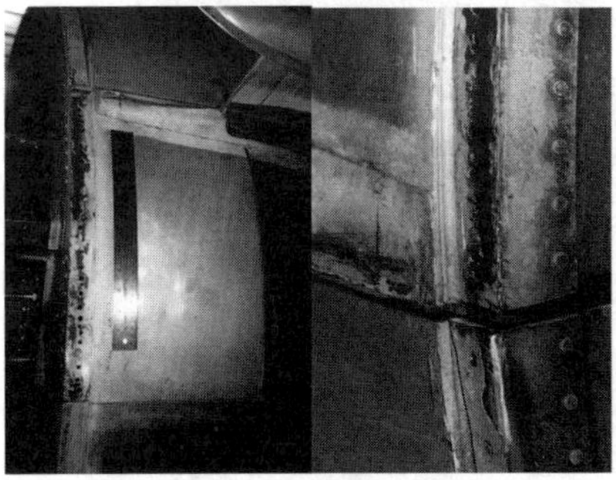

DC-10 发动机整流罩
还残留着红色胶粘剂

跑道上的金属条

6 月份，这架 DC-10 安装了新的耐磨条。但在几周后就出现异常。一名大陆航空的机务人员更换了破损的耐磨条，但他没有按照标准使用不锈钢制作，而是用了钛合金。此外，耐磨条的形状也被切割得很粗糙，铆钉孔也无法与支架匹配。

7 月 25 日，DC-10 从巴黎机场起飞时，制作和安装均有问题的耐磨条从发动机上脱落。五分钟后，拉开了 4590 号航班悲剧的第一幕。

当时，巴黎戴高乐机场每天会对跑道进行 2~3 次检查。由于 DC-10 和协和客机前后脚起飞，地面人员根本来不及发现并清除跑道异物。遗憾的是，当时能够有效检测跑道异物碎片（FOD）的系统尚未研发出来，这项技术直到 2000 年才得以应用。事故的诱因看似只是一根小小的金属条，但实际上，这起悲剧是多重因素共同作用的结果。

4590 号航班以 323 千米的时速碾过金属条，导致轮胎在强烈的冲击下爆胎。一块 4.5 千克的轮胎碎片高速撞击飞机机翼，而协和客机的机翼内恰好是燃料箱。飞机设计时仅通过 1 千克轮胎碎片撞击测试，无法承受如此巨大的冲击力。

事故现场的轮胎碎片和机翼凹痕完全吻合。当时，飞机机翼并未被穿透，但喷气燃油不可压缩，当它因撞击发生位移时，就流向其他地方。当油箱满载时，巨大的压力会撑破油箱壁，导致燃油以每秒 75 升的速度泄漏。

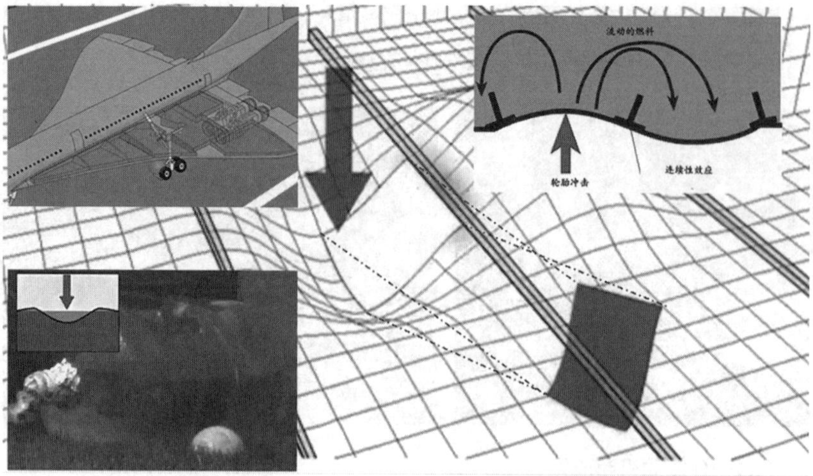

轮胎碎片撞击油箱示意图

点燃燃油的火花从何而来？CVR 显示，起落架在起飞收起时被卡住了。据推测，可能是爆胎的碎片飞入起落架舱，切断了相关电线，导致起落架无法升起。此外，外露的电线在强气流的作用下摇摆，也可能产生大量火花。

火花引燃了泄漏的燃油，危急时刻马提机长迅速做出反应，关闭了 2 号发动机。处理火情的标准程序是立即关闭发动机，切断燃料供给，再使用灭火器尝试灭火。

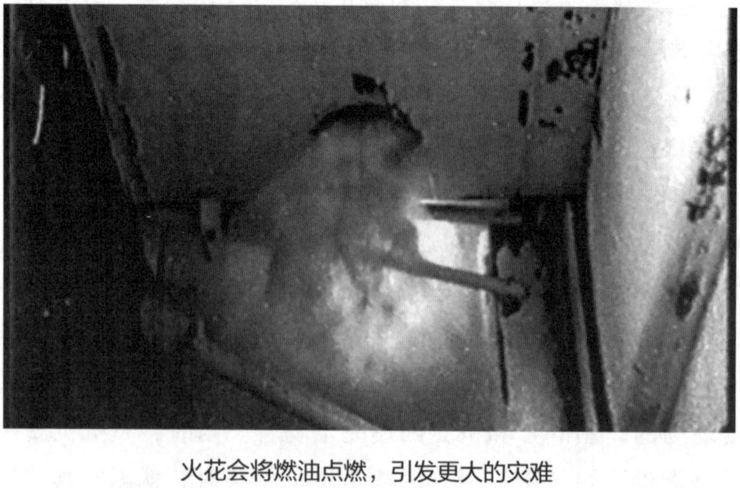

火花会将燃油点燃，引发更大的灾难

马提机长试图迫降，但飞机高度仅为 60 米，无法降回本场，只能备降至五千米外的勒布尔歇机场。然而，此时协和客机的火势已经失控，机翼开始熔化解体，升降舵也被损坏，而升降舵是控制飞机俯仰的重要部件。

两台发动机工作无法让飞机保持高度。为了增加飞机升力，马提机长试图抬头增加飞机迎角，但这导致飞机进一步减速。最终，左翼率先失速，机身向左反转呈螺旋姿态下降。4590 号航班从升空到坠毁仅持续了 46 秒。

2002 年 1 月，法国航空事故调查局（BEA）发布了最终事故调查报告，提出了 13 项安全建议。2005 年，法国当局对美国大陆航空公司展开刑事调查，指控其飞机在跑道上遗留碎片导致事发。2012 年 11 月，法国上诉法院裁定大陆航空公司无罪，但仍需承担 70% 的赔偿责任。此前，法航已向遇难者家属支付了 1 亿欧元的赔偿金。

BEA

Accident
on 25 July 2000
at La Patte d'Oie
in Gonesse (95)
to the Concorde
registered F-BTSC
operated by Air France

REPORT translation
f-sc000725a

调查耗时 1 年 6 个月，全文 182 页

事故发生后，工程师对协和客机进行多项改进，包括升级电气控制系统；在油箱内增加防止燃油泄漏的凯夫拉材料；研发防爆轮胎。

2001 年底，协和客机重返蓝天。然而，此时航空业已发生了重大变革。协和机队折旧严重，维护成本耗费巨大。此外，“9 · 11”事件也重创了公众对航空旅行的信心。多重因素叠加让协和客机的运营举步维艰。2003 年 10 月 24 日，协和客机正式退出了历史舞台。

法航 4590 号航班纪念碑

为了纪念 4590 号航班的遇难者，人们在戈内斯小镇建立了一座纪念碑，

纪念碑由一块透明玻璃和一块突出的飞机机翼组成。2005 年，另一座纪念碑在戴高乐机场以南的米特里－莫里小镇落成。这座纪念碑由围绕着协和飞机形状修建的树木组成，寓意着遇难者们像树木一样生生不息。

延伸阅读：异物碎片监测系统

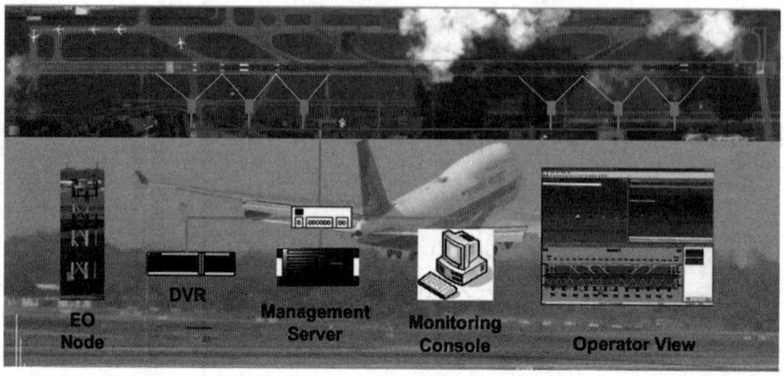

FOD 检测系统示意图

异物碎片（FOD）是指任何可能对飞机造成损害的碎片或物品。它可能是由于飞机部件丢失、道面破损、野生动物活动、积冰、融雪剂的堆积或建筑垃圾造成的。FOD 常见的区域包括登机口、货运停机坪、滑行道和跑道等。

FOD 是一种持续存在的威胁，即使是微小的物体，例如小石子，也可能对飞机造成严重损坏，导致航班延误甚至事故，进而给航空公司、机场和相关方造成巨大的经济损失。据统计，每年因 FOD 造成的直接损失高达 12.5 亿美元，间接损失更是高达 139 亿美元。

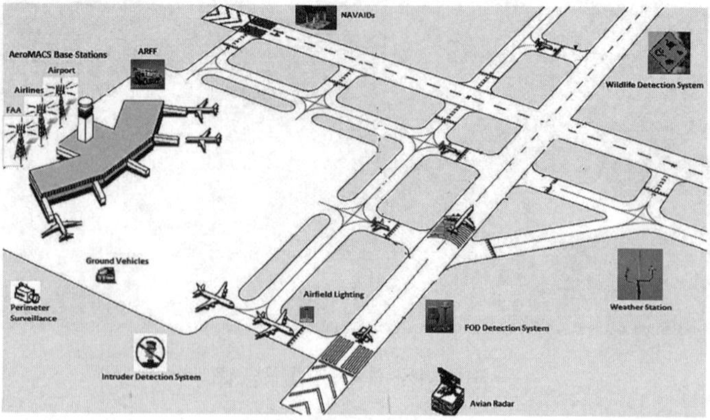

FOD 监测系统示意图

更重要的是，FOD 监测和清理工作本身也存在一定的危险性。为了及时发现和清除 FOD，通常需要工作人员沿着跑道定期检查道面。

FOD 对航空公司的维护成本影响巨大，修复因 FOD 损坏的发动机往往需要花费超过 100 万美元，此外还将带来大量间接成本：航班延误和取消，导致客户流失；重新安置飞机和机组人员，造成航程计划中断；因人员受伤而引发的潜在法律责任；航空公司的额外工作，据统计，修复发动机 FOD 损坏的成本很容易超过原始购买价格的 20%。

Purchase cost of MD-11 engine	\$8–10 million
Purchase cost of MD-80 engine	\$3–4 million
MD-11 engine overhaul to correct FOD damage	\$500.000–1.6 million
MD-80 engine overhaul to correct FOD damage	\$250.000–1.0 million
MD-11 fan blades（per set*）	\$25.000
MD-80 fan blades（per set*）	\$7.000

发动机受损成本示意图

例如 MD–11 发动机采购成本约为 800~1 000 万美元，FOD 大修费用为 50 万 ~160 万美元，MD–11 扇叶每套约 2.5 万美元。MD–80 发动机采购成本 300 万 ~400 万美元，FOD 大修费用 25 万 ~100 万美元，MD–80 扇叶每套约 7 000 美元。

FOD 可能造成的损害形式包括：被吸入飞机发动机；切割飞机轮胎；藏在飞机中，导致飞机系统故障；被喷射气流或螺旋桨推进后造成人员受伤。

F/A–18 大黄蜂的轮舱中发现潜在的异物碎片（图中为角鸮）

导致 FOD 的因素：建筑物、设备和飞机维护不善；员工培训不足；工作压力，要求他们不要延误检查行动；恶劣天气；不受控制的车辆等。

2005 年，FAA 和伊利诺伊州大学合作，对纽约肯尼迪国际机场的自动 FOD 监测系统进行了初步评估。该系统使用毫米波雷达技术，能够监测跑道上小至 5 厘米的螺栓等物体。系统能够轻松发现异物，并为机场工作人员提供即时的 FOD 警报，甚至可以显示相关物体的精确位置。

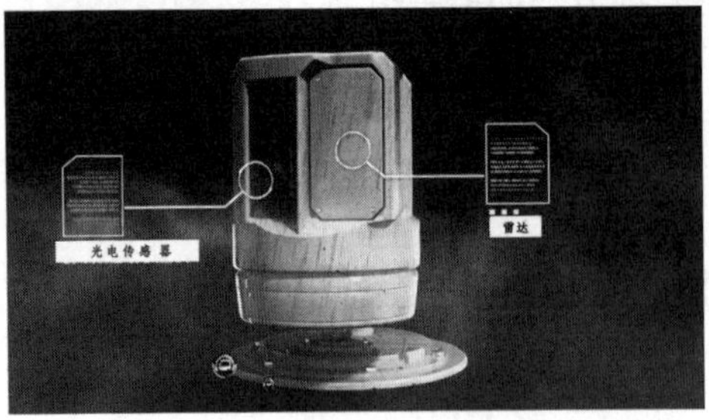

FOD 监测器示意图

2013 年 5 月，以色列特拉维夫本古里安国际机场投入使用了一套新的异物碎片监测系统。经过九个月的测试，该系统平均每月从跑道上清理六件物品。

现代化的持续 FOD 监测系统通常结合使用雷达和光电传感器，可在全天候条件下进行 7×24 小时的 FOD 监测。目前，这些系统已广泛应用于全球最繁忙的机场，包括伦敦希思罗机场、温哥华国际机场、迪拜国际机场等。

该系统的优点包括持续监测能力，包括夜间和低能见度环境；监测能力更快、更可靠；更高效（航班不中断）；降低跑道侵入的风险；降低鸟击风险。

机场主要在四个领域控制 FOD：

1. 培训。所有机场和航空公司工作人员及机场租户均需接受 FOD 识别与清除培训，深入了解忽视 FOD 所带来的潜在危害。该培训可与机场空侧驾驶员培训课程相结合，飞行机组人员的 FOD 培训应包含严格遵守《飞行机组人员操作手册》中规定的程序，以及在航线培训中强调飞行前、后检查的重要性。

有效的培训应强调工作人员和乘员的安全，设备的潜在危害，以及 FOD 造成的直接经济损失（如设备维修费用）和间接损失（如航班延误、取消所带来的经济损失）。培训内容应涵盖从源头消除 FOD 的程序，并通过视觉化的海报和标志加强员工对 FOD 的认知。此外，定期开展复训是保持员工对 FOD 问题警觉性的有效手段。

2. 检查。航空公司与机场人员共同开展每日空侧巡检，不仅有助于提升对本机场的熟悉程度，更能促进双方之间高效的沟通协作。根据 FAA 和国际民航组织（ICAO）的规定，飞机运行区域需每日白天进行例行巡检并清除 FOD。此外，空侧运行人员应在常规工作期间持续保持对 FOD 的警惕。

对于正在进行施工的区域，应实施更为频繁的巡检；重大工程项目则需专门指派人员进行持续性的 FOD 监测。机组人员若在跑道、滑行道等区域发现 FOD，应及时通报空管部门和机场运行单位。航空公司及装卸货代理应在飞机进出登机口前对登机口区域进行仔细检查。

3. 维护。空侧 FOD 的清除可采用多种方式。手动清扫和使用机场清扫机是两种常见的清除方法。机场清扫机因其能够深入裂缝和路面接缝处清除碎屑，被认为是空侧清除 FOD 最有效的工具。所有空侧区域，包括飞行区、停机坪、登机口及其周边区域，均应纳入例行清扫范围。

磁棒可悬挂于车辆下方，用于吸取金属类 FOD。为防止收集到的碎屑脱落，磁棒应定期清理。此外，定期检查空侧运行车辆，确保其无松散物品，以防掉落成为新的 FOD 源。

FOD 容器的定期清理亦不可忽视，以避免容器内碎片溢出。机场工作人员可佩戴腰袋，以便随时收集杂物。

其他预防 FOD 措施包括：设置挡风板和网以阻挡异物；修筑围栏防止动物进入机场；及时维修破损道面。对于无法立即修复的道面，应设置备用航线。

4. 协调。对于多家航空公司共同服务的机场，各航空公司应组建机场用户委员会，以协调各方在 FOD 管理方面的工作。委员会应建立有效的沟通机制，及时将空侧、陆侧的各项作业计划及定期维护信息通报给所有机场用户。在机场施工前，应制定详细的施工规划，其中应重点关注 FOD 控制措施，尤其是针对强风等易产生碎片飘浮的环境，应采取更为严格的防范措施。

20. 纽约上空脱落的空客 A300 尾翼——2001 年美国航空 587 号航班

尾翼脱落瞬间示意图

2001 年对于纽约市来说是极其动荡的一年。9 月 11 日的恐怖袭击事件给这座城市带来了巨大的伤痛，全球航空业也因此遭受了重创。然而，就在“9·11”事件的阴影还未散去之际，11 月 12 日，纽约又发生一起离奇的客机坠毁事件，再次将这座城市推向了恐慌的深渊。

美国航空 587 号航班（AA587）是从美国纽约飞往多米尼加共和国圣多明各的定期国际客运航班。这架空客 A300 起飞不久后便坠毁在纽约市皇后区，机上 260 人全部遇难，地面上还有 5 人遇难。

美国航空涂装的 N14053 号机

587 号航班由一架空客 A300 B4-605R（N14053 号机）执飞，机龄 13.9 年，累计飞行 37 550 小时 /14 934 起降循环。A300 是空客公司的首款产品，是世界首款双发宽体客机。A300 在研发时设计容纳 300 名乘客，因此得名。A300 的诞生直接促使波音公司研发出 767 和 757，并引发了双发延程飞行的广泛应用。

航班机长爱德华·斯坦德（Ed States），42 岁，累计飞行 8 050 小时。副驾驶是斯坦·莫林（Sten Molin），34 岁，累计飞行 4 403 小时。机上搭载了 251 名乘客和 9 名机组成员。

喷气式客机的尾流湍流示意图

上午 9 点 11 分 08 秒，日本航空一架波音 747-400（日本航空 47 号航班）从 31L 跑道起飞。11 分 36 秒，管制员警告 587 号航班注意前序航班的尾流湍流。

9 点 13 分 28 秒，587 号航班获准起飞，并在 14 分 29 秒离开跑道。两机起飞时间相差约 1 分 40 秒，587 号航班爬升至 150 米高度后，向左转弯，管制员指示其爬升至 1 219 米高度。

9 点 15 分 52 秒，587 号航班开始撞上前序 747 的尾流，这也拉开了 A300 噩梦的序幕。驾驶舱语音记录仪（CVR）捕捉到当时嘎吱嘎吱声。副驾驶莫林为了应对乱流，开始快速交替地左右移动方向舵，随后又向后移动方向舵。这一系列操作导致飞机发生侧滑，就像汽车在地面漂移一样，机身开始在空中偏转。

反复的摇摆给飞机垂尾带来了巨大的压力，15 分 58 秒，垂直尾翼在一声脆响中从机身脱落。3 秒后，驾驶舱中响起失速警报，飞机失控坠向地面，最终坠毁在皇后区贝尔港附近新港大道和海滩 131 街的交会处。

这突如其来的坠机打破了贝尔港附近居民的平静。就在两个月前，恐怖分子驾驶着飞机撞向了世贸大楼，造成数千人遇难。这起坠机事件让当地人误以为又是恐怖袭击，纽约市立即关闭了机场、桥梁和隧道，并取消了所有航班。

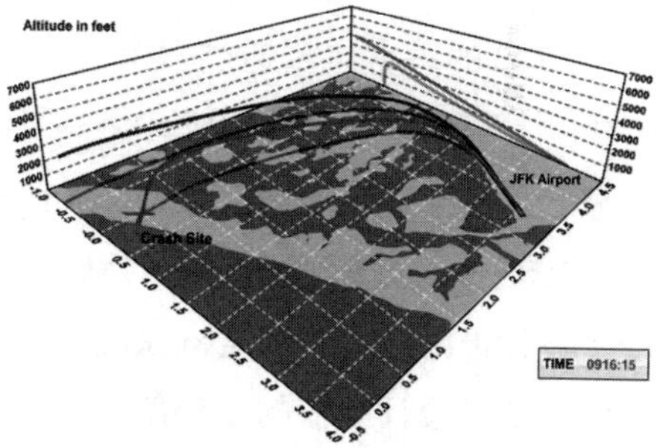

587 号航班飞行轨迹示意图

美国国家运输安全委员会（NTSB）立刻成立调查组展开事故调查。调查员发现飞机在空中解体，垂直尾翼掉落在牙买加湾约 1 千米处。调查人员搜寻飞机残骸并解析“黑匣子”数据。他们发现，飞机在爬升至 762 米高度时，遭遇了前方一架 747 的尾流。飞行员试图通过激进地操纵方向舵稳定飞行：全左舵，全右舵，短短 7 秒内重复了五次，最终导致垂直尾翼从机身脱落。

A300 是首批采用碳纤维增强塑料（CFRP）的飞机之一，也被称为复合材料，与传统金属材料相比更坚固、更轻。但调查员对复合材料的长期疲劳损伤情况尚不完全了解。

复合材料面临的最大失效模式是分层。碳纤维是由粘胶丝、聚丙烯腈纤维和沥青丝等原料，经过 300~1 000℃的高温碳化而成。碳纤维的直径极其细小，仅约为 7 微米，却拥有异常高的强度。但如果粘合出现问题，就会出现分层现象。

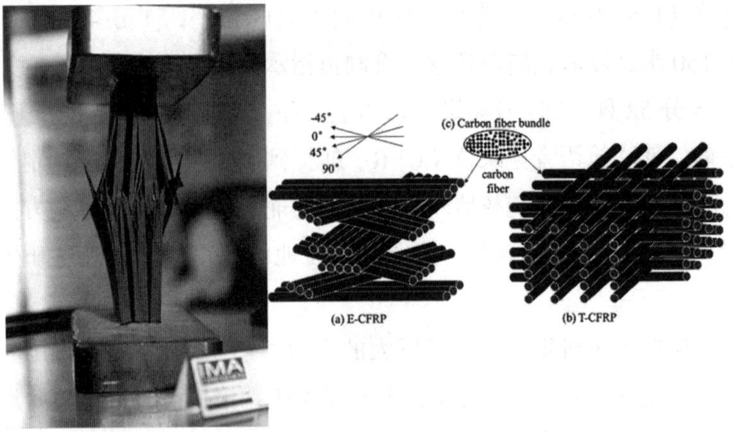

左图为碳纤维分层，右图为碳纤维示意图

A300 的垂直尾翼通过六个连接点固定在机身上，每个连接点由两组接耳组成：一组由复合材料制成，另一组由铝材制成，并通过钛螺栓连接。破坏分析显示，螺栓和铝制连接片完好无损，而复合材料连接片发生了失效。

1986 年，空中客车公司对新型复合材料尾翼进行了测试，该机尾轻松承受了设计极限载荷，即飞机在使用寿命期间预计承受的最大载荷。实际承受的极限载荷是设计载荷的 1.5 倍。

实际上，每架飞机都有一个设计机动速度（V-speeds）。设计机动速度是进行飞机结构强度设计和制定飞机使用限制的重要参数，对飞行安全至关重要。A300 设计机动速度为 270 节（约 0.78 马赫）。而事故发生时，飞机速度为 250 节。

所有飞行员都清楚，飞机高速巡航时，若突然将操纵装置移至左右极限位置，会导致飞机在空中解体。然而，长期以来航空界普遍认为机动速度是硬性限制，低于此速度时，飞行员不得做出极端机动，例如反复将方向舵从最左侧移至最右侧。

调查员重现了 587 号航班的遭遇，将方向舵在 7 秒内连续往返移动 5 次。结果发现每次移动都会显著增加垂直尾翼上的载荷，最终导致垂直尾翼连接点失效。

据调查，莫林是一名经验丰富的飞行员，飞行技术高超。然而，他却对尾流湍流感到恐惧，甚至会因此过度操控飞机。一名曾与莫林共事的机长回忆道，他们曾驾驶一架 727 遭遇尾流湍流，即使乱流强度很弱，莫林也会下意识

坠机点燃了民居

地迅速来回移动方向舵。

机长起初以为是飞机出现了故障，但检查后发现飞机一切正常。他疑惑地问莫林为何做出如此异常的操作。莫林回答：美航公司高级飞机机动计划（AAMP）就是这样教他们的。

A300-600 模拟机示意图

AAMP 是美航公司在上世纪 90 年代后期开发的一系列培训课程，主要为帮助飞行员掌握在非正常情况下的飞机控制技能，例如姿态过高或过低、遭遇尾流、失速等。例如教员在模拟机中向学员展示如何从超过 90° 的坡度角中恢复飞机姿态。情景设定：学员驾驶一架飞机在 747 后起飞，并收到尾流湍流预警。

飞机在爬升中到尾流湍流，教员会迅速操作使飞机滚转 10°，紧接着向相反方向快速滚转 90°。在滚转的前几秒，副翼和方向舵被禁用，以确保飞行员在改出前坡度达到 90°。

大多数飞行员发现，他们需要大力使用副翼和方向舵才能改出姿态。为了缩短改出时间，飞行员们开始下意识地在进入湍流前预推方向舵和副翼。

然而，模拟机中的情况与现实存在较大差异。也许小型飞机遭遇 747 的尾流湍流时，可能会出现极端情况。但对于 A300 这种宽体客机而言，面对大多数尾流湍流的冲击都较为平缓。即使在遭遇极端尾流湍流的情况下，A300 坡度也不会超过 30°，远低于模拟机中设置的 90°。此外，飞行员仅通过操作副翼即可使飞机改平。

模拟机训练让飞行员产生了一些危险的错觉：1. 747 的尾流湍流会使他们的飞机在几秒钟内翻滚；2. 即使采取极端机动操作，飞机也无法立即做出响应；3. 必须使用方向舵改出。

这些模拟训练使莫林深信，如果在现实飞行中遇到类似情况，不使用方向舵来应对尾流湍流，飞机将会失控！

587 号航班起飞时的状况和莫林在模拟机中的训练经历惊人相似：同样是跟随一架 747 起飞，同样被告知有尾流湍流，飞机在遇到乱流时向左翻滚了 10°，但这也触动了莫林敏感的神经，他接下来的操作就过激了。而此时 A300 本身的设计缺陷，让 587 号航班陷入了前所未有的灾难。

发动机残骸摧毁了一栋民居

大型飞机的方向舵操纵系统通常配备有补偿机构，随着空速的增加，飞机对任何给定方向舵偏转量的反应都会以指数级的方式增长。A300-600 的方向舵操纵系统采用了独特的限位设计。在空速低于 165 节时，方向舵的最大允许行程为 30°；当空速超过 395 节时，该数值则降低至 3.5°。

大多数飞机，包括早期的 A300，都采用可变比率臂（VRA）方向舵行程限制器，该限制器会根据空速来限制方向舵踏板的行程，从而产生不同的方向舵响应。然而，A300-600 和 A310 的方向舵行程限制器设计有所不同，它使用可变停止执行器（VSA）来减少在更高空速下踩踏板的距离。例如，在 135 节时，方向舵踏板行程为 10 厘米，而在 250 节时则减少到 3.2 厘米，与最大方向舵行程从 30° 减少到 9.3° 的比例一致。这种设计会导致方向舵系统在飞机加速时变得越来越不稳定。

Table 3.2 Paradigm Shift of A-300-600R Rudder Flight Control System

Aircraft	Maximum Force/Breakout Force Digital Ratio	Degrees of Rudder Per Pound of Force Above Breakout
A-300-600B2	4.68	.090
A-300-600B4	4.68	.090
B-757	5.00	.094
B-737	3.33	.114
B-767	4.71	.127
MD-80	4.00	.178
DC-9	3.75	.182
B-747	4.21	.197
B-727	2.94	.212
B-777	3.33	.214
DC-10	6.50	.255
MD-11	6.50	.273
MD-90	3.25	.288
B-717	3.25	.289
A-300-600R	1.45	.93

(Official Docket Aircraft Performance Report 12)

A300-600 和其他飞机的方向舵踏板力对比

因此，在低速时，A300-600 的方向舵比其他飞机更加灵敏，而随着速度的增加，这种灵敏度会变得更加明显。于是就有了 587 号航班的一幕，当时，飞行员踩下一定距离的方向舵踏板，试图做出合理应对，实际上却导致方向舵极端偏转。

令人后怕的是，不仅仅 587 号航班出现此类问题，其他飞行员也曾报告过类似的误操作情况。绝大多数美航公司的 A300 飞行员都不知道：在飞机速度达到 250 节时，只需轻踩 3.2 厘米的方向舵踏板，就可能导致方向舵出现极端偏转。空客公司从未对此问题进行过任何告知，这一重要信息也从未被纳入飞机操作手册或任何培训材料中。

空客公司解释称，方向舵主要用于三个方面：一是起飞时保持飞机平直飞行；二是侧风着陆时控制飞机偏转；三是在发动机故障导致飞机不对称偏航时进行补偿。他们认为，这些操作都不需要方向舵完全偏转，尤其是在高速巡航状态下更是用不到。因此，他们没有将相关信息告知 A300-600 的飞行员。

NTSB 成员在华盛顿观看 587 号航班情景重现的视频

美航公司则在 AAMP 中过度强调了方向舵的使用，包括在从极端翻滚姿态中恢复时。而在实际环境中，这可能导致飞行员在无意识的情况下过度使用方向舵。调查人员发现，至少有 10 起类似事故造成垂直尾翼承受的载荷超过设计极限，其中 5 起与飞行员过度使用方向舵有关。

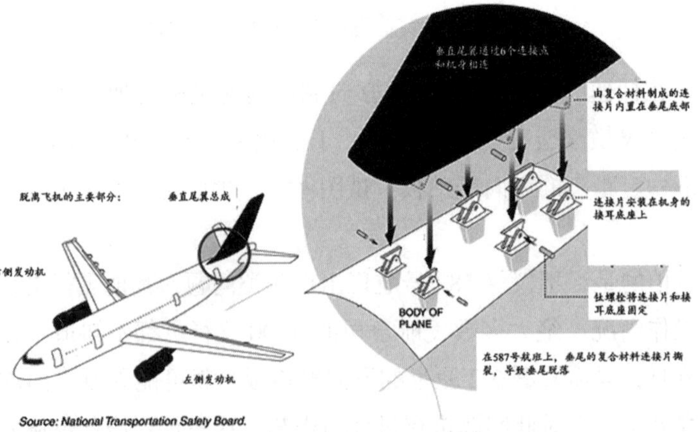

A300 方向舵固定机身示意图

例如，1997 年 5 月，一架执行美航 903 号航班的 A300-600 在转弯时，坡度达到 50°，此时飞行速度很慢，内侧机翼开始失速。为了修正姿态，飞行员开始大力踩方向舵，这也导致飞机开始侧滑，造成 2 人受伤。最终，飞行员控制住了飞机并安全降落在迈阿密。

根据飞行数据，903 号航班的垂直尾翼承受了 1.53 倍设计极限载荷的侧向力。587 号航班的速度比 903 号航班快得多，更高的空气载荷导致垂直尾翼失效。

而副驾驶莫林从没有想过用全舵来应对乱流，他踩下 1/3 行程的方向舵，飞机速度达到 250 节，方向舵会完全偏转。考虑到莫林受训时的背景，他踩全右舵时，飞机的反应比预期大很多，这让他误以为乱流更强，于是踩了全左舵。

莫林在飞行过程中遇到了“人机耦合振荡”的问题，该问题源于飞行员与飞机之间的异常互动，导致飞机姿态和飞行路径发生意外偏移。飞行操纵可分为五类：前庭感知飞行、状态跟踪飞行、数据跟踪飞行、目标跟踪飞行和轨迹跟踪飞行。飞行操纵类型级别越高，飞行轨迹操纵精度越高，飞行员所承受的负担也就越大。

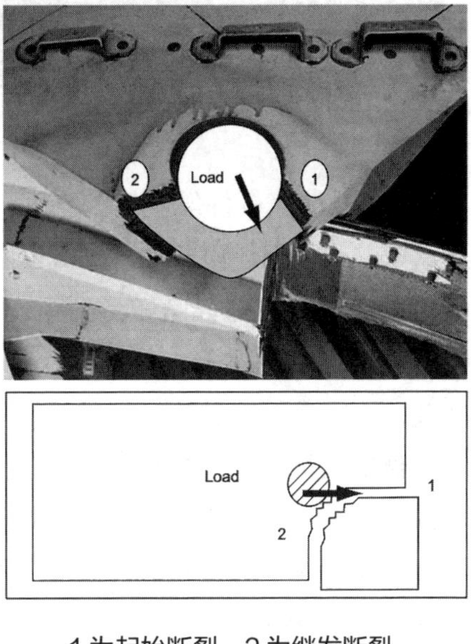

1 为起始断裂、2 为继发断裂、圆圈为销钉和衬套位置

从飞行操纵环的角度来看，人作为飞机操纵响应环中的重要环节，人机耦合的发生是不可避免的。它是由飞行员在操纵飞机过程中产生的持续或不可控振荡，类似于人初学骑自行车时，方向发生变化时会反复扭动车把，导致前轮反复摆动的情况。

587 号航班事故中，莫林下意识地操作使飞机陷入更危险的失控状态。每当飞机方向舵向一侧极端偏转时，他就会用力踩下方向舵踏板，导致方向舵向另一侧偏转。周而复始，他对抗的不是尾流湍流，而是和自己的较量。遗憾的是，两名飞行员未能识别出险情并采取有效措施，在一系列的阴差阳错中，垂直尾翼从机身上脱落。

这次事故的悲剧根源在于误导性培训和有缺陷的系统设计。调查人员深入调查后发现，A300-600 和 A310 机型曾发生过 10 起垂直尾翼超过设计极限载荷的情况。而空客似乎并没有意识到这个问题。甚至到 587 号航班坠毁后，他们都没有告诉调查员 903 号航班垂直尾翼超过设计极限载荷。

打捞上来的飞机尾翼

903 号航班事件发生后，空客仅要求美航公司对涉事飞机尾部进行检查，但检查并未发现任何异常，飞机也恢复了运营。调查员拆下垂直尾翼才发现连接点的复合结构部分已经受到损伤。更令人担忧的是，空客从未主动通知美航公司拆卸垂直尾翼进行更深入的检查，这架不适航的飞机又继续飞了五年时间。

调查人员认定，A300-600 方向舵操纵系统的设计明显不符合 FAA 的认证要求，法规要求飞机操纵系统的操纵行程和操纵力应适当，不得过小或过轻，以免导致严重的过度控制现象。当被问及空客如何评估更新机型的操纵性时，空客试飞员表示，他们只是通过试飞来判断操纵性是否合适。更令人担忧的是，空客在将新系统应用于最新型号 A300 飞机时，竟然没有将这一重大改动告知欧洲航空监管部门。

2004 年 10 月 26 日，NTSB 发布 587 号航班最终事故调查报告。事故原因可能是：副驾驶不必要和过度操作方向舵踏板，导致垂直尾翼超出设计承受能力发生分离；A300-600 方向舵系统设计存在缺陷，美航公司 AAMP 存在问题。事故报告提出 15 条安全建议。

587 号航班事故并非单纯的飞行员操作失误，而是由飞行员培训、飞机设计，以及认证等多个环节的系统性缺陷共同造成的悲剧。事后，空中客车公司改变了 A300-600 和 A310 方向舵操纵系统设计，美航公司也对他们的 AAMP 进行彻底改革，使其更加贴近实际飞行环境。

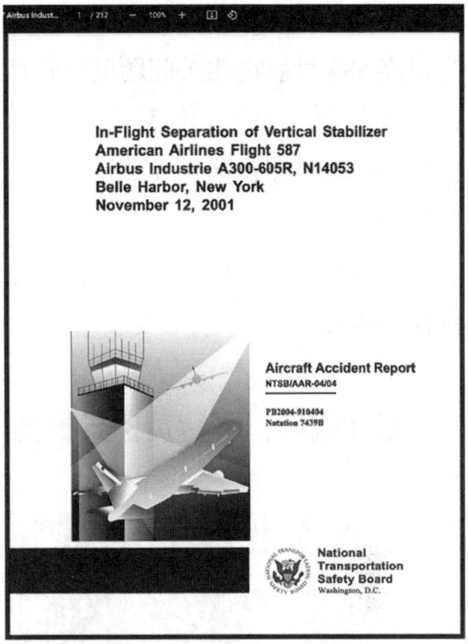
In-Flight Separation of Vertical Stabilizer
American Airlines Flight 587
Airbus Industrie A300-605R, N14053
Belle Harbor, New York
November 12, 2001

Aircraft Accident Report
NTSB/AAR-04/04

PB2004-910404
Notation 7439B

National
Transportation
Safety Board
Washington, D.C.

调查耗时 2 年 11 个月，全文 212 页

587 号航班纪念碑

人们在贝尔港的洛克威公园建了一座纪念碑，以纪念 587 号航班事故中的

遇难者。令人叹息的是，前 NTSB 主席吉姆·霍尔（Jim Hall）曾表示：NTSB 为提高 587 号航班相关问题的认识所做的许多努力都被束之高阁。尤其是该事件发生在“9·11”恐怖袭击事件之后不久，一旦确定坠机并非恐怖袭击所致，公众舆论便迅速转向，导致这场灾难逐渐被遗忘，公众也陷入了一种集体失忆的状态。

梳理 587 号航班事故背后的复杂链条，我们也能深刻意识到航空安全的艰巨性与挑战性。

延伸阅读：飞行员诱导振荡（PIO）

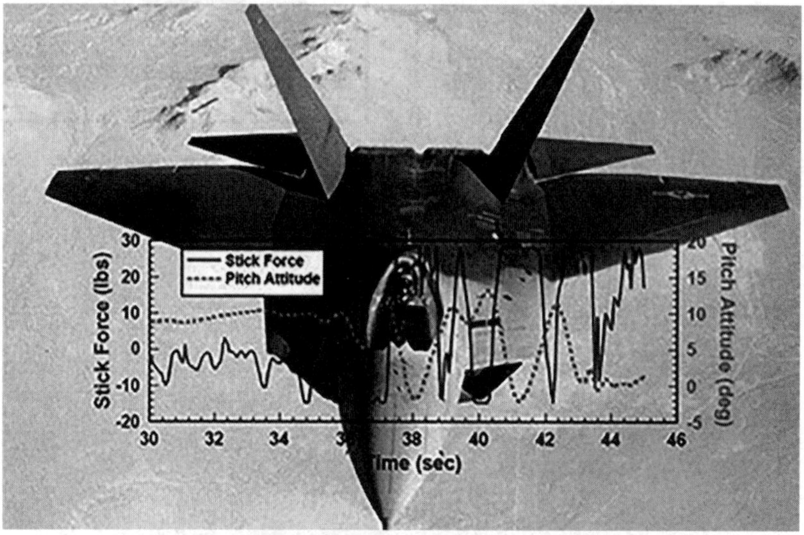

飞行员诱导示意图

飞行员诱导振荡（PIO）是指飞行员在驾驶飞机时，由于操作不当导致飞机出现持续的、无法自行平息的振荡现象。简单来说，就是飞行员想纠正飞机的姿态，却越纠越糟，反而让飞机振荡得更厉害了。

想象一下，你想要推开一扇很重的门。如果你用力过猛，门可能会晃动很大。如果你想让门停下来，又用力把它往回拉，结果门可能会来回摆动。飞行器也是如此。当飞行员的操纵动作与飞机的反应不协调时，就会产生一种“共振”，导致飞机不断地上下或左右摆动。

以前，我们习惯把这种现象归结为飞行员的操作失误，所以叫“飞行员诱导振荡”。然而实际上，PIO 是飞行员和飞机之间相互作用的结果。为了更准确地描述这种现象，现在有了一些新的叫法：飞机 - 飞行员耦合振荡（aircraft-pilot coupling）：这个名字强调了飞机和飞行员之间的相互作用，就像两个人跳舞，如果步调不一致，就会产生不协调的动作。

飞行员闭环振荡（pilot - in-the-loop oscillations）：这个名字强调了飞行员在控制回路中的作用，就像一个控制系统，如果反馈不及时或不准确，就会产生振荡。

飞行员辅助（或增强）振荡（pilot-assisted（or augmented）oscillations）：这个名字强调了飞行员的操作虽然是诱因，但飞机自身的特性也在其中扮演了重要的角色。

飞行员和飞机的互动

想象一下驾驶飞机就像开一辆车，只不过这辆车能飞。当你踩下油门，汽车会立即加速。但在飞机上，情况就有点复杂了。从控制理论的角度来看，飞机在飞行过程中出现的振荡，其实是因为飞行员的反应速度比飞机本身的反应速度慢了一些。这种时间上的差异，就像在演奏乐器时节奏稍微错了一拍，就会导致整个旋律听起来不和谐。

具体来说，当飞行员操纵飞机时，比如想让飞机爬升，他 / 她会拉起操纵杆。但是飞机并不会立刻做出反应，而是会经历一个加速的过程。在这个过程中，飞机的速度、高度等参数都在不断变化，而飞行员看到的仪表显示也存在一定的延迟。这种延迟会进一步加大控制的难度，导致飞机出现振荡。

垂直速度指示器显示的是飞机爬升或下降的速度。由于飞机的爬升需要时间，而仪表的测量也需要时间，所以垂直速度指示器上的数值并不能实时反映飞机的实际状态。就好比我们用温度计测量水温，水温的变化需要一段时间才能反映到温度计上。

为了缓解这个问题，我们可以对飞行仪表进行改进。例如，垂直速度指示器除了显示当前的爬升率，还可以显示飞机对爬升操作的响应速度。这样，飞行员就能更清楚地了解飞机的反应情况，从而做出更准确的控制。

想象一下飞行员在降落过程中，设定了每分钟下降 150 米的速度。但当他发现飞机下降得比预期快时，就会向上拉起机头，试图减缓下降速度。然而由于飞机仪表的反应速度有限，当仪表显示下降速度已经回到 150 米 / 分钟时，实际上飞机的下降速度已经变慢了很多。这时飞行员误以为飞机下降速度不够，又会向下推操杆，试图加快下降。如此反复，飞行员的操纵就陷入了一个循环，导致飞机的飞行速度忽快忽慢，难以保持稳定的下降速度。

飞行中的加速度就像是一把双刃剑。一方面，加速度可以为飞行员提供额外的飞机运动信息，辅助其操控飞机。另一方面，加速度作为一种生理因素，也会影响飞行员，导致身体不适并妨碍驾驶。例如，剧烈的加速度变化会导致飞行员感到“难受”，类似于第一次乘坐过山车时的体验。

高频摆动加速度会让飞行员感到身体、手和驾驶盘剧烈晃动，仿佛置身于一个不断摇动的座舱中。这种强烈的振动不仅会分散飞行员的注意力，还会干扰他们的操作，使得他们很难精确控制飞机。

此时，飞行员的动作模型可以分为两类：飞行员有意识地进行的操纵，和飞行员身体与飞机相互作用产生的无意识动作。通常情况下，飞行员引起的振荡会从较低的频率开始，随着时间的推移，振幅逐渐增大。

PIO 对于没有经验的飞行员，尤其是飞行学员而言是一个普遍的问题，即使是经验丰富的试飞员，在某些情况下也可能遭遇 PIO。例如，在 NASA 的升力体计划中，当机翼和尾翼的距离过近，形成所谓的“短耦合”状态时，飞机就更容易发生 PIO。

飞机着陆时，最危险的振荡往往发生在触地前的拉平阶段。如果飞行员过分使用升降舵，飞机速度可能骤减，甚至达到失速边缘。此时，出于本能，飞行员往往会向下压机头以增加速度。然而，这种操作可能会使飞行员的视线长时间集中在地面上，从而进入一个危险的振荡循环。

1974 年 1 月 20 日，通用动力公司的 F–16 原型机 YF–16 在一次高速滑行测试中就遭遇了 PIO。飞机突然向左侧偏离跑道，幸亏试飞员经验丰富，才得以安全处置。为避免类似事件再次发生，工程师们降低了飞机的横滚增益，以减弱飞行员的控制输入对飞机产生的影响。

1989 年 2 月，瑞典的 JAS-39“鹰狮”战斗机原型机在一次着陆过程中因飞行控制系统过于灵敏，且响应存在滞后，导致 PIO 现象而坠毁。事后，工程师们对飞行控制系统进行了重新设计。

1992 年，备受瞩目的洛克希德·马丁 F-22“猛禽”战斗机原型机在一次降落中也因飞行控制软件的缺陷，导致 PIO 而坠毁。这一事件表明，即使是技术最先进的战斗机，也可能存在飞行控制系统方面的隐患。

21.“凤凰”折翼釜山劫——2002 年中国国际航空 129 号航班

129 号航班最后时刻示意图

2002 年 4 月 15 日，中国国际航空公司 129 号航班（CA129）在韩国釜山金海国际机场附近坠毁。这架波音 767 客机原定从北京飞往釜山，却在降落过程中偏离航线，撞上了山坡，事故共造成 129 人遇难。

当日，129 号航班搭载了 166 名乘客和机组人员。机长累计飞行 6 497 小时。副驾驶累计飞行 5 295 小时。第二副驾驶累计飞行 1 775 小时。执飞机型为波音 767-200ER（B-2552 号机），机龄 17 年，共累计 40 409 飞行小时 / 16 729 起降循环。

金海国际机场位于韩国釜山西端，因其地理位置特殊，气候多变。机场周围山地环绕，易产生低云和雾，给飞行带来了很大的挑战。特别是秋冬季节，北风和西北风盛行，更增加了飞行的不确定性。

金海国际机场鸟瞰图

129 号航班准备降落时，金海国际机场上空雾气笼罩，细雨绵绵，能见度很差。管制员指挥他们盘旋进近，并降落在 36L 跑道。由于能见度太低，飞行员无法目视跑道，不得不复飞。

在尝试降落 18R 跑道时，由于飞行员过于专注于与管制员沟通天气情况，导致了悲剧的发生。当飞行员意识到危险迫近时，飞机已经来不及执行复飞程序。客机的右翼首先撞上了树木，随后机身狠狠地撞击在距离机场 4.8 公里的一座山体上。巨大的冲击力将飞机撕裂成数段，机翼、尾翼、机身和发动机散落一地。随即而来的大火吞噬了驾驶舱和机身前部，高温甚至将铝合金机身熔化。

数千名救援人员赶赴现场，却目睹了一幅触目惊心的画面：飞机残骸散落满山，植被被夷为平地，救援工作异常艰难，仅有 37 人生还。

韩国航空事故调查委员会（KAIB）牵头对事故进行了深入调查，并得到中国和美国的协助。根据对飞机残骸的分析，调查人员发现机尾部分首先接触地面，这表明机组在坠毁前曾试图拉起飞机。

通过对空管记录的分析，调查人员发现，事故发生前机场风向突变，飞机需要调整降落方向。机组在进近过程中还更换了无线电频率，但与管制员的沟通并不顺畅。种种迹象表明，这是一起典型的可控飞行撞地（CFIT）事故。

CFIT 指的是飞行员在没有察觉危险的情况下，操纵完好无损的飞机撞上

129 号航班残骸

地面、水面或障碍物。这种事故通常是由于飞行员的错误判断、操作失误或对环境的感知不足导致的。2001 年 6 月，波音公司发布的十年航空事故统计显示，全球航空事故中，有超过 30% 是由 CFIT 引起的。这意味着，每 10 起致命的航空事故中，就有近 3 起是飞机在飞行员的控制下，撞上了地面、障碍物或水面。更值得注意的是，在所有全损事故中，CFIT 事故占比也接近 10%。飞行安全基金会（FSF）的深入研究表明，大多数 CFIT 事故发生在飞机对准跑道、复飞或远离机场的阶段。这说明，CFIT 不仅与机场周围的地形有关，还可能发生在飞行的各个阶段。

国航涂装的 767

釜山机场的进近程序明确要求飞行员在执行盘旋进近时，必须使用驾驶舱计时器，并在 20 秒时进行第三次转弯。然而，（FDR）数据显示，129 号航班在第一次转向时就出现了偏差，飞行速度过快，导致后续的进近程序严重偏离了标准。

驾驶舱语音记录仪（CVR）显示。机组在临近降落时收到了更换跑道方向的指令，但并未进行详细的进近简报，导致在第一次转向时就出现了失误。更严重的是，在与管制员失去联系的这段时间内，机组全神贯注于复杂的进近程序，无暇顾及联系管制员。

执行盘旋进近必须满足目视飞行规则（VFR）。一旦跑道脱离飞行员视线，飞机就必须立即复飞。机组对金海国际机场的盘旋进近程序并不熟悉。在最后一刻更改跑道，留给飞行员的准备时间极为有限。突如其来的变化，导致机组工作量激增，注意力分散。机组对高度的判断出现了严重失误。当副驾驶意识到飞机已经过低时，为时已晚。这表明机组对飞行环境的感知能力和风险意识严重不足。

飞行训练记录显示，飞行员仅在北京机场进行过一次盘旋进场训练，且该机场地形较为平坦，缺乏复杂环境下的训练。此外，机组人员的机组资源管理（CRM）也存在明显不足。他们未能明确分工，信息交流不畅，对整体飞行态势的把握不够全面。虽然飞行员接受过 CRM 理论培训，但由于缺乏实际演练，他们对 CRM 的理解仍停留在理论层面，无法灵活运用到实际飞行中。

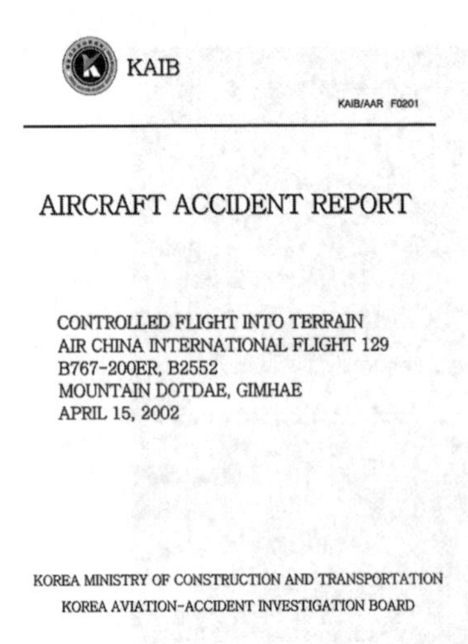
KAIB

KAIB/AAR F0201

AIRCRAFT ACCIDENT REPORT

CONTROLLED FLIGHT INTO TERRAIN
AIR CHINA INTERNATIONAL FLIGHT 129
B767-200ER, B2552
MOUNTAIN DOTDAE, GIMHAE
APRIL 15, 2002

KOREA MINISTRY OF CONSTRUCTION AND TRANSPORTATION
KOREA AVIATION-ACCIDENT INVESTIGATION BOARD

调查耗时 2 年 10 个月，全文 165 页

2005 年 5 月，KAIB 发布最终事故调查报告。报告指出事故的可能原因：1. 机组对波音 767-200 型宽体客机的着陆最低气象条件缺乏了解，且在进近过程中未严格按照航空公司飞行手册规定的程序操作。2.CRM 存在问题，并且在向 18R 跑道盘旋进近过程中丧失位置感。3. 飞行机组在向 18R 跑道盘旋进近过程中看不到跑道时，没有进行复飞，直接导致飞机撞到高地上。4. 飞机撞地前 5 秒，副驾驶建议机长复飞，机长

并未回应，副驾驶也没有取消进场程序。

中方事故调查组认为导致事故的可能原因：事故发生时，有低云并伴有降水，能见度差，三边顺风大，机场北部山区被云覆盖。飞行机组在向 18R 跑道做盘旋进近时，处置不当，没有准确掌握三转弯时机，造成飞机飞出盘旋进近保护区，在失去连续目视参考，看不到跑道的情况下，没有复飞。

当雷达出现最低安全高度警告（MSAW）告警时，管制员没有向机组提出安全警告；管制员难以辨听的转频指令以及与机组的频繁通话，影响了机组三转弯和最后进近的操作。

KAIB 和中方调查组在最终报告中向多方提出了安全建议，以帮助确保此类事故不再发生。我国民航局飞标司也将金海国际机场标注为特殊机场（机场因距离山区较近，容易出现恶劣天气）。

129 号航班残骸

更为重要的是，飞行员在每次进近前，都应仔细规划并做好充分的心理准备。例如，1995 年美国航空 965 号航班的飞行员在应对突然更换跑道的指令时偏离航线，导致飞机撞山。1996 年伏努科沃航空 2801 号航班和 1997 年大韩航空 801 航班均因飞行员未参与进近简报，对飞行情况掌握不足，最终导致空难。这些事故的共同点在于，飞行员在关键时刻未能做出正确的判断和操作，酿成了不可挽回的悲剧。

随着航空技术的不断进步和飞行员培训的完善，控制 CFIT 事故的发生已成为全球航空界的共识。尽管近年来 CFIT 事故发生率有所下降，但仍时有发生。研究表明，让飞行员深入了解历史上的 CFIT 事故案例，有助于他们吸取教训，提高风险意识，从而有效降低事故发生概率。

22.“魔鬼海”之谜的澎湖空难——2002 年中国台湾中华航空 611 号航班

611 号航班坠海示意图

2002 年 5 月 25 日，中华航空 611 号航班（CI611）在台湾海峡上空 10 668 米巡航高度时突然解体，机上人员全部遇难，也让本就安全记录不佳的台湾中华航空雪上加霜。

611 号航班是从台北中正国际机场（现台湾桃园国际机场）飞往香港赤鱲角国际机场的定期航班。5 月 25 日，机上一共搭载 225 人，包括 206 名乘客和 19 名机组成员。航班机长易清丰，51 岁。副驾驶谢亚雄，52 岁。两名飞行员飞行时间均超过 10 100 小时。飞行工程师是赵盛国，54 岁，累计飞行 19 100 小时。航班由一架波音 747–209B（B–18255 号机）执飞，该机累计飞行 64 810 小时 /21 398 起降循环。

下午 3 点 08 分，611 号航班起飞。往返于香港和台北的航线是地球上最繁忙的航线之一，素有“黄金航线”之称。起飞后，飞行员与塔台进行通话后就打开了自动驾驶仪。然而，在飞机接近巡航高度时，却突然从台北区域管制中心雷达上消失了。

台湾中华航空公司成立于 1959 年，是中国台湾地区规模最大的航空公司，但其安全记录并不佳，曾发生过两次重大空难，造成数百人遇难。飞机制造

台湾中华航空涂装的 B-18255 号机

商来自美国，所以美国国家运输安全委员会（NTSB）也派员加入事故调查组。波音 747 是波音历史上引以为傲的产品，为何会突然发生如此惨烈的事故？

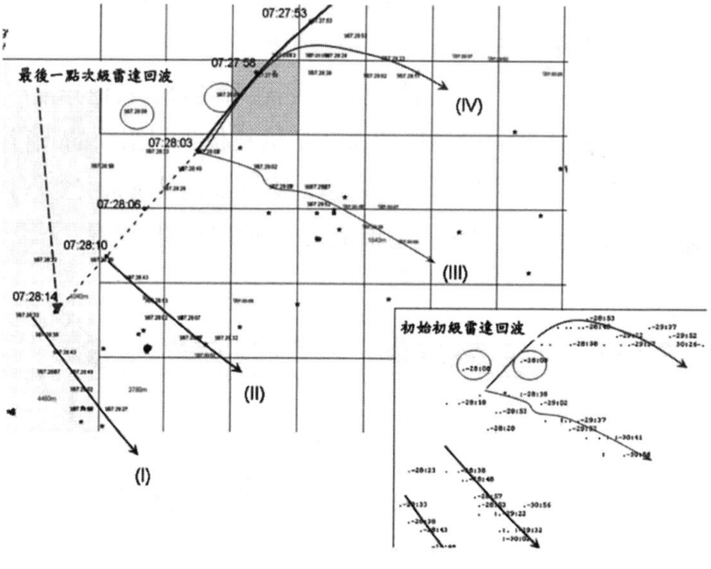

611 号航班的雷达轨迹、初级雷达回波和残骸散布区域

事故调查由台湾航空安全委员会负责。地面雷达追踪了 611 号航班的航迹点，雷达显示客机爬升到 10 668 米高度后，突然失去联系。雷达屏幕上出现三到四个大型残骸，散落坠向海面。这些迹象表明，飞机在高空解体。

机尾示意图和 22 号残骸

调查人员聚焦于飞机解体原因，排除外部因素后，认定事故系华航自身原因。调查人员历经 25 天找到飞机“黑匣子”，他们分析语音记录发现，机组人员严格按照标准检查程序进行飞行。

调查人员不仅想听飞行员之间的对话，还想听是否有其他异常声音。在灾难发生前，风平浪静。驾驶舱最后的通话是机长报告了当前的飞行高度，提醒机组飞机接近 10 668 米高度的声音响起，接下来就是飞机突然解体的声音，录音戛然而止，只持续了半秒钟。通话记录未能提供直接线索。

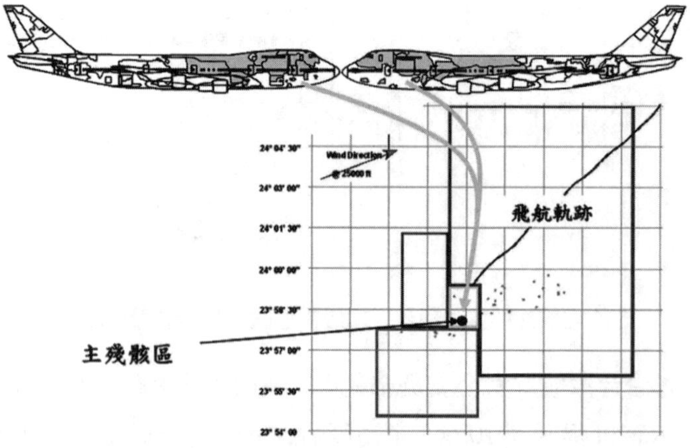

611 号航班飞行轨迹和主残骸区

随着飞机残骸的进一步打捞，调查人员在 B-18255 号机的一连串小排气孔上取得突破。这些排气孔，也就是释压阀。它们开启只有一个原因：在客舱下方的货舱发生突然减压时，例如机体破损，加压气体会对地板施加巨大的压力，导致地板崩塌，损毁飞机的重要部件。

1974 年，土耳其航空公司的一架客机就遭遇了类似的事故。货舱门突然脱离机体，导致机长无法控制飞机，最终坠毁。如果那架飞机的地板没有崩塌，机长或许就能化险为夷。该起事故发生后，NTSB 建议飞机制造商在客机的上下舱之间加装释压阀。当飞机再次发生货舱减压时，释压阀会自动打开，释放地板的压力，防止其崩塌。B-18255 号机共有 65 个释压阀装置，调查人员从海中打捞出了 19 个，其中 4 个处于开启状态。这证明了客舱下确实发生了突然失压现象。

为了了解飞机解体情况，调查人员决定采用飞行轨迹分析技术。残骸被打捞上来后，每一片都被编号记录。调查人员挑选了 18 块残骸的重量和形状数据，输入到特定的电脑程序中进行分析。结果显示这些部件分别来自前机身、中段机身和机尾三个主要部位。

电脑模拟结果表明，机尾最先脱离了飞机。冶金专家发现，这片金属部件曾遭受过严重撞击。从空气动力学角度来看，飞机在空中飞行时，时速可达 800 多千米。当飞机解体时，高速气流会灌入客机内部，导致结构解体，业内称之为过载破裂。

残骸拼接的机身

当金属承受超载或过大的应力时，断裂时会呈现一个角度。然而，611 航班残骸的裂缝没有角度，而是平整的。这表明它不是受到过度应力，而是飞机结构的另一个“天敌”——金属疲劳。

金属在反复交变应力的作用下会最终发生疲劳失效。我们可以想象为反复弯折一根铁丝。调查人员由此推断，这片残骸的脱离并非飞机坠落时突然发生的断裂，而是经过了渐进的剥离过程。

这片残骸还有一个特点，就是上面有一个金属补片，也叫覆板加强板。其功能类似于给自行车轮胎补丁的橡胶片。在机龄较长的飞机上，这种加强板很常见。例如，当飞机蒙皮出现裂缝、损伤或划痕时，可以使用加强板来恢复其强度。B-18255 号飞机的金属补片上存在许多纵向条痕，这似乎是从加强板与蒙皮之间延伸出来的，表明金属板下面可能存在一些破损。

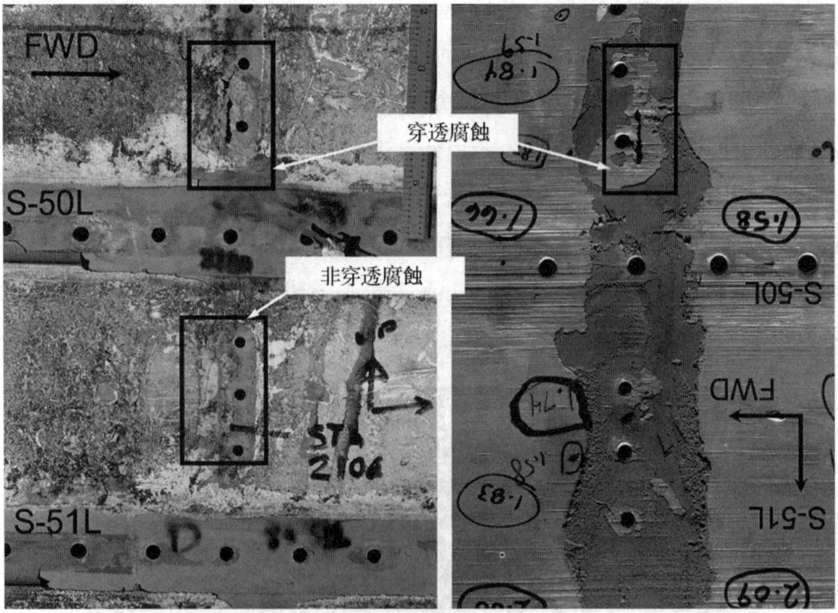

蒙皮内外表面腐蚀后的情形

调查人员将这部分材料切割下来，送往实验室进行进一步分析。他们还发现了一个重要的线索：某个区域覆盖着一层氧化铝，类似于汽车生锈的痕迹。由于长期暴露在空气中，金属氧化导致颜色改变。根据金属的颜色，调查人员判断出飞机机尾的裂痕已经存在了相当长的时间。拆除金属补片后，调查人员终于看到了下面的铝制蒙皮，上面留下了长长的痕迹，这些损伤已经超出了加强板的修补范围。

维修记录追溯到 22 年前，当时 B-18255 号机才出厂半年。在一次降落过程中，飞机尾部擦碰到跑道，导致冒出烟雾和火花。管制员看到这一情况后，及时通知了飞行员。

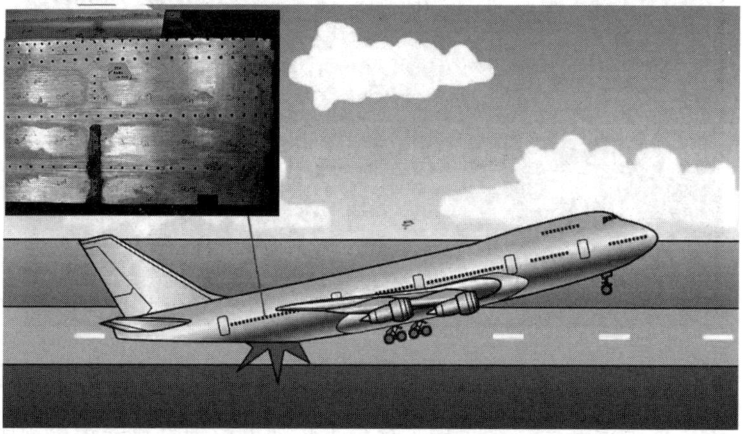

1980 年 2 月，B-18255 机尾擦地留下了刮痕

飞机起降时，如果仰角过大，就容易发生机尾擦地的情况。这种事情并不鲜见，一些飞机甚至会在机尾安装保险杠，以牺牲自身来保护机身蒙皮，防止擦地造成损伤。机尾擦地后通常会进行定期维修。然而，调查人员在飞机日志中只发现了简略的维修记录。华航的维修记录令人担忧，现存文件显示，飞机机尾擦地后仅在事后进行了临时修复，用大块铝板覆盖了受损区域。而将结构性维修推迟了四个月。

根据原始记录，维修过程并未遵循波音提供的维修手册。波音维修手册规定，对于无法修复的严重刮痕，受损部位必须整体更换。调查人员发现，受损金属并没有更换，当初的飞机擦痕仍留在初始的地方。

工程师发现一架飞机机身存在大面积刮痕，由于无法拆卸，他们便将刮痕磨平。维修工程师接着犯了最后一个错误，他们将加强板直接覆盖刮伤的金属上，加装的加强板并没有覆盖受损区域的 30%。虽然没有按照波音的说明书进行维修，但是他们的维修记录却写得天衣无缝。这个手法最大的危险在于加强板遮盖了内部的裂痕，如果不是在现场盯着整个维修过程，就不会发现问题的根源。

人们都以为受损部位已经按照规定程序修复完毕，于是这架存在安全隐患

611 号航班修补的区域

的飞机一次次地重返蓝天。殊不知，任何事物的发展都是量变积累到质变，飞机的每一次起降都使其离危险更进一步。

高空中的客舱需要经过加压过程，飞机爬升过程中，大量空气进入客舱，导致机内压力高于外界。如同给轮胎充气一样，内部空气的压力会挤压蒙皮，使原本细小的裂痕逐渐扩大。蒙皮每次都会发生轻微的涨缩，由于缺乏妥善的维修，裂痕会逐渐扩大，最终增长到无法挽回的 2.3 米，距离失效的边缘近在咫尺。

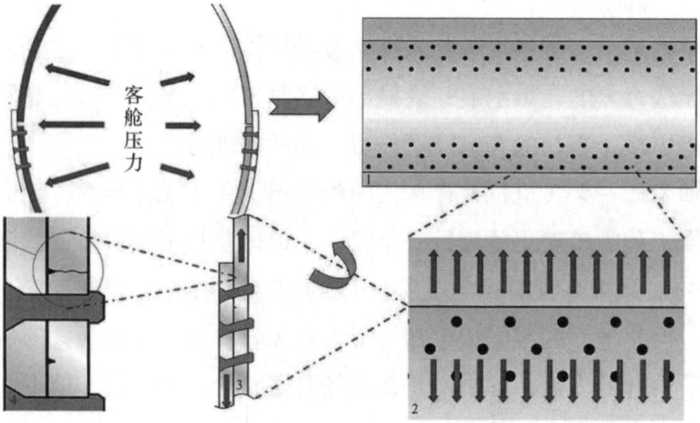

裂痕失效示意图

这架飞机作为 1988 年阿罗哈航空事件后实施的“老龄飞机”计划的一部分，接受了腐蚀预防和控制计划（CPCP）的检查，该计划包含对易受腐蚀区域的目视检查。尽管 B-18255 号机接受过多次内部检查，最近一次在 1998 年，但遗憾的是并未发现任何裂纹。该裂纹是从蒙皮外侧开始向内生长，并沿长度方向蔓延。

一道小刮痕在日积月累中演变成大问题。2002 年 5 月，随着飞机爬升，机身压力逐渐增大，最终导致扩张的裂纹突破了极限值。如同蜘蛛网般迅速蔓延的裂纹，致使整个机尾与飞机主体结构分离。空气对剩余机身施加的压力，最终导致飞机迅速解体。

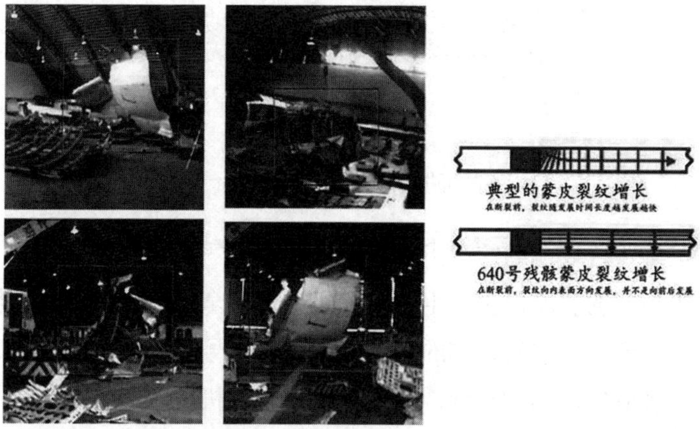
典型的蒙皮裂纹增长
在断裂前，裂纹随发展时间长度越发展越快
640号残骸蒙皮裂纹增长
在断裂前，裂纹向内表面方向发展，并不是向前后发展

640 号残骸蒙皮裂纹增长和典型的蒙皮裂纹增长对比示意图

B-18255 号机在蒙皮不当维修的情况下，竟能正常飞行 22 年，起落超过 2 万次。多年来维修工程师如果严格按照波音维修计划来检查飞机，就能避免事故的发生。

调查人员在飞机外部发现一处深棕色的污渍，经了解得知，华航在以往运营过程中并未禁止乘客吸烟，导致客舱内充斥着尼古丁。烟雾从机尾的裂痕中渗出，久而久之便在飞机外部留下了尼古丁污渍的痕迹。

1995 年，华航就已经宣布禁止航班吸烟，这表明飞机上的裂痕至少存在了 7 年。然而，华航的维修人员在发现污渍后，却并没有对污渍来源进行调查。更令人痛心的是，虽然波音公司已经发布了新的检查程序，并建议华航于 2002 年 11 月 2 日进行全面检查，但 B-18255 号机并没有撑到这一天。

在 1980 年，民航局尚未建立适航监察系统。当时，监察员既没有关于航

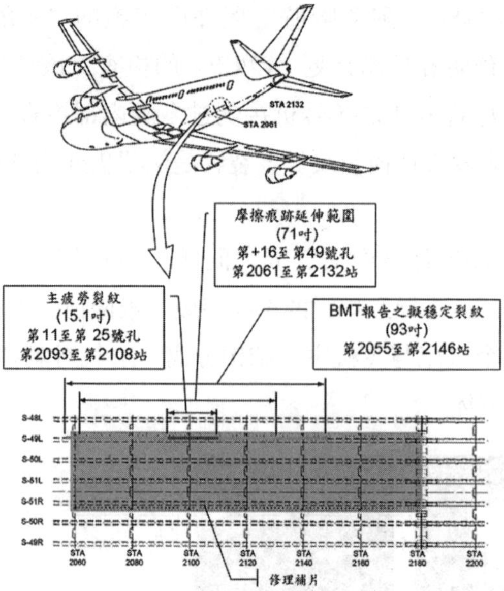

不同证据所显示的裂纹长度

空公司维修工作是否规范的监察指南，也没有经过适航监察的培训。

为了避免类似的悲剧再次发生，调查人员建议全球航空公司立即执行新的全面维修检查规定。一次打折扣的维修造成了611号航班的空中惨剧，华航也在这次事故中吸取了深刻的教训，并立刻修正了飞机检查和维修方法。痛定思痛后的华航在运营记录上大为改善，也摘掉了“四年一空难”的帽子。

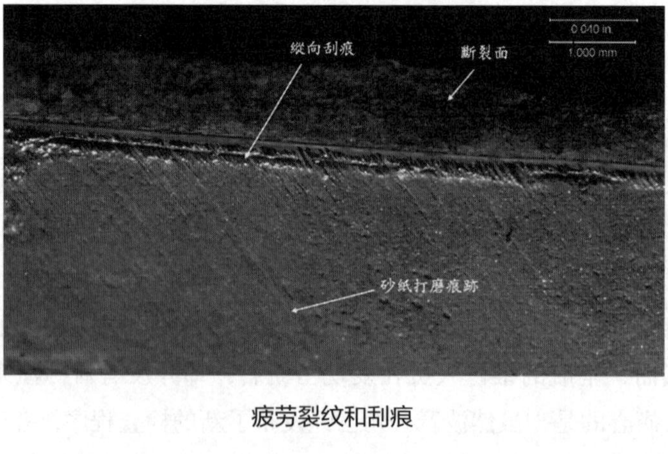

疲劳裂纹和刮痕

调查人员建议研发新型工具，以便更便利地检测飞机加强板下的损害情况。波音公司随后研发了非破坏性检测工具，利用超声波穿透金属的特性来显示加强板下部件的受损程度。但该工具也存在缺点，即大大增加了维修检查时间。

随着飞机机龄的增长，它们就像人一样，也需要更细致的“体检”。2008年，FAA 针对美西南航空公司未能对部分飞机疲劳裂纹进行强制性检查，开出了高达 1 020 万美元的罚单，创下新纪录。监管当局希望通过天价罚款提醒大家把正确维修飞机放在一个重要位置上来。虽然正确的维修检测程序耗费高昂，但华航的教训告诉大家，忽视飞机的“健康状况”，可能会付出巨大的代价。

延伸阅读：从“损坏时维修”到“以可靠性为中心的维护”

早期的汽车维修

在人类历史的大部分时间里，我们的维修理念都非常直观：坏了就修。这种“损坏时维修”的模式，是第一代维护的典型代表。

第一代维护：“损坏时维修”

早期的工业生产相对简单，机械化程度不高。由于停机对生产的影响并不显著，预防性维护的概念还没有被广泛重视。当时的机器结构也比较简单，加上过度的设计冗余，使得设备具有较高的可靠性和易维修性。因此，许多工厂在日常生产中并不需要复杂的维护体系，仅需进行一些基础的清洁、润滑和小型维修工作即可。

第二次世界大战时期，女工在美国希尔空军基地维护飞机发动机

第二代维护："预防性维护"

第二次世界大战给维修领域带来了重大变革。战争导致对各种工业制品的需求激增，与此同时，工业劳动力的供应却出现了短缺。生产力变得稀缺，并且随着机械化程度的提高，几乎所有行业都开始使用越来越复杂的机器。

随着工业对机器的依赖日益加深，减少设备停机时间变得至关重要。传统的"损坏时维修"模式已经无法满足行业需求。人们开始意识到，预防设备故障刻不容缓。当时普遍认为，通过定期进行正确的维护，可以有效预防故障的发生。基于以上认识，工业维护领域从故障维修转向了基于时间的预防性维护。这种模式的核心在于，通过定期检查或更换关键部件，防止故障的发生。

卡塔尔航空一架在维护中的空客 A350

第三代维护："以可靠性为中心的维护"

20 世纪 50 年代至 70 年代，第三代维护在航空业应运而生。随着第二次世界大战后航空旅行的普及，乘坐飞机出行的人们越来越多。为了保障乘客安全，FAA 于 1958 年起开始致力于提高航空业的可靠性。当时的主流思想认为，航空部件拥有特定的使用寿命，一旦达到一定"年龄"后就会失效。因此，为了防止故障发生，维护人员会在部件达到使用寿命之前将其更换。这种基于寿命的维护模式被认为是确保可靠性和乘客安全的重要手段。

在 20 世纪 50 年代至 60 年代，典型的飞机发动机大修间隔为 8 000 小时。然而，随着航空业出现越来越多的失效案例，业界开始意识到，单纯缩短维护间隔并不能有效解决问题。究其原因，在于当时的维护模式忽略了部件的实际状态，未能有效识别潜在故障风险。

然而，增加预防性维修次数却带来了出乎意料的结果，最终彻底颠覆了整个维修行业的认知：1. 部分故障确实有所减少，这符合预期；2. 但令人惊讶和困惑的是，大量故障的发生频率与以往相同；3. 更令人难以置信的是，大多数故障发生的频率反而更高。这意味着，更多的维修竟然导致了更多的故障，这与直觉完全相反，并对系统造成了负面影响。

这一结果让 FAA 和航空公司都感到沮丧，FAA 担心飞机可靠性没有得到提高，而航空公司则担忧不断增加的维修成本负担。因此，在 20 世纪 60 年代，FAA 和航空公司联合成立了工作组，对这一现象进行调查。经过对 12 年数据的分析，工作组得出结论：大修对飞机的整体可靠性和安全性影响甚微，甚至可以说没有影响。

工程师们长期以来认为所有设备都存在某种磨损模式，即设备老化会导致其故障率上升。然而，研究表明这一普遍认知并不准确。相反，工作组发现了六种描述设备寿命与故障概率之间关系的模式。此外，大多数故障并非由设备寿命决定，而是随机发生的。工作组基于调查结果为航空公司和飞机制造商制定了一系列飞机可靠维护计划。

第一个名为"维修评估和计划开发"的指南于 1968 年发布，通常称为 MSG-1。该指南专为波音 747-100 编写，并首次将"以可靠性为中心的维护"（RCM）概念应用于飞机维护计划。与之前的做法相比，MSG-1 显著降低了维护成本，降幅达 25% 至 35%。

MSG-1 的成功促使航空公司游说删除该指南所有 747 术语，并希望将

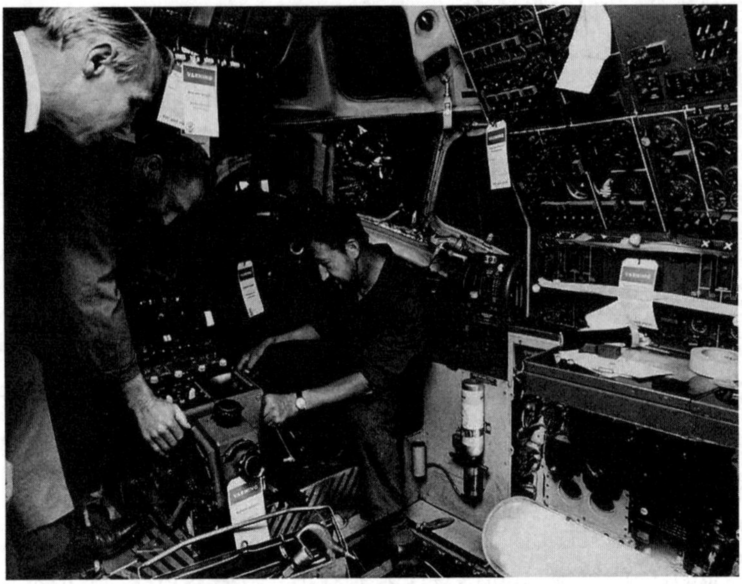

工程师在维护一架 DC-8

MSG-1 中通用的流程设计应用于所有新型商用飞机的维护计划。基于此，“航空公司 / 制造商维护计划规划”（MSG-2）在 1970 年应运而生。

AD/A066 579

RELIABILITY-CENTERED MAINTENANCE

F.S. Nowlan, et al

United Airlines
San Francisco, California

December 1978

REPRODUCED BY
U.S. DEPARTMENT OF COMMERCE
NATIONAL TECHNICAL
INFORMATION SERVICE
SPRINGFIELD, VA 22161

RCM 封面

RCM 的首次应用取得了惊人的成果。标志着飞机维护理念的重大转变。与传统的维护方法相比，RCM 带来了巨大的效率提升和成本节约。以 DC-8 飞机为例，其采用预防性维护，需要大修 339 个部件，耗费 400 万工时才满足 2 万运行小时的需求。而 747-100 采用 MSG-1，仅需 6.6 万工时即可满足 2 万运行小时的需求！

另一个有趣的对比是需要定期检修的项目数量。与需要 339 项大修的 DC-8 相比，基于 MSG-2 维护标准的 DC-10 仅需 7 项大修。值得一提的是，DC-10 和波音 747-100 相比 DC-8 而言，拥有更大的机身尺寸和更复杂的结构。

美国国防部对令人印象深刻的结果深受触动。1974 年，他们委托美国联合航空公司编写一份关于民用飞机可靠性维护计划流程的报告。1978 年，斯坦 · 诺兰（Stan Nowlan）和霍华德 · 希普（Howard

Heap）发表了他们的报告《以可靠性为中心的维护》。

莫布雷和他的著作《RCM2》

从那时起，RCM 持续迭代发展，现在已经演变为 MSG–3。约翰 · 莫布雷（John Moubray）出版著作《RCM2》，向整个行业推广 RCM 理念。经过四十余年的发展，RCM 已经成为维护与可靠性领域的国际标准，任何从事维护和可靠性工作的专业人员都应该掌握 RCM 知识和技能。RCM 经过了长时间的实践检验，并得到了广泛应用，其有效性毋庸置疑。然而，遗憾的是我们仍然发现，RCM 所总结出的现代维护原则并未得到所有人的充分理解和应用。

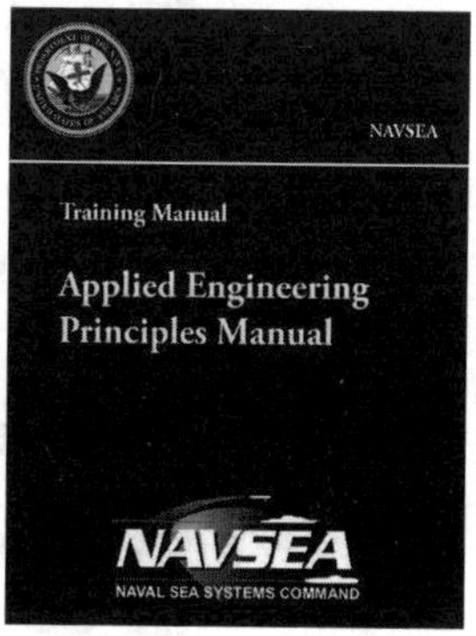

NAVSEA 手册封面

现代维护原则建立在“维修工程基础知识”之上，该手册由美国海军海上系统司令部（NAVSEA）发布，是维护和可靠性专业人员的重要参考。

原则 1：接受失败

并非所有故障都能通过维护预防。一些故障是由不可控事件引起的，例如雷击或洪水。对于这些事件，更完善的维护措施并不能起到帮助。相反，应该在设计阶段就考虑如何减轻此类事件的影响。此外，对于由不良设计、施工或采购决策导致的故障，维护也无能为力。

因此，良好的维护程序并不能阻止所有故障的发生。优秀的维护计划和程序应该承认故障的可能性，并做好准备应对预期中的故障。

原则 2：大多数故障模式与寿命无关

航空领域的 RCM 研究表明，70%~90% 的故障模式与使用寿命无关。这意味着对于大多数故障模式发生时间的可能性是随机的。

RCM 研究表明，存在六种故障模式和分布，其中大多数故障模式是随机发生的，并且具有持续存在的特点。这意味着只有在经过相当长的时间使用后，故障概率才会趋于稳定。曲线 D、E 和 F 并不意味着永远不会退化或磨损，一切都会随着时间而退化。然而，许多物品的失效速度非常缓慢，以至于磨损在实际应用中并不是一个需要考虑的问题。这些物品在正常使用寿命内通常不会达到磨损区域。

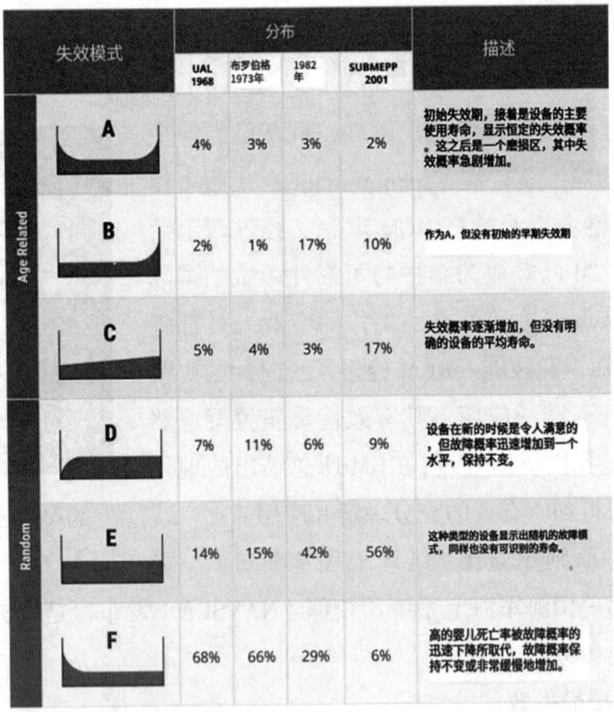

	失效模式	分布				描述
		UAL 1968	布罗伯格 1973年	1982 年	SUBMEPP 2001	
Age Related	A	4%	3%	3%	2%	初始失效期，接着是设备的主要使用寿命，显示恒定的失效概率。这之后是一个磨损区，其中失效概率急剧增加。
Age Related	B	2%	1%	17%	10%	作为A，但没有初始的早期失效期
Age Related	C	5%	4%	3%	17%	失效概率逐渐增加，但没有明确的设备的平均寿命。
Random	D	7%	11%	6%	9%	设备在新的时候是令人满意的，但故障概率迅速增加到一个水平，保持不变。
Random	E	14%	15%	42%	56%	这种类型的设备显示出随机的故障模式，同样也没有可识别的寿命。
Random	F	68%	66%	29%	6%	高的婴儿死亡率被故障概率的迅速下降所取代，故障概率保持不变或非常缓慢地增加。

各种 RCM 研究的故障模式（失效模式和分布）

从历史上看，人们一直认为故障的可能性会随着时间的推移而增加（第一代维修思想），并认为及时的维护可以减少故障发生的可能性。然而，RCM 告诉我们，对于至少 70% 的设备来说情况并非如此。

对于 70% 的设备故障模式，其故障概率是恒定的。因此，执行基于寿命的更新任务（例如定期维修或更换）是没有意义的。实际上，这意味着 70%~90% 的设备故障模式更适合采用状态监测的方式进行维护。而只有 10%~30% 的故障模式可以通过按时更换或检修来有效管理。然而目前大多数预防性维护计划都基于时间的更换和检修策略。

原则 3：并非所有故障后果都同等重要

在决定是否执行维护任务时，应充分考虑不执行维护任务可能带来的后果。从这个角度来看，维护是一种投资。需要投入一定的维护成本，以换取持续的安全性和可靠性。正如所有良好的投资一样，维护的收益应该大于成本。

因此，制定有效的维护计划的关键在于充分了解故障后果，从而选择具有良好投资回报率的维护策略。并非所有故障都具有相同的概率或后果，即使涉及相同的设备类型。

以漏水的水箱为例，如果水箱中盛放的是易燃液体，那么泄漏的后果将非常严重。而如果水箱中盛放的是饮用水，那么后果则没有那么严重。这个问题看似简单，但如果水箱中的水用于救火呢?

同样的水箱，同样的故障，但现在我们更加担心的是，如果水箱漏水，会导致水箱内无水，进而影响救火。因此，除了考虑故障的后果之外，我们还需要考虑故障发生的可能性。

维护计划应针对主要故障模式制定，包括经常发生的故障以及那些虽然不常见但会造成严重后果的故障。维护计划应综合考虑故障的后果和可能性。根据“风险 = 可能性 × 后果”的公式，我们可以得出结论，良好的维护计划是基于风险的。它利用风险评估概念来确定将有限的资源用在何处可以获得最大的收益。

原则 4：零件易损，设备易坏

“零件”通常是指结构简单、故障模式相对较少的组件。例如汽车中的正时皮带、驱动轴上的滚柱轴承、起重机上的电缆。这类部件通常会发出潜在故障的早期预警信号，因此我们可以设计相应的任务，尽早发现潜在故障并采取措施，避免设备损坏。

对于那些会随着时间推移而发生磨损的简单部件，其故障率会在超过一定使用时间后大幅提高。如果我们了解了某个组件的典型磨损情况，就可以制定基于时间的维护计划，并在其发生故障之前进行更换。

然而，对于由众多“简单”部件组成的复杂系统而言，情况就变得更加复杂。由于每个部件都具有自身的故障模式，因此复杂系统的整体故障模式往往并非由磨损引起，而是随机发生的。

现代机械设备通常由许多部件组成，因此可以将其视为复杂系统。这意味着它们通常不会出现明显的磨损失效。如果无法确定部件的明确磨损寿命，那么基于时间的检修就失去了意义，反而会造成稀缺资源的浪费。因此，只有在确认存在磨损失效的情况下，才应该执行基于时间的检修或部件更换。

莱康明发动机推杆因排气阀卡滞而破损

原则 5：必须发现隐藏的故障

隐藏故障是指在设备正常运行期间不会显现的故障，只有当我们需要使用设备时（按需故障）才会暴露出来。隐藏故障通常与安全装置有关，例如高压跳闸。这类装置通常不会在日常使用中触发，而是在紧急情况下才会发挥作用，以保护人员或设备免受伤害或损失。因此，对于带有安全装置的设备，我们必须格外注意排查隐藏故障，以免在关键时刻掉链子。

需要明确的是，故障查找任务并非为了预防故障，而是旨在发现已经发生但尚未显现的故障。这些故障往往隐藏在设备之中，需要在设备投入使用之前被发现并加以修复。

原则 6：相同设备，不同维护策略

仅凭设备型号相同并不能推断其维护策略也相同。事实上，由于工作环境和使用模式的差异，即使是完全相同的设备也可能需要截然不同的维护任务。

假设两台完全相同的泵，来自同一制造商，型号一致，工作条件相同，处理相同的液体。然而，泵 A 作为主泵，而泵 B 为备用泵。泵 A 持续运行，而泵 B 仅在泵 A 故障时才会启动。从故障模式的角度来看，泵 B 存在一个重要的潜在故障：无法按需启动。这意味着当泵 A 发生故障或检修时，泵 B 却无法启动。由于泵 B 平时不运行，因此在启动前无法发现此故障。这属于典型的潜在故障模式。

设备的关键程度会对维护需求产生重大影响。与低关键性服务中使用的相同设备相比，安全或生产关键设备需要更频繁的监测和测试。经常被忽视的是，相同的设备可能需要不同的维护要求。如果忽略这一基本概念，尤其是在使用预防性维护任务库时，可能会导致严重的后果。

原则 7：无法通过维护提升内在可靠性

正如泰伦斯·奥汉隆（Terrence O’Hanlon）所言："维修并不能保证可靠性。"这句话揭示了维护的局限性。维护只能维持设备固有的设计可靠性和性能水平。如果设备本身的可靠性或性能设计不佳，再多的维护也无法弥补。换句话说，维护无法提升设计的内在可靠性。

为了解决因设计缺陷导致的可靠性或性能问题，必须对设计本身进行改进。当遇到与设计相关的故障（缺陷）时，应采取措施消除它们。当然，更积极、更有效的方法是确保从一开始就设计正确。然而，所有工厂在启动时都难免存在设计缺陷。因此，世界上最可靠的工厂都拥有有效的缺陷消除计划。

原则 8：高效地维护计划杜绝资源浪费

在评估预防性维护计划时，我们经常发现其中包含一些毫无价值，甚至会降低设备可靠性和可用性的任务。常见的说法是："趁着做这个，我们也检查一下吧，反正也只需要五分钟。"然而，这种"顺便为之"的心态累积起来，每周或每月就会浪费大量时间，并可能导致许多影响设备可靠性的缺陷。

预防性维护计划中的另一大浪费来源是试图维持超出实际需求的性能和功能水平。设备的设计往往超出实际操作条件所需的功能。作为维修人员，我们应该审慎评估维护设计标准的必要性。在大多数情况下，我们应该根据操作需求而不是设计能力来维护设备。

原则 9：动态维护计划—持续改进，优化资源

优秀的维护计划应持续改进，充分利用有限的维护资源，高效预防关键设备故障，保障业务运营。

23. 有惊无险：波音 747 卡死的方向舵——2002 年美国西北航空 85 号航班

N661US 号机空中故障示意图

西北航空 85 号（NW85）航班是从底特律大都会国际机场飞往东京成田国际机场的定期国际航班。2002 年 10 月 9 日，执飞该航线的一架波音 747-400（N661US 号机）在飞越白令海峡时，方向舵突然发生故障，一时间 85 号航班险象环生。幸运的是，机组人员通过娴熟的操作和密切的协作，成功地将飞机迫降在阿拉斯加安克雷奇机场，避免了一场可能发生的重大航空灾难。

下午 2 点 30 分，85 号航班从底特律大都会国际机场起飞。航班上搭载了 18 名机组成员和 386 名乘客。越洋长途航线通常配备多人制机组，美国飞往日本的航班大多需要飞越白令海峡，85 号航班也不例外。航班机长约翰 · 汉森（John Hanson），副驾驶大卫 · 史密斯（David Smith），替补机长是弗兰克 · 盖布（Frank Geib），副驾驶麦克 · 费根（Mike Fagan）。

85 号航班升空后迅速爬升至万米巡航高度。为避免飞行员疲劳，4 名飞行员分两班倒，每班飞行约 6 小时。

西北航空 85 号航班机组成员

阿拉斯加时间下午 5 点 40 分，飞行约 7 小时后，85 号航班遭遇了险情。这架 747 突然向左剧烈滚转，坡度达到 40°！

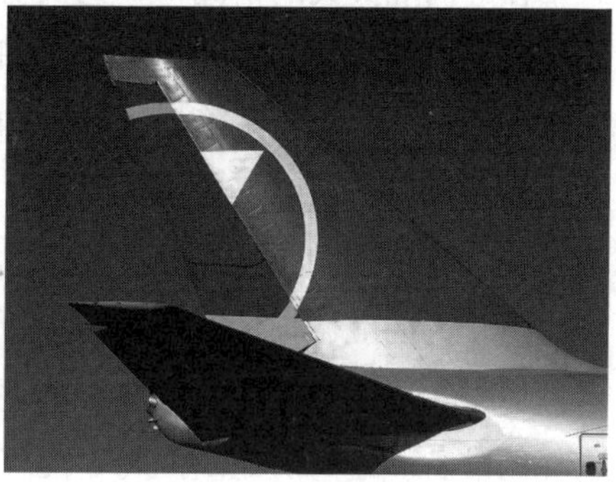

747 的方向舵特写画面

面对失控的飞机，替补机长盖布迅速反应，立即切断自动驾驶仪，并试图手动控制飞机。然而，飞机的操纵面迟迟未能做出相应调整，这表明方向舵出现问题。与此同时，驾驶舱中的偏航阻尼器（Yaw Damper）发出警报声，印证了飞行员的判断。方向舵是位于垂直尾翼上的活动翼面，其主要功能是通过改变机身气流，实现飞机绕立轴的转动，从而控制飞机的航向。方向舵作为控制飞机偏航的关键部件，其失灵直接威胁到飞机的安全。

为了增加 747 的安全冗余，工程师设计了四套独立的液压系统，每套系统由一台发动机提供动力，每个方向舵分别连接两套液压系统。747 的方向舵还分为上、下两个部分，正常情况下方向舵会呈整体运动。

然而在 N661US 号机上，方向舵下段突然发生故障，向左偏移 17° 并卡死。尽管飞行员可以通过调整上段方向舵和副翼来维持飞机平衡，但这一措施只是权宜之计。机长决定召回机组成员，并计划备降航程在 2 小时外的安克雷奇机场。

副驾驶费根试图与安克雷奇管制部门联系，打算宣布紧急状态。然而 85 号航班所处的位置恰好位于亚洲和北美大陆的通信盲区，这一尝试未能成功。幸运的是，西北 19 号航班恰好飞经附近空域，并协助将紧急情况通报给安克雷奇。

西北航空涂装的 747

在方向舵失灵的情况下，机长盖布只能通过控制副翼艰难地操纵飞机。与此同时，汉森机长和副驾驶史密斯加入了驾驶舱，但由于缺乏相关模拟训练和飞行手册指导，机组只能根据经验和判断做出决策。

经验丰富的汉森机长临危受命，接手了这架状况不明的飞机。他刚一操纵驾驶盘，便感受到异常强烈的反馈力，意识到飞机的损伤程度可能超出了预期。由于方向舵受损情况不明，飞行操作的风险极高，稍有不慎便可能导致灾难性后果。副机长盖布决定向乘客通报飞机的受损情况，并要求他们做好紧急迫降的准备。这一决定瞬间将客舱气氛陡然紧张起来，乘客们不得不做好最坏的打算。

85 号航班方向舵卡死示意图

汉森机长发现，操纵 N661US 号机变得愈发困难，他打算降低飞行高度。下降高度对于正常的飞机而言是再寻常不过的基础动作，对于受损的 85 号航班而言，就需要更加小心。

长时间的手动操纵使得汉森机长体力透支，不得不将控制权移交给副驾驶，他才得以喘息之机。乘务员们一方面准备迫降将物品归位，另一方面尽力安抚惊慌的旅客。尽管汉森机长与地面技术人员取得了联系，但由于故障的罕见性，并未获得有效的技术支持，考验飞行员飞行技艺的时刻到来了。

安克雷奇机场鸟瞰图

泰德·史蒂文斯安克雷奇国际机场是阿拉斯加州门户，位于安克雷奇市西南约 8 千米处。机场拥有三条跑道，其中最长为 7R/25L 跑道，长 3 780 米。20 世纪 60 年代，由于客机航程的限制，安克雷奇成为连接北美与亚洲的重要中转站。时至今日，该机场仍是全球重要的货运枢纽。对于 85 号航班而言，降落前需翻越阿留申山脉。汉森机长与安克雷奇管制部门协商后，决定选用 7R 跑道进行降落。考虑到飞机的受损状况，机组明白此次降落不容有失。

为评估飞机的实际受损程度，汉森机长操纵客机进一步下降高度，并逐步展开襟翼和放下起落架。此时，飞机的方向舵力反馈更强了，两名飞行员不得不交替上阵。

机组资源管理（CRM）的优势在这一紧急时刻得到了充分体现。在副驾驶费根接管飞行控制后，机长汉森与另一位飞行员史密斯能够共同讨论最佳的降落策略，而替补机长盖布去客舱向乘客发布信息，稳定乘客情绪。

747–400 方向舵控制示意图

最后的降落是最关键的阶段，一着不慎，满盘皆输。

与此同时，副驾驶史密斯通过调节发动机功率，协助机长控制飞机的姿态。安克雷奇机场也做好了应急准备，消防车和救护车待命于跑道旁。

飞机以超过 300 千米 / 小时的速度着陆，损坏的方向舵可能导致客机失控。飞机落地后，汉森机长和副机长费根使尽全力把控住驾驶盘，以防止客机偏离跑道。85 号航班最终安全停稳，机舱内响起劫后余生的掌声。事后检查发现，飞机的下段方向舵被卡死，这足以证明机组人员的卓越飞行技术。

东京成田航空科学博物馆的 747 模型

85 号航班的迫降虽然有惊无险，但其暴露出的飞行安全问题不容忽视。美国国家运输安全委员会（NTSB）派出调查组赶赴安克雷奇机场。调查人员发现，85 号航班的机尾仍在漏出液压油。液压系统是控制方向舵的关键，一旦出现故障，将严重影响飞机的飞行安全。动力控制模块（PCM）是液压系统的核心部件，负责根据飞行员的指令控制方向舵的运动。当飞行员踩动脚踏板时，PCM 会改变液压流动，从而控制方向舵移动。

调查员拆开垂直尾翼的挡板后，发现 PCM 的端盖破裂并完全脱落。该端盖为直径 6.35 厘米的圆形铝合金部件，它的脱落直接导致 PCM 失效，模块内部的活塞移动超出设计范围，最终导致下段方向舵卡死。失效分析表明，端盖的破裂由金属疲劳引起。虽然铝合金是一种坚固耐用的材料，但长期反复的载荷作用仍可能导致其疲劳失效。

事故机的达美航空涂装

747 在设计之初就定位于长途跨洋飞行，能够承受每天 12~15 小时飞行，其零部件的设计寿命应与飞机的整体使用寿命相匹配。脱落部件的设计失效时间长达 3 万年！也就是即便飞机报废了，这个部件还能保持使用状态。这一设计缺陷表明，工程师在设计 PCM 时，并未充分考虑它在实际飞行环境中的耐久性要求，使得飞机在飞行过程中存在安全隐患。

调查人员将失效的零部件送回原厂进行更深入的分析。金属是由小晶粒构成的，晶粒太大、太小或形状不规则，都会带来负面效应。零件在返厂检查时没有发现材质方面的问题，调查员只能另寻他法。

背景资料显示，N661US 号机是 747–400 的首架原型机。这架飞机在交付前曾进行大量飞行测试，在 1989 年 12 月 8 日被交付予美国西北航空公司。

达美航空博物馆中的 747

N661US 号机累计飞行超过 5.5 万小时，起降循环超 7 千次，这两个数据都远高于 747–400 的平均水平。客机过度使用会让某些瑕疵提前暴露。有了 85 号航班事故的前车之鉴，NTSB 建议航空公司对 747 的 PCM 进行更严格的检测。

然而，类似的事件并非孤例。2006 年，法国航空的一架波音 747 货机也发生了下侧方向舵失效故障现象。尽管实验室分析未发现明显的疲劳痕迹，但发现了制造方面的缺陷。这两起事故的相似性引发了业界的广泛关注，但由于缺乏确凿的证据，事故原因始终悬而未决，正确的预防建议也无从谈起。

波音工程师在 747 的 PCM 中增加了一个特制的闩锁装置，以防止端盖脱落后方向舵发生大范围偏移。FAA 随后发布适航指令，要求所有 747 必须加装该装置。它虽然不能完全避免该部件失效，但这一改进措施将显著降低事故发生的可能性。此外，波音公司还开发了 PCM 的无损检测方法。2003 年 7 月 24 日，波音公司发布服务公告，建议航空公司需要定期对 PCM 进行超声波检查。

N661US 号机即使遭遇下侧方向舵卡死的极端情况仍能平安落地，85 号航班最终能够安全着陆，除了机组人员的出色表现外，747 方向舵的两段式设计也起到了关键作用。

2004 年 1 月，国际航空飞行员协会授予 85 号航班机组“高级航空奖”，以表彰他们在危急时刻所展现出的卓越飞行技术和团队协作精神。2009 年 2 月 24 日，N661US 号机随美国西北航空公司并入达美航空。2015 年 9 月 8 日，这架 747 完成了最后一次商业飞行，并于 2016 年 4 月底入驻达美航空博物馆进行公开展示。

延伸阅读：“747 之父”乔·萨特和 747“四余度”设计理念

乔·萨特在一架汉莎航空波音 747 前

约瑟夫·弗雷德里克·“乔”·萨特（Joseph Frederick “Joe” Sutter，1921 年 3 月 21 日—2016 年 8 月 30 日）是美国波音公司航空工程师，曾任波音 747 项目总工程师，因其在波音 747 设计上的杰出贡献，被美国史密森尼航空航天杂志誉为“747 之父”。

萨特于 1921 年生于美国华盛顿州西雅图，成长于波音公司工厂附近。1939 年，他目睹了波音 307“同温层飞机”坠毁事故，并对事故原因进行了初步的思考。萨特敏锐地察觉到飞机进入无法改出的尾旋状态与尾翼面积可能存在关联。这一事件深深地触动了萨特，激发了他投身航空事业的决心，并立志“要造出人们所能想象的最安全的飞机。”

1939 年秋，萨特入读华盛顿大学航空工程学院，并在暑期期间参加波音公司的实习活动。第二次世界大战期间，他以初级军官的身份服役于美国海军爱德华·H·艾伦号驱逐舰（DE-531）。萨特在 1946 年退役后加入波音公司，在波音任职期间，他参与了多个具有里程碑意义的商用飞机项目，包括 367-80、707、727 和 737 等机型。

第一架出厂的 747

1966 年 3 月波音公司正式启动 747 项目，萨特担任总工程师，他设想设计出一款具有适航特性的飞机，以应对各种极端飞行条件，例如飞机在遭遇意外损伤或恶劣天气时，仍能保持足够的结构强度和动力，确保飞行员能够安全地操纵飞机并实现迫降。

波音公司在民用飞机设计方面积累了丰富的经验，并为每一款机型制定了详细的设计目标和标准。萨特参与了波音公司多个机型的设计目标和标准的制定工作，包括 707、727、737 和 747。

747 尾翼上的方向舵
采用上下分体式设计

在波音公司安全设计原则中，其中一条就是“无单点失效模式”，也就是在设计飞机时需要确保任何单一的系统失效或结构失效都不会引发飞机灾难性的后果。此外还有“无不可检查的有限寿命部件”原则，强调飞机上所有需要定期检查的部件都应易于检修，以确保其始终处于安全状态。那些无法定期检查的部件则必须设计为具有无限寿命。

在 747 设计之初，波音工程师就参考了过去所有喷气式客机的设计缺陷。尤其是对哈维兰彗星式客机结构失效的教训进行了深刻的剖析，通过引入冗余系统和强化关键结构将 747 的安全余度提升到更高的水平。

波音公司在亚声速风洞为 747 新设计的机身做了超过 14 000 小时风洞测试。在发动机布局方面，747 和 707 相似——内侧发动机位于翼展的 40% 处，外侧发动机位于 71% 处。为了保持与 707 相似的起飞性能，747 的设计团队采用了双缝襟翼，并随着飞机最大起飞重量的不断增加，最终演变为结构更为复杂的三缝襟翼。

抬起机鼻的 747-200F 全货机

出于货机机型对机头开口位置的要求，747 的驾驶舱设置在机头开口的后方。但风洞测试显示，在机身顶部直接设计驾驶舱会产生过大的阻力，影响飞机的高速飞行性能。设计师决定采用融合式设计，由此形成了 747 标志性的"驼峰"造型。747 虽然比 707 大很多，但它的驾驶舱尺寸和 707 类似，仍采用三人制机组，即两名飞行员和一名飞行工程师。

747 是首架配备辅助动力装置（APU）的民航客机，其搭载盖瑞特航空研究所研制的 GTCP66-4 型涡轮发动机，驱动两台 90 千瓦的发电机，可在主发动机停车后为飞机提供独立电力供给。

747 还是第一架标配惯性导航系统（INS）的客机。INS 技术最初由麻省理工学院查尔斯·斯塔克·德雷珀实验室为阿波罗登月计划和导弹制导系统开发，后由通用汽车公司 AC 电子部门为波音公司量身定制。747 的 INS 系统使飞机能够脱离对甚高频全向信标（VOR）等地面导航设备的依赖，实现高精度的"点对点"自主导航。

747-100 驾驶舱

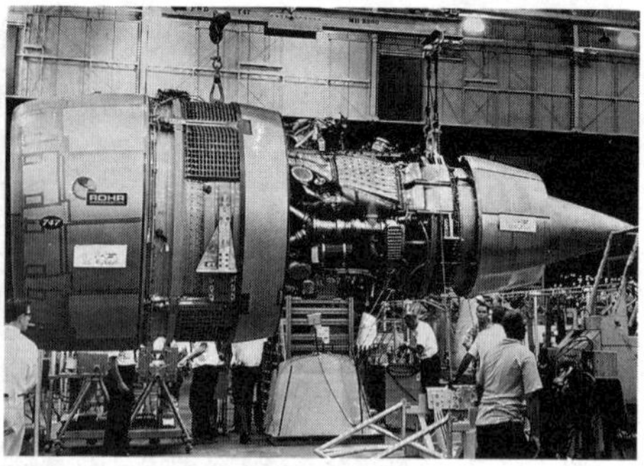

普惠 JT9D

747 配备了三套相互独立的 INS，每套系统均包含一台计算机、电池、控制面板和显示器，这种冗余设计显著提高了系统的可靠性。INS 在 20 世纪 60 年代属于非常先进的导航设备，但在随后的 30 年里逐渐被全球定位系统（GPS）所取代。

747 还是首架引入商用高涵道比涡扇发动机的民航客机。普惠 JT9D 发动机最初是为美国空军 CX-HLS 运输机竞标而研发的，最后虽然败于通用电气的 TF39，但却最终拿下 747 项目，并连续垄断 7 年时间，其卓越的性能激发了通用电气 CF6 和罗·罗 RB211 等竞争对手的研发热情，掀起新一轮高涵道比涡扇发动机的竞争大潮。

传统商用飞机项目中，发动机研发通常超前于机身。而 JT9D 和 747 几乎同步研发，这自然不可避免地遇到可靠性问题。747 不断增长的重量进一步加剧了发动机研发的难度。JT9D 的额定推力在研发过程中经历了多次调整，由最初的 41 000 磅（18.59 吨）提升至最终的 45 000 磅（20.41 吨），这一变化使得发动机涡轮机温度问题愈加突出。747 在飞行测试中更换了 55 台发动机，相比之下 737 搭载的 JT8D 在测试中仅更换 1 台发动机。

自从 747 诞生的半个多世纪以来，高涵道比涡扇发动机在推力和效率方面进步显著。例如，搭载于波音 747-8 的通用电气 GEnx-2B 发动机，其风扇直径达到 104.7 英寸（2.65 米），额定推力高达 66 500 磅（30.16 吨）。这充分说明了 747 的设计架构具有较强的适应性。

747 在结构设计上承袭了 707 的故障安全理念，为了提升结构冗余度，747 的机翼增设了第三根翼梁，该翼梁一直延伸至舷外发动机位置。类似地，747 的水平尾翼和垂直尾翼除了传统的前后翼梁外，还配备了一根辅助翼梁，这些增强措施让 747 的结构设计寿命达到 60 000 小时，疲劳寿命是以前设计的两倍多。结构供应商也积极参与了飞机的制造，其中诺斯罗普公司负责生产大部分机身面板。为了满足不同形状桁条的需求，他们设计并采用了一种创新的可变形塑料轮工艺，每个机身大约需要 4.8 千米桁条。

747 拥有 4 个分离式的主起落架支柱

与当时客机普遍采用的双液压系统（一个主用，一个备用）不同，747 作为一款超大型客机，其飞行控制系统对液压系统的依赖程度更高。当液压系统失效时，飞行员根本无法通过人力控制飞机翼面，因此 747 也是全球首款完全依赖液压作动器的民用客机。

为了提升 747 的冗余度，萨特为 747 设计了四套相互分离且独立的液压系统。此外，747 还配备了 4 个分离式主起落架支柱，即使在单个支柱受损的情况下，仍能保证飞机安全着陆。值得一提的是，即使同时失去两个位于不同侧的主起落架，747 仍具备安全降落的能力。

除此之外，747 还设计了内外侧升降舵、内外两侧副翼以及上下分离式方向舵，不同的液压系统驱动不同的翼面，这将部分液压系统遭受损伤、故障或失效时导致飞机完全失控的可能性降至最低。

扰流板是由液压驱动的铰接面板，其主要功能是增加阻力和产生滚转力矩，以实现飞机的减速和横向控制。747 每个机翼上都配备了多片扰流板，但每片扰流板都由多个液压系统驱动，这种分布式的液压驱动系统确保了当部分扰流板发生故障时，其余扰流板仍能正常工作。

萨特将 747 这些设计理念称为“四余度”，具体体现在飞机的四个液压系统、四个主起落架、四片襟翼、四片副翼和升降舵上。这一设计理念的形成，与萨特在第二次世界大战期间的亲身经历密不可分。他在一次穿越冰雪风暴的海上航行中，亲眼目睹船体一点点结冰却无计可施，只能寄望于靠岸前舰船不会倾覆，这种无助感深深地烙印在他的脑海中。萨特决心设计出一款不会让机组人员陷入无助或失控的飞机。

“四余度”设计在当时引起了不少争议。部分人士认为，对于波音 747 这

高高扬起的 N747PA 号机

样的大型客机而言，配备 3 套液压系统已经足够，额外的系统不仅增加了飞机的重量，还提高了维护的复杂性。然而这些质疑在 747 投入运营一年多后的一次意外事件中就消失了。

1971 年 7 月 30 日，一架 747-121（N747PA 号机）执飞从美国洛杉矶飞往日本东京的泛美航空 845 号航班（PA845）。下午 3 点 29 分，当 845 号航班从经停的旧金山国际机场起飞时，因飞行员失误导致飞机撞到跑道末端的进近灯。碰撞将机身下部产生大面积撕裂，并造成两个主起落架脱落，同时还切断机上 3 套液压系统。

如此严重的结构损伤，对于大多数机型而言意味着灾难性的后果。然而，845 号航班的机组发现飞机居然没有失控，还能在维持飞行。他们采取紧急放油措施后，将飞机迫降在草地上。乘客紧急撤离时，这架 747 开始慢慢向后仰，最终尾部触地“坐”在地上，机头则高耸在半空中。机上 218 人中，有 29 人在撤离时受伤，没有人死亡。

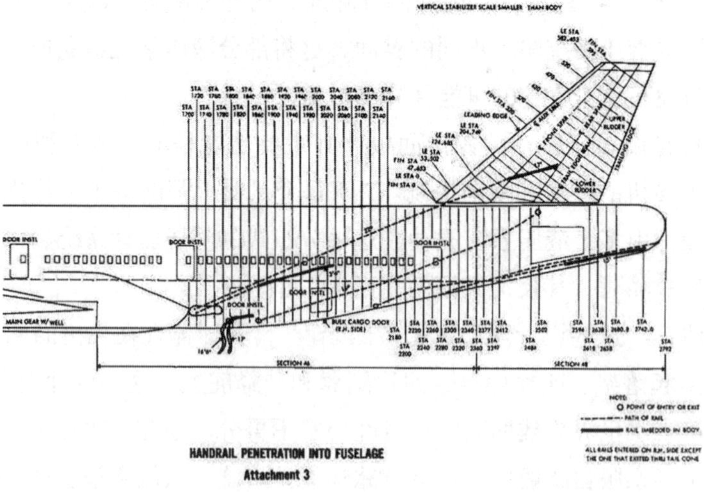

N747PA 号机机身和机尾被进近灯杆穿透示意图

N747PA 号机在事故中失去了两个主起落架，仅靠剩余的两个主起落架完成了着陆。在这起事故中，飞机仅有坚固的特性是不够的，真正起效的还是飞机的“四余度”设计理念，使其在航空史上创下了卓越的安全记录。更重要的是，这一设计理念被广泛应用于其他商用运输机，显著提升了整个航空行业的安全性。

1986 年，65 岁的萨特从波音公司退休，但波音仍保留着萨特的办公室，他依然以顾问的方式做很多咨询工作。2011 年，在萨特 90 岁之际，波音公司将位于华盛顿州埃弗里特的 40–87 号大楼更名为乔·萨特大楼。2016 年 8 月 30 日，萨特在华盛顿州布雷默顿的一家医院因肺炎并发症去世，享年 95 岁。

24. 机翼结霜，客机起飞 20 秒坠湖——2004 年中国东方航空 5210 号航班

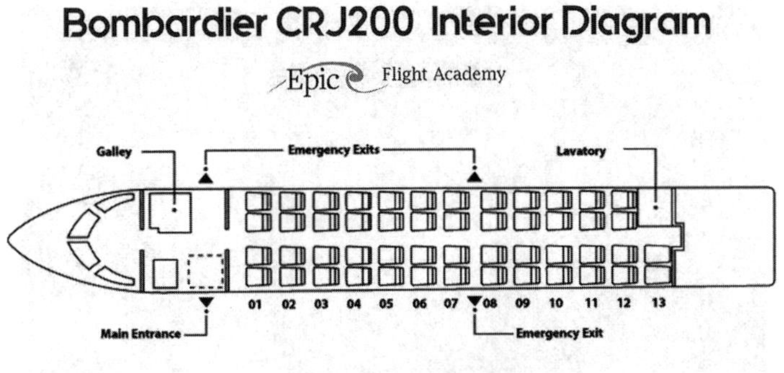

CRJ 200 座椅布局图

中国东方航空 5210 号（MU5210）是从内蒙古包头机场飞往上海虹桥的国内定期航班。2004 年 11 月 21 日，一架执飞该航班的庞巴迪 CRJ 200 起飞不久后坠毁在包头市南海公园内，机身爆炸并引发火灾，一共造成 55 人遇难，其中还包括 2 名地面人员。

2004 年 11 月 21 日，包头机场地面温度约为 –6~–7℃。飞机起飞前也没有进行除冰、雪和霜的工作。5210 号航班一共 53 人，包括 47 名乘客和 6 名机组成员。航班机长（左座），男，33 岁，累计飞行 6 851 小时。副驾驶（右座），男，26 岁，累计飞行 1 229 小时。第二机长（中间观察员），37 岁，累计飞行 6 001 小时。执飞 5210 号航班机型为 CRJ 200（B–3072 号机），机龄 2.2 年。累计飞行 4 611 小时 /3 560 次起降循环。

8点14分，5210号航班获得机场塔台放行许可，随即在13号跑道上加速滑行。飞机离地仅2秒，便出现了异常驾驶盘急剧向右偏转30.3°，飞机左坡度9.6°，俯仰角12.6°，迎角10.2°。机长见状不禁发出“咦”的惊呼。紧接着，失速抖杆警报声响起，飞机左坡度达到19.3°。驾驶员试图通过将驾驶盘向右压满至32.5°，并向右蹬舵2.88°来控制飞机。

3秒后，机长再次发出“哎”的一声，并进一步将方向舵蹬至4.75°。左侧发动机从86.1%增加至95.4%，右侧发动机从85%增加至94.8%。此时，飞机的推杆器发出报警声，在推杆器工作期间，俯仰角保持约18°，迎角减少至10.5°，左坡度已经增加至48.6°。副驾驶见状，立即提醒机长：“方向！”

CRJ 200 驾驶舱

飞机刚刚离开地面7.8秒，塔台管制员就发现了异常。他们立即呼叫：“5210，包头”，但未收到任何回复。驾驶舱内，推杆器再次启动，飞行员也采取了一系列压杆蹬舵动作。然而，飞机却开始快速向左侧滚转，滚转速率高达66.8°/秒。飞机离地14.5秒后，飞机机身左倾斜角达到62.8°。离地16秒后，飞机左右两侧发动机N1参数分别达到98.2%和98.1%。机长发出“什么？什么？为什么？什么东西？”的质疑声。

随后，飞机发出“Sink Rate（下降率大）”和“Pull Up（拉起）”的警告。飞机在机长“为什么？”的质疑中坠入机场尽头的湖中。

5210号航班从起飞到坠落仅19.4秒。这架客机坠落在距离机场13号跑道仅800米远的南海公园，巨大的冲击力导致机身瞬间解体，燃油泄漏引发大火。事故不仅造成了飞机的彻底损毁，还对公园的生态环境造成了严重破坏，游船码头、栈桥被撞坏，湖水也受到了污染。

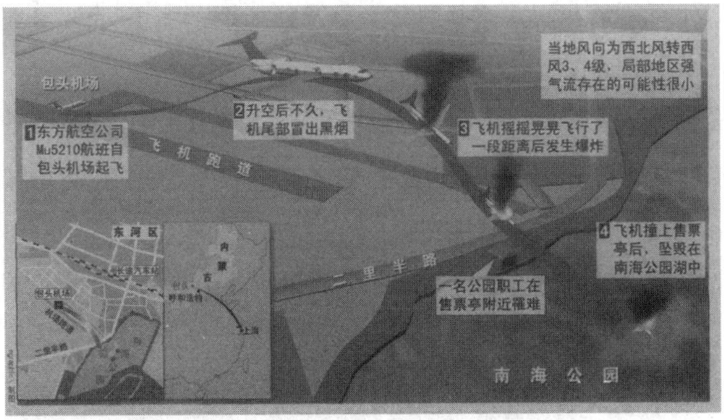

5210 号航班事故过程示意图

事故发生后，中国民航总局（CAAC）迅速成立了调查组，全面接手后续调查工作。加拿大运输安全委员会（TSB）和美国国家运输安全委员会（NTSB）作为飞机制造国和发动机制造国，也派员参与了事故调查。

在 5210 号航班事故前一周，美国品尼高航空 3701 号航班的一架庞巴迪 CRJ 200 坠毁，机上无乘客，2 名飞行员遇难。中国民航总局要求全国所有庞巴迪 CRJ 系列客机停飞。

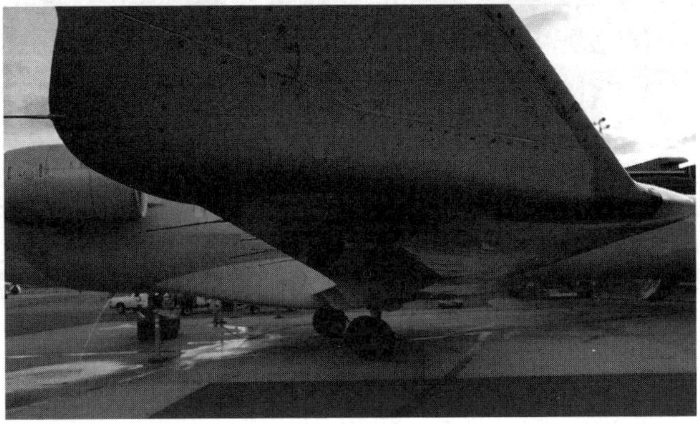

CRJ 200 超临界机翼的弧形轮廓清晰可见

CRJ 200 采用超临界翼型设计，这种设计在高速飞行时表现良好，但由于缺乏前缘增升装置，在低速飞行时，如果机翼失速，就会导致机翼前缘气流分离，造成飞机突然失去升力。

庞巴迪公司的数据显示，CRJ 200 机翼失速通常发生在外侧副翼附近的区域。由于各种因素的影响，在实际飞行中，两侧机翼通常不会完全同时失速。当一侧机翼先发生失速时，不对称的升力会在机翼外侧产生一个较大的滚转力矩，导致飞机出现快速滚转。

采用硬机翼设计、没有前缘装置的飞机，对污染普遍更敏感。试飞和风洞试验表明，CRJ 200 机翼前缘存在类似 40 号砂纸粗糙度的污染会导致失速迎角降低 7°，80 号砂纸粗糙度的污染会导致失速迎角降低 5°。气动分析显示，事故飞机机翼污染程度与 80 号砂纸粗糙度相当，由此推断污染物厚度很薄。

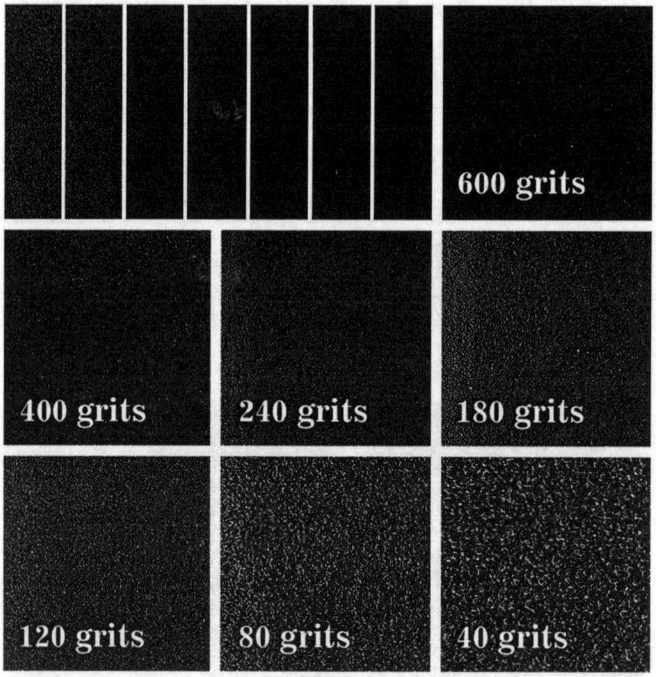

不同粗糙度砂纸对比图

事故调查报告指出可能原因：飞机起飞时，由于机翼污染导致机翼失速临界迎角减小。当飞机刚离地后，未出现预警失速，并产生非指令滚转。飞行员没有意识到飞机处于失速状态，未能从失速状态中改出，直至飞机坠毁。

事发前，包头机场存在结霜天气条件。导致污染机翼的原因包括积冰、积雪、结霜、昆虫粘连、污物、机翼表面损伤等。在 5210 号航班中，最大可能是霜污染了飞机机翼。飞机起飞前没有进行除冰。

CRJ200 采用无前缘装置的超临界翼型，对机翼污染更加敏感，更容易在失速保护系统作出反应前失速。事故中，飞机外翼率先发生失速，进一步加剧了失控的风险。

国家安监总局调查认定，5210 号航班事故属于责任事故，对相关责任人进行了处理。民航总局也采取了相应措施提升冬季运营的安全性，例如为 29 个机场投资 5 500 万元购买扫雪、除冰设备。同时要求航空公司重视飞机污染问题，尤其是冰雪霜冻方面。航空公司针对新颁发的适航指令，及时更改飞机手册。对于没有机翼前缘的飞机，要求相关人员用手触摸检查前缘积雪、积冰和积霜现象。

积冰的机翼会对飞行安全造成重大安全隐患

事故报告还提出了以下六项安全建议。

1. 航空公司高度重视飞机防污染，尤其是防冰、雪、霜污染的工作，加强寒冷天气运行管理，完善除冰和防冰大纲及相关手册的规定，明确飞行、机务、签派、勤务保障部门和人员防 / 除冰、雪、霜的责任和工作程序，严格落实飞机污染物的检查制度。

2. 航空公司要加强对飞行、机务、签派和勤务保障人员有关飞机防污染知识的教育培训，明确飞机污染物尤其是冰、霜的检查和识别方法，使飞机污染物能够得到及时发现和有效清除。

3. 航空公司要根据新颁布的适航指令，及时更新相关手册内容，对于没有机翼前缘装置的飞机，应要求机长或机长指定的人员用手触摸检查机翼前缘积霜、积冰、积雪情况。

4. 航空公司要针对包括 CRJ 200 型飞机在内的没有机翼前缘装置的高性能飞机对污染敏感度高的性能特点，研究提高该型飞机在寒冷天气条件下的运行标准，以增加飞机的安全裕度。

5. 飞机制造商和其他机构在培训课程中，增加飞机因失速导致非指令滚转的识别和改出方法的培训，以及推杆器工作后操纵方法的培训，提高机组对飞机失速的判断和改出能力。航空公司应完善飞行员培训大纲，改进训练方法，严格训练标准，提高训练质量和应急情况处置能力。

6. 加强安全信息通报工作。

2003 年 11 月 14 日，一架 CRJ 200 在兰州机场起飞时，曾遭遇险情。飞机在空中突然失控，发生了非指令性滚转，幸而机组人员及时处置，才避免了更严重的事故。事后，飞机制造商分析后认为该机失速是机翼污染所致。令人担忧的是，这一重要信息并未及时通报给中国民航总局和其他运营 CRJ 200 的航空公司。建议航空公司和飞机制造厂要加强安全信息通报工作，及时将运行中的不安全信息通报中国民航总局，以便采取针对性措施，避免重复性问题发生。

25. 空客 A340 冲出跑道后的奇迹逃生——2005 年法国航空 358 号航班

法国航空 358 号航班坠毁后的场景

2005 年 8 月 2 日，法国航空 358 号航班（AF358）从巴黎戴高乐机场起飞，目的地为加拿大多伦多皮尔逊国际机场。然而，这架空中客车 A340 在降落过程中，不幸冲出跑道约 300 米后起火燃烧。令人惊讶的是，机上 309 名乘客和机组人员在短短几分钟内全部安全撤离，无一人丧生。

这起事故充分展现了训练有素的乘务员在紧急情况下的重要作用，同时也暴露出飞机因意外冲出跑道所带来巨大安全隐患。

法航涂装 340

航班机长阿兰·罗斯（Alain Rosaye），57 岁，累计飞行 15 411 小时。副驾驶弗雷德里克·努尔（Frédéric Naud），43 岁，累计飞行 4 834 小时。执飞机型为空客 A340-313（F-GLZQ 号机），累计飞行 28 426 小时 /3 711 次起降循环。机上一共搭载 309 人，包括 297 名乘客和 12 名机组成员。

8 月 2 日，358 号航班预计于下午 4 点降落在皮尔逊国际机场，由副驾驶努尔负责最后的进近程序。气象预报显示，多伦多天气糟糕，机场附近狂风夹杂着大雨，局部地区还可能出现雷暴。机组人员在降落前 4 小时收到了暴雨红色预警。358 号航班只能在空中盘旋等待天气好转，所幸延误时间不长，很快便获得降落许可。

多伦多皮尔逊国际机场拥有五条跑道，358 号航班计划降落在 24L 跑道。这条沥青跑道长 2 743 米，是所有跑道中最短的一条。飞机在副驾驶努尔的操控下准备降落，而雷暴天气的影响也给他增添了不少压力。358 号航班之前降落的航班曾反馈跑道湿滑，刹车困难。

面对强烈的乱流，飞机变得难以控制，副驾驶努尔果断决定进行手动降落。358 号航班在剧烈颠簸中触地，但飞机并没有停下，反而迅速滑向跑道尽头。最终，飞机以 148 千米的时速冲出跑道，在迪克西路和 401 高速公路的交会处停下。

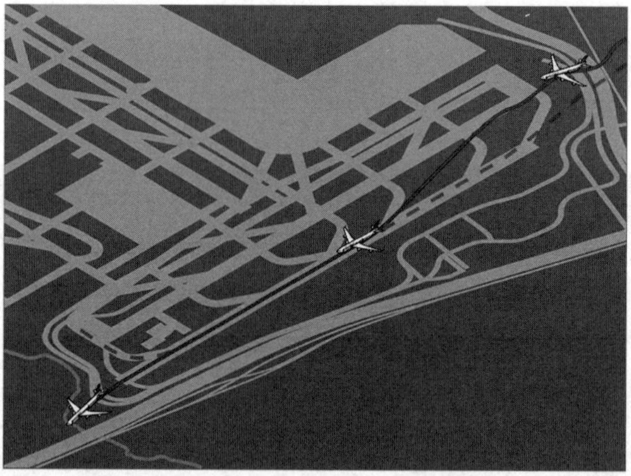

358 号航班降落轨迹，虚线表示正常着陆轨迹

客舱内弥漫着刺鼻的煤油味，随时可能发生燃烧爆炸。乘务员立即指挥乘客展开自救行动。此时，舱外的火势正迅速蔓延，导致两个左后侧紧急出口被封锁。飞机碎片还刺破了右中部出口（R3）的逃生滑梯，而左侧（L2）的逃生滑梯也因故无法正常使用。

事故发生 52 秒后，消防车呼啸而至。令人惊叹的是，乘客在乘务员科学有序的指挥下，使用剩余的救援滑梯奇迹般地全部逃生。驾驶舱中罗斯机长因撞击而受伤。副驾驶努尔在协助罗斯撤离驾驶舱后，成为最后一个离开飞机的人。最终，所有人员在 90 秒内全部安全撤离了飞机。

358 号航班燃起的熊熊烈火

飞机的大火还引发了 3 次剧烈的爆炸，火势持续燃烧了 2 个小时。惊慌失

措的幸存者逃离现场，并被当地警员救助送往医院。这起事故造成皮尔逊国际机场数百个航班取消或备降，并对整个北美航空系统产生了连锁反应。事故还导致多伦多当地公路系统陷入混乱。401 号高速公路是世界上最繁忙的高速公路之一，也是穿越大多伦多地区的主要交通干线。

事故发生在 401 号高速公路最宽阔的区域，那里有 18 条车道，连接着西南方向的 403 和 410 高速公路，以及东北方向的 427 高速公路。由于许多好奇的驾驶员围观事故现场，导致交通严重拥堵，并发生了多起车祸。

F-GLZQ 号机飞机残骸

加拿大运输安全委员会（TSB）牵头的调查小组迅速成立，并邀请了运营商法国航空公司、飞机制造商空客公司、发动机制造商 CFM 国际、法国运输部和美国国家运输安全委员会（NTSB）的成员加入。

事故发生时皮尔逊机场的天气非常糟糕，整个下午都经历了暴雨和雷暴天气。他们还发现，在 358 号航班尝试降落时，雷击损坏了机场用于检测跑道风速的仪器。飞机的机载设备只能提供机头风向和风速信息，无法预测跑道上的风力情况。此前降落的航班曾报告跑道风速约为 15~20 节，尽管风力较大，但仍处于 A340 的安全可控范围。

调查人员查阅机场雷达数据，发现 358 号航班降落时遭遇的阵风风速达到了 33 节，这远远超过了此前航班报告的风速，也超过了 A340 在干跑道降落的极限风速。强降雨使飞机失去了控制，最终导致事故发生。

F-GLZQ 号机残骸

雪上加霜的是，24L 跑道是整个机场中最短的一条。尽管 358 号航班在降落前数小时便收到了预警信息，但他们似乎对此并未引起足够的重视。调查人员发现，358 号航班的刹车系统没有发现任何故障，扰流板和反推力装置也都处于正常工作状态。然而，据法国媒体报道，飞机在落地后 12 秒才启动了反推力装置。

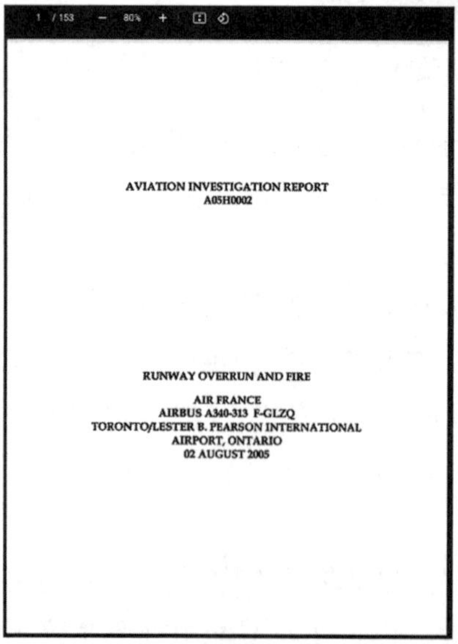

AVIATION INVESTIGATION REPORT
A05H0002

RUNWAY OVERRUN AND FIRE

AIR FRANCE
AIRBUS A340-313 F-GLZQ
TORONTO/LESTER B. PEARSON INTERNATIONAL
AIRPORT, ONTARIO
02 AUGUST 2005

调查耗时 2 年 4 个月，全文 153 页

TSB 随后发布了初步调查结果：尽管飞机的反推力装置处于开启状态，但实际上直到落地后 17 秒才达到最大反推力值。

调查发现，358 号航班在降落时高度竟然是正常情况的两倍，飞机落地点甚至偏离至跑道中线位置，这使得飞机根本没有足够的空间和时间在跑道上刹停。更遗憾的是，飞行员也没有及时打开反推力装置，加剧了事故的发生。

TSB 在最终报告中提到：当飞机降落时，正遭遇大雨，导致前方能见度急剧降低。根据《法航 A340-313 快速参考手册（QRH）》，该机型在干燥条件下的最小刹车距离为 1 155 米，而在潮湿环境下的刹车距离则可达 2 016 米。由此可见，法航 358 号航班的跑道长度根本不足以满足湿滑条件下的刹车距离要求。

2005 年全球共有 37 架客机冲出跑道，其中大部分事故的原因都与恶劣天气、跑道状况不佳以及飞机进场速度过快有关。国际民航组织建议，建议每座国际机场的跑道尽头必须保留 300 米长的安全区域。

F-GLZQ 号机机头残骸

TSB 在最终报告中提到：自动驾驶仪脱开后，飞行员为了应对空速下降而增加了发动机推力，导致飞机偏离飞行路径；飞机在距离地面 90 米高度时，遭遇了逆风转顺风的情况；飞机在接近跑道入口时，进入强雷暴雨，导致前方能见度急剧降低；飞行员在飞机接近跑道入口时，误判了复飞选择失效，决定着陆；飞行员延迟了反推力装置的选择；跑道尽头和跑道以外的地形造成了飞机的损坏和人员伤亡。

TSB 提出安全建议，将跑道末端安全区（RESA）扩展至 300 米，或提供同等有效的替代方案。TSB 还建议加拿大运输部为加拿大机场的所有运营商制定明确的标准，限制在对流天气下的进近和着陆。要求所有在加拿大运营的飞行员接受恶劣天气条件下着陆决策方面的培训。

TSB 调查发现，加拿大一些机场跑道尽头的跑道安全区长度低于国际标准。其中，多伦多皮尔逊国际机场的 24L 跑道虽然符合加拿大的标准，但其安全区长度仅为 150 米，而国际标准则要求至少为 300 米。因此 TSB 建议航

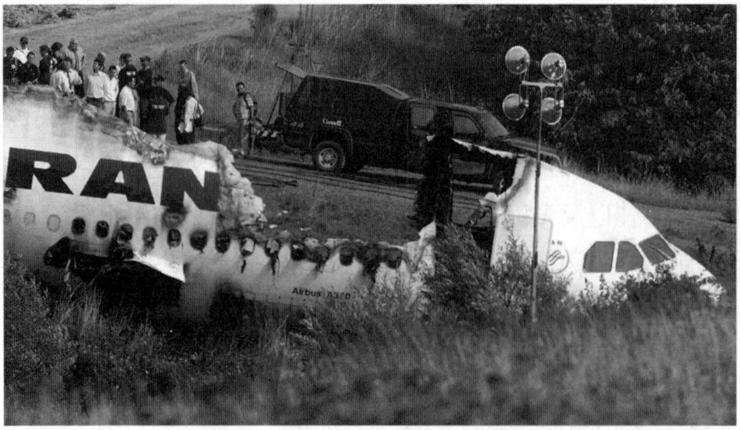

F-GLZQ 号机残骸

空公司在恶劣天气下着陆时应采取预防措施。

2005 年，法航 358 号航班事故后，曾有人建议修建桥梁跨越事故发生的峡谷，但也有人认为工程成本太大。

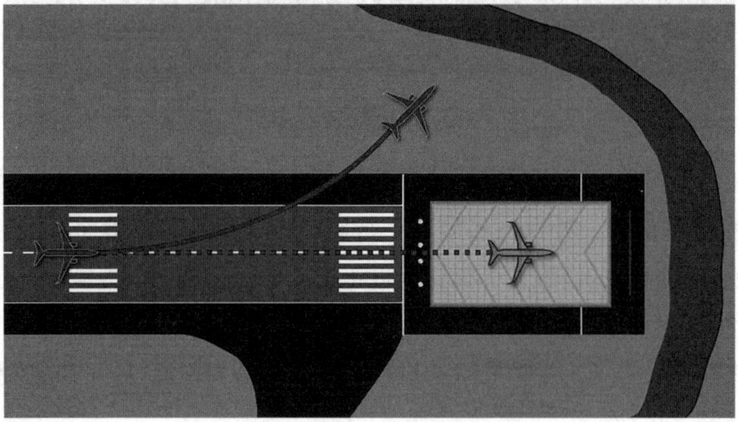

跑道安全区示意图

跑道安全区就是跑道周围的一片特殊“缓冲区”，旨在降低飞机在冲出跑道或偏离跑道情况下受到损坏的风险。在航空业初期，几乎所有飞机都是在未铺设的跑道上起降。随着航空技术的进步，飞机的性能越来越好，对跑道的要求也越来越高。为了满足现代飞机的起降需求，机场开始专门修建跑道。为了适应更先进飞机的降落需求，跑道中央部分还被特别加固，这部分就被称为“着陆带”。

跑道安全区是在跑道周围设置的一片特殊区域。它的作用就像是一个“安全气囊”，当飞机在降落时意外冲出跑道或者偏离航线时，这个区域就可以缓冲飞机的冲击力，防止飞机受到严重的损坏，从而保障机上人员的安全。同时，跑道安全区也为救援人员提供了足够的空间，方便他们迅速进入事故现场开展救援工作

为了进一步提高航空安全，TSB 建议机场在所有跑道的末端加装工程材料拦截系统（EMAS），这种系统由特殊的工程材料制成，可以有效地减缓飞机冲出跑道时的速度，从而降低事故造成的损失。

延伸阅读：防止飞机冲出跑道的工程材料拦阻系统

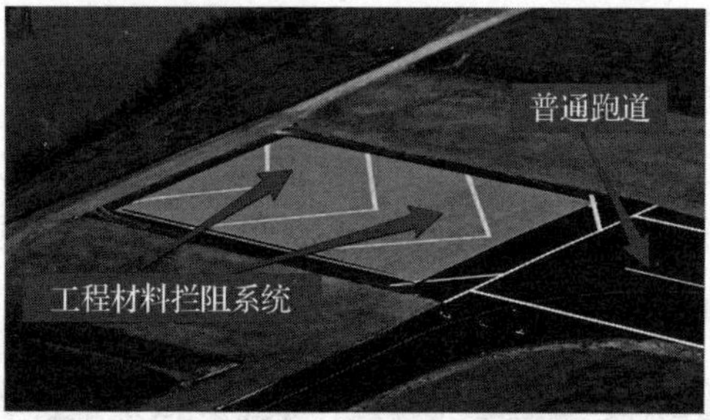

工程材料拦阻系统示意图

工程材料拦阻系统（EMAS），又称拦阻床，是一种安装在跑道末端的工程材料床，旨在降低飞机冲出跑道时可能造成的严重后果。FAA 咨询通告第 150/5220–22B 号的定义更为专业：具有特定强度的、能够可靠且可预测地在飞机重量下压碎的高能量吸收材料。

EMAS 由大量经过特殊设计的材料块组成，这些材料主要由基于玻璃的二氧化硅泡沫制成。当飞机的轮子接触 EMAS 材料面时，材料块会自动坍塌，并逐渐吸收飞机的动能，使飞机减速直至完全停止。该系统能够有效阻止飞机以 128.74 千米 / 小时的速度冲出跑道。

2010 年，美国查尔斯顿耶格尔机场的 EMAS 系统成功阻止了一架美国航空公司的喷气机冲出跑道。如果没有这个装置，这架飞机很可能就会跌落悬崖，造成人员伤亡和财产损失。

FAA 发布指令，要求机场在跑道末端建设至少 300 米的安全区域。这个

一架 CRJ200 起飞中断冲出跑道，被 EMAS 成功拦截

区域就像是一片缓冲地带，可以为飞机在紧急情况下提供足够的空间，防止冲出跑道造成更严重的事故。

然而，由于历史原因和地理条件的限制，许多机场，尤其是那些建成较早的机场，很难完全符合这一新标准。有些机场可能因为周围的地形限制，无法将跑道末端远离道路、水域或悬崖。

芝加哥中途国际机场俯瞰图

为了解决这一问题，全球许多机场都在积极探索更安全的解决方案。芝加哥中途国际机场是全球首个安装可持续 EMAS 的机场。取代了之前老旧且维护成本高昂的飞机拦截系统。新的 EMAS 系统不仅更安全，而且更环保，可以有效吸收飞机冲出跑道时的冲击力，减少对飞机和人员的伤害。

26. 年迈“野鸭”折翼迈阿密——2005 年美国卓克斯海洋航空 101 号航班

N2969 号机“折翼”示意图

2005 年 12 月 19 日，一架执飞卓克斯海洋航空 101 号航班（OP101）的格鲁曼 G-73T 水上飞机在起飞后不久，坠毁于美国迈阿密海滩，机上 20 人全部遇难。这起空难不仅夺走了 20 条宝贵的生命，也宣告了这家拥有 90 年历史的航空公司的终结。

这架不幸的飞机原计划从佛罗里达州劳德代尔堡起飞，经停迈阿密，最终飞往巴哈马的南比米尼岛。 迈阿密以其美丽的海滩和宜人的气候闻名于世，水上飞机往返于陆地和附近岛屿之间，是当地一道独特的风景线。然而，这起空难却给这座阳光之城蒙上了一层阴影。

卓克斯海洋航空创立于 1917 年，是美国历史最悠久的航空公司之一。其总部位于劳德代尔堡 – 好莱坞国际机场，主要运营往返巴哈马的水上飞机航线。该公司独具特色地将“野鸭”式水上飞机用于商业客运，这种双发水陆两用飞机因其独特的 V 型机身和浮筒而广为人知。

航班机长米歇尔 · 马克斯（Michele Marks），37 岁，累计飞行 2 820 小时。副驾驶是保罗 · 德桑克蒂斯（Paul DeSanctis），34 岁，累计飞行 1 420 小时。然而，他们所驾驶的格鲁曼 G-73T “野鸭”（N2969 号机）却是一架“老兵”，机龄高达 58 年，累计飞行 31 226 小时 /39 743 次起降循环。

101 号航班起飞时，需要穿过布满船只的繁忙航道，这对于飞行员来说是一个不小的挑战。水上飞机的起飞与陆地飞机不同，它需要在水面上滑行一段距离才能升空，且对天气条件更为敏感。许多乘客正是冲着这种独特的飞行体验而来。

水上飞机从迈阿密港起飞

然而，就在飞机成功起飞不久，一声巨响打破了宁静。目击者看到飞机的右翼突然脱落，机身冒着浓烟坠入大海。事发突然，整个过程距离起飞还不到 1 分钟。

海滩上的游客目睹了这惨烈的一幕。救援人员迅速赶到现场，但不幸的是，机上 20 人全部遇难。这起空难迅速引起了媒体的广泛关注，并引发了公众对水上飞机安全性的担忧。

101 号航班坠海时的影像

美国国家运输安全委员会（NTSB）迅速介入事故调查。调查员在事发数小时后便来到现场。调查人员赶到现场后发现，飞机的“黑匣子”仅记录了驾驶舱的语音，而关键的飞行数据却缺失。

幸运的是，一段目击者拍摄的视频为调查提供了重要线索：飞机的右翼在空中突然断裂，随后机身失控坠海。卓海航空随即宣布，旗下的 4 架“野鸭”式飞机全部停飞，整个公司陷入停摆。

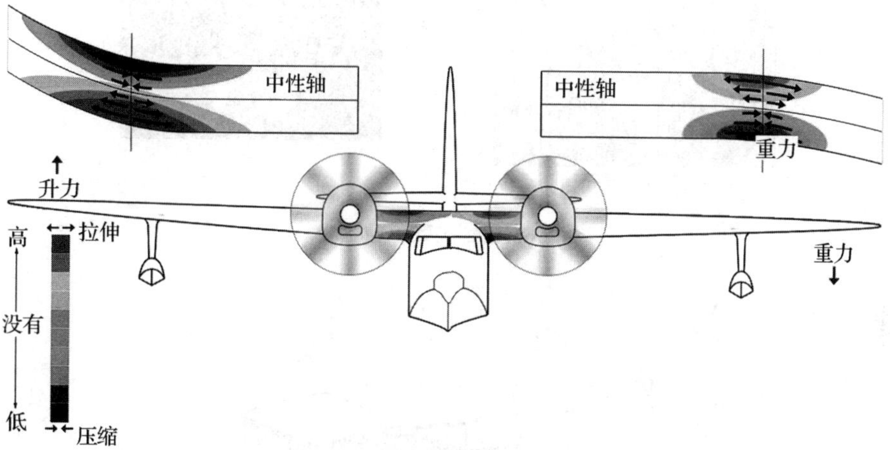

飞机机翼材料疲劳示意图

调查员深入研究 N2969 号机的维修记录，他们发现这架客机历经半个多世纪的沧桑。上世纪 80 年代，该公司用普惠 PT6A034 涡桨发动机替代了原装的活塞发动机，将飞机总重增加至 6.3 吨，飞机内部从 10 座增加至 17 座。

如果机翼设计和维护不当，疲劳可能会导致机翼失效。飞机在地面时，机翼顶部处于拉伸状态，底部处于压缩状态。飞机在空中时，机翼顶部和底部所受的载荷正好相反。这种飞行前机翼向下弯曲、飞机中机翼向上弯曲，落地后机翼向下弯曲的过程被称为一个起降循环。

飞行时间和起降循环是衡量飞机老化程度最常用的标准。该公司主要运营从佛罗里达州飞往大西洋沿岸各个岛屿的短途航线，航程短，起降频繁。N2969 号机起降循环接近 4 万次。

金属材料经过一定量的弯曲循环后，开始在边缘、尖角和孔洞上出现小裂纹。随着循环次数增加，裂纹持续增大，最终失效断裂。

金属疲劳会在材料上留下明显的痕迹，小裂纹出现后，每一次应力循环都会使裂纹发生微小扩展，并在断口上留下较为平坦的断面，形似沙滩线，也就是疲劳辉纹。

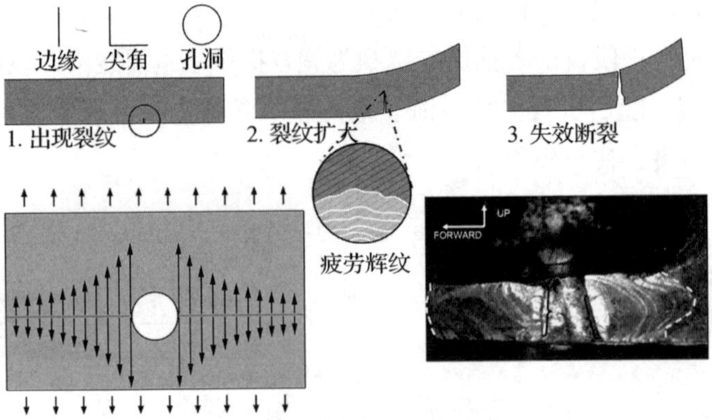

从裂纹到失效示意图

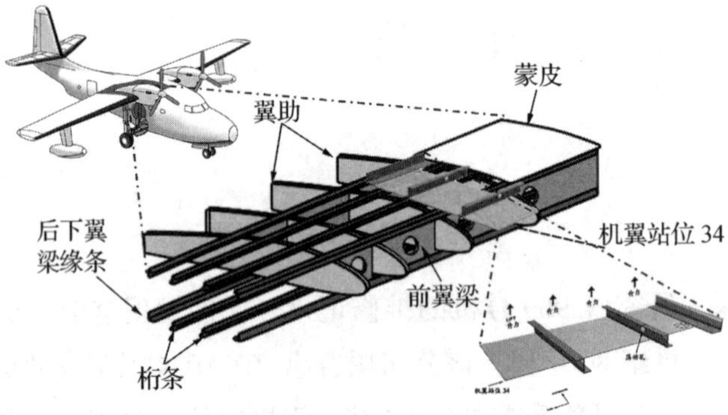

翼盒结构示意图

调查员开始仔细研究脱落的飞机右翼，看是否属于金属疲劳问题。“野鸭”式飞机的机翼采用铝合金材质，翼梁贯穿整个机翼，翼梁上搭载有桁条用以提供支撑力，这些装置组成了“翼盒”，外部附有蒙皮，飞机油箱也内置其中。

调查员还发现该公司其他的客机同样存在严重腐蚀情况，而且维修过程粗糙，这些水上飞机飞行时随时都有失事的可能。

裂纹可能始于“Z”字形桁条上的荡动孔，该孔允许燃油流动，这也是应力集中的地方。裂缝靠近翼根，可能形成在事故发生前几年。机翼弯曲时，载荷在机翼根部附近最高，更容易出现疲劳裂纹。

维修记录显示，101 号航班客机的翼盒历经多次维修，老旧的客机机翼被打上层层补丁。水上飞机由于和海水接触，客机也增大了被腐蚀的概率。

调查员还发现，机翼断裂处恰巧是“打补丁”的位置，断裂处的边缘较为

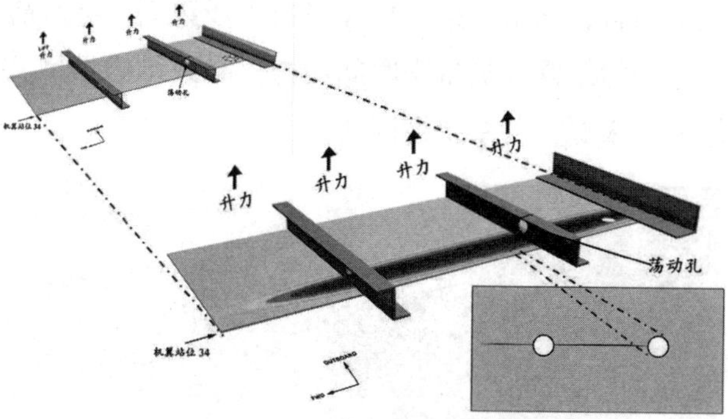

裂纹形成示意图

滑顺，这也排除了应力受损的选项，应该归属于金属疲劳的范畴。

调查员取下断裂处的“补丁”金属片后，有了更为惊人的发现，长达 40 厘米的裂缝赫然出现在大家面前。他们发现机翼前缘的蒙皮上有 3 个止裂孔，这是机务为了防止裂痕进一步扩散留下的痕迹。

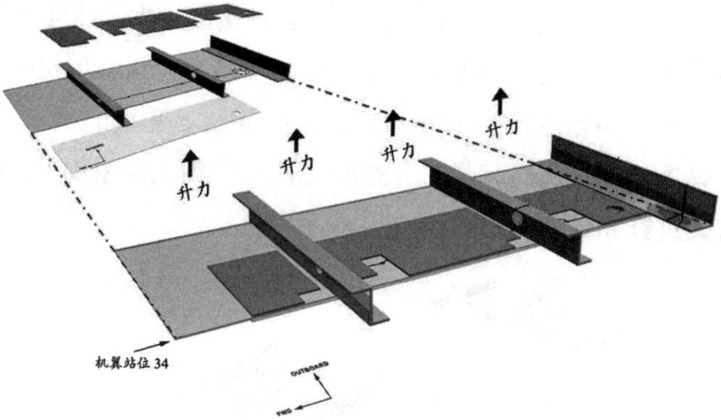

翼盒“补丁”示意图

当机务看到机翼上的裂缝时，在裂缝的末端凿出孔，它会将应力分散出来，防止裂缝继续扩散。然而这些止裂孔效果不佳，裂缝依旧在加剧。机务便使用了“补丁”，装上一块加强补片，然而这并未奏效。

调查员还发现飞机的右翼有漏油问题，虽然维修多次，但问题依然存在。2005 年 12 月 17 日，机务又发现飞机漏油，他决定在漏油处加注化学密封剂。漏油是飞机发出的一个危险信号，1963 年格鲁曼公司曾发布维修公告称，长期漏油使飞机结构出现了问题。

对于卓海航空而言，如果一架飞机停飞数天或数周，会对航空公司的收入产生巨大影响。这会给维修人员带来时间压力，导致维修不足，无法解决根本问题，重复维修又带来更大的系统性问题。

“Z”字形桁条断裂处

调查员铲除密封剂后，在“Z”字形桁条的支撑梁上发现了裂缝，这也是飞机蒙皮附着的地方。他们发现机务曾试图修复这个桁条，但机务仅仅涂抹了密封剂，这种治标不治本的行为并未解决实际问题。受损的“Z”字形桁条削弱了机翼的整体强度，飞机起降时，这些力便分散到飞机蒙皮上，随着时间的延长，飞机蒙皮开始破裂。

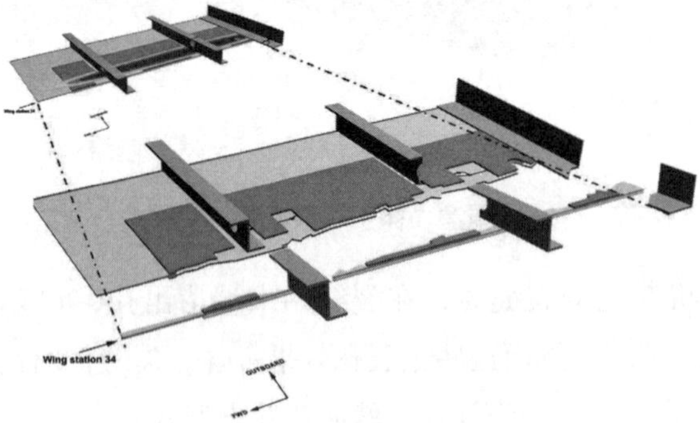

失效断裂示意图

101 号航班事故之前，卓海航空从创建之初便保持完美的运营记录，然而在不知不觉中，该公司的管理便开始出现漏洞。调查员通过深入调查发现，卓海航空在 80 年代数易其主，并在 1999 年宣告破产。此后一位迈阿密商人将之收至麾下，但一直处于赔本赚吆喝的状态。

事发前几个月时，该公司寻求的一次交易宣告破裂。财务问题让员工待遇急转直下，飞行员被迫大幅减薪，人员也被裁撤一大批。更为糟糕的是，航空公司窘迫到无力购买飞机的零配件，公司的部分机型因缺少零配件而停飞，机务通过拆东墙补西墙的方式维持飞机运转。维修上的大打折扣也为后来的事故埋下祸根。

旅客在“野鸭”式飞机前的留影

不管怎样，卓海航空在财务上出现多大漏洞，作为一家商业航空公司，他们必须接受 FAA 的监管。在日常运营中，FAA 也派出监察员来该公司监察工作。这名监察员明知道客机有长期漏油的毛病，事发前两月他还是为该公司出具了合格证明。

虽然监察员对该公司大开绿灯，然而有离职的飞行员却对公司的维修方式大吐苦水。这些飞行员还在聚会时提出，公司应对糟糕的维修情况予以重视。最终该机长决定从卓克斯海洋航空离职。

NTSB 发现航空公司管理、维护部门和 FAA 监管都存在问题。航空公司管理层面的问题尤为突出。公司财务状况不佳，员工士气低落，飞行员流动性大；缺乏有效的维护和检查监督；缺乏质量安全文化。维修部门也存在很多缺陷，包括维修设计和实施不

In-flight Separation of Right Wing
Flying Boat, Inc. (doing business as
Chalk's Ocean Airways) Flight 101
Grumman Turbo Mallard (G-73T), N2969
Port of Miami, Florida
December 19, 2005

aviation

ACCIDENT REPORT
NTSB/AAR-07/04
PB2007-910405

National
Transportation
Safety Board

调查耗时 1 年 5 个月，全文 74 页

当；检查不足；档案管理不完善。

NTSB 认为该起事故的可能原因是，飞机正常飞行中右翼出现故障并分离。这是由于卓海航空的维护计划未能识别并正确修复故障右翼的疲劳裂纹，FAA 未能发现并纠正该公司维护计划中的缺陷。

刚上岸的“野鸭”式飞机

这起事故也凸显了 FAA 在监管老旧机型方面存在的漏洞，FAA 规定，老旧机型需要进行更严格的检查，但“野鸭”式飞机并不在列表中。NTSB 建议 FAA 扩大对老旧机型的监督范围。

这次空难对卓海航空造成了沉重的打击。事故报告公布后不久，这家老牌航空公司便宣布破产，令人唏嘘。

27. 支线航空的系统漏洞——2009 年美国科尔根航空 3407 号航班

科尔根航空 3407 号航班坠机示意图

2009 年 2 月 12 日，科尔根航空 3407 号航班（9L 3407）在准备降落时失控坠毁，并撞向纽约克拉伦斯一所民宅。事故造成机上 49 人和地面的 1 名居民死亡。

这起悲剧引发了美国民众对支线航空安全的强烈关注，并掀起了一场声势浩大的航空安全运动。然而，事故的背后却暴露了更深层次的系统性问题，其中一个关键因素就是部分支线航空公司飞行员的资质和经验不足，并直接推动美国国会修改相关法案。要求所有航空公司副驾驶拿到航线运输飞行员执照（ATPL）时，飞行时长需达到 1 500 小时，也就是“1 500 小时规则”。

位于弗吉尼亚州马纳萨斯的科尔根航空大楼

1965 年，查尔斯·科尔根（Charles Colgan）在马纳萨斯机场创办了一家服务于通用航空的固定基地运营商（FBO），在 1970 年开始提供包机和货机服务。80 年代，随着航空业放松管制，科尔根航空与美联航、全美航空等公司签订合同，以大陆航空快运品牌运营定期支线航班。2008 年 1 月，科尔根航空购买了 15 架庞巴迪 Q400（冲八）飞机，并在不到一年的时间内雇用了约 200 名新飞行员。

3407 号航班是从新泽西州纽瓦克飞往纽约州法布罗的定期航班。事发当天，由一架庞巴迪 Q400（N200WQ 号机）执飞，机龄 1 年，累计飞行 1 819 小时 /1 809 起降循环。Q400 适合在高密度起降、潮湿和酷热的环境中运营。但其安全记录在 2009 年戛然而止。

航班机长马文·伦斯洛（Marvin Renslow），47 岁，累计飞行 3 379 小时。副驾驶瑞贝卡·林恩·肖（Rebecca Lynne Shaw），24 岁，她累计飞行 2 244 小时。

大陆航空快运涂装的 N200WQ 号机

晚上 9 点 18 分，3407 号航班在延误两个多小时后获准起飞。机上搭载了 49 人，包括 45 名乘客和 4 名机组成员。当时，法布罗的天气状况恶劣——大雾弥漫，雪花纷飞。

这段航程耗时约 1 小时，飞机起飞不久后，飞行员便开始设定着陆程序。当副驾驶员肖放下起落架和伸出襟翼时，驾驶盘突然剧烈震动起来，这预示着飞机即将失速。

当飞机空速达到 242 千米时，机长伦斯洛解除自动驾驶模式，手动操纵飞机。然而，他并没有完全按照改出失速程序操作，即推满油门并降低机头姿态。相反，他将油门推至 75% 并抬高机头。

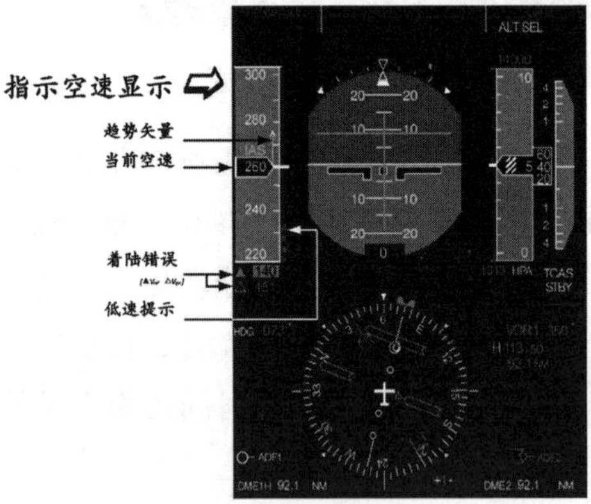

Q400 指示空速显示

当飞机接近失速时，会自动启动推杆器，通过向前推动驾驶盘来降低迎角。然而，如果飞行员施加足够大的力，仍然可以重新控制飞机。在推杆器启动后，伦斯洛用蛮力夺回了操纵权。他迅速拉起机头，使飞机真的进入了失速状态。

副驾驶肖试图通过收起襟翼来挽救危局，但这一操作却进一步恶化了情况。最终飞机在距离跑道 8 千米外，以俯冲的姿态撞向地面的一座房屋，屋主道格拉斯（Douglas）不幸丧生。

美国国家运输安全委员会（NTSB）迅速派员赶赴事故现场。调查人员面对着尚未熄灭的飞机残骸，迅速找到并回收了飞机“黑匣子”，并将其送往华盛顿实验室进行数据分析。飞机、房屋和遇难者遗体的残骸混杂在一起，给调查工作增添了不少难度。为了区分不同类型的残骸，调查人员还特意邀请了当地医学院的学生协助。

通过对遗留残骸的分析，调查人员确定飞机并非在空中解体，飞机在坠毁前保持着完整的状态。“黑匣子”数据显示，事故发生前 6 分钟，飞行员就已经发现机翼上有积冰，这不仅会增加飞机的重量，还会改变飞机翼型。

空中俯瞰事故现场

为了预防机翼结冰，Q400 在机翼前缘配备了除冰设备（除冰带），它利用发动机排出的废气为除冰带充气，可以震落机翼上的积冰。飞行数据记录仪（CVR）显示，飞机除冰系统工作正常。然而，在起落架和襟翼放出后不久，飞机便引发了失速警报并开始翻滚，最终撞向地面。

调查员通过计算得知：3407 号航班的积冰量并未超标，这并不是导致事故的原因。接着他们查阅了 Q400 飞行手册，并结合 3407 号航班当时的客观环境进行推算，得出飞机的失速速度为 203.7 千米 / 小时。然而，失事时飞机的实际空速为 242 千米 / 小时，远超出了危险的临界值。失速导致坠机的猜想被排除。

Q400“参考速度开关”

调查人员发现 Q400 有个独特装置“REF SPEEDS”（参考速度开关），它能调整飞机失速警报器的灵敏度。当飞行员将开关拨到“INCR（增加）”位置时，失速警报会提前触发。此项设计旨在提高飞机安全性，并使驾驶盘失速抖杆功能提前生效。

调查人员从仪表残骸中发现“参考速度开关”处于“INCR”位置，指示空速表上出现红色标识，提醒机长失速抖杆警报即将响起。此时，飞行员仍有足够时间采取措施，可以通过关闭警报系统并推低机头来提高空速，脱离失速危险。

调查人员调取了“黑匣子”数据，制作了坠毁过程的模拟动画。动画显示，飞机机头突然上扬，这个动作会大幅降低飞机空速，原本没有失速的飞机，也会真的失速。

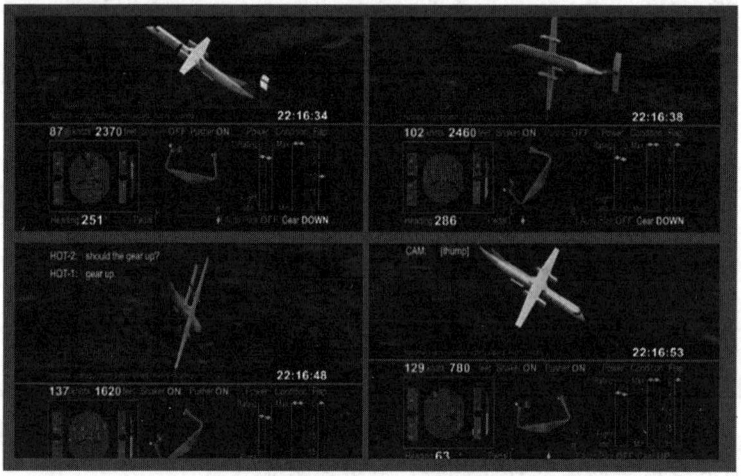

3407 号航班最后的飞行姿态

调查人员开始将重点转移到飞行员身上，重点考察他们是否接受过系统的操作培训，以及是否严格按照飞行手册规定的操作程序行事。

大多数飞行员在职业生涯中很少出现飞行检查失败的情况，偶尔一两次失败也是正常的。但在伦斯洛 3 千小时的飞行经历中，挂掉了 5 次检查。他再次通过了检查，继续在科尔根航空服务。

飞机失速改出程序并不复杂，只需将油门开到最大，并向前推杆即可。调查员发现，科尔根航空 Q400 的培训程序可能放大了伦斯洛的弱点。在单发飞机的初始训练中，飞行学员能够充分体验失速情况，因为这类飞机很容易失速和改出失速。然而，大型飞机的培训重点在于避免失速，而非失速改出。

Q400 模拟机

2008 年以前，美国联邦航空管理局（FAA）评估指南规定：飞行员在机动中掉高超过 30 米，将被判定为不合格。这一规定导致了消极的培训效果，这让很多飞行员采取避免掉高而不是避免失速的策略。尽管 FAA 在 2008 年将指南改为“最小高度损失”，但科尔根航空依然采取旧方法。

这种错误的训练方式导致飞行员在实际失速情况下会快速失控。因为正确的失速改出方法是降低迎角，而这需要通过压低机头来实现，这与避免掉高的错误策略完全相反。事实上，在失速情况下，应该用高度换取速度。虽然飞行员明白理论知识，但他们没有机会在全动模拟机上实际练习机头朝下的失速改出动作。

FDR 显示失速抖杆已经启动，伦斯洛机长本应该向前推杆，但他却做出了匪夷所思的操作——向后拉杆。这也是大多数人的本能反应，但这一操作导致飞机抬头，空速下降，最终失速。推杆器是另一个训练盲点。所有 T 型尾翼飞机都需要配备推杆器，它可以通过使机头向下以防止失速。但大多数科尔根航空的飞行员没有进行此类培训。

Q400 驾驶舱

事故调查报告指出，失速警报响起时，伦斯洛机长没有按照标准程序操作，这是导致空难的主要原因。CVR 录音显示：两名飞行员违反了“无菌驾驶舱规则”，他们进行了过多与飞行无关的对话，这不仅分散了注意力，还影响了他们完成检查单的质量，甚至有可能导致他们忽略了空速表发出的红色警示。飞行员不经意间疏忽的小差错终于累积成大错误，当失速抖杆警报发出时，这些错误使伦斯洛机长更加慌乱。

3407 号航班飞机 T 型尾翼残骸

确保机组遵守规章制度是机长的职责，但合格的领导能力绝不仅仅是机长的第四道杠那么简单。科尔根航空为新晋机长提供约 8 小时的领导力培训，然而其中 3/4 的时间都是机长应对考核的文书工作，仅剩 1/4 的时间用于学习机组纪律等相关内容。由于大多数飞行员视支线航空为进入主要航空公司的跳板，人员流动率极高，新飞行员往往在入职一年或更短时间内升职为机长，缺乏培养领导力的必要时间。

调查人员通过录音发现，两名飞行员表现出非常疲累的迹象，他俩在飞行中哈欠连天。飞行员三天前的行踪状态显示，两人均不在纽瓦克附近居住，需要长途通勤。伦斯洛机长的年薪为 6 万美元，而副驾驶肖的年薪却不到 1.6 万美元，甚至低于公交车司机的收入。低廉的薪资迫使他们选择更低成本的交通和休息方式。

事发前，伦斯洛连续值勤两天，仅在休息室的沙发上简单休息，甚至在凌晨 3 点还在查看飞行计划。而肖为了节省成本，选择搭乘联邦快递的夜班货机从西雅图飞往纽瓦克。这都违反了公司的休息制度，导致他们在执行飞行任务时出现了一系列反常操作——人在疲劳的情况下各种反应会变得迟缓。

起落架残骸

调查结果令人震惊：失事飞机的机长曾 5 次考核未过；航空公司的培训计划存在缺陷；飞行员长期处于高强度工作和缺乏休息的状态；FAA 监管宽松。正是美国航空系统各环节的漏洞，最终酿成了 3407 号航班的悲剧。

遇难者家属不断呼吁，敦促支线航空公司改善飞行员安全操作规程和工作条件。这起事故也暴露了支线航空公司管理制度的严重缺陷和漏洞。支线航空承担了全国 40% 的定期航班任务，但是他们的飞行员却普遍资历浅、薪资低、工作时长长。在一段时期内，美国发生 7 起客机致死事故，其中 5 起与支线航空公司有关。

调查耗时 1 年 1 个月，全文 299 页

2010 年 2 月 10 日，NTSB 发布了最终的事故调查报告，认定事故直接原因是飞行员操作失误。具体而言，机长在飞机失速时没有按照标准程序进行改出，导致飞机最终失控坠毁。此外，两名飞行员在事故发生前没有得到充足的休息，睡眠不足可能导致他们在失速状态下作出错误判断和操作。

3407 号航班事故发生后，公众舆论持续发酵，迫使美国国会于 2010 年通过了《航空公司安全和 FAA 延伸法》。FAA 重新制定了疲劳管理规定，并修改了相关法规。

将飞行员入职航空公司的门槛从 250 飞行小时提高到 1 500 飞行小时，拥有航空学士学位需累积 1 000 飞行小时，拥有军事航空经验则需累积 750 飞行小时。官方还修改了模拟机中失速改出训练的方法，并提高了航线运输飞行员的技能标准，同时删除了模拟机中失速改出高度不得超过 30 米的限制。

3407 号航班纪念碑

纪念碑上刻有每一名遇难者姓名

我们需要了解的是，支线航空的盈利模式与干线航空存在较大差异。支线航空公司会与干线航空公司签订固定航线运营合同，并收取每航班固定费用。这意味着支线航空利润微薄，为了提高利润主要依靠两方面：增加航班和削减运营成本，其中就包括削减飞行员工资。随着新规的实施，美国支线航空的副驾驶工资中位数大约增加 2 倍！

值得思考的是，3407 号航班事故是美国 121 部客运航班中最后一起致命坠机空难。在此后的十余年里，只有飞溅的发动机碎片杀死了一名乘客。这些安全记录离不开 2010 年航空公司安全法的“功劳”。

延伸阅读：预防疲劳和昼夜节律

驾驶舱中的飞行员

疲劳开车会容易发生车祸，疲劳的飞行员同样容易引发坠机事故。尤其是在降落阶段，飞行员需要对飞机速度下降做出快速、准确的反应。基思·摩尔（Keith Moore）曾在《飞行员疲劳是对航空安全的最大威胁之一》一文中提到：80% 的失误是人为造成的，而飞行员疲劳又占到致命事故中人为失误的 15%~20%，这是一个非常令人担忧的数字。

英国航空公司飞行员协会对 500 名成员进行的调查显示，有 43% 的飞行员在驾驶舱中不由自主地睡着了。有 31% 的飞行员表示，当他们醒来时，另一名飞行员也在睡觉。

摩尔的文章似乎未引起业内足够重视。2013 年 8 月 14 日，UPS 航空 1354 号航班在美国伯明翰－沙特尔沃斯国际机场降落时，坠毁在跑道附近并起火，事故造成 2 名飞行员遇难。事故调查显示：导致事故的原因是飞行员疲劳导致的可控飞行撞地。

疲劳被认为是影响人类表现的主要因素之一。它会对我们的注意力、反应时间、决策能力和整体表现产生负面影响。因此，了解和识别疲劳的生理和心理迹象至关重要。目前对于疲劳的构成尚无普遍认可的定义。一些学者根据肌肉、感觉和心理过程的表现来描述疲劳，这些过程通常会导致负面结果，例如反应时间变慢、无法检测到可区分的刺激、对感觉输入的误解。导致疲劳的原因包括工作时间延长、工作强度过大、睡眠不足、昼夜节律紊乱等。

飞行员疲劳是指警觉性下降和感到疲倦。由于工作性质特殊，飞行员的疲劳与普通人有所不同。他们经常需要进行长距离、长时间的跨时区飞行，再加上繁重的工作量和紧凑的日程安排，更容易导致疲劳问题的发生。

飞行员在向 NASA 航空安全报告系统报告的 2 006 起事件中，有 3.8% 与疲劳相关。如果将分析范围扩展到所有可能与疲劳直接或间接相关的因素，则与疲劳相关的事件比例将增加至 21.2%。

疲劳犹如醉酒

瑞典卡罗林斯卡大学的睡眠专家托比昂·阿克施泰特（Torbjorn Akerstedt）表示，大多数人在白天都能保持清醒 16 个小时，但到了晚上就会减少。研究表明，凌晨 5 点降落的飞行员所经历的疲劳程度相当于血液酒精含量为 0.08%，这已经超过了许多国家的酒驾标准。航空专家指出，让飞行员在危险的疲劳状态下驾驶飞机，无异于允许他们酒后驾驶。

疲劳的原因

飞行员疲劳的原因主要和睡眠质量、睡眠不足和昼夜节律紊乱有关。飞行员报告显示，夜间飞行和时差是导致疲劳的最重要因素。例如连续两次从巴黎到纽约往返的夜间航班，时间周期达到 48 小时，停留约 22 小时。此时，到达后不久的睡眠对应于正常睡眠时间。这种睡眠的质量和数量都很差，再加上起飞前的长时间清醒，会增加夜间返程飞行中的疲劳。

值得注意的是，睡眠质量和数量一样重要。如果人在睡觉的时候经常被打扰，那么睡眠质量就会很低，即便睡了好几个小时，也会感觉只睡了一会儿。干扰可能来自环境原因或睡眠障碍。常见的环境干扰包括噪音、照明和温度。睡眠障碍可能包括睡眠呼吸暂停等。

疲劳的另一个原因是饮酒，具有讽刺意味的是，很多人使用酒精作为助眠剂帮助他们放松和入睡。而实际上，酒精会对睡眠质量产生严重的负面影响，导致睡眠碎片化和快速眼动睡眠。当人睡眠不足并饮酒时，人的表现和警觉性会受到比仅因睡眠不足造成的更大损害。

在短航段飞行员中，多航段飞行和早起是疲劳的主要因素。大多数飞行员无法通过早睡来弥补早起的影响。相反，他们通常会失去大约一小时的睡眠。此外，时间限制、每天的大量航程和连续工作日增加了短航段飞行员的疲劳。

疲劳和非技术技能

飞行员在疲劳状态下，往往在处理人际冲突时表现不佳。这种糟糕的表现通常是因为他们无法专注于手头的问题或情况。飞行员可能不会积极倾听他人的想法和意见，也不会承认错误或发现和解决冲突。

情景意识的丧失与缺乏警惕和主动监测、扫描和交叉检查的减少有关。例如，接电话、准确设置开关、发出或接收高海拔呼叫等情况都可能受到影响。

疲劳和犯错

疲劳会对飞行员的身心造成一系列负面影响，最终导致飞行失误。当你疲劳的时候，犯错的几率会更大。例如：飞行困难（高航班密度、恶劣天气、技术问题）；高密度语言交流（管制员、机组成员之间）；在有限时间内执行任务（飞行前的驾驶舱准备工作、时间压力下的系统监控）。

疲劳管理策略

良好的睡眠习惯：每天尽量在同一时间入睡和起床；养成标准的睡前习惯，例如每天晚上做相同的事情；卧室仅用于睡觉，避免其他活动；睡前避免饮用酒精或含咖啡因的饮料；睡前数小时内不要过量进食或饮水；如果无法在 30 分钟内入睡，建议起床休息。

远程飞行的疲劳管理：每 24 小时内，尽量获得与在家中相同的睡眠时间；在轮班之前保持良好的睡眠和午休习惯；在开始工作之前，小睡不要超过 45 分钟，以避免从小睡中恢复清醒所需的时间过长；根据航班时间调整休息时间；避免与其他机组成员同时用餐；管理飞行中的活动，减少驾驶舱内的单调感，优化飞行期间的休息。

为了确保至少有一名飞行员始终保持清醒，建议在飞行机组之间交替安排活动和休息。最好每隔 20~40 分钟交替进行被动和主动警戒，在每个警戒阶段结束时进行正式交接。主动警戒阶段的特点是口头交流、与飞行管理相关的任务和心理任务为主。被动警戒阶段的特点是对飞行的直接监督水平较低，飞行员可以利用这段时间进食，并鼓励进行与飞行无关的放松活动，例如阅读。在夜间飞行时，如果睡眠不足，飞行员可以安排 20~40 分钟的小睡。

短程飞行的疲劳管理：短程飞行的疲劳程度受航班时刻表和一天的飞行段数综合影响。总体而言，早上的航班比下午的航班或上下午交替的任务更容易让人疲劳。

飞行员疲劳反映了飞行员工作时间表和工作性质的影响，夜间飞行、时差反应和连续早起等特定因素会加剧疲劳。对短途飞行而言，时间压力、时差、连续早起等特定因素都会导致疲劳增加。在短途飞行中，昼夜节律紊乱和睡眠不足是主要问题。此时应该注意疲劳的迹象，包括警觉性和注意力下降、注意力不集中、反应时间延长、小错误增加、社交交流减少和理解能力变差。

因此有必要养成良好的睡眠习惯，例如只在卧室睡觉，不喝酒或含咖啡因的饮料，睡前避免担心或工作，能逐渐改善睡眠并减少疲劳。

如何防御昼夜节律紊乱?

机组人员可以采用多种策略抵消昼夜节律变化带来的影响：1. 了解正常的睡眠和进食生物钟时间；2. 中途停留期间如何适应当地时间；3. 尝试调整睡眠和饮食时间表。尽量在不影响睡眠的时间进餐和喝咖啡或茶；4. 在飞行前和飞行期间进行良好的午睡管理；5. 与其他机组成员协调休息和用餐时间；6. 适量运动；7. 适当晒太阳。

2017 年，美国遗传学家杰弗理·霍尔（Jeffrey C. Hall）、迈克尔·罗斯巴希（Michael Rosbash）和迈克尔·杨（Michael W. Young）因揭示了控制昼夜节律的分子机制，共同获得了诺贝尔生理或医学奖。

28. 西科斯基 S-92A 失效的钛螺栓——2009 年加拿大美洲狮直升机 91 号航班

沉入海中的 C-GZCH 号机示意图

一架在加拿大东海域附近飞行作业的西科斯基 S-92A，驾驶舱内突然响起主齿轮箱油压警报，但机油温度正常。直升机在返航途中主齿轮箱完全失效，导致直升机像石头一样沉入海中。令人痛心的是，这起事故的起因竟然只是几根未能及时更换的螺栓。本是一起可以避免的悲剧，最终却造成 17 人遇难，仅 1 人生还。

美洲狮直升机公司 91 号航班是从加拿大圣约翰国际机场飞往纽芬兰海岸附近的白玫瑰油田和希伯尼亚海上钻井平台的通勤航班。2009 年 3 月 12 日，一架西科斯基 S-92 在执行任务时突发故障坠入海中。航班机长马修·戴维斯（Matthew Davis），41 岁，累计飞行 5 997 小时。副驾驶是蒂姆·拉努埃特（Tim Lanouette），47 岁，累计飞行 2 854 小时。

海上钻井平台

3 月 12 日，91 号航班计划执行海上石油工人的通勤任务，目的地位于圣约翰斯东南沿海约 55 千米处。机上搭载了 16 名乘客和 2 名飞行员。该航程约为 315 千米，航时约 1 个半小时，坐船则需要十余个小时。为了应对海上突发状况，所有乘客都需要穿上橘红色的救生衣。

执飞 91 号航班的是一架 S-92A（C-GZCH 号机），机龄 3 年，制造商序列号是 920048。S-92 属于 19 座级的双发中型直升机，搭载两台通用电气 CT7-8A 涡轮轴发动机，采用铝制机身和复合材料部件，除桨叶外大部分旋翼系统部件都是钛合金。在 1973 年石油危机后，随着石油和天然气公司开始勘探近海油气资源，对 S-92 直升机的需求也水涨船高。

91 号航班起飞后，迅速攀升至巡航高度。上午 9 点 40 分，直升机突然发出主齿轮箱油压为零的警报。这对于直升机的安全至关重要，副驾驶拉努埃特立即着手执行紧急检查程序。同时，戴维斯机长关闭了自动驾驶仪，向管制员发出求救信号，并请求立即返航。

管制员一边指挥 91 号航班返航，一边联系了驻扎在哈利法克斯的救援

S-92 直升机

队。此时，91 号航班距离海岸约有 100 千米，至少需要飞行半小时。戴维斯机长决定降低飞行高度，在约 300 米高度飞行。副驾驶拉努埃特查阅检查单得知，直升机主齿轮箱油压远低于正常值，但油温正常，他怀疑是传感器出了故障。

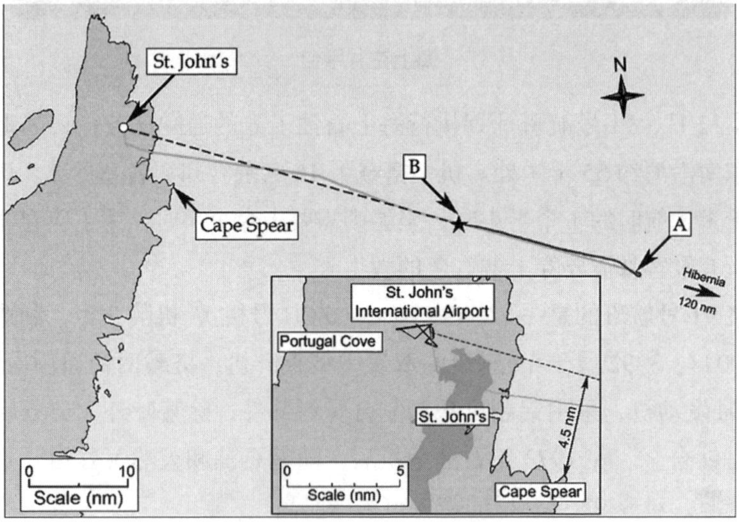

91 号航班飞行轨迹示意图

戴维斯通过机长广播向客舱乘客讲话，并要求乘客准备好救生衣，因为他们需要迫降了。然而他们距离最近的海岸线还有 65 千米远，突然直升机上传来一声巨响，舱内警报响起，迫使他们必须在海面迫降。副驾驶拉努埃特立即提醒机舱内人员采取防撞击姿势。

直升机坠入海面后并未漂浮，机身向左倾覆，海水迅速灌入，很快便向水底沉去。机上乘客命运危殆。救援人员只找到一名幸存者，即钻井平台工人罗伯特·德克尔（Robert Decker）。

91 号航班事故震惊了加拿大民众。一架技术先进的直升机，怎么会突然坠入茫茫大西洋中？80 多架同型号机型仍在服役，其中不乏在极端环境下作业，这就需要尽快查明事故原因，避免类似悲剧重演。

加拿大运输安全委员会（TSB）迅速成立调查组，他们首当其冲的难题便是如何将沉落在 168 米深海床的直升机残骸打捞上来。为此，他们专门租赁了一艘名为“大西洋鱼鹰号”的打捞船。

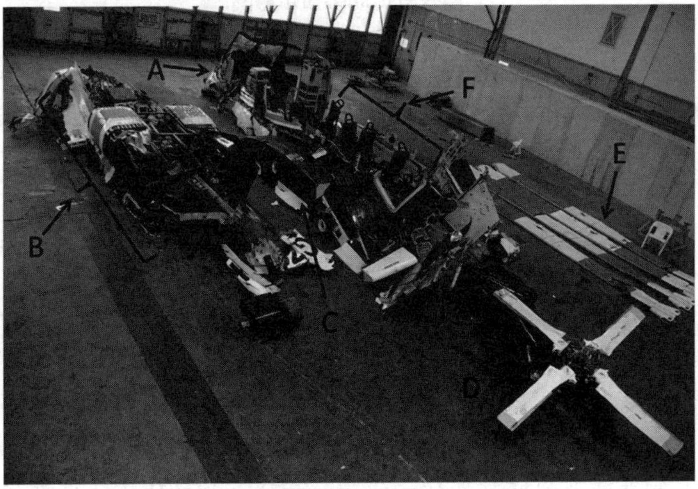

打捞上来的直升机残骸

调查员发现 91 号航班从报告故障到坠毁，仅有短短 8 分钟时间，其中一个重要的线索是直升机主齿轮箱失去油压。主齿轮箱是直升机传动系统的核心部件，它将发动机输出的动力传递给主旋翼和尾旋翼，如果缺少润滑油会导致齿轮磨损失效，进而造成主旋翼和尾旋翼失去动力。因此主齿轮箱漏油成为调查人员最大的怀疑方向。

调查人员走访了美洲狮直升机公司的资深飞行员。他们提出，当齿轮箱油液泄漏导致油压下降时，齿轮之间的摩擦会迅速升高温度。然而 91 号航班的飞行员表示齿轮箱油温处于正常状态，他们认为足以支撑返航。

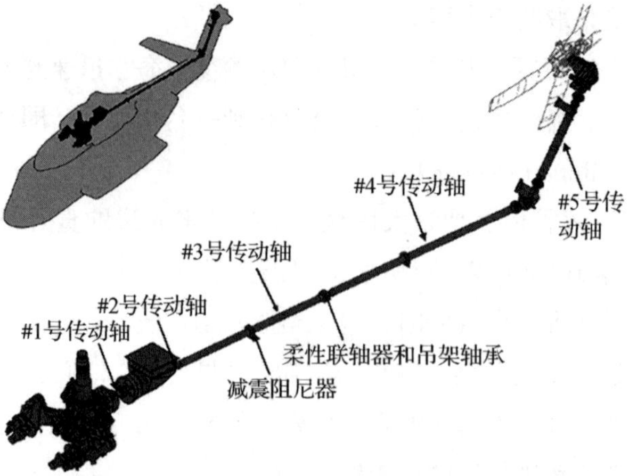

直升机传动装置示意图

调查员决定从直升机残骸中寻找答案，他们还派出遥控潜水器搜寻遇难者遗体和直升机残骸，并将它们打捞回岸边的机库进行复原。直升机底部基本完好，但机身结构却遭到严重损坏。直升机就像一块巨大的石头一样，垂直坠入海中。

FDR 记录显示，直升机油压丢失，这可能导致主齿轮箱出现严重损坏。直升机下降率达到 1 000 英尺 / 分钟（5.1 米 / 秒）。直升机断电后数据记录中断，损伤分析显示直升机撞击水面的加速度高达 20g，最终以腹部朝下、尾部先触水的方式坠海。

美国作为直升机的制造国，他们也派出了国家运输安全委员会（NTSB）调查员以及制造商西科斯基的技术代表。西科斯基的代表还带来了 S-92A 主齿轮箱的结构图。

历史记录显示，2008 年 7 月 2 日——也就是 91 号航班事发前 8 个月，加拿大直升机澳大利亚分公司一架 S-92A（VH-LOH 号机）医疗服务直升机，在 1 828 米高度飞行时，主齿轮箱也曾发生油压骤降的故障。幸运的是由于距离陆地较近，飞行员在 7 分钟内就成功迫降。

VH-LOH 号机事故原因出在主齿轮箱的滑油机滤。S-92A 的主齿轮箱需要约 42 升滑油，滑油机滤的功能是过滤主齿轮箱的滑油。调查员发现 C-GZCH 号机主齿轮箱固定滑油机滤的三根钛螺栓只留下一根，导致机滤和齿轮箱的连接非常松垮，滑油很快便泄漏殆尽。

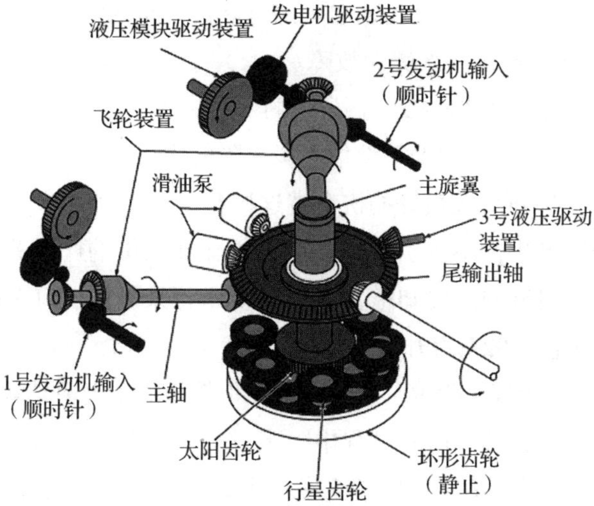

主齿轮箱结构示意图

钛金属以其高强度、轻重量和优异的抗腐蚀性而著称，缺点是易磨损，尤其是和钢材发生摩擦时，磨损会更严重。钛螺栓过度磨损就会失效。

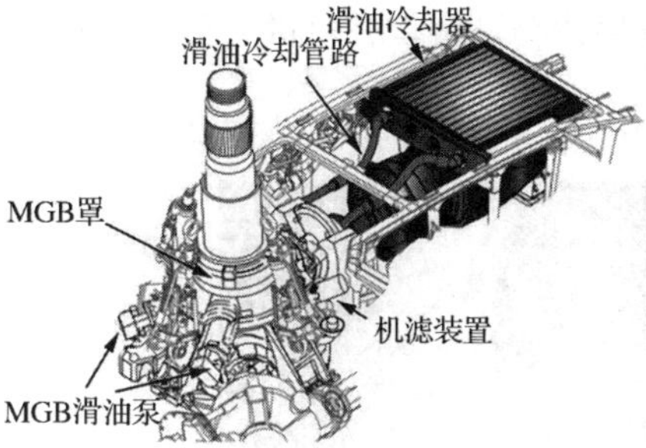

主齿轮箱的滑油系统

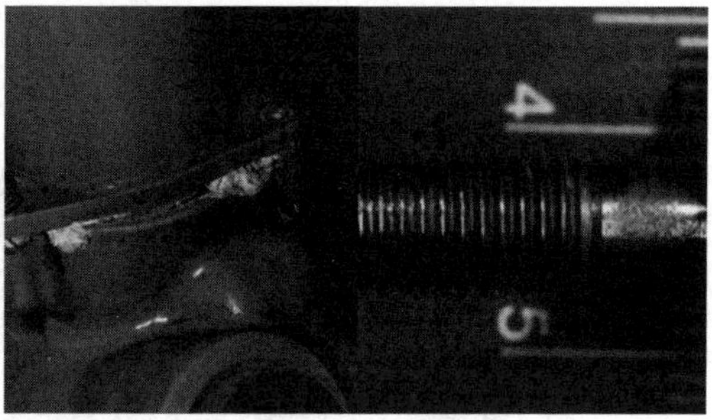

失效的钛螺栓

VH-LOH 号机事件发生后，西科斯基曾在 2009 年 1 月 28 日发布服务公告，要求在 1 年内或飞行 1 250 小时内，更换所有 S-92A 的钛螺栓。这距离 91 号航班空难还有一个半月时间。美洲狮直升机公司拿到替换的螺栓后，维修部门认为距离一年时间还长，因此就没有更换。

2003 年，S-92A 并未通过 FAR/JAR-29 规定的机油系统润滑损失测试，该测试也被称为“空转”测试，旨在评估主齿轮箱在失去润滑油的情况下能否维持 30 分钟运行，该设备仅运行 10 分钟后就失效了。工程师随后更改了油冷却器旁通阀的设计。尽管如此，S-92A 还是在没有满足 30 分钟“空转”测试的前提下获得了认证，理由是滑油缺失的可能性“非常罕见”。统计数据显示，每飞行 1 000 万小时出现一次类似故障。

事实证明，钛螺栓是 S-92A 直升机的“阿喀琉斯之踵”，两次事故都与此相关。然而，西科斯基公司严重低估了该故障的后果，没有及时采取措施更换螺栓。防止 91 号航班事故最好的机会就这样溜走了。

91 号航班空难事件不仅引起了海上石油作业人员的广泛关注，也引发了政界和商界的强烈反响。要知道，美国总统出行乘坐的“海军陆战队一号”，也是一架西科斯基 S-92A 直升机。

驾驶舱语音记录仪（CVR）显示，当主齿轮箱油压出现异常报警后，飞行员立即驾驶直升机返航。返航过程中，飞行员并没有察觉到明显的震动或异味，因此推测可能是传感器出现了故障，并试图在返航途中排除故障。直升机高度下降至 300 多米后，突然传来异响，飞行员立即决定进行水上迫降。

直升机传动系统中的主齿轮箱通过传动齿轮将动力输出给尾旋翼。传动齿轮在正常工作时转速高、温度高。调查发现 C-GZCH 号机传动齿轮齿冠磨损殆尽，导致尾旋翼失去动力直升机失控。尾旋翼用于抵消主旋翼扭矩，相当于垂直安定面，它能保持直升机直飞。尾旋翼失效会导致直升机进入危险的自旋状态。

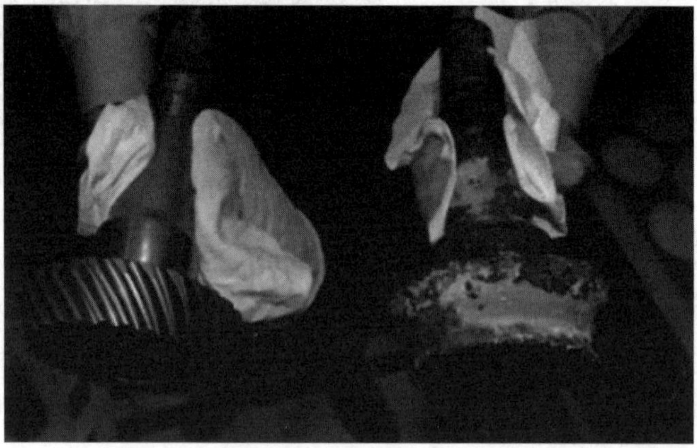

正常和磨损的传动齿轮

当直升机失去动力时，迫降是唯一的选择。理想的滑翔高度在 60 米。戴维斯机长为了越过机场附近一座高 150 米的山，将飞行高度保持在 300 米。过高的飞行高度是导致水上迫降失败的关键因素之一。

调查人员发现，当直升机发生类似故障时，紧急检查单建议立即降落。副驾驶拉努埃特主张进行水上迫降，而戴维斯机长可能心存侥幸，希望能够在陆地上迫降。尽管拉努埃特拥有丰富的水上驾驶经验，但最终还是服从了机长的决定。

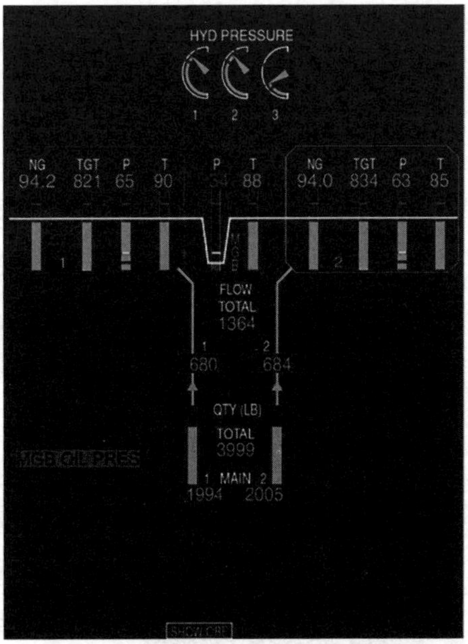

滑油油温示意图

有效的机组资源管理（CRM）可以减少人为失误导致的严重后果，但前提是飞行员之间必须进行充分有效的沟通。虽然副驾驶向机长建议需要立刻迫降，但由于没有听到异响，且油温数值显示正常，最终放弃了自己的建议。从心理学角度来看，这属于典型的“确认性偏差”。

事实上，直升机在发生滑油泄露后，主齿轮箱油温传感器探测到的其实是空气温度。飞行员看到油温正常，便误以为可以坚持飞到岸边，殊不知已经大祸临头了。

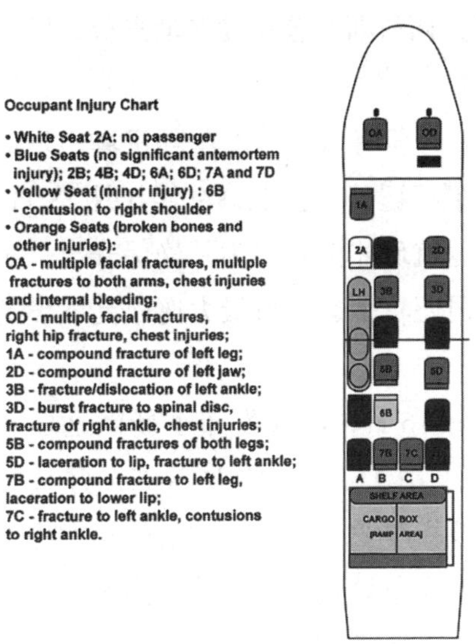
Occupant Injury Chart
• White Seat 2A: no passenger
• Blue Seats (no significant antemortem injury); 2B; 4B; 4D; 6A; 6D; 7A and 7D
• Yellow Seat (minor injury) : 6B
- contusion to right shoulder
• Orange Seats (broken bones and other injuries):
OA - multiple facial fractures, multiple fractures to both arms, chest injuries and internal bleeding;
OD - multiple facial fractures, right hip fracture, chest injuries;
1A - compound fracture of left leg;
2D - compound fracture of left jaw;
3B - fracture/dislocation of left ankle;
3D - burst fracture to spinal disc, fracture of right ankle, chest injuries;
5B - compound fractures of both legs;
5D - laceration to lip, fracture to left ankle;
7B - compound fracture to left leg, laceration to lower lip;
7C - fracture to left ankle, contusions to right ankle.
A B C D
SHELF AREA
CARGO BOX
(RAMP AREA)

幸存和遇难者座位示意图

直升机在 240 米高空试图迫降，但高度过高，动力不足无法进行水上迫降，导致直升机如同一块巨石般坠入海中。尾旋翼失效后，直升机不到 15 秒就坠入海中。

更为致命的是，主齿轮箱故障导致直升机重心失衡。直升机一旦落水，便会迅速倾覆，海水灌入机舱，导致直升机快速下沉。在这种情况下，即使穿着救生衣，乘客生还的机会也非常渺茫。

法医鉴定结果表明，17 名遇难乘客均系溺水身亡。这意味着当坠机发生时，所有人都还活着，但最终只有1人逃出生天。调查员发现，这名幸存者名叫德克尔，他坐在右侧第三排D座，靠近机窗的位置。

直升机落水后从左侧倾覆，海水很快灌满客舱，直升机开始快速下沉。德克尔迅速解开安全带，头顶恰好处于逃生窗的位置，他迅速爬出窗外浮出水面。他在水中漂浮了近一个半小时后才获救。

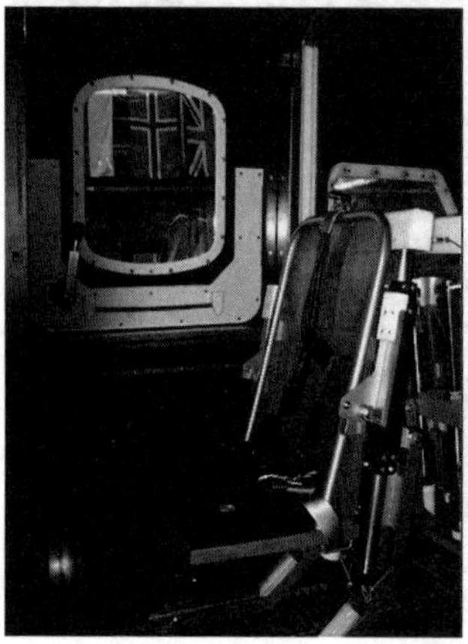

机舱座椅

研究人员发现，在直升机坠水事件中，15%的乘员会因慌乱惊恐而丧失行动能力。冰冷的海水会极大地影响屏住呼吸的能力，溺水是遇难者的头号“杀手”。因此，直升机落水求生训练就显得尤为重要。

91号航班的乘客都参加了水上迫降求生训练，但德克尔是唯一有落入冰水经验的乘客。他小时候经常乘船出海，一次翻船事故中落入冰冷的海水，积累了宝贵的经验。当直升机坠入水中时，德克尔条件反射般地深吸一口气并屏住呼吸，这成为他幸存的关键。

2009年3月23日，美国联邦航空管理局（FAA）发布适航指令，要求更换S–92A直升机上的螺栓。欧盟航空安全局（EASA）也采取了类似措施。当天晚些时候，西科斯基公司发布消息称，已向所有运营商提供工具和螺栓。

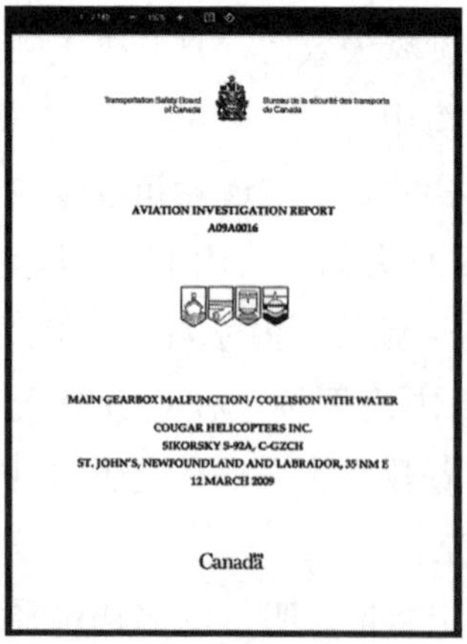

Transportation Safety Board of Canada
Bureau de la sécurité des transports du Canada

AVIATION INVESTIGATION REPORT
A09A0016

MAIN GEARBOX MALFUNCTION / COLLISION WITH WATER

COUGAR HELICOPTERS INC.
SIKORSKY S-92A, C-GZCH
ST. JOHN'S, NEWFOUNDLAND AND LABRADOR, 35 NM E
12 MARCH 2009

Canada

全文180页

事故发生后，所有从圣约翰国际机场出发的直升机都被暂停运营。直到2009年5月18日，直升机定期客运航班才恢复。为了确保安全，美洲狮直升机公司还将客运航班最大巡航高度设定在2 133米。

2009年6月16日，FAA发布了新的适航指令（AD 2009–13–01），要求修改S–92A直升机的飞行手册。该指令明确规定当主齿轮箱发生滑油泄漏故障时的应急处置措施，特别强调了在出现油压损失时必须立即着陆。

2009年6月，91号航班唯一的幸存者以及遇难者家属在美国联合起诉了西科斯基及其子公司基斯通直升机公司。2010 年 1 月 5 日，西科斯基的律师宣布，双方达成庭外和解，由于保密协议，和解细节并没有曝光。

2010 年 6 月，美洲狮直升机公司及其保险公司起诉西科斯基，索赔超过 2 500 万美元。他们指控西科斯基虚假宣传了 S-92A 直升机在失去液压油后仍能运行 30 分钟的能力，并且隐瞒了 2008 年澳大利亚发生类似事故的严重性。2011 年 11 月，双方达成庭外和解。

2011 年 2 月 9 日，TSB 发布了最终事故调查报告，并提出了多项安全建议。建议的核心内容是提高所有直升机的安全标准。新的法规规定，所有乘坐在水面飞行的直升机乘客都必须配备紧急水下呼吸设备，该设备可在紧急情况下提供至少两分钟的氧气供应。

德克尔还给出自己的建议：唯一确保所有海上石油工人安全的办法，就是让每一架直升机安全飞行。

延伸阅读：直升机水上迫降和紧急漂浮系统

在迫降在北海中的西科斯基 S-61N

直升机水上迫降，是一项高难度、高风险的飞行操作。无论是在茫茫大海、湍急河流还是平静湖泊上，直升机一旦落水，飞行员和机组人员都将面临严峻的生存考验。

想象一下，一架庞大的直升机突然坠入水中，即使海面看似平静，它也可能迅速倾覆。落水后的乘员不仅要面对冰冷刺骨的海水，还要承受巨大的心理压力。冷休克、体温过低等极端环境下的生理反应，更是对生命的严峻挑战。

直升机打开 EFS 后的场景

直升机紧急漂浮系统（EFS）

2014 年，英国民航局对海上直升机的安全进行评估时发现，考虑到历史迫降率（3.4 次 / 百万飞行小时）和迫降后倾覆的潜在严重后果，一旦直升机迫降在海面上，倾覆将导致严重后果。民航局建议：如果海况恶劣，超出了直升机认证的迫降性能范围，那么就应该禁止直升机在此海况下执行飞行任务。

然而，问题在于目前用于验证直升机迫降性能的方法并不完善，实际海况下直升机的迫降性能可能比官方数据显示的要差。为了解决这个问题，一个有效的办法就是在直升机上增加浮筒。即使直升机在迫降时无法保持直立，浮筒也能让它侧卧在水面上，从而避免倾覆。2007 年，欧洲航空安全局（EASA）的一项研究也证实了浮筒在防止直升机水上迫降后倾覆方面的有效性。

EFS 旨在帮助直升机在水上迫降时保持稳定并防止倾覆的重要安全装

置。当直升机落水后，机组人员只需启动 EFS，系统就会自动展开一系列充气浮筒，在机身周围形成一个巨大的气囊。这些气囊通常由高压氦气充气，能够有效地托起直升机，使其漂浮在水面上，大大提高了机上人员的生存机会。

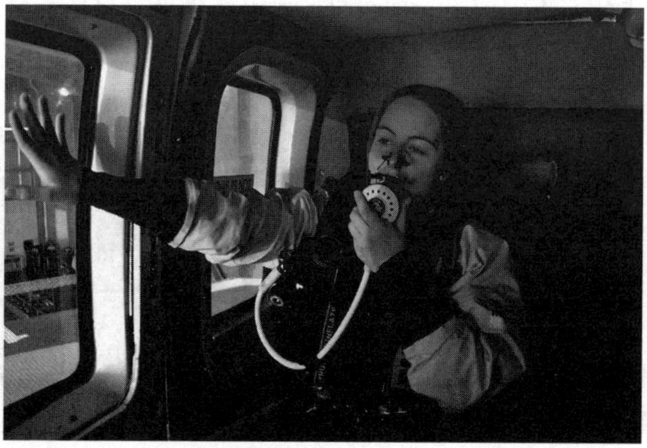

乘员在练习紧急呼吸系统

海上直升机乘员的紧急呼吸系统（EBS）

历史数据表明，当直升机在水上迫降并发生倾覆时，乘员通常需要 45 到 60 秒才能逃生。然而，冰冷的海水会迅速带走人体热量，导致体温急剧下降，引发严重的冷休克。

研究表明，在 10℃以下的低温水中，穿着救生衣的人平均只能屏住呼吸 20 秒左右。这也就意味着，能否在最短的时间内逃离险境，成为了生死攸关的关键。而紧急呼吸系统（EBS）的出现，为乘员的生还带来了新的希望。一旦发生意外，乘员只需单手操作，便能启动紧急呼吸系统，为逃生争取宝贵的时间。

29. 控制律之惑下的伯宁拉杆——2009 年法国航空 447 号航班

2009 年 6 月 1 日，法国航空 447 号航班（AF447）在从巴西里约热内卢飞往法国巴黎的途中突然与地面失去联系，并最终坠入大西洋。直到两年后，黑匣子的打捞才揭开了这起空难的真相。

事发当天，由一架 A330（F-GZCP 号机）执飞该航班，机龄 4.3 年，累计飞行 18 870 小时 /2 644 起降循环。飞机搭载 2 台 CF6-80-E1A3 发动机。航班一共搭载 228 人，其中包括 216 名乘客和 12 名机组人员。

法国航空是法国载旗航空公司，创建于 1933 年，总部位于法兰西地区特朗布莱，现为法荷航集团成员。枢纽机场为巴黎戴高乐机场（全球枢纽）和奥利机场（国内枢纽）。

法航涂装 A330

A330 驾驶舱

A330 是一款于 90 年代由空中客车公司研发的宽体客机，采用电传操纵系统和玻璃驾驶舱，配备两台通用电气 CF6 涡扇发动机，最大起飞重量达 242 吨，最远航程可达 13 450 千米。A330 在商业运营中一直保持着优异的安全记录，此前从未发生过造成人员伤亡的重大事故。

航班机长马克·杜波伊斯（Marc Dubois），58 岁，累计飞行 10 988 小时，其中 A330 型为 1 700 小时。副驾驶大卫·罗伯特（David Robert），37 岁，累计飞行 6 547 小时，其中 A330 型为 4 479 小时。第二副驾驶是皮埃里 - 塞德里克·伯宁（Pierre-Cedric Bonin），32 岁，累计飞行 2 936 小时，其中 A330 型为 807 小时。

对于法航飞行员而言，飞往里约热内卢的航班就像难得的度假旅行。他们将在海滨酒店享受三天的假期，机长杜波伊斯带着女友，副驾驶伯宁带着自己老婆。几乎没有飞行员能够充分休息，但他们都对这架先进的客机能够安全地将他们带回巴黎充满信心。

A330 配备了先进的安全系统，能够有效地弥补飞行员的操作失误，并配备了飞行包线保护功能，防止飞机俯仰角过大、飞行速度过快或过慢以及产生过度过载等情况发生。飞行员只需在起飞前输入航线计划，其余操作由飞机自动完成。他们的主要职责是监控仪表并及时处理突发状况。

5 月 31 日晚上 10 点 29 分（世界标准时间），447 号航班从里约热内卢起飞，预计于次日上午 9 点 10 分抵达法国巴黎戴高乐机场。起飞后，第二副驾驶伯宁负责驾驶飞机，机长杜波伊斯负责监控仪表，副驾驶罗伯特则在休息舱休息，准备进行换班。

1 点 30 分，巴西管制员与 447 号航班取得联系，并指示其保持在 10 668 米的巡航高度飞行。这是飞行员与地面管制的最后一次联系。凌晨 1 点 49 分，飞机离开巴西雷达管制范围，进入大西洋上空的雷达盲区。在大西洋上空巡航时，北向航班应保持在奇数高度层飞行，南向航班则保持在偶数高度层飞行，以确保安全间距。

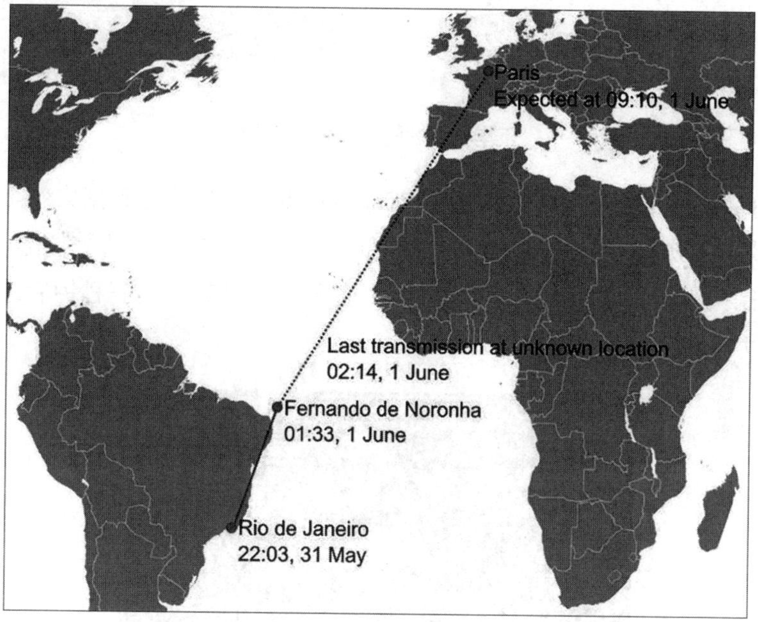

447 号航班航线和失联示意图

杜波伊斯机长决定换班休息，于是叫回了罗伯特。伯宁简单汇报了情况，称飞机正在 10 668 米巡航高度，前方遭遇雷暴天气，但无法爬升至 11 277 米的高度。

罗伯特注意到航路前方有雷暴，建议伯宁绕飞。驾驶舱内此时坐着两名副驾驶，由经验相对较少的伯宁驾驶飞机。两人似乎在讨论飞行操作。伯宁没有采纳罗伯特的建议，飞机继续按照既定航线飞行。

此时，这架 A330 正处于雷暴天气上方的高空冰晶层飞行。一般情况下，这并不会造成太大问题。但如果冰晶浓度过高，可能会堵塞飞机的皮托管，导致内置加热器无法及时融化冰晶，进而影响空速数据的准确性。A330 配备了三个皮托管，分别供机长、副驾驶和备用使用。皮托管是一种测量压力的仪器，通过比较动压（迎面气流压力）和静压来计算飞机的空速。如果皮托管被冰晶堵塞，气流无法正常通过，会导致测量数据失真，影响飞机的指示空速。

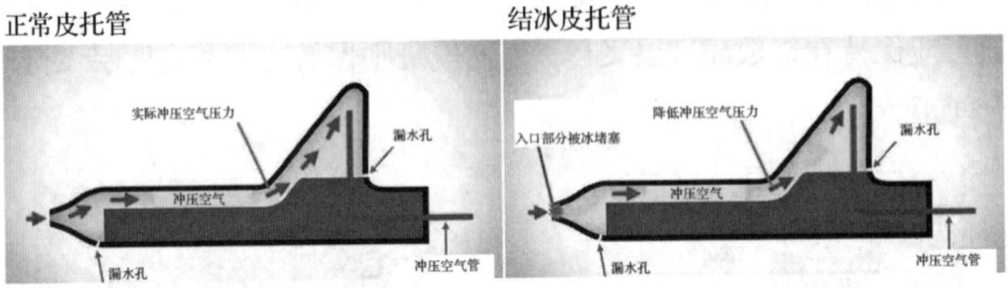

正常和结冰的皮托管示意图

F-GZCP 号机的三个皮托管全部被冰晶堵塞，导致空速数据失效。2 点 10 分 05 秒，驾驶舱内响起自动驾驶仪断开的警报，飞机自动驾驶仪随即脱离，飞行控制律由“正常模式”切换至“备用法则 2（ALT2）”。三秒钟后，发动机自动推力系统也脱离了工作。

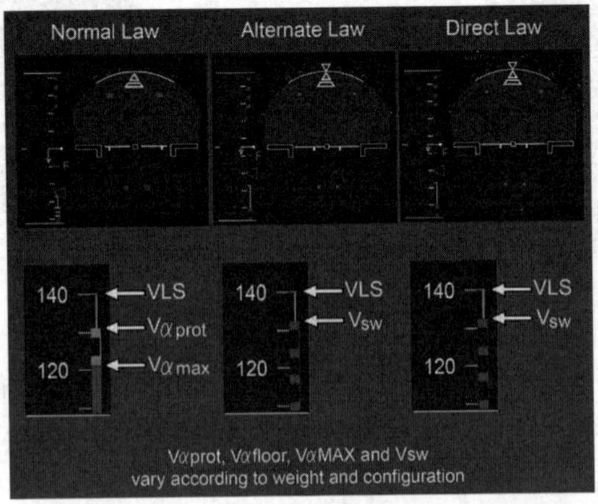

正常法则、备用法则和直接法则示意图

A330 的飞控系统由 3 台主飞行控制计算机（FCPC）和 2 台次要飞行控制计算机（FCSC）组成。这些飞控计算机根据不同的工作模式计算控制律，以控制飞机的姿态。飞控系统有三种控制律，分别是正常模式（Normal Law）、备用模式（Alternative Law）和直接模式（Direct Law），其中备用模式和直接模式为降级飞行控制律，在极端情况下，机械备份系统仍能控制飞机的俯仰和偏航。

在人工飞行俯仰操纵方面，正常法则可为 A330 提供全飞行包线内的保护，包括过载限制、俯仰姿态保护、大迎角保护（即使侧杆拉到底，迎角也不会超过最大迎角）和大速度保护。备用法则的操纵性有所降低，包线保护包括：过载限制、低速稳定性（可超控）和高速稳定性（可超控）。直接法则的包线保护仅限于失速和超速警告。

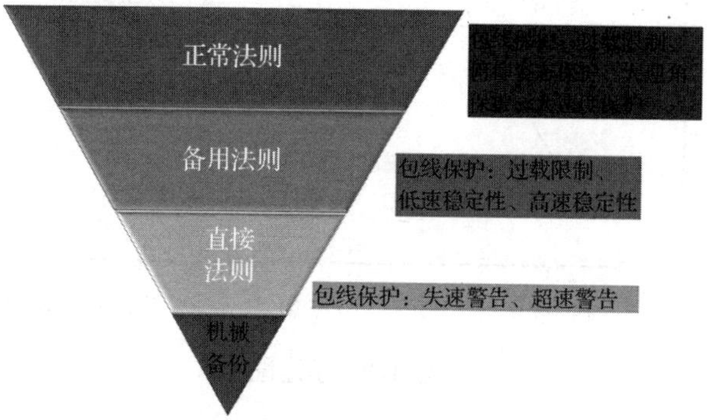

A330 控制律示意图

在人工飞行水平操纵（横滚和偏航）方面，正常法则的包线保护仅为坡度角保护（不可超控）。备用法则的包线保护在备用 1（ALT1）模式下为坡度角保护，备用 2（ALT2）模式下则没有包线保护，仅保留正常模式的载荷因数保护，这会增加飞机对横滚的敏感度。如果进一步出现故障，飞行控制律将降级至直接法则，此时飞机将失去所有正常模式的保护功能。在直接法则下，侧杆将绕过计算机直接控制操纵面，类似于老式波音机型。

当 447 号航班的空速数据失效后，飞机控制律降级至 ALT2 模式，飞行员在没有任何预警的情况下完全接管了飞机。自动驾驶仪断开后，由于湍流的影响，飞机瞬间向右翻滚了 8°。为了让飞机抬头，伯宁将侧杆向左推并向后拉。A330 随即开始快速爬升，驾驶舱内响起了多条警报。

在万米高空的区域进行快速爬升机动非常危险，因为此时飞机的最大安全速度（V_ne，这是飞机在不超出结构安全限制的情况下的最高速度。如果超过这个速度，机翼和机身结构可能会受到严重损害）和最小安全速度（V_s，这是飞机在不失速的情况下的最低速度。如果低于这个速度，机翼将无法提供足够的升力，飞机会失速）非常接近，甚至会在某个高度相遇，这也被称为“棺材角”（Coffin Corner）。

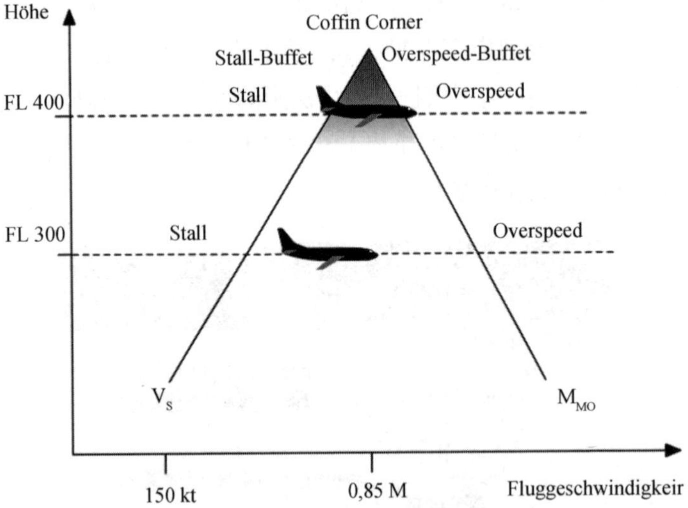

“棺材角”示意图

随着飞机迎角的不断增加，升力也随之增大，但当迎角达到临界值时，升力会迅速下降，飞机随即失速。由于高空空气稀薄，升力较小，因此需要更高的速度才能维持飞机飞行，此时飞机的临界迎角也更小。当伯宁拉杆的时候，飞机的失速警告响了 3 秒。由于警告时间过短，两名飞行员没有意识到危险。计算机屏幕上随即弹出各种警报信息，包括自动驾驶仪断开、切换至备用模式等，但并未显示故障原因。

飞机此时高度已达 11 277 米，仍处于持续爬升状态。罗伯特发现异常后，开始提醒伯宁关注空速，但此时两名飞行员均无法获取准确的空速数据。伯宁尝试降低机头，但飞机仍保持爬升姿态，他进一步降低发动机推力，这又导致了空速的进一步下降。罗伯特开始切换伯宁的仪表数据源，同时试图唤醒杜波伊斯机长。此时，空速已经恢复正常，但飞机迎角已达 10°，失速警报再次响起，且此次警报声持续不断。

飞机爬升至 11 582 米后陷入失速并开始下降。伯宁开始疯狂拉杆，试图保持机翼水平。然而，中断的气流和他的鲁莽操作导致飞机左右剧烈摇摆，坡

空客飞机皮托管

度角一度高达 40°。令伯宁困惑的是，飞机已处于 TOGA（起飞 / 复飞）状态，发动机正处于最大推力输出，但为何仍会下降？

伯宁绝望地喊道："我控制不住飞机了！"此时，飞机正以 3 000 米 / 分钟的速度坠向大海，并且还在不断加速。飞机迎角高达 40°，现在唯一的挽救方法是果断推低机头，恢复飞机空速，然后在较低的高度拉平机身。

然而，伯宁的操纵却令情况更加恶化：他不断向后拉杆，试图抬升机头。罗伯特按下侧杆的优先键，试图接管飞机，但很快又被伯宁抢回控制权。这导致两人都误以为飞机已经失控。杜波伊斯机长闻讯赶来，驾驶舱内一片混乱，当他了解情况时，一切都已无法挽回。近地警告系统发出刺耳的"拉起！"警报，但为时已晚。最终，447 号航班以 107 节的空速和 3 350 米 / 分钟的下降率坠毁在大西洋中。

飞机触水示意图

凌晨4点，塞内加尔管制员联系447号航班但未获回应，随后他开始联系相关管制中心、其他航班以及法国航空公司，但近两个小时内始终无法取得联系。由于447号航班失联地点位于雷达盲区，没有任何目击者，这给救援工作带来了极大的挑战。

法国民航安全调查分析局（BEA）成立调查组，法国航空史上最复杂、最重要的事故调查大幕缓缓拉开。巴西空军航空事故调查和预防中心（CEN-IPA）、德国联邦飞机事故调查局（BFU）、英国航空事故调查处（AAIB）和美国国家运输安全委员会（NTSB）根据《国际民航公约》附件13的规定参与调查。此外，中国、克罗地亚、匈牙利、爱尔兰、意大利、黎巴嫩、摩洛哥、挪威、韩国、俄罗斯、南非和瑞士也因本国公民乘坐该航班而派出了观察员。

调查人员目前掌握的唯一线索来自A330的通信寻址与报告系统（ACARS）数据。该系统每隔10分钟会自动向地面发送飞机位置和维护信息。447号航班在凌晨2点10分34秒发送的最后一条位置信息显示，其坐标为北纬2° 59′、西经30° 35′。在2点10分至2点15分之间，该系统还发送了5份故障报告和19条警告信息，其目的是提醒地面维修人员做好准备。

在2点10分发送的信息中，记录了一条皮托管静压系统故障。自动驾驶仪和自动推力系统随即关闭，防撞系统进入故障模式，飞控模式从“正常律”变为“备用法则2（ALT2）”。随后在2点10分至2点14分之间，飞机又发送了“大气数据惯性参考单元（ADIRU）故障”信息以及“机舱垂直速度警告”，表明飞机正在快速下降。调查人员由此推断，皮托管出现了故障。

事发时，447号航班正处于热带辐合带（ITCZ）的雷暴区域飞行，皮托管极易在此环境下发生结冰。该架飞机的皮托管曾多次出现结冰情况，导致空速数据不可靠。早在2008年，法航、空客和皮托管制造商就已对此问题进行过讨论。自2009年5月30日起，法航开始陆续为旗下所有A330飞机更换泰雷兹新型皮托管，但这对于447号航班而言太晚了。

大规模搜救行动随即展开。6月2日，一架巴西空军飞机发现飞机残骸和油污。6月7日，搜救人员打捞起A330的垂直尾翼，这也是发现的第一块主要残骸。调查人员通过对飞机残骸和遇难者遗体进行分析推测，飞机以近乎平直的姿态、极高的下降速率撞击海面。事故原因成为谜团，谜底隐藏在“黑匣子”之中。

调查员在打捞飞机残骸

飞机的坠毁地点尚不明确，大西洋洋流将漂浮的飞机残骸散布在 500 平方千米的海域内，而该海域水深超过 4 000 米，救援船只必须接近“黑匣子”才能接收其信号。更令人担忧的是，“黑匣子”的电池续航时间只有 30 天。根据 ACARS 信息，水下搜寻计划采用拖曳声呐技术，以飞机最后已知位置为中心，搜索半径为 80 千米的区域。然而，前三个阶段的搜索均未取得任何结果。

2011 年春季，搜寻行动终于取得了突破性进展。2011 年 4 月，美国伍兹霍尔海洋研究所利用全海深自主水下航行器（AUV）和侧扫声呐探测技术，发现了 447 号航班的大部分残骸，其中大部分碎片位于水深 3 980 米的淤泥之中。

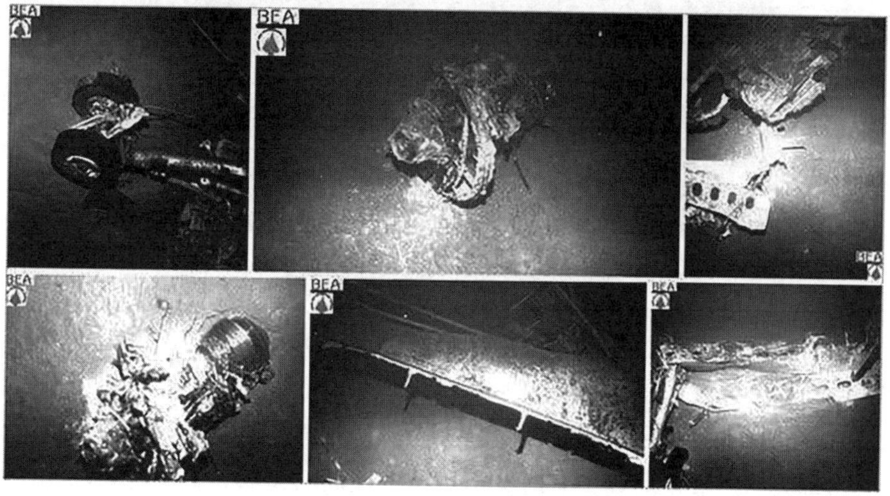

散落在海底的飞机残骸

飞机残骸散落范围较为集中，表明飞机在坠毁前并未发生解体。2011 年 5 月 1 日，飞行数据记录仪（FDR）的存储单元成功打捞出水。次日，驾驶舱语音记录仪（CVR）也重见天日。随后，这两部“黑匣子”被送往巴黎附近的勒布尔热进行数据分析。

“黑匣子”记录的数据还原了 447 号航班的事故经过：在空速指示失效、自动驾驶仪断开后，副驾驶伯宁开始向后拉侧杆，导致机头抬起、飞机持续爬升并最终失速坠毁。直至事故发生前最后一刻，他仍旧在拉杆。

FDR 数据显示，飞机在从 12 000 米高空下降的 3 分 30 秒内，一直处于失速状态。飞机以 282 千米 / 小时的速度坠海，下降速率高达 55.43 米 / 秒，俯仰角为 16.2°，向左横滚 5.3°。2 点 14 分 28 秒，“黑匣子”停止记录。

从故障发生到坠海，飞机只用了短短 4 分钟多一点。事故过程并不复杂：爬升、失速、坠海。然而，调查人员需要厘清的是，副驾驶伯宁为何做出如此危险的操作？

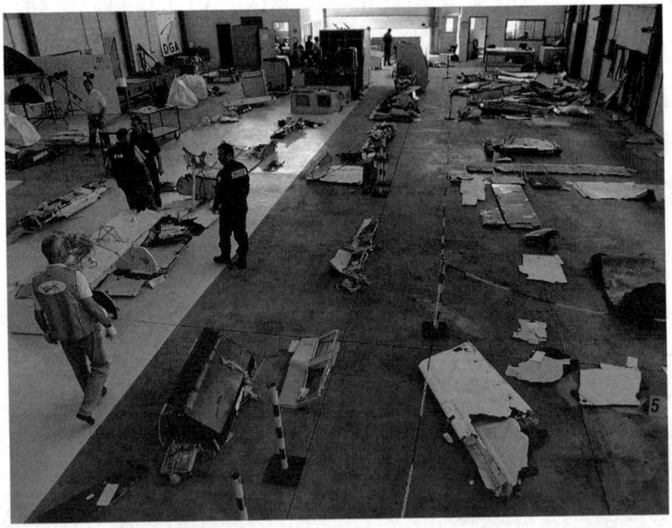

调查员将飞机残骸收集到仓库中

在大多数人眼中，飞行员是一份充满神秘色彩的职业，他们能够在万米高空化险为夷，挽救危局。然而，在自动化程度较高的 A330 这类飞机上，飞行员的工作却显得更加抽象。A330 的飞行员平均每次手动驾驶时间仅为 3~4 分钟，每周飞行 2~3 次航班，有时甚至更少。他们的大部分工作时间都花费在监控飞行计算机的运行情况上。

飞行技艺经验通常是通过驾驶小型飞机积累起来的，这类小型飞机的自动化程度较低，甚至完全没有自动化系统。这使得飞行员能够更加直观地了解飞机在各种飞行状态下的表现。机长杜波伊斯就拥有丰富的驾驶经验，他在 1977~1987 年间驾驶过至少 17 种不同类型的轻型飞机，累计上千小时飞行时间。如果他当时坐在机长位置，当飞机发生空速不可靠的情况时，他或许能够凭借直觉做出正确的反应。

机长杜波伊斯轻型飞机驾驶机型达到 17 种

副驾驶伯宁的飞行训练经历则截然不同。他驾驶小型飞机的时间仅够获得私人和航线运输执照的最低要求。随后，他只经过数百小时的飞行训练，便开始在法国航空接受 A320、A340 的培训，最终成为 A330 的副驾驶。由于后三种机型均采用高度自动化的设计，伯宁在轻型飞机上积累的驾驶技艺很快退化。

尽管伯宁在课堂上系统学习了飞行原理，但与驾驶全手动飞机的感受相比，仍存在着天壤之别。在接下来的 2 000 多个飞行小时中，他大部分时间只是观察飞行计算机的运行情况，实际手动操作飞机的时间仅为 13 小时，且所有飞行都在飞行包线的安全区域。

高速失速和低空失速存在着本质上的区别，但法国航空却没有针对高速失速的预防和改出训练。在模拟机中，飞行员会练习如何从飞机起飞阶段的失速中改出，此时他们需要施加最大推力并保持 12° 的机头仰角。由于低海拔地区空气密度较大，情况在万米高空则截然不同：仅需 4° ~5° 的俯仰角便会触发失速警告，而此时距离真正的失速也近在咫尺。

调查员将飞机残骸放到岸边

A330 的飞行包线保护系统严格限制了任何操作导致飞机迎角超过临界值的情况。有了这项功能，失速警告甚至变得不再必要，因为失速根本不可能发生。飞行员即使全力向后拉杆，飞机也不会因仰角过大而陷入危险。

正所谓“不怕一万，就怕万一”，447 号航班正是因为空速不可靠，导致正常控制律降级，瞬间失去了保护。飞行计算机无法获取飞机空速信息，也就没有办法避免失速。

关键问题在于，副驾驶伯宁是否了解 A330 的备用控制律？他是否清楚这其中的严重后果？从理论上讲，掌握这些知识是他的责任，但现实情况却并非如此。

当空速不可靠时，飞行静压口也会受到影响，其读数会略微升高。静压会随着高度的降低而增加，导致传感器低估飞机的高度，此时计算机算法会对静压读数进行修正。在 447 号航班皮托管冻结的瞬间，飞机指示高度骤降 100 米，垂直速度指示器显示下降率高达 180 米 / 分钟。伯宁可能察觉到飞机正在下降，因此开始拉杆。他也可能认为，由于飞行包线保护的存在，无论他如何用力向后拉杆，飞机始终处于安全角度。

飞行数据显示，伯宁更关注飞机飞速过快，而非过慢。一些飞行员错误地认为，飞机超过最大飞行速度会导致空中解体，而在高空，最大速度比巡航高度高不了多少。

在正常法则下，A330 空速指示器显示的是飞行包线保护规定的最大和最

在大海中漂浮的飞机残骸

小允许速度，而巡航时的实际速度更接近于前者。事实上，在 447 号航班事故发生前的 20 年里，由高空失速导致的坠机事故，要远远多于超速导致的解体事故。

基于这些错误认知，不难理解伯宁的行为。故障发生后，他似乎看到飞机在下降，本能地想避免飞机进入超速状态。然而，当正常法则降级后，最大 / 最小速度指示也消失了，这使伯宁陷入对飞机超速的非理性恐惧之中。

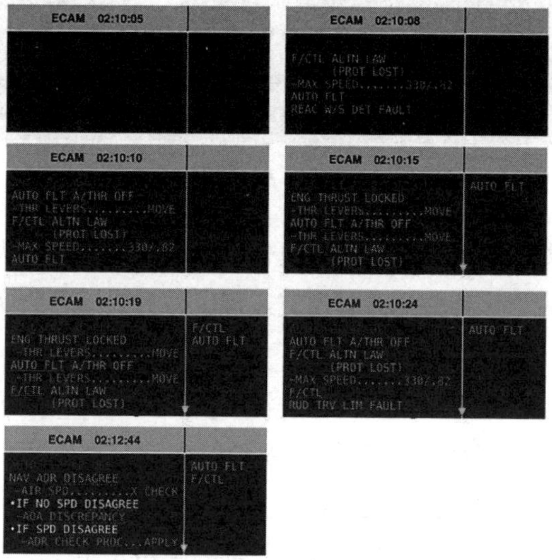

Figure 71: ECAM displays at different moments (if no message has been erased)

飞行员看到 ECAM 的警告信息

伯宁和罗伯特都曾接受过空速不可靠训练，训练中要求飞行员采用预定的推力设定和俯仰角来保持稳定飞行。然而，与失速改出训练不同的是，当飞行员在爬升阶段遇到空速不可靠情况时，他们会本能地拉高机头以保持姿态稳定。但这种做法在巡航高度却会产生截然相反的效果。

根据历史记录，在过去十余起 A330/A340 巡航高度空速不可靠事件中，没有一名飞行员能够正确识别故障并采取有效措施稳定飞行。其中，甚至有一名飞行员因为过度拉升机头而触发了失速警告。伯宁所面临的困境并非个例。在飞机失速的关键时刻，他可能已经处于大脑超负荷状态，导致忽略了重要的警告信息，也无法判断哪个仪表显示的数据才是正确的。

放在卡车上的飞机残骸

此前，遭遇类似情况的飞行员曾报告，他们认为短暂的失速警告是由于空速读数错误导致的。这种猜测并非没有道理，因为失速警告实际上是基于飞机迎角，而非空速。

尽管罗伯特经验相对丰富，但他并没有阻止伯宁让飞机失速。他似乎意识到飞机仰角过大，并提醒其“下降”。罗伯特和伯宁拥有相似的飞行经历，并且自从事行政工作后，飞行便成为业余。

一旦飞机真正失速，飞行员的训练技能就无济于事了。法国航空的模拟机培训无法真实模拟飞机脱离正常飞行包线后的状况。训练更多地侧重于防止失速，而非从失速中恢复。伯宁可能从理论上了解如何改出失速，但这仅仅基于书本知识，和现实简直就是两回事儿。

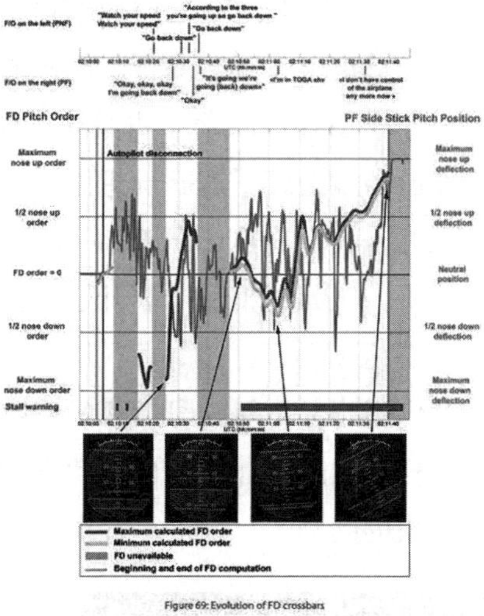

飞机在爬升初期和失速期间的飞行指引仪对比示意图

此外，飞行指引仪（Flight Directors）也会误导飞行员。当空速不可靠时，飞行指引仪会自动消失。但如果飞行员未主动关闭，当两个空速数据一致时，它会重新显示。此时显示的飞行指引仪并未进入巡航模式，而是显示垂直速度模式，目标爬升率为 426 米 / 分钟，飞机迎角约为 12°。巧合的是，这与伯宁练习低空失速改出的角度一致。FDR 显示，在失速期间，伯宁可能一直根据该数据调整飞机迎角。

伯宁拉起侧杆，飞机抬头，失速警报响起。机组人员试图控制飞机，但他们却被眼前的混乱局面所困。罗伯特决定接管飞机，他尝试降低机头，这是飞机改出失速的关键步骤。然而，意想不到的是，伯宁仍在拉杆，两人的操作相互抵消，飞机的飞行姿态并未改变。

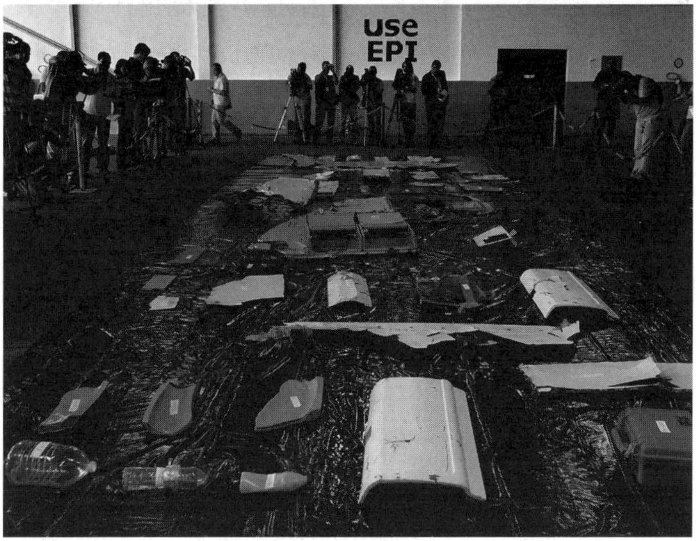

向记者展示的飞机残骸

A330侧杆的非机械连接设计使得飞行员无法感知彼此的操作。通常情况下，飞行员也很少触碰侧杆。侧杆的设计理念是基于飞行员接受了良好的机组资源管理（CRM）训练，并能够有效地沟通彼此的操作。而447号航班混乱的驾驶舱环境击碎了这一理想假设。

因此，我们看到一位对A330特性缺乏了解的飞行员，一步步陷入自己想象的陷阱，犹如一个从未离开过摇篮的孩子，突然被置于暴风雨中，失去了判断力。

我们很容易将447号航班的悲剧归咎于伯宁的失误，就像其他类似的航空事故一样。但这并非我们研究此案例的初衷，我们同样需要思考这场悲剧背后更深层次的问题。

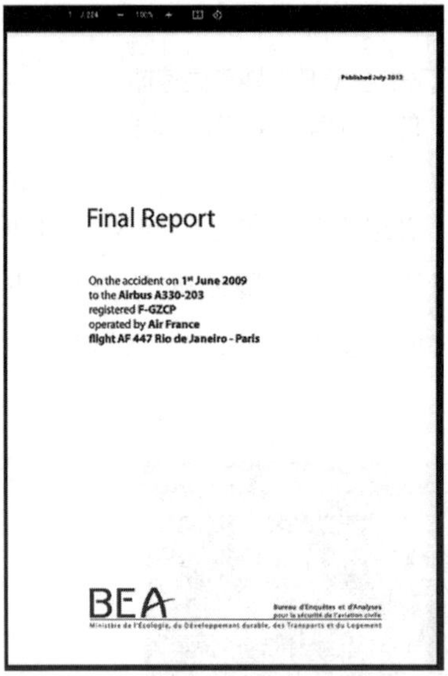
Final Report

On the accident on 1st June 2009
to the Airbus A330-203
registered F-GZCP
operated by Air France
flight AF 447 Rio de Janeiro - Paris

BEA

调查耗时3年1个月，全文224页

447号航班事故成为航空业自动化发展历程上的分水岭。不可否认，自动化技术极大地提升了飞行的安全性，但也同时带来了不容忽视的潜在问题。正如正常法则在故障情况下会降级为备用规则一样，飞行员在面对突发状况时，也需要具备驾驭传统驾驶技术穿越“雷暴”的能力。

航空安全专家威廉·朗格维舍（William Langewiesche）曾提出一个令人深思的悖论——随着飞机自动化程度的不断提高，飞行员实际操纵飞机的机会越来越少。这看似是一件好事，但同时也带来了一个隐患：当飞机遭遇紧急情况时，飞行员可能因缺乏实际操作经验而手足无措。然而，更先进的飞机和自动化系统也对飞行员提出了更高的要求，他们必须具备更扎实的飞行基础和更强的应变能力。

447号空难的惨痛教训，再次将这一悖论推向了公众视野。飞行培训开始再次强调基本飞行技巧和航空常识，高空失速等极端情况也被纳入培训体系，这能使飞行员能够在面对极端场景时更加从容不迫地应对。

尽管如今的航空业已经达到了前所未有的安全水平，但我们仍不能掉以轻心。只要人类还在驾驶飞机，人与飞机之间就永远存在着间隙，也蕴藏着灾难的种子。

无论是过去还是未来，大多数大型客机事故都与飞行员的操作失误有着千丝万缕的联系。以 2009 年法航 447 号航班空难为例，这起悲剧深刻地提醒我们，人类在复杂多变的飞行环境中，仍然存在着认知和判断上的局限性。

因此，避免类似悲剧重演的最佳方式，就是从历史事故中吸取教训，不断完善飞行员的培训体系，提升人机交互的安全性，并加强对飞行环境的监测与预警。

延伸阅读：驾驶舱自动化的优势和安全挑战

驾驶舱示意图

现代飞机越来越依赖自动化技术，以实现安全高效的运行。然而，自动化系统也并非万无一失，倘若误解或操作不当，也可能引发严重事故。此外，自动化可能导致飞机出现异常状态，使用传统的手动飞行技术很难或不可能从中恢复。

自动化的优点和缺点：

1. 提高乘客舒适度；

2. 改善飞行路径控制，减少气象条件影响；

3. 系统监控显示器和诊断辅助系统（电子中央监控系统 ECAM）/ 发动机指示和机组人员警报系统（EICAS））相结合，能够提供清晰易懂的故障信息，有助于增强飞行员和维修人员对飞机系统状态的理解。复杂故障信息可能导致误判。当出现复杂故障事件时，过分简化的故障信息可能会让机组人员难以理解，延误故障诊断或分散对主要任务的注意力。

4. 自动化系统可以将飞行员从简单重复性的操作中解放出来，让他们更多地扮演监控者的角色。然而，人类并不擅长长时间集中注意力在单一任务上。例如，当自动油门开启时，飞行员很容易养成忽略速度指示的习惯。一旦自动油门失效，无论出于设计原因还是故障原因，飞行员都可能无法及时察觉速度偏差。

5. 高效的自动化系统能够减轻飞行员的工作负担，使他们能够将注意力集中在更为重要的任务上。然而，当需要进行键盘输入或数据检索操作时，自动化系统可能会增加飞行员的工作量，分散他们的注意力。相比之下，设计不良的自动化系统不仅会降低飞行员的情景意识，还会在系统故障时给飞行员带来巨大的工作压力。

飞行员和自动化的交互问题：

1. 由于长期依赖自动化系统，飞行员对飞机的直接操作越来越少，导致飞行员的基本手动飞行技能和认知能力可能逐渐退化。此外，一些航空公司为了简化操作或提高效率，甚至会主动限制飞行员进行手动飞行，这进一步加剧了飞行员手动飞行技能退化的趋势；

2. 意外的自动化行为。系统故障可能导致飞机意外脱离自动驾驶模式或模式设置错误，从而引发严重事故；

3. 当飞行员与飞机的自动化系统交互时，他们很容易被繁琐的操作所分心。相比于关注飞机的俯仰、功率、滚转和偏航等基本状态，飞行员往往需要花费更多的精力去选择合适的飞行模式并处理各种系统提示。这种分心会分散他们对飞行状态的实时监控，从而增加飞行风险；

4. 过多警报可能导致飞行员信息过载，难以区分警报的轻重缓急，从而增加发生飞行事故的风险；

5. 在时间压力下，飞行员更容易出现错误信息输入或忘记交叉检查等操作失误。例如，当空中交通管制（ATC）临时要求重新起飞或降落时，飞行员可能会因为工作量骤增而无法及时处理所有信息。此时，应将自动化系统降至基本模式，为他们重新输入飞行管理系统（FMS）争取时间；

6. 诊断系统在面对多个故障同时发生、突发意外事件或需要超出标准操作规程的情况时，往往难以给出准确、及时的判断；

7. 当飞机的自动化系统发生故障时，飞行员往往需要迅速接管手动操作。这种突如其来的转变会让飞行员感到措手不及，工作量和心理压力会急剧增加。在高度紧张的状态下，飞行员很容易做出错误的判断或操作，从而引发严重后果。为了应对这种情况，我们建议加强飞行员的应急训练，尤其是“惊吓训练”；

8. 高度自动化的飞机，在控制律降级时可能出现问题；

9. 在电子飞行包（EFB）中输入错误数据，可能导致飞行计划错误、性能计算偏差，甚至引发飞行事故。这种错误往往隐蔽性强，不易被飞行员及时发现，后果不堪设想；

10. 在自动化系统出现故障的紧急时刻，警报系统虽然能及时提醒我们，但通常只指出问题所在，而未能提供下一步行动的具体建议，这无疑会延误问题的解决；

11. 在自动化断开或故障时，分配给飞行员的任务可能超过他们个人或团队的能力范围，导致他们难以有效应对突发状况；

12. 飞行员可能无法充分理解自动化故障的本质、原因和潜在影响。

解决方法：SOP 能最大限度地利用自动化，从而提高飞行效率和安全性。然而，SOP 也应保持足够的灵活性，允许飞行员选择在非自动化或部分自动化模式下进行飞行。这对于飞行员在周期性的模拟机训练中保持手动操作技能和应急处置能力至关重要。

飞行员培训必须确保以下几点。1. 深入了解自动化系统：飞行员必须对飞机上的自动化系统了如指掌，不仅要清楚它们能做什么，更要明白它们的局限性；2. 重视监控自动化：在飞行过程中，飞行员必须时刻关注自动驾驶仪的工作状态。一旦发现系统出现异常或产生不符合预期的结果，飞行员要能够迅速做出反应，及时纠正错误；3. 灵活运用自动化：飞行员要根据不同的飞行任务和环境条件，选择合适的自动化程度。既要充分利用自动化带来的便利，又要保持对飞机的掌控能力。

第五章

2010 年 ~

走向未来

1. 大雾天气下的场外接地——2010 年中国河南航空 8387 号航班

E190 驾驶舱

2010 年 8 月 24 日，一架由河南航空执飞的巴航工业 E190（B–3130 号机）在从哈尔滨飞往伊春的途中，于伊春林都机场降落时发生严重事故。这架飞机在执行仪表进近时擦树坠毁，导致机身受损并引发火灾，导致 44 人遇难。

事故当日 20 点 51 分，河南航空 8387 号航班（VD8387）从哈尔滨起飞，机上共有 96 人，包括 91 名乘客和 5 名机组成员。飞机在巡航至距离伊春林都机场 169 公里、高度 6 300 米时，于 21 点 10 分首次与伊春管制建立联系。管制员通报了机场当时的能见度为 2 800 米。

黑龙江伊春林都机场位于市区东北部，跑道长度为 2 300 米（12/30）。该机场坐落于山谷交会处的漫滩地带，事发当晚，机场附近空气湿度达到 90%，从 17 点到 21 点期间，气温迅速下降，形成辐射冷却降温现象，导致水汽迅速凝结。机场能见度在 19 点大于 10 千米，到了 21 点降至 8 000 米，21 点 08 分降至 2 800 米，呈现快速下降的趋势。

随后，飞行员相继完成 30 号跑道部分进近简令和下降、进近检查单，确认甚高频全向信标 / 测距仪（VOR/DME）进近的最低下降高度为 440 米。21 时 36 分 34 秒，副驾驶报告："就要穿这个雾了。"

事后调查证实，飞机此时已进入辐射雾中。辐射雾是一种常见的雾的种类，它主要发生在晴朗、无风或者微风的夜晚。想象一下，晴朗的夜空，地面失去了太阳的照射，就开始慢慢地冷却下来。就像一个热水瓶放在凉的地方，瓶身会逐渐变冷一样，地面也会向天空散发出热量。当地面不断冷却时，贴近地面的空气也跟着变冷。如果空气中原本就含有一定量的水汽，当温度下降到一定程度时，这些水汽就会凝结成小水滴，悬浮在空中，形成的就是辐射雾。

辐射雾示意图

飞机距机场 DME 4 海里，高度 634 米，正以每分钟 237 米的速度下降。副驾驶报告高度刚好，但实际上飞机的实际高度已经开始低于标准进近垂直剖面。

飞行机组脱开自动驾驶仪，改为人工驾驶。飞机穿越了最低下降高度 440 米，此时飞机仍在辐射雾中，机长未能看见机场跑道。机长询问副驾驶："高度怎么样了？"副驾驶报告："一海里，三百二，刚好。"此时飞机实际距伊春机场 1.6 海里，高度 335 米，比标准进近垂直剖面低 47 米。

21 时 38 分 05 秒至 21 时 38 分 08 秒，飞机无线电高度自动语音连续提示："Fifty、Forty、Thirty、Twenty、Ten"（50、40、30、20、10 英尺），直至飞机撞地。事故调查显示，从进入辐射雾直至撞地，飞行机组始终未能发现机场跑道，也未能建立起着陆所需的目视参考，最终没有采取复飞措施。

飞机在距离伊春机场 30 号跑道入口外跑道延长线 1 110 米处，首先与地面树梢发生刮擦。随后飞机主轮触地，并与地面发生猛烈碰撞。撞击后，飞机主起落架和两台发动机脱落，左机翼断开，机身破裂，燃油泄漏引发火灾。

部分幸存者通过飞机左右舱门、驾驶舱左侧滑动窗以及机身壁板破裂处成功逃生。然而，机长在事故发生后，并未组织旅客撤离，也没有救助受伤者，

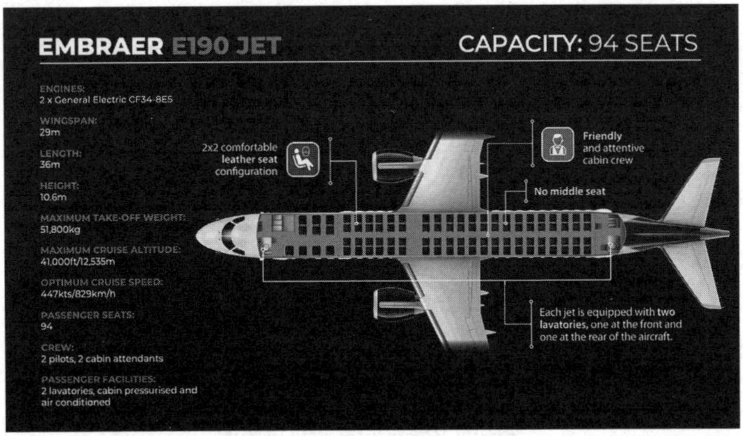

E190 座椅布局图

而是擅自离开了飞机。

8387 号航班事故的直接原因：

1. 机长违反河南航空《飞行运行总手册》有关规定，在低于公司最低运行标准时（机长首次执行伊春机场飞行任务时能见度最低标准为 3 600 米，事发前伊春机场管制员向飞行机组通报的能见度是 2 800 米），仍实施进近。

2. 飞行机组违反民航局《大型飞机公共航空运输承运人运行合格审定规则》有关规定，没有看见跑道、没有建立着陆所必需的目视参考时，仍穿越最低下降高度实施着陆。

3. 飞行机组在飞机撞地前出现无线电高度语音提示，在没有看见跑道的情况下，仍没有采取复飞措施，继续盲目实施着陆，导致飞机撞地。

该事故也暴露出河南航空安全管理薄弱；深圳航空对河南航空投入不足、管理不力；有关民航管理机构监管不到位等间接问题。

2. 空客 A380 发动机爆炸和飞行员奇迹——2010 年澳洲航空 32 号航班

澳洲航空 32 号航班（QF32）是从英国伦敦希斯罗机场经停新加坡樟宜机场飞往澳大利亚悉尼机场的国际航班。2010 年 11 月 4 日，一架执飞该航班的空客 A380 从新加坡起飞四分钟后，左侧机翼内侧的 2 号发动机突然发生爆炸，机组人员在沉着冷静地处置险情后，飞机最后成功迫降在樟宜机场。

空中的 VH-OQA 号机示意图

航班机长理查德·德·克雷斯皮尼（Richard de Crespigny），累计飞行 15 140 小时。副驾驶为马特·希克斯（Matt·Hicks），累计飞行 11 279 小时。第二副驾驶为马克·约翰逊（Mark Johnson），累计飞行 8 153 小时。此次飞行也是澳航对理查德机长进行年度考核项目的航班，执行评估任务的是澳航的资深机长哈利·乌本（Harry Wubben）和戴夫·埃文斯（Dave Evans）。机上搭载 469 人，包括 440 名乘客和 29 名机组成员。

这趟航班由一架空客 A380（VH-OQA 号机）执飞，该机型是全球历史上载客量最高的客机。2008 年 9 月，VH-OQA 号机交付给澳洲航空，成为澳洲航空接收的第一架 A380。该机以澳大利亚首位女飞行员南希·伯德·威尔顿（Nancy Bird-Walton）的名字命名。

以南希名字命名的 VH-OQA 号机

32 号航班获准起飞后，很快便在 4 台罗·罗遄达 972 发动机的推动下冲上云霄。A380 拥有 400 万个部件，机上 25 万个传感器时刻监视着飞机的状态，使其成为当时自动化程度最高的机型之一。飞机电子中央监控系统（ECAM）会检查大约 1 214 个检查表的数据库，显示飞机的实时工作状态，并对飞行员进行及时提醒。

然而，意外却在飞机起飞 4 分钟后发生了。上午 10 点 01 分，飞机左侧机翼内侧的 2 号发动机便发生了爆炸。理查德机长当机立断关闭自动驾驶仪，接管飞机并保持在 2 255 米的高度，接下来他身上 35 年的飞行经验起了关键作用。

当“黑天鹅”事件发生时，瑞士奶酪模型就失效了。理查德机长要求副驾驶马特监控 ECAM，并分析和评估其中的信息。屏幕左下角的箭头指示还有更多信息需要处理。与此同时，理查德机长向空中交通管制中心发出了“Pan Pan Pan”的紧急求救信号（仅次于 Mayday 的紧急求救信号），告知 32 号航班发生发动机失效等重要情况，并要求管制员清空附近的空域以便他们进行紧急迫降。

ECAM 显示受损发动机温度过高，并极有可能引发更严重的问题。A380 的机翼储存了大量燃油，为防止发动机起火，飞行员尝试切断燃油供给，但操作却未能奏效。随后，发动机起火警告灯亮起。飞行中发动机起火是飞行员们在空中最为危险的情况之一，必须高度重视。

A380 的驾驶舱

飞行员将灭火的唯一希望寄托在紧急灭火器上，迅速开启了火警开关。警报暂时消除了，但飞机状况依然不明。澳洲航空位于悉尼的签派运营中心也收到了来自飞机的实时信息：32 号航路下方的印尼巴丹岛上出现了飞机残骸，当地有人开始怀疑飞机失事。

此时，副驾驶马特正在处理层出不穷的系统警报，机组必须逐项解决。在日常的飞行训练中，飞行员最多只会遇到 2 到 3 个模拟故障，然而 32 号航班却出现了 58 个，这对于机组来说是极大的考验。爆炸发生 5 分钟后，32 号航班已经飞到了新加坡以南 70 千米处，还在飞离大陆。飞行员想要返回新加坡，但由于不清楚飞机的具体状况，贸然转向可能导致更加严重的后果。

接踵而来的故障信息也在考验着机组的应变能力，这是一场在刀尖上的舞蹈，稍有失误，人机俱损。

发动机受损后的场景

理查德机长听取了副驾驶马特关于飞机故障的汇报后，果断指示埃文斯通过机内广播向乘客们通报情况。越来越多的故障信息迫使理查德机长作出返航的决定：他决定冒险进行 180° 大转弯，迫降在新加坡樟宜机场。为此，他通过无线电联系了新加坡空管中心，请求转向许可。

飞机在理查德机长的操纵下缓慢地向左转弯。他知道，此时飞机随时都有失控的风险。此时，VH-OQA 号机的重量超出最大降落重量 40 吨，而新加坡樟宜机场是方圆 350 千米内最大的机场，拥有 4 000 米长的跑道。成功完成转弯后，飞行员们逐渐建立起信心，他们即将面临终极挑战——降落。

为了更好地了解飞机受损情况及其对后续操作的影响，机长理查德决定派副驾驶马特前去检查发动机。马特发现 2 号发动机受损严重，发动机碎片甚至击穿了机翼蒙皮。他将情况汇报给理查德机长，更糟糕的是，飞机出现漏油情况！

这一发现也解释了为何 ECAM 系统显示了多项故障。爆炸后的发动机碎片不仅洞穿了机翼，还破坏了位于机翼内的飞行控制系统缆线。虽然飞机故障原因已经明确，但飞行员面临的挑战却丝毫没有减轻，因为受损的缆线和液压系统在降落过程中可能引发更大的灾难。

飞行员决定在机场附近盘旋待降，并制订具体的迫降方案。埃文斯利用 A380 的降落计算软件计算出，这架飞机在单发失效的情况下需要多长跑道才能满足降落标准。遗憾的是，电脑没有给出答案。这架飞机装载了 105 吨燃油，这意味着任何降落都将极其危险。此外，燃料输送泵的损坏也使这些宝贵的燃油变成了负担。

现在，客机超重 40 吨，飞机越重，降落时所需跑道长度也会更多。在飞机自动化高度发达的今天，部分飞行员宁愿相信计算机也不愿相信自己判断，而 32 号航班机组成员却不信邪，以亲身经历证明了人的判断要超过计算机。

发动机受损细节图

埃文斯输入了相对乐观的数据，电脑预测最坏的结果显示，跑道余量只有 139 米。相对于跑道全长而言，这是一个不容丝毫错误的距离。电脑还建议进场速度为 146 节（约 270 千米 / 小时）。副驾驶马特对这个数据提出质疑，他认为进场速度太慢了。飞机降落时必须保持正确的速度，否则后果不堪设想：速度太慢，飞机会失去升力坠毁；速度太快，飞机又会冲出跑道。最终，理查德机长决定以 166 节（约 307 千米 / 小时）的速度降落。他同时联系管制员，要求实施长距离进场程序，并做好地面消防准备。

理查德机长现在依然不清楚这架客机是否具备降落所需性能，他决定提前试验一下飞机的飞控系统。他轻轻地向左倾斜飞机，模拟对准跑道的动作。然而，当他试图向右转时，却发现操作异常困难。就像老中医把脉一样，这一把理查德机长就对飞机的操控性能了然于胸：飞机已经丧失了大约 60% 的机动能力。机组人员明白，他们只有一次机会将飞机对准跑道。这一次降落，32号航班要么万分荣耀，要么万劫不复。

发动机受损图

理查德机长调整飞机油门，试图以最低的速度落地。此时，飞机正处于失速的边缘。他终于艰难地对准了跑道，100 英尺（30 米）——50 英尺（15 米）——30 英尺（9 米）——20 英尺（6 米）。随着飞机高度不断降低，失速警报再次响起，最终以比正常降落速度快了 35 节（64 千米 / 小时）的速度降落在樟宜机场的跑道上。

A380 因为机翼宽度的原因，只有内侧的两个发动机具有反推功能，而故障的 2 号发动机直接削减了 50% 的反推性能。此外，机翼中受损的线缆导致一半的扰流板无法工作，并影响副翼的减速效果。飞行员拼尽全力踩下刹车，最终在四条轮胎爆胎的情况下，将飞机安全停在了跑道尽头前方的 150 米处。

32 号航班可谓命悬一线，在经历了惊险万分的飞行后，终于平安降落在了跑道上。然而，危机并未就此解除。受损的油箱不断泄漏燃油，燃油距离滚烫的起落架近在咫尺，随时都有可能引发更大灾难。机长理查德并没有急于疏散乘客，而是等待消防员喷洒阻燃泡沫，防止飞机发生火灾。他知道，飞机配备了 16 个紧急滑梯，能够在 90 秒内完成所有乘客的疏散，但这样做也可能造成 5% 到 10% 的乘客受伤。

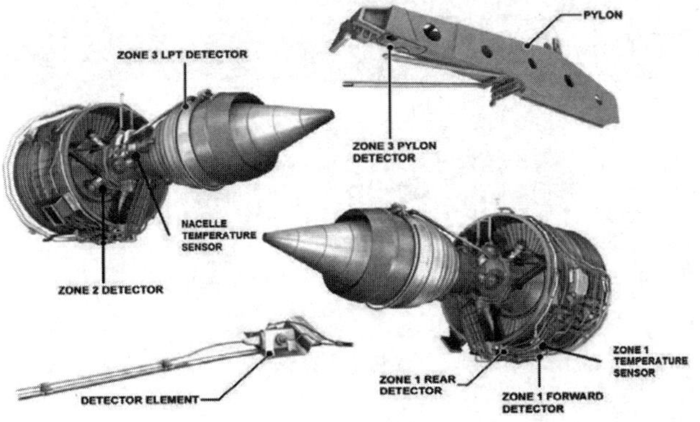

火灾探测器分布图

理查德机长认为乘客在飞机上要比流淌着燃料的跑道更安全。由于发动机设计考虑了暴雨模式，消防员的喷水并未能有效熄灭火焰，他们改用消防泡沫，经过 3 个小时的努力，才将火势扑灭。随后，乘客们安全地从飞机楼梯撤离。机组人员在确认发动机完全熄灭后才离开驾驶舱。

事发当晚，澳航首席执行官艾伦・乔伊斯（Alan Joyce）宣布：由于安全标准未达标，澳航将停飞所有 A380。遄达 900 发动机所出现的问题也决定着澳航 A380 机队的命运，将发动机制造商罗・罗置于风口浪尖的位置。

澳大利亚运输安全局（ATSB）迅速成立调查组展开调查。调查员发现，受损的发动机程度极为严重，掉下来的残骸中包含一个破损的涡轮盘，这个涡轮盘由镍合金制成，是飞机上最坚固的零部件之一。涡轮盘重达 160 公斤，是发动机核心部件之一。在吸入助燃空气的过程中，涡轮盘上的叶片转速可以达到声速。为了查明事故原因，ATSB 决定将该涡轮盘送回制造商进行详细分析。

罗・罗工程师在涡轮盘和制造记录中发现了一个不同寻常的现象：涡轮盘直径超过正常尺寸。这表明涡轮盘在工作过程中处于比正常温度高得多的环境中，导致其不断膨胀，直至材料所能承受的最大极限，最终造成爆炸。巨大的力道让发动机碎片变成了神挡杀神、佛挡杀佛的终极“武器”，它几乎瞬间洞穿了机翼。

调查人员根据发动机碎片的运动轨迹分析，发现碎片切断了燃油管和液压系统，导致飞机左翼系统几乎瘫痪。这也能解释 ECAM 上显示的众多故

飞机左内翼油箱内有黑色残留物

障码。

调查员进一步拆解发动机，发现发动机内部被烧焦，布满了烟尘和油污。他们判断，滑油泄漏是导致事故发生的关键因素。滑油从断裂处流入被称为“缓冲腔”的 A 腔，当 A 腔内滑油达到一定量时，在高温作用下发生自燃。滑油燃烧产生的高温导致中压涡轮轴强度大大降低，最终将其扭断。涡轮盘转速急速上升，直至破裂引发了爆炸。

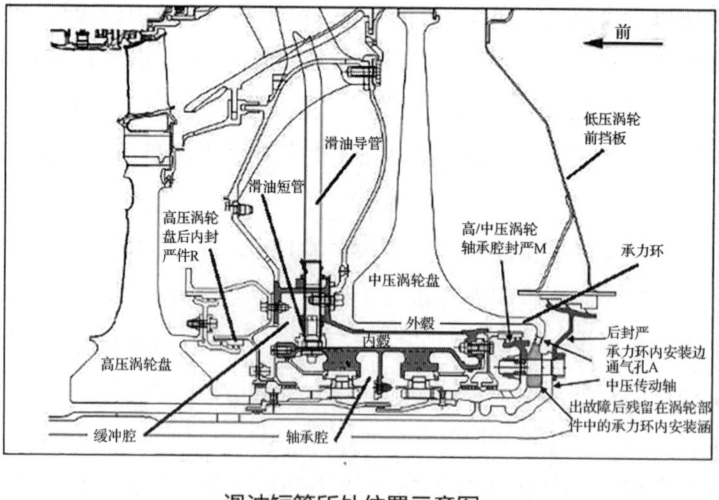

滑油短管所处位置示意图

调查人员将滑油短管残骸送回罗·罗公司。工程师们经过仔细观察，发现滑油短管壁厚严重不均匀。短管设计壁厚为 0.91 毫米，但在加工中没有做到内孔和外壁同心，导致管壁最厚处达 1.42 毫米，最薄处仅有 0.35 毫米。在发动机反复“开车 / 停车”过程中，滑油短管承受着反复载荷，最终导致在最薄处发生疲劳断裂，从而导致滑油泄漏。泄漏点温度约为 370℃，远高于滑油自燃温度，导致燃烧的高温燃气使中压涡轮轴失去强度而断裂。

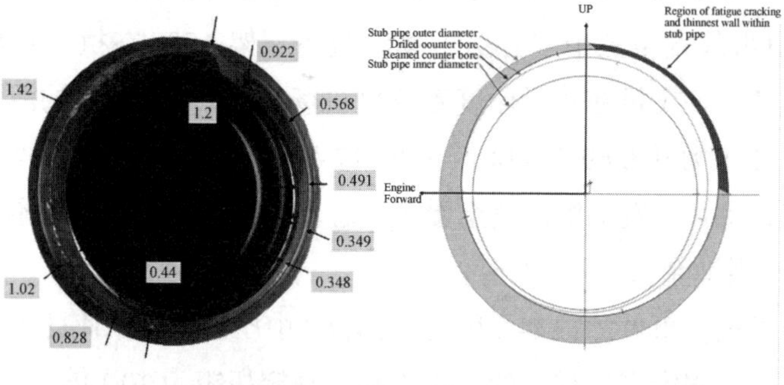

滑油短管管壁不同薄厚数据图　　滑油短管生产中产生的偏移示意图

滑油短管管壁不同薄厚数据图和滑油短管生产中产生的偏移示意图

中压涡轮盘由中压涡轮轴驱动中压压气机。当涡轮轴折断，中压涡轮盘失去负荷，转速急剧上升。与此同时，作用在涡轮盘上的离心力也急剧增加。在巨大的离心力作用下，涡轮盘发生爆破，破裂后的断块击穿机匣甩出的发动机，造成典型的“轮盘非包容破裂故障”。调查人员仔细研究了发动机制造商的报告，发现管壁过薄是由于低劣的制造工艺造成的。

罗·罗公司在遄达 900 发动机的中压涡轮部件中，没有采用低压涡轮中使用的“防止低压涡轮轴折断后低压涡轮转子超转的安全设计”，这也是导致中压涡轮轮盘爆裂的主要原因。绝大多数发动机在低压涡轮中都安装了断油装置。当涡轮轴折断时，它能立即切断通向燃烧室的燃油供应。由于燃烧室没有燃油，就不会产生高温燃气，低压涡轮也会逐渐停转，防止超转，进而避免低压涡轮盘破裂。此次事件后，罗·罗公

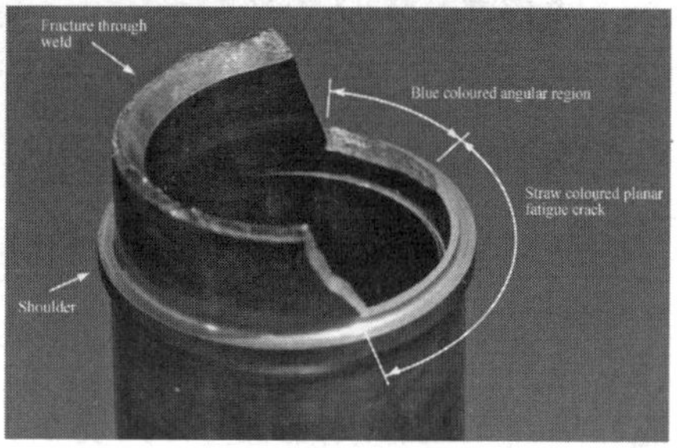

滑油短管断裂处

司在遄达 900 发动机的中压涡轮中增加了这种安全设计装置。

ATSB 立即向所有航空公司通报了 A380 潜在隐患。官方调查报告证实，32 号航班的事故原因是由于制造瑕疵导致滑油短管断裂。因此建议对所有 A380 进行全面排查。当时，全球共有 20 架在役的 A380 使用同款罗・罗发动机。拆下的 53 台遄达 900 发动机中，有 11 台滑油短管加工不符合要求，42 台缺少滑油短管加工记录。

遄达 900 发动机的修复过程中也出现了一些意外情况。2011 年 2 月 15 日，在 32 号航班事故发生三个多月后，澳洲航空一架 A380 在执飞新加坡至伦敦航线时发生意外。飞机在接近印度新德里机场时，4 号发动机的滑油储量减少了 4 升，滑油压力从 0.69MPa 降低至 0.517MPa。飞行员担心事故重演，听从地面的建议，将 4 号发动机调整至慢车状态。飞机抵达伦敦时，滑油压力稳定在 0.31MPa，滑油余量仅剩 0.8 升。

经调查发现，事件的根本原因是通向高 / 中压涡轮轴承座的外部滑油导管在连接机匣时，固定螺母拧紧的力矩不够。规定扭矩为 10.14Nm，但实际扭矩仅为 3.368Nm，从而导致滑油泄漏。后续排查发现，还有 7 台发动机存在类似问题。经查明，是由于机务人员在拆下滑油导管进行孔探仪检查后，重新安装导管时未按规定拧紧螺母造成的。

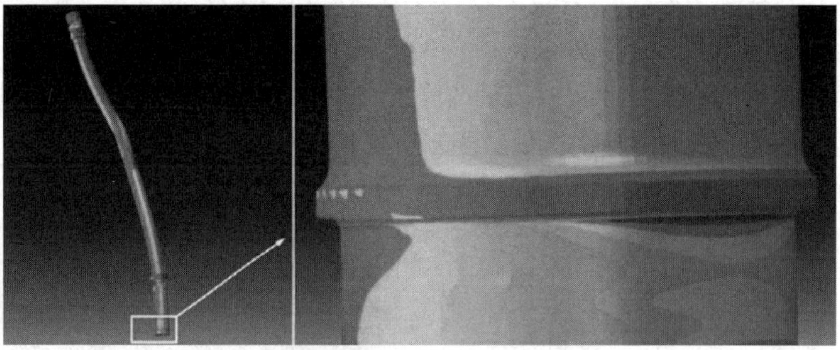

滑油短管应力分布示意图

调查人员一致认为，32 号航班成功返航的关键在于训练有素的飞行员，他们果断采取有效措施应对突发状况。如果他们选择电脑推荐的 146 节速度，在当时的情况下，飞机必定失速。副驾驶马特的勇敢质疑和机长理查德的灵活操作相辅相成，充分体现了优秀的驾驶舱文化，为安全着陆奠定了坚实基础。

澳洲航空的安全文化不容忽视。作为世界上最安全的航空公司之一，澳洲航空从未发生过喷气式客机致命事故。澳洲航空对培训投入巨资，每位机长每年需接受 7 次检查。每次发生事件后，都会进行全面而坦率的同行评审。安全、透明和问责制构成了澳洲航空飞行员遵循的航空安全文化根基。

理查德机长在 32 号航班上接受另一位高级飞行员的检查。驾驶舱内共有五名飞行员，为了确保驾驶舱不会因意外而发生混乱，他在飞行前的简报中、在前往机场途中多次讨论每个人的角色分配。意外发生后，理查德机长专注于操纵飞机、监视副驾驶、保持情景意识、权衡选择并制定飞行策略。副驾驶马特处理了 100 多个警报和检查单。机组人员信任他们的领导者，领导者信任团队成员能执行每一个标准操作程序。

理查德机长出版的《QF32》封面

理查德机长完美地领导了他的团队，并利用了所有可用的资源。危机时刻，理查德机长保持镇定，他还悄悄地做了滑翔着陆的准备，以防止所有发动机都出现故障。

毋庸置疑的是在此次事故中，理查德机长的表现居功至伟，他的卓越表现也获得了英国民航界的最高奖项——北极星奖。他的故事被改编成书籍《QF32》出版。

延伸阅读：现代航空发动机面临的结构设计挑战

澳洲航空 32 号航班发动机爆炸事件，凸显出航发结构设计面临的挑战。A380 采用两种发动机选型：罗·罗遄达 900 三转子大涵道比涡扇发动机和美国发动机联盟 GP7200 双转子大涵道比涡扇发动机，发动机联盟是普惠公司和 GE 公司 50：50 平股合资公司。

在 32 号航班之后，搭载 GP7200 的 A380 也出现了一次空中险情。2017 年 9 月 30 日，执行法国巴黎至美国洛杉矶的法国航空 66 号航班，在飞越格陵兰岛上空时发生意外，飞机右外侧 4 号发动机的大部分部件脱离。幸运的是，

法国航空 66 号航班发动机受损图

甩离的部件并未造成发动机结构损伤。飞机紧急降落在加拿大鹅湾空军基地，机上 520 人无人员伤亡报告。

其搭载的 GP7200 发动机基于 PW4084 和 GE90 研制而成，额定推力为 320kN。事发时，故障发动机已经累计运行 3 527 循环。飞机降落后检查发现，飞机进气道、发动机进气机匣、包容环和带叶片的风扇轮盘均已丢失，发动机中仅剩风扇出口导叶、分流环、增压压气机等部件。

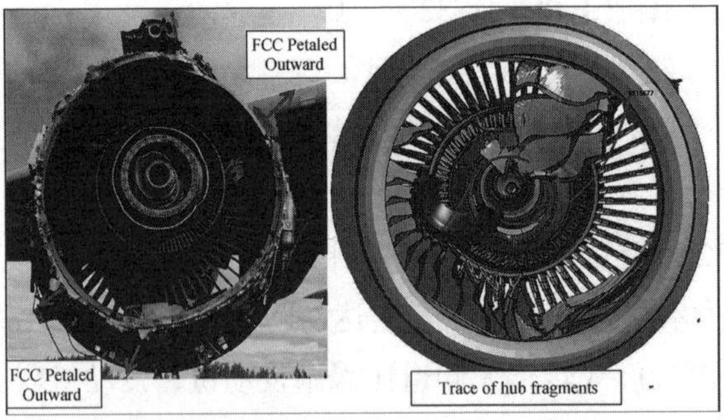

发动机受损和碎片痕迹示意图

在后续的故障分析中，重点是找到关键的残骸。由于残骸散落在北极附近，调查人员经过艰苦搜寻，最终在冰盖下 4 米深处找到了重达 150 公斤的风

扇转子残骸。

Photo courtesy BEA via Austin Lines (Polar Research Equipment) and Thue Bording (Aarhus/HGG)

调查人员在冰盖下找到风扇转子残骸，这也是调查的一个重要里程碑

调查人员对残骸进行分析，发动机联盟公司要求航空公司对所有 GP7200 发动机进行排查，检查风扇轮盘安装风扇叶片的榫槽底部是否有裂纹。随后，FAA 发布适航指令，要求对 GP7200 风扇轮盘榫槽槽底和榫槽前缘进行涡流检测，并目测整个风扇转子是否有损伤。这些措施表明，故障很可能源于风扇轮盘装叶片的榫槽底部出现裂纹。每台发动机需进行检查和更换零件，费用约为 75 万美元，而每架 A380 则需花费高达 300 万美元。

罗・罗遄达1000　　通用电气 GEnx-1B

罗・罗遄达 1000 和通用电气 GEnx-1B 示意图

除了空客 A380 发生两型发动机故障问题之外，波音 787 也出现了类似的情况。787 是波音最新型号的中型宽体机，它可选用罗・罗遄达 1000 或 GE 的 GEnx 发动机，这两种发动机可在任何地点、任何时间进行互换。但是这两型

发动机在服役前后均发生过一些重大故障。

2010 年 8 月 2 日，在遄达 1000 尚未交付时，就在试车台上因发动机内部滑油自燃，发生中压涡轮非包容性爆裂故障。轮盘断块击穿机匣，打坏试车台设备，继而导致 787 交付延期。故障原因则是由于中压涡轮轴和中压压气机轴的联轴器存在设计和制造缺陷。在工作过程中，中压涡轮向后移动，导致轴承腔前后的封严装置失效。高温气体泄漏进入轴承腔，腔中滑油自燃导致断轴。所幸此次故障发生在地面试车台，没有造成更多损伤。

遄达 1000 发动机在 2011 年 10 月投入使用后，接连发生多起严重故障。2012 年 7 月，因换向齿轮箱中锥形齿轮出现腐蚀，导致日本全日空航空停飞 5 架 787。2016 年 11 月 26 日，斯库特航空的一架 787 从悉尼起飞不久，中压压气机第 1 级工作叶片发生断裂，导致一台发动机空中停车。飞机使用单发降落。调查发现，叶片断裂的原因是榫根处的裂纹。随后，罗·罗重新设计了中压压气机 1 级工作叶片。

中压涡轮叶片腐蚀断裂致遄达 1000 屡现故障。2016 年，全日空 787 因遄达 1000 中压涡轮工作叶片腐蚀断裂发生 3 起严重故障。罗·罗公司解释称，故障的根本原因是中压涡轮工作叶片的隔热涂层过早脱落，导致叶片暴露于高温燃气中，并被硫腐蚀而断裂。随后新西兰航空、挪威航空等航空公司的 787 也陆续发生类似故障。大量 787 被迫停飞，不仅造成航空公司运营受损，也对罗·罗公司商誉造成严重打击，并使其部分老客户转而选择竞争对手的 GEnx 发动机。

打开短舱后的 747-8 GEnx 发动机

通用电气的 GEnx 发展也不是一帆风顺，2012 年 7 月 28 日，一架即将交付的波音 787 飞机在进行地面滑行试验时，其搭载的 GEnx 发动机发生严重低压涡轮断轴故障，导致碎块从尾喷口轴向喷出，并引燃了草坪，最终由机场消防队扑灭。

2012 年 9 月 17 日，俄罗斯空桥货运公司一架 747–8F 全货机在上海起飞时，一台 GEnx 发生低压涡轮轴断裂的包容故障，导致发动机在空中停车。飞机被迫返航后，经检查发现是低压涡轮轴通过花键连接到风扇轴上，然后用大螺母将两者紧压在一起，断裂的位置在螺纹末端的根部，断口非常平整，没有疲劳条带。而且断轴发动机仅工作 18 个小时 16 分钟，且未发现问题。

GE 公司通过大量试验和分析发现，导致低压涡轮轴断裂的原因是在拧螺母的时候使用了新的润滑剂。此前，GE 公司在受力较大的螺纹上会涂一层薄薄的铅基干膜润滑剂，在装配时，还在螺纹上涂发动机用的合成滑油和油脂。然而，在 GEnx 发动机中，他们改用了一种不含铅的新型干膜润滑剂，装配时改用石墨脂。

测试表明，由 GE1014 超强度合金钢制成的 GEnx 发动机涡轮轴在使用新的润滑剂时更容易发生断裂。随后，GE 公司又恢复使用原来的润滑剂，使用超声扫描检测所有在用和库存的 GEnx 发动机涡轮轴，排查类似裂缝。

普惠 PW1000G 齿轮传动涡扇发动机示意图

普惠公司宣称其能够“改变游戏规则”的齿轮传动涡扇发动机（GTF）也遇到了故障难题。GTF 就是在大涵道比涡扇发动机中，在风扇转子和由低压压气机及低压涡轮组成的低压转子之间，安装了一套减速装置。该装置使得风扇可以工作在低转速下，而低压压气机和低压涡轮则工作在高转速下。这样一来，可以让风扇和低压压气机、低压涡轮都工作在各自的最佳转速区间，从而提高发动机的效率并降低发动机的总级数。

2008 年 7 月，普惠公司将 GTF 命名为“洁净动力”PW1000G 发动机。然而，该发动机在投入运营前后却出现了一系列导致飞机停飞的故障。2014 年 5 月 29 日，一架安装 PW1500G 的庞巴迪 CS100，左翼下发动机进行地面检验性试车时，其低压涡轮 1 级轮盘爆裂导致一起严重的非包容故障。故障原因是因试车中操作不当及设计上存在重大缺陷造成的。

A320neo 搭载的 PW1000G 发动机

印度靛蓝航空是空客 A320neo 的最大客户，但是 GTF 频发的故障让他们在 18 个月内就换发 69 次。在 2016 年 3 月到 2017 年 2 月 24 日之间就换发 42 台，其中 28 台发动机的故障原因是高压压气机前轴承腔封严处泄漏，导致金属微粒进入滑油腔，触发滑油屑末探测器报警。另外 13 台发动机的故障原因是燃烧室火焰筒的进气孔被空气中的盐分堵塞，造成燃烧室性能恶化，性能下降 25%。还有一台发动机则是主减速器出现了故障。

工程师在检查发动机

过去 30 年来，全球航空发动机因故障导致的年平均换发次数约为 25 次。然而，靛蓝航空 32 架 A320neo 飞机所使用的 PW1000G 发动机，在 2016 年 5 月 至 2017 年 11 月 的 18 个月内却经历了 69 次换发，创下了新的世界纪录。

PW1000G早期采用端面石墨密封装置密封高压压气机前轴承腔。但由于全功能电调装置软件存在缺陷，在特定高度下会导致密封腔气体压力不足，导致端面石墨不能和相匹配的密封面紧密接触，不仅造成漏油，还可能使金属碎屑进入滑油腔。为了解决这一缺陷，普惠公司采用了刷式封严装置替代了原有的端面石墨密封装置。

对于上述种种问题，北京航空航天大学陈光教授总结道："以上这些发动机的重大故障均出自世界上最著名、历史最悠久的三大航空发动机公司（GE、普惠和罗·罗），它们拥有研制多型军、民用发动机的经验，拥有众多研制航空发动机的专业人才，并积累了丰富的设计、生产、使用和排除故障的经验，还有众多的试验设备和现代化的生产工厂等。

但即便在航空发动机技术方面的发展已经成熟，并在世界上处于领先地位的三家公司研制的最新发动机，仍然出现令人吃惊、影响非常大的故障，再次说明航空发动机的研制工作是极端艰巨的。

在研制发动机时，不仅要努力学习掌握扎实的功力，还需要关注国外发动机的发展与使用讯息，从它们的经验中吸取教训；另外，要处理好性能与可靠性的关系，不能单纯追求性能而忽视可靠性与耐久性；在使用新发展的技术时，一定要慎重，应该从前述因采用新技术造成的事件中，吸取教训；对在研制与使用中出现的故障，一定要认真分析，找出故障的原因，采取相应的措施，不仅要杜绝再次发生类似故障，而且能更深刻地理解某些机理，以促进发动机的发展。"

3. 新舟60"折戟"印尼鸽航——2011年印尼鸽航8968号航班

2011年5月7日，一架印尼鸽航8968号航班（MZ8968）的新舟60（MA60），在大雨中进近印尼凯马纳机场时，坠入距离跑道仅800米的海中，机上25人全部遇难。这也是新舟60服役以来的首次致命事故。

事故调查结果显示，失事飞机本身并没有故障。但两名飞行员在新舟60机型的飞行经验都不到250小时，飞行员操作失误成为事故的一个注脚。

熟悉印尼航空业的朋友知道，印尼曾有"鹰、鸽"两家国有航空公司，其中嘉鲁达航空公司（印尼鹰航）是印尼载旗航空公司，主营国际航线。而梅帕

浮在水面的鸽航 8968 号航班尾翼

印尼鸽航涂装的新舟 60

蒂航空公司（印尼鸽航）主要经营支线航班。

印尼鸽航是一家总部位于印度尼西亚首都雅加达的航空公司，其创办于 1962 年，主要经营飞往印尼境内 25 个目的地的国内航线，以及飞往东帝汶和马来西亚的定期国际航班。鸽航主要为印尼偏远地区提供航空服务，那里几乎不通公路，飞机是唯一可靠的交通工具。鸽航主基地位于苏加诺・哈达国际机场。

2011 年 5 月 7 日，8968 号航班执飞从印尼索龙多明尼爱德华・奥索克机场飞往纳比雷机场的定期区域航线，中途经停凯马纳乌塔罗姆机场。航班机长是普万迪・瓦尤（Purwandi Wahyu），55 岁，累计飞行 24 470 小时，其中新舟 60 为 199 小时。副驾驶是保罗・纳普（Paul Nap），累计飞行 370 小时，其中新舟 60 为 234 小时。

8968 号航班由一架新舟 60（PK-MZK 号机）执飞，该机累计飞行 615 小时 /764 起降循环。新舟 60 是中航工业西飞生产的一款涡桨发动机客机，它属于运 -7 的加长版，具备短距起降和着陆的能力，能在基础条件有限的机场运行。2000 年 2 月 25 日，新舟 60 首飞，并在 2000 年 8 月开始在四川航空服役。

新舟 60 对于印尼鸽航大多数飞行员而言是一个全新的机型，瓦尤机长虽然累计飞行 24 470 小时，但其中 6 982 小时都是福克 100 机型。两名飞行员驾驶新舟 60 时间合计只有 433 小时，副驾驶甚至比机长的更多。

12 点 45 分，8968 号航班从索龙起飞，目的地是凯马纳，航程约 1 小时。凯马纳是印度尼西亚西巴布亚的一个港口小镇，人口约 1.3 万人，它是方圆 200 千米内最大的城镇。航空是当地通往外界最便捷的交通工具，凯马纳乌塔罗姆机场拥有一条 2 000 米长（方向 01/19）的沥青跑道。航班上一共搭载 25 人，包括 21 名乘客和 4 名机组成员。按照飞行计划，他们将按照仪表飞行规

新舟 60 驾驶舱

则（IFR）飞行，在进近阶段改为目视飞行规则（VFR）。

下午 1 点 20 分，飞行员和凯马纳管制员取得联系，他们预计在 1 点 54 分落地，管制员告知机场天气状况为中雨，能见度 3~8 千米。1 点 30 分，管制员再次报告机场天气恶化，已转为大雨。飞机可以从机场南面进近。瓦尤机长于是要求副驾驶纳普从机场南面进行目视进近。

飞机距离机场约 13 千米时，目的地机场的能见度已经降至 2 千米。瓦尤机长询问管制员能否从塔台上看到跑道，得到肯定的答复后，他决定继续进近。飞机进入着陆阶段后，飞行员要求乘客做好降落准备。瓦尤机长接过飞机控制权，此时，飞机增强型近地警告系统（EGPWS）发出警告："最低高度！最低高度！"

乌塔罗姆机场

由于能见度极低，瓦尤机长无法目视发现跑道，于是决定启动复飞程序。飞机发动机开始加速，襟翼和起落架收起，飞机开始爬升并向左转弯。

在巡航模式下，新舟 60 发动机扭矩会受到限制，以防止飞行员过度使用油门导致发动机加速磨损。但在进近阶段，飞行员需要摁下起飞 / 复飞（TOGA）按钮，以确保发动机在需要时能提供最大功率。然而，两名飞行员均未摁下 TOGA（起飞 / 复飞）按钮，导致发动机一直处于“巡航”模式。复飞时发动机扭矩应保持在 95%，而此时左发只有 70%，右发为 82%。动力不足导致飞机空速快速下降，在几秒内从 155 节降至 125 节。

飞机收起襟翼，也降低了升力。飞机的坡度角从 11° 逐渐增加至 38°，这进一步减少了飞机升力。最终，飞机以 15 米 / 秒的下降率迅速坠向海面。几秒钟后，飞机以 293 千米 / 小时的速度坠入大海中。飞机解体成五个部分，在机场跑道西南方向约 800 米的地方沉没。

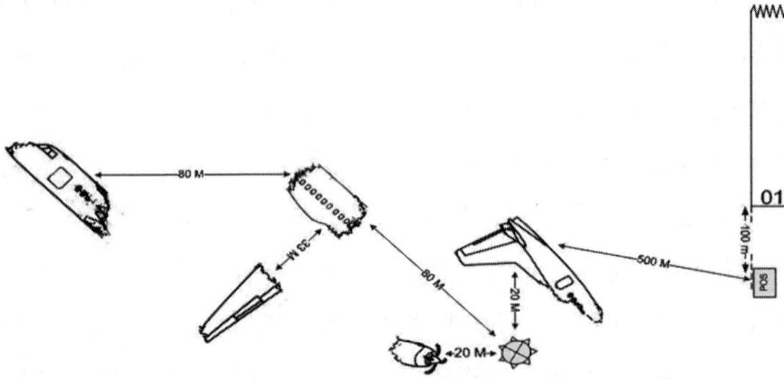

飞机解体成四个部分坠入海中

事故发生不久后，就有目击者称一架飞机坠入机场附近的海域。救援人员迅速赶到事发地点，但只看到漂浮的飞机残骸，机上无人生还。

8968 号航班事故只是印尼鸽航一系列事故中的一起。在 1971 年 ~2013 年间，他们就发生了 50 起事故，其中 21 起为致命事故。印尼鸽航一度被称为世界上最危险的航空公司之一，他们在 90 年代几乎每年都会发生致命空难。

印尼国家运输安全委员会（NTSC）成立调查组对事故展开调查。当时，他们还在调查鸽航的另一起事故。中国民航局（CAAC）作为飞机制造国亦派员协助调查。NTSC 的调查员呼吁公众不要将政治和关于飞机的争议混入调查中。他们表示维修日志没有显示该架飞机存在任何缺陷，因此可以判定 PK-MZK 号机处于适航状态。

调查员收集到的飞机残骸

打捞上来的飞机残骸

8968 号航班失事的主要原因是机长瓦尤的操作失误，导致飞机在复飞过程中失控。飞机的动力和升力不足以完成机长陡峭爬升转弯的指令，模拟机的测试结果显示，当时他只需要将机翼放平，就能避免坠机。

瓦尤机长在复飞时失去了情景意识。他在坠机前一分钟才接管飞行，此时两名飞行员突然互换角色会让他们忘记自己正常进行的项目。瓦尤机长可能忘记监控空速表，也没有将这一任务交接给副驾驶纳普，而是命令后者寻找跑道。他也没有意识到发动机处于“巡航”设置，导致发动机无法提供足够的动力进行复飞。

8968 号航班机组资源管理（CRM）也存在问题。在整个飞行期间，两名飞行员几乎没有交流，瓦尤机长偶尔会打断副驾驶纳普，驾驶舱语音记录仪（CVR）大部分内容都是沉默，调查员怀疑两名飞行员存在“驾驶舱职权梯度”（TCAG）问题。这可能是瓦尤机长超过 2.4 万小时飞行经验和副驾驶纳普只有 370 小时飞行经验之间的差异造成的。瓦尤机长在最后时刻接管飞行，也表明他已经不相信副驾驶能够完成进近程序。

CVR 同样没有记录显示飞行员完成了进近简令、进近检查单、下降检查单或着陆检查单。没有执行检查单可能是发动机处于“巡航”状态的原因之一。

导致飞机失事的第三个因素是襟翼收早了。在新舟 60 上，正确的复飞程序要求飞机达到至少 135 节的稳定速度和至少 120 米的高度才能收襟翼。然而，而瓦尤机长收襟翼的时候，这两个条件一个也不满足。调查员认为，瓦尤机长将福克 100 的操作习惯带入了新舟 60，飞机复飞立刻收襟翼是福克 100 的标准程序。瓦尤机长在 1994~2010 年间一直驾驶福克 100 飞机。福克 100 是荷兰福克公司生产的一款支线喷气式客机，它的尺寸比新舟 60 更大，飞行速度更快，两者驾驶感受差异也很大。

调查员猜测，在 8968 号航班复飞的关键时刻，瓦尤机长似乎回到了福克 100 的驾驶舱——他曾在进近时报告“襟翼 25”，而新舟 60 没有这个襟翼设置，只有福克 100 上才有。这表明，瓦尤机长可能混淆了两种飞机的操作程序。

福克 100 模拟机驾驶舱

这也凸显出飞行员改装不同机型时培训的重要性。在飞行员改装新机型之前，航空公司应提供系统性培训，帮助飞行员熟悉新飞机的设备和操作程序。调查员发现，印尼鸽航飞行员的改装培训是在中国西安的模拟机上进行的。由于教员和学员之间无法使用母语沟通，这可能导致双方交流不畅，影响培训效果。鉴于飞行员在事故中完全没有遵守新舟 60 的标准程序来看，从一个侧面也反映出培训的效果。

NTSC 在澳大利亚运输安全局（ATSB）的协助下，发现印尼鸽航使用的飞机手册和飞机维护手册中存在几个非标准用语。虽然这并非事故的直接原因，但它们可能会让机组人员容易造成混淆。

恶劣的天气环境也会容易导致事故发生。飞行员需要调整自身状态，适应当地的气象条件。如果飞行员在发现能见度极低的情况下能够果断放弃降落，事故或许就不会发生。然而，凯马纳地区频繁的雷暴天气使得飞行员严格遵章飞行变得不切实际。

FINAL
KNKT.11.05.10.04

NATIONAL
TRANSPORTATION
SAFETY
COMMITTEE

Aircraft Accident Investigation Report

PT. Merpati Nusantara Airlines
Xi 'An Aircraft Industry MA60; PK-MZK
Utarom Airport, Kaimana - Papua Barat
Republic of Indonesia

07 May 2011

NATIONAL TRANSPORTATION SAFETY COMMITTEE
MINISTRY OF TRANSPORTATION
REPUBLIC OF INDONESIA
2012

航班调查耗时 1 年，全文 55 页

2012 年 5 月，NTSC 发布最终事故调查报告。报告指出涉事飞机在不适合目视进近的情况下进行目视飞行，机组人员没有遵循标准操作程序，也没有进行进近简报或完成着陆检查表。机组人员不断寻求与跑道建立视觉参考，但没有成功。机长在决定停止进近后，当飞机靠近水面时，偏离了标准复飞程序。

事故报告中还提到“预计返回基地的可能性”，这意味着鸽航签派员或许没有制定应急预案。一个潜在的问题是：如果 8968 号航班无法在凯马纳降落，他们还能返航吗？事故报告中并没有提及飞机剩余的燃油量，这个问题也无法回答。事故报告提出六项建议，其中要求飞机制造商修改飞行操作和维护手册。NTSC 还要求鸽航审查其培训管理体系。

鸽航在 2000 年代中期就陷入了严重的困境，印尼当局还要求他们在财务上自给自足。鸽航本身的定位就是给边远地区提供支线航空服务，这些航线很难盈利，新的政策让鸽航的经营难以为继。

2008 年，鸽航在削减成本的重组行动中裁掉了约一半的员工。到 2010 年，鸽航累计的债务已经高达 1.6 万亿印尼盾，远远超过其资产总值，其中大部分欠款是燃油费和着陆费。像往年一样，印尼当局再一次救助了鸽航，但明确表示这是最后一次。某官员放话称：“我们预计鸽航的业绩将在一年内有所改善，否则我们不得不重新考虑它的存在。”

重建的 8968 号航班飞行姿态

对于鸽航而言，新舟 60 的成本低于同类西方机型，还能使用中国进出口银行提供的低息贷款。这基本也是“国际惯例”，70 年代美国就通过类似交易向完全没有准备的土耳其航空交付了几架 DC-10，但这也间接导致了 1974 年土耳其航空 981 号航班空难的发生。

2006 年 5 月，新舟 60 取得印尼颁发的适航证。6 月，西飞集团和印尼鸽航签下 15 架新舟 60 的合同。鸽航成为第一家运营新舟 60 的印尼航空公司，但当时印尼国内尚缺乏相关机型的维修和培训设施。

银行的贷款解决了鸽航的购机财务问题，但没有考虑到他们安全运营飞机的能力。2010 年，鸽航在接收新舟 60 的时候还没有付一分钱。包括瓦尤机长和副驾驶纳普在内的很多飞行员开始改装飞行新舟 60，他们被派往中国学习，在中方教员指导下进行模拟机训练。

8968 号航班事故凸显了飞行员培训的重要性。在改装新机型前，飞行员需要进行系统性培训，以熟悉新飞机的设备和操作程序。印尼飞行员在西飞接受基本培训，首先面临语言不通的问题，只能通过翻译进行交流，这中间他们是否完全领会了培训内容，是无法通过有限次数的考核检验出来的。

事故调查并未发现新舟 60 存在任何机械故障，人为因素是导致 8968 号航班事故发生的原因。鸽航因频发事故，遭到印尼舆论的严厉抨击，一些人甚至呼吁吊销鸽航的营业执照。

报废的印尼鸽航 6517 号航班

印尼鸽航好像没有吸取足够的教训，2 年后再度因飞行员操作事故造成新舟 60 失事。2013 年 6 月 10 日，一架执飞印尼鸽航 6517 号航班的新舟 60（PK-MZO 号机），在古邦埃尔塔里机场降落时坠毁在跑道上，机上 50 人中，有 25 人受伤，其中 5 人重伤。飞机在撞击中严重受损导致报废。事故调查报告显示，事故原因是飞行员操作失误，导致飞机硬着陆时远超机身结构限制。

2014 年，鸽航开始疯狂出售资产以防止破产，航油公司开始断油，要求他们用现金支付。机组成员三个月没有领到工资，50 名飞行员公开辞职。鸽航飞行员工会主席向媒体抱怨称，有些飞行员甚至买不起食物。

2014 年 2 月 3 日，鸽航以无法支付燃油费用为由，无预警地停飞了所有航班，买过票的乘客被困在偏远的机场。印尼鸽航在一系列的复航行动失败后，于 2023 年 2 月 20 日正式解散。

延伸阅读：飞行员的“好伙伴”——模拟机

A330 模拟机传来失速警报时的姿态和场景

万米高空，A330 在操纵法则降级到“备用法则 2”之后，飞机可用速度区间很小，稍微拉杆，驾驶舱就会在摇晃中传来“stall（失速）”的声音。作者在颠簸中本就已经有些不适了，再加上闪烁的警告灯和蜂鸣器，此前没有接受过高空失速培训的作者已经开始慌神。还好这一切发生在 A330 的模拟机中，作者身旁坐着经验丰富的珠海翔翼教员宋国超，他给作者讲解演示了飞机从进入失速到改出失速的过程。此情景和 2009 年法国航空 447 号航班非常相似。

2009 年 6 月 1 日，法航 447 号航班在从巴西里约热内卢加利昂国际机场飞往法国巴黎戴高乐机场的途中，坠毁在大西洋中，事故造成 228 人遇难。事故调查报告指出事故原因是皮托管结冰导致 A330 发生空速不可靠事件，控制律降级为“备用法则 2”，自动驾驶仪自动关闭，飞行包线保护消失，飞行员错误操纵导致飞机失速。而更深层次的因素一方面是飞行员驾驶技艺不精，缺乏情景意识、沟通决策意识和惊吓情绪的管控意识，一方面则是法国航空仅提供模拟机低空失速训练，没有提供高空失速训练。

作者和珠海翔翼 A330 模拟机教员宋国超

飞行员必须做好应对从恶劣天气到空中交通管制，再到机载设备故障的一切准备。但在真实的飞机中进行此类情况的培训既昂贵又危险，因此需要借助飞行模拟机。作者在模拟机中感受了空间定向障碍、飞机复杂状态预防和改出训练（UPRT）、飞行员技术训练科目（单发 + 大侧风 + 直接法则 + 边缘天气条件)，充分感受到模拟机在飞行员培训体系的重要性。

“飞行员放慢了油门，发动机的轰鸣声变成了呼啸声。突然，我听到了飞机轮胎在跑道上发出的欢迎声。飞行员、副驾驶和飞行工程师在他们的控制下确实用尽了全力。他们的白衬衫上沾满了汗渍…我们已经飞行了一个多小时，几乎所有事情都发生了：恶劣的天气、机翼结冰、发动机故障、无线电故障。我们在没有离开地面的情况下成功完成了飞行。”——小乔治 · H · 华尔兹(George H. Waltz, Jr.),《大众科学》，1948 年 9 月。

林克和“蓝色盒子”

发明模拟机的是美国发明家、企业家和航空先驱埃德温 · 阿尔伯特 · 林克(Edwin Albert Link，1904 年 7 月 26 日 ~1981 年 9 月 7 日)。他发明了飞机模拟机，被称为“Blue Box”(蓝盒子)或“Link Trainer”(林克模拟机)，在 1929 年投入商业化，并开启了价值数十亿美元的产业。

1920 年，林克第一次接触飞行。1927 年，林克买了一架塞斯纳飞机，他通过巡回表演、包机和授课维持生计。后来林克用 18 个月时间发明了“林克模拟机”，这台模拟机拥有类似机身的设备，带有驾驶舱和控制装置，能够模拟飞行的动作和感觉。

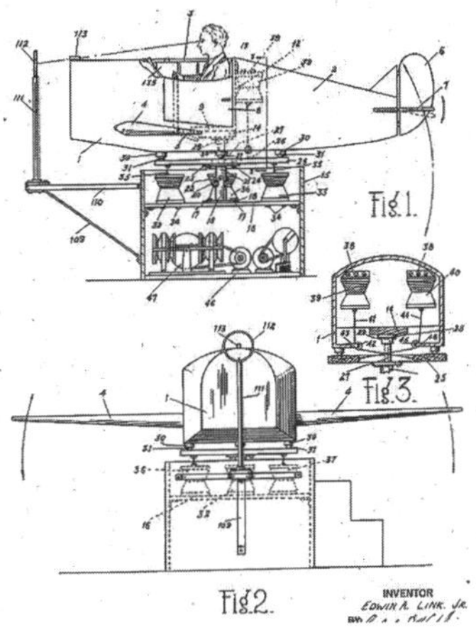

林克模拟机专利示意图

1929 年，林克创建林克航空公司，专门用来制造模拟机。早期的模拟机由电动泵驱动，能做俯仰和滚转两个基本动作。林克模拟机的早期客户并不是飞行培训学校，而是游乐场，其专利（US1825462 A）名称就是“飞行学员和娱乐设备的组合训练设备”。模拟机被涂上蓝色漆，因此也被称为“蓝盒子”。

30 年代，多起航空邮件事故促成了林克的第一笔军事订单。当时美国陆军航空兵负责美国航空邮件业务，但飞行员缺乏仪表飞行经验，导致在 78 天内就有 12 名飞行员遇难。大规模的飞行员牺牲让美军开始重新审视飞行员培训体系。

印第安纳州西摩弗里曼训练基地的模拟机，这里是第二次世界大战期间美国陆军航空兵训练基地

1934 年，美国陆军航空兵以单价 3 400 美元的价格购买了六架模拟机。1937 年，美国航空公司成为第一家购买林克模拟机的商业航空公司。在第二次世界大战前期，林克模拟机远销德国、日本、英国、俄罗斯等国家。在第二次世界大战期间，林克公司生产超过 1 万台模拟机，平均每 45 分钟生产 1 台，有超过 50 万飞行员在林克模拟机上训练。

1945 年，林克因发明飞行模拟机而获得霍华德 N. 波茨奖章，并在 1947 年获得皇家航空学会韦克菲尔德金奖。1976 年，他入选美国国家航空名人堂。

在第二次世界大战时期，高度复杂的新型波音运输机需要机组人员进行大量培训。而标准的培训程序需要花费大量时间和资金。现代飞行训练之父阿

加拿大西部航空博物馆的林克模拟机

尔伯特·李·乌尔奇（Albert Lee Ueltschi）曾指出：1. 在飞机上训练可能很危险；2. 当发生意外时，应及时采取适当的措施；3. 如果可能的话，祝你好运！

德梅尔和寇蒂斯 – 莱特德梅尔模拟机

飞行训练成为美国在第二次世界大战时期的当务之急。理查德·德梅尔（Richard C. Dehmel，1904 年 ~1992 年）博士曾是贝尔电话实验室的一名工程师，1938 年开始对飞行训练产生兴趣，并开始为林克模拟机制作自动信号控制器。这一发明为仪表飞行训练奠定了基础，使模拟机能够更加逼真地模拟实际导航设备的环境。1943 年，德梅尔加入寇蒂斯 – 莱特公司担任总工程师，并在 1946 年升任电子部门的工程和制造总监，他改进了培训泛美 B–314 飞行员的林克模拟机。

1950 年 1 月 10 日，德梅尔获得“飞机飞行训练装置”发明专利（专利号：2494508）。他的创新设计可以让模拟机的驾驶盘、方向舵和仪器的响应与真实飞机完全一致，并能够与无线电导航系统相结合，通过无线电信号精确模拟飞行。这意味着飞行员可以第一次在模拟器中真正学会“靠仪表飞行”而不是凭“感觉”飞行。

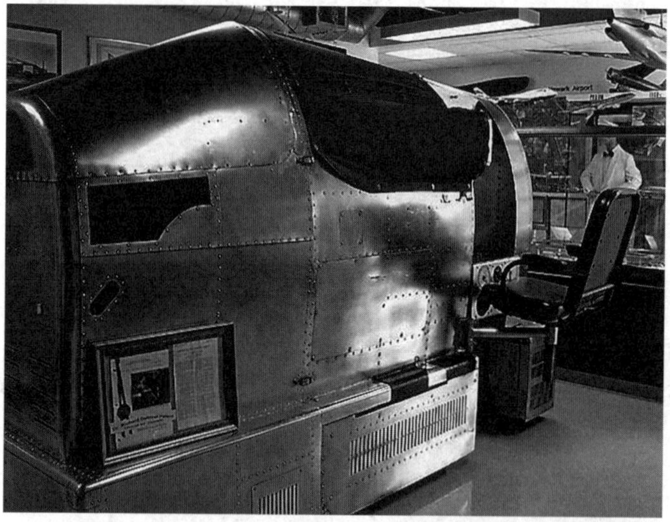

寇蒂斯 – 莱特德梅尔模拟机

1954 年，美联航斥资 300 万美元从寇蒂斯 – 莱特公司购置了四台飞行模拟机。这批模拟机相比早期的版本，增添了视觉、声音和动作效果，是商用飞机领域首款现代化的飞行模拟器。

德梅尔模拟机能显著降低培训飞行员的成本、时间和风险。例如泛美航空在 13 000 小时内培训了 125 名飞行员、40 名英国海外航空飞行员和 85 名空军飞行员。模拟机让泛美航空培训飞行员的成本降低 60%，并将飞行员的培训时间从 21 小时减少到 8 小时。

1972 年，胜家公司研发出了一套直透镜仪器，它配备了曲面镜和分光镜，能将驾驶舱外的景色投射在一定距离的焦点上。这些直透镜显示器大大改善了飞行模拟机的真实性。1976 年，为解决视角狭窄的问题，广角直透镜技术得到应用。1982 年，广角无限显示设备问世，其采用横向大幅度扩大的曲面镜，使多人能够同时透过显示屏观看模拟影像。

早期的模拟机较为简陋，而如今的模拟机则可以逼真 地复刻飞机的声音、动作和视觉效果，甚至令一些训练中的飞行员完全沉浸其中，仿佛置身于真实的空中。当飞行员向前推杆时，他们甚至会感受到仿佛机身正急速俯冲向地面。

现代模拟机舱内示意图

模拟机能够提供一些在空中过于危险而无法尝试的练习机会，例如模拟意外反推器启动等险情。飞行员可以通过模拟机体验飞机电气故障，并学习自动化系统如何诊断和解决故障。此外，还有针对特定机场的模拟机训练，例如帮助飞行员练习在伦敦市金丝雀码头附近短跑道上进行陡峭下降的着陆。

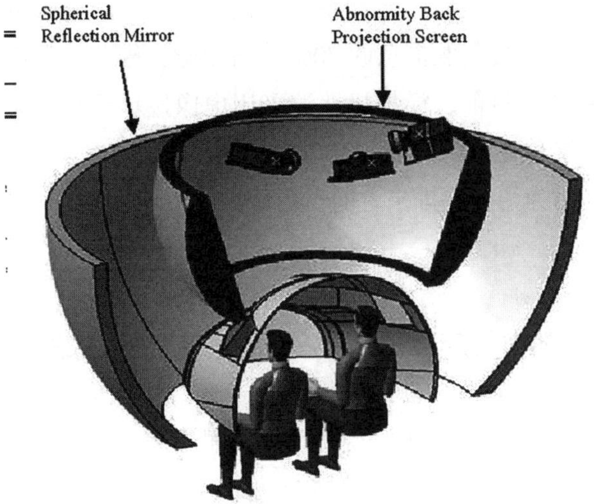

Fig.4 Side view of the system, Schematic solid drawing. Data is smoothly

D 级全动模拟机系统中使用的视景显示系统

2010 年澳洲航空 A380 发动机故障事件中，机组人员的出色表现得益于他们事先在模拟机中接受的训练。他们通过模拟训练熟悉了发动机停车时飞机的反应以及驾驶舱的指示，从而能够从容应对突发状况。

目前，全动飞行模拟机分为 A、B、C、D 四个级别，其中 D 级为最高级别。该级别模拟机适用于商业航空运输飞机的初始和复训，包括为驾驶员转换新机型而进行的初始训练，以及所有商业飞行员必须定期进行的复训。D 级模拟机能够在六个自由度（6-DoF）上产生加速度，使模拟驾驶员的身体能够在空间中自由运动。

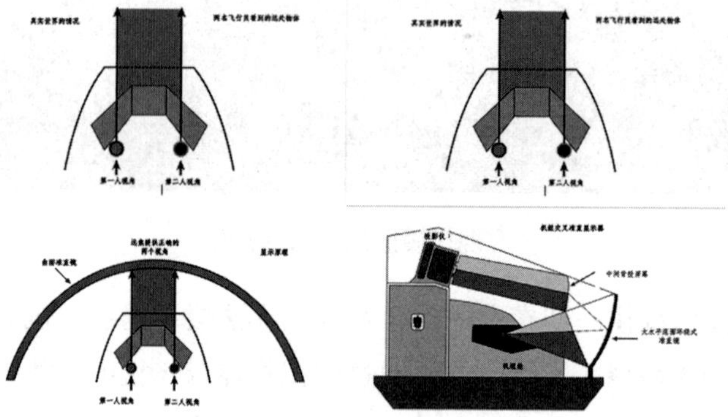

全动模拟器显示原理示意图

模拟机通常由模拟座舱、运动系统、视景系统、计算机系统和教员控制台等部件组成。飞行员获取信息的 70% 来自视觉，因此视景系统是任何飞行模拟器的关键系统。目前，模拟机普遍采用虚像显示系统，向飞行员呈现逼真的窗外图像。这种显示系统通常将图像投射到远处的焦点处，也称为准直显示，使其能够同时为两名并排坐着的飞行员提供相同的图像，避免视角误差和失真。

4. 驾驶舱里的“杀手”——2013 年莫桑比克航空 470 号航班

假如航空业在 2013 年莫桑比克航空 470 号航班（TM470）空难后能够加强对飞行员心理的关注和研究，那么或许可以避免 2015 年德国之翼 9525 号航班空难的发生。470 号航班是从莫桑比克马普托飞往安哥拉罗安达的定期国际客运航班。2013 年 11 月 29 日，该航班在纳米比亚东北部坠毁，机上 33 人全部遇难。

C9-EMC 号机坠毁瞬间示意图

莫桑比克航空公司，作为莫桑比克的国家航空公司历史悠久。其前身可以追溯到 1936 年 8 月成立的航空运输勘探局（DETA）的包机航空公司。1980 年，公司重组更名为莫桑比克航空公司。总部设在莫桑比克首都马普托，其主要枢纽基地也位于马普托国际机场。

2013 年 11 月 29 日，执飞 470 号航班的是一架巴航工业 E190（C9-EMC 号机），机龄 1.2 年，累计飞行 2 905 小时 /1 877 起降循环。飞机的机身和发动机于 2013 年 11 月 29 日（即失事当天）进行了最后一次检查。

莫桑比克航空涂装的巴航工业 E190

机上搭载 33 人，包括 27 名乘客和 6 名机组成员。航班机长埃米尼奥 · 多斯桑托斯 · 费尔南德斯（Herminio dos Santos Fernandes），49 岁，累计飞行 9 052 小时。副驾驶格拉西奥 · 格雷戈里奥 · 奇穆基莱（Grácio Gregório Chimuquile），24 岁，累计飞行 1 183 小时。

上午 9 点 26 分，470 号航班从马普托国际机场起飞，航班预计在 13 点 10 分降落。470 号航班按照正常程序起飞离场后，飞机很快进入自动驾驶模式。

飞机起飞后不到一小时，便进入了博茨瓦纳领空。飞行员与当地管制员取得联系后继续飞行。然而，这却是 470 号航班与地面最后一次联系。这架 E190 在距离马普托和罗安达之间约一半的地方，突然开始迅速失去高度，下降速度约每秒 30 米。

雷达记录上显示 470 号航班在坠毁前 6 分钟曾出现急速下降的情况，飞机从 9 144 米下降至 910 米高度，其下降率是正常值的 2 倍，并最终从雷达屏幕上消失。期间飞行员没有发出任何求救信号。470 号航班最终坠毁在纳米比亚巴瓦塔国家公园内，机上 33 人全部遇难。

纳米比亚飞机事故调查局（DAAI）负责后续的事故调查。调查人员猜测：470 号航班的突然失联，是否预示着某种紧急情况的发生——形势紧张到飞行员无暇和外界联系？

事发不久后，相关部门迅速派出搜救直升机进行搜救。然而，最终发现飞机残骸的却是纳米比亚巴瓦塔国家公园的巡逻队员。该国家公园位于纳米比亚东北部，毗邻安哥拉，占地面积约 6 274 平方千米，拥有丰富的野生动物资源和壮丽的自然风光。由于飞机残骸位于纳米比亚境内，因此纳米比亚方面承担起调查任务。

事故现场的飞机机身残骸

这架飞机是外国的。机上共有 27 名乘客，来自 6 个国家，包括 10 名莫桑比克人、9 名安哥拉人、5 名葡萄牙人、1 名法国人、1 名巴西人和 1 名中国人。这给纳米比亚调查员带来了很大压力。

雷达轨迹显示，飞机下降速度很快。飞机的残骸分布和地面的撞击点显示，飞机以完整的状态坠地，而且姿态呈水平状。调查人员开始标记并仔细检查飞机残骸，试图找出导致事故原因的线索。

据调查员推测，飞机当时正在准备降落。但最终失控，高速坠地，留下长长的残骸痕迹。令调查人员不解的是，起落架的轮胎基本完好，胎面无明显磨损，这表明飞机当时并未放下起落架。

470 号航班以极其罕见的姿态和速度坠落地面，成为调查员最大的问号。飞机的两个“黑匣子”很快被发现，它们在高速撞击中外壳受损。美国国家运输安全委员会（NTSB）也派出经验丰富的调查员协助事故调查。

飞机触地示意图

飞机发动机残骸

调查员梳理的证据显示，飞机坠机时的角度较小，基本处于可控飞行状态。飞机是在坠机后才彻底解体，残骸呈现碎片化，也反映出撞击发生时冲击力非常大。他们仔细观察发动机残骸后，认为飞机在发生撞击的瞬间，两台发动机都处于正常运转状态。

飞机维修记录显示，C9-EMC 号飞机刚刚在事发前一天完成了最近一次例行检查，且这架飞机还相当新，机龄仅 1.2 年。因此，机械故障方面的因素也被排除了。

天气状况也是影响航空安全的重要因素，尤其是在非洲大陆，强对流天气频发。然而，根据气象资料显示，11 月 29 日 470 号航班所飞行的航线并未遭遇异常天气。经过排除法分析，调查人员将下一步调查重点聚焦于人为因素方面。

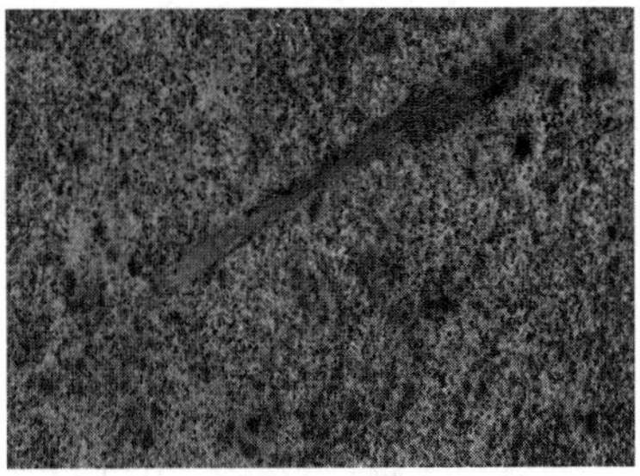

事故现场鸟瞰图

事故发生半个月后，位于美国华盛顿特

区的 NTSB 实验室解析出了 470 号航班两个“黑匣子”信息。驾驶舱语音记录仪（CVR）前面的对话显示，航班在起飞后一切正常，在副驾驶离开驾驶舱去洗手间后，情况开始变得诡异。在接下来的 6 分钟里，录音中没有记录下任何对话，只传来持续地敲击驾驶舱门的声音。

副驾驶试图返回驾驶舱，但舱门已被锁住。尽管驾驶舱门在自动上锁后也可以通过密码解锁，但副驾驶输入密码后，舱门仍然无法打开。

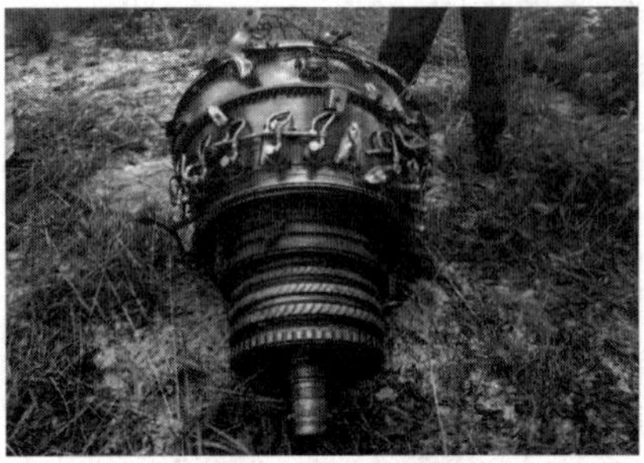

飞机发动机残骸

飞机录音中，突然传来刺耳的“超速（High Speed）”警报声，紧接着是“下降率过高（Sink Rate）”的提示，最后是更加急促的近地警报警告：“拉起飞机（Pull Up）！”

这一系列的反常警报声显示，在驾驶舱静默期间，飞机一直处于俯冲姿态。录音戛然而止——飞机坠毁了。调查员难以想象，副驾驶被锁在舱外，眼睁睁看着飞机坠毁会是怎样一种绝望和恐惧。驾驶舱内究竟发生了什么意外？

驾驶舱里的警报声此起彼伏，足以警示机长采取紧急措施。然而，需要返回驾驶舱的副驾驶却一直被锁在门外。另一种可能性是，飞行员突然丧失了能力。调查人员在放大录音后发现，驾驶舱内仍有动静，那是飞行员设置飞机指令时发出的“咔哒”声——这表明费尔南德斯当时还处于有意识状态。

反常的录音信息显示出驾驶舱中可能发生的现象：副驾驶离开驾驶舱后，机长故意将他锁在了舱外，然后操纵飞机进入了俯冲姿态。但这也只是调查员的推测，他们还需要结合飞行数据记录仪（FDR）的参数进行判断。

FDR 数据显示，费尔南德斯机长在副驾驶离开驾驶舱 3 分钟后，对飞机高度设置进行了三次更改，最后一次设置的高度约为 180 米，这也是驾驶舱内发出“咔哒”声的原因。这个海拔高度在当时的地理环境中已经处于地下了。

副驾驶准备输入密码返回驾驶舱，但机长却将舱门彻底锁住了。E190 飞机上有一个设置，允许飞行员撤销舱门密码锁的开门权限。不久之后，费尔南德斯机长解除了飞机自动油门设置，将油门推回慢车状态，飞机开始下降。

飞机垂直下降率高达 3 100 米 / 分钟

当副驾驶敲门时，机长又放出了机翼上的减速板，这直接导致飞机垂直下降率急剧增加。470 号航班的下降率从每分钟 1 524 米飙升至每分钟超过 3 096 米。

更令人感到毛骨悚然的是，费尔南德斯机长既没有关闭自动驾驶仪，也没有触碰驾驶盘。他对 E190 的性能和操作了如指掌，他蓄意让飞机在自动驾驶仪的控制下高速坠毁——470 号航班空难是费尔南德斯机长一手操纵的。

调查员开始对费尔南德斯机长进行了深入的背景调查，但并未发现其训练和体检记录有任何异常。然而，他的个人生活却经历了数次重大变故。

2012 年 11 月，费尔南德斯的儿子疑似自杀身亡，而他竟缺席了儿子的葬礼。令人唏嘘的是，470 号航班空难就发生在他儿子去世一周年纪念日的前夕。

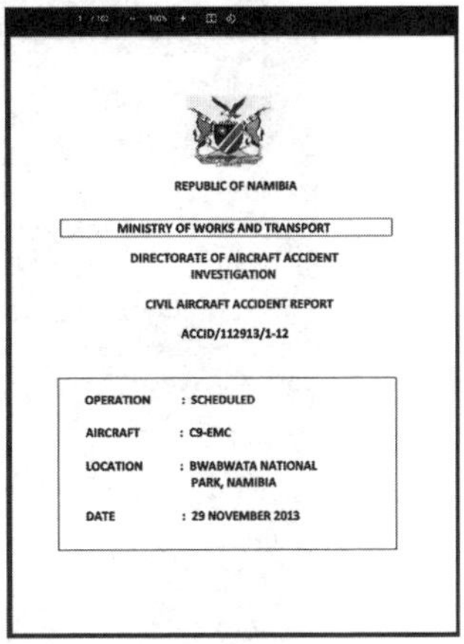
REPUBLIC OF NAMIBIA

MINISTRY OF WORKS AND TRANSPORT

DIRECTORATE OF AIRCRAFT ACCIDENT INVESTIGATION

CIVIL AIRCRAFT ACCIDENT REPORT

ACCID/112913/1-12

OPERATION : SCHEDULED
AIRCRAFT : C9-EMC
LOCATION : BWABWATA NATIONAL PARK, NAMIBIA
DATE : 29 NOVEMBER 2013

调查报告封面，调查耗时 2 年 4 个月，全文 102 页

雪上加霜的是，空难发生时，费尔南德斯的女儿正在医院接受心脏手术。此外，他和妻子分居多年，离婚诉讼也一直悬而未决。这些接连不断的变故，给费尔南德斯的生活蒙上了一层阴影。

一系列人生困境，虽然并非空难的直接诱因，却成了费尔南德斯坠机悲剧的催化剂。副驾驶离开驾驶舱两分钟后，费尔南德斯才开始反锁舱门，又过了一分钟才决定降低飞机高度。在这段时间里，费尔南德斯或许经历了激烈的思想斗争和权衡利弊。

调查人员无法确定 470 号航班的悲剧是费尔南德斯事先策划好的，还是临时起意。如何防止类似的非理性行为再次发生，也成为了保障航空安全的新挑战。为了确保航班安全，保持驾驶舱内至少有两名机组人员在场至关重要。

470 号航班空难令人痛心，也暴露出了一些值得反思的问题。这起发生在非洲的空难，也因为地域偏远，难以引起发达国家媒体的关注。更令人担忧的是，相关监管部门对飞行员心理健康问题的重视程度仍然不足。

一年多后，震惊世界的德国之翼航空 9525 号航班空难发生了。这架空客 A320 在飞往德国杜塞尔多夫的途中坠毁于法国南部阿尔卑斯山区，造成机上 150 人全部遇难。这起意外也是一名飞行员将另一名飞行员锁在了驾驶舱外，只不过主角换成了副驾驶。副驾驶安德烈亚斯·卢比茨（Andreas Lubitz）故意操纵飞机高速撞山。

许多人认为，如果航空公司能够对 470 号航班事件给予足够的重视，并采取相应的预防措施，德国之翼航空 9525 号航班的悲剧就会完全避免。这起空难发生后，航空业对飞行员心理健康问题更加重视，并制定了"驾驶舱中至少有 2 人"的政策。现在航空业也推出了更好的心理健康医疗计划以预防类似事故的发生。

延伸阅读：飞行员心理健康

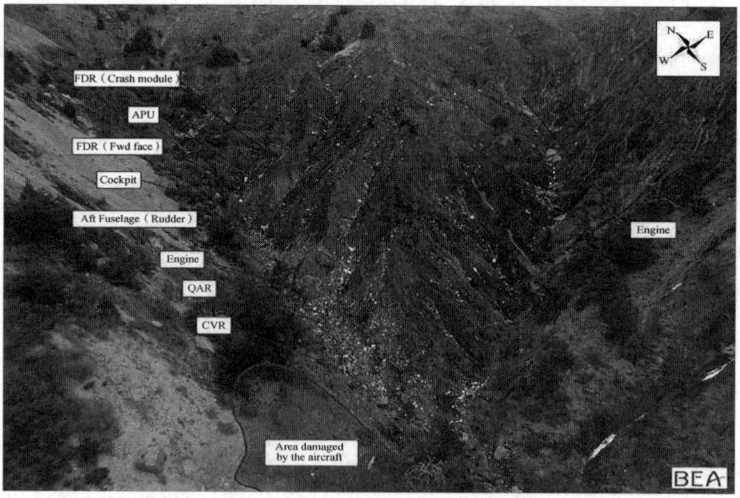

德国之翼 9525 号航班坠毁后，飞机残骸散落位置

飞行员的心理健康状态直接关系到航班的安全。常见的飞行员心理健康问题征兆包括：情绪低落、压力过大、抑郁症、焦虑症、惊恐发作、人格障碍以及药物滥用等。及早识别这些信号，并寻求专业帮助，对于维护飞行安全至关重要。

心理健康是指个体在认知、情感和行为方面的良好状态，能够有效应对生活中的各种挑战。心理健康并不仅仅意味着没有精神疾病，更是一种积极的心态和适应能力，它影响着我们的工作、人际关系以及身体健康。

航空业心理健康问题的严重程度尚不明确，但相关研究表明，该群体面临着比一般人群更高的风险。个人和职业因素都可能对心理健康造成负面影响，甚至引发对酒精和药物的依赖。高强度的工作压力、不规律的作息、长时间的离家，以及对飞行安全的极高要求等，都是潜在的风险因素。

然而，航空业的特殊性使得心理健康问题往往成为一个难以启齿的话题。公开谈论心理健康问题可能会招致污名化和歧视，导致飞行员被贴上“不适合飞行”的标签，进而面临停飞、收入损失甚至失业的风险。

被诊断患有精神疾病，可能会给患者带来多重影响。例如，患者的自尊心和自信心可能受到打击，进而导致他们因担心医疗信息泄露而拒绝寻求必要的帮助，最终可能导致病情恶化。这些问题不仅会影响患者的个人生活，更可能引发严重的社会问题，甚至在极端情况下危及航空安全，如飞行员自杀事件。

自从欧盟航空安全局（EASA）发布《德国之翼 9525 航班特别工作组报告》以来，航空业心理健康问题受到广泛关注。航空业也面临着心理健康问题的挑战。需要通过各种测试和筛选来评估飞行员的心理健康状况。尽管飞行员需要定期体检，但心理健康评估往往被忽视。此外，精神科医生在航空心理学方面的专业知识和经验也相对不足。

航空公司在招募飞行员时，常常会采用明尼苏达多相人格测试（MMPI）等心理测试，以评估应聘者的心理健康状况。MMPI 通过一系列问题，旨在筛查出可能影响飞行安全的潜在心理问题。然而，飞行员普遍认识到心理健康对飞行安全的重要性，这可能导致他们在测试中倾向于掩饰自己的心理困扰，从而给心理评估带来一定的挑战。

心理健康风险的 5 个迹象。

1. 性格大变，判若两人：行为举止与以往截然不同，仿佛换了一个人。

你可能会感到对自己感到陌生，或对周围的一切都感到困惑；

2. 情绪失控，行为异常：在公共场合或日常生活中，频繁出现焦虑、愤怒或情绪波动过大的情况，甚至可能做出一些令自己或他人感到困扰的行为；

3. 社交退缩，孤僻离群：越来越不愿意与他人交往，喜欢独处，逐渐变得孤立无援，朋友越来越少；

4. 自我放逐，忽视健康：对个人卫生、饮食起居等方面不再在意，甚至可能出现一些危险的行为，如滥用药物、过度饮酒等；

5. 绝望无助，心生绝望：常常感到极度绝望、无助或对未来失去希望，甚至出现轻生的念头。

以下四点是影响飞行员心理健康的重要因素。

1. 情绪波动频繁：心理健康不佳的飞行员可能会表现出情绪上的显著变化，例如：易怒易躁、对批评过度敏感、自信心异常降低或幽默感缺失；

2. 认知功能受损：飞行员的认知能力可能出现问题，比如：错误频发、决策困难、注意力难以集中。在驾驶舱内，他们还可能出现突然且无法解释的技能下降；

3. 行为模式改变：行为上的变化也是一个重要信号。例如：经常迟到、不注意休息、频繁请假、回避社交、性格变得孤僻或过于活跃等；

4. 身体健康异常：长期的压力可能导致飞行员出现一些身体上的问题，例如反复感冒、持续疲劳、体重异常波动等。

心理健康预防措施。

1. 提高认知：提供心理健康相关知识、教育和培训。发展信息交流支持网络，提供情感和工具支持，提供心理健康服务（咨询和专业支持），促进利益相关者结盟，进行心理健康宣传。成立审查委员会；

2. 预防：通过营造一种开放和关爱的文化，让员工感到受到支持和照顾，从而保障员工的心理健康；

3. 文化：通过鼓励人们谈论心理健康来营造开放和意识的文化。制定心理健康政策让员工放心，他们的公司关心他们的心理健康。

5. 飞行员无视标准操作程序酿空难——2014 年中国台湾复兴航空 222 号航班

222 号航班事故瞬间示意图

复兴航空 222 号航班（GE222）是从中国台湾高雄飞往澎湖马公的区域航线。2014 年 7 月 23 日，因台风麦德姆影响导致马公机场附近风雨交加，飞行员未遵守标准作业程序（SOP），最终失控坠毁在中国台湾澎湖县湖西乡西溪村。事故造成机上 48 人遇难、10 人重伤，另有 10 栋民宅被波及，造成 5 人受伤。此次空难是中国台湾自 2002 年中华航空 611 号航班以来死伤最惨痛的空难。

下午 5 点 43 分，222 号航班从高雄起飞。航班机长是李义良，60 岁，台南市人，累计飞行 22 994 小时。副驾驶是江冠兴，39 岁，新北市人，累计飞行 2 392 小时。执飞航班的机型为 ATR 72–212A（B–22810 号机），机龄 14 岁，搭载两台普惠 PW127F 涡桨发动机。累计飞行 27 039 小时 /40 387 次起降循环。ATR 72 由法国和意大利合资的 ATR 制造商生产，这是一款双螺旋桨支线客机。该机型于 1988 年 10 月 27 日首飞，其名字中的“72”正是源于客机的标准座位配置。

2014 年 7 月，台风麦德姆袭击了台湾。22 日下午，气象台将其升级为强台风。次日夜，麦德姆便从台湾台东县长滨乡登陆，麦德姆虽然距离马公岛西北方向约 142 海里，但其带来的狂风暴雨仍然对马公机场造成了严重影响。

从台北松山机场起飞的 ATR 72

222 号航班由李义良执飞，机组共 4 人，乘客 54 人。航班预计于 7 月 23 日 4 点从高雄国际机场起飞，但受台风麦德姆影响，航班延误至 5 点 43 分起飞。由于马公天气好转，管制员开始允许飞机陆续降落。

马公机场位于台湾澎湖县湖西乡隘门村，是澎湖县主要的民用机场。机场始建于 1957 年，最初为军用机场，后开放给民用。马公机场拥有一条 02/20 方向、长 3 000 米的混凝土跑道，2016 年旅客吞吐量超过 232 万人次。

222 号航班在收到可以降落的指令后，机长李义良开始查阅马公机场进近图，他们此次将使用甚高频全向信标（VOR）降落在 20 跑道。VOR 是一种用于飞机导航的短距离无线电设备。它通过接收地面固定无线电信标发射的 108~117.95MHz 超高频信号来确定飞机的位置，帮助飞机保持正确的航向。

马公机场俯瞰图

18 点 43 分，立荣 7647 号航班利用 VOR 安全降落在 20 跑道上，该航班同样使用 ATR 72 执飞。222 号航班将在 7647 号航班之后降落。根据当时的气象记录，风向为 250 度，风速为 19 节。

222 号航班的机组成员开始最后的进近程序，他们放出飞机襟翼，并放下起落架。突然间，机场的仪表设备检测到马公机场的能见度从 2 000 米骤降至 600 米，并伴有乱流和垂直风切变。驾驶舱中气氛也陡然紧张起来，机组成员发现他们看不见跑道了。

驾驶舱中也响起警报声，提醒机组成员需要注意障碍物并拉起飞机。两名飞行员同时呼叫要求复飞（Go around），但为时已晚。飞机已经失控，擦上了树梢，并重重地撞向了地面。事故发生地点距离马公机场仅 1.6 千米。管制员多次呼叫 222 号航班未果，他立刻启动了应急程序。

据目击者称，222 号航班坠毁后发生了数次爆炸，随后引发的熊熊大火瞬间吞噬了机身。西溪村的村民们误以为发生了火灾，纷纷报警求助。直到救援人员赶赴现场，才发现是飞机坠毁。

222 号航班最后的轨迹和残骸分布图

救援队员从事故现场救出 11 名幸存者，其中 1 名伤者在送医途中不幸遇难。飞机的残骸也影响了救援进度，最终导致 48 人遇难，此外还造成 5 名居民轻伤。对于当地村民而言，这是一场飞来横祸。

飞行安全调查委员会（ASC）也派员展开调查。调查员进场后对飞机残骸进行勘查，其中一项主要的任务便是找到飞机的“黑匣子”。222 号航班坠机的全貌显示：飞机的第一撞击点位于马公机场 20 跑道头东北方向 850 米的树林中，最终坠毁在树林东南方向 200 米的住宅区中。调查员发现 222 号航班在降落时并未对准跑道，机组成员为何操作得如此离谱？

不久后，调查员便从残骸中找到了飞机的“黑匣子”。驾驶舱语音记录仪（CVR）和飞行数据记录仪（FDR）的外壳均破裂变形，所幸里面的数据没有遭到破坏。气象雷达的资料显示，事发时的气象条件也在正常范围内。

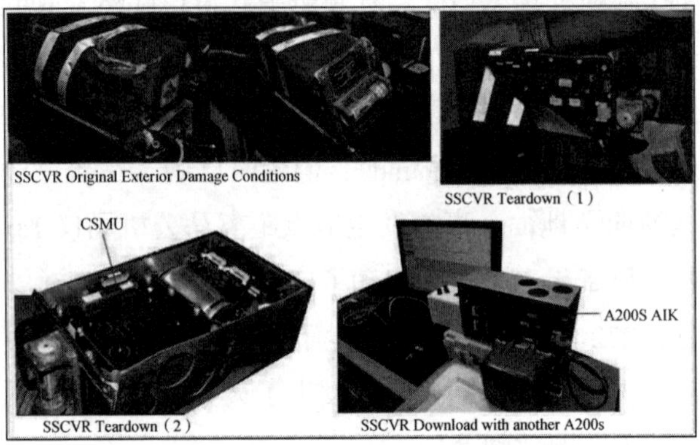

222 号航班受损的 CVR

222 号航班空难受到社会各界的高度关注，调查员也身负压力。有新闻报道称 222 号航班事故原因归咎于台风影响。调查员发现在 222 号航班降落前，马公机场已经解除了台风麦德姆的警报。飞机坠毁时台风已经远离马公机场，位于澎湖岛西北两百多千米处。

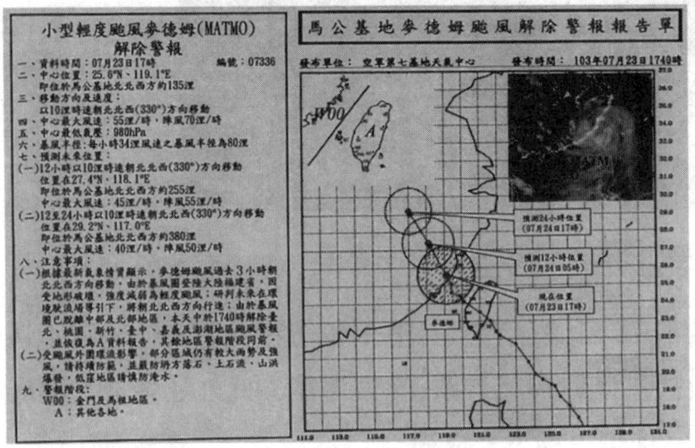

马公机场麦德姆台风解除警报报告单

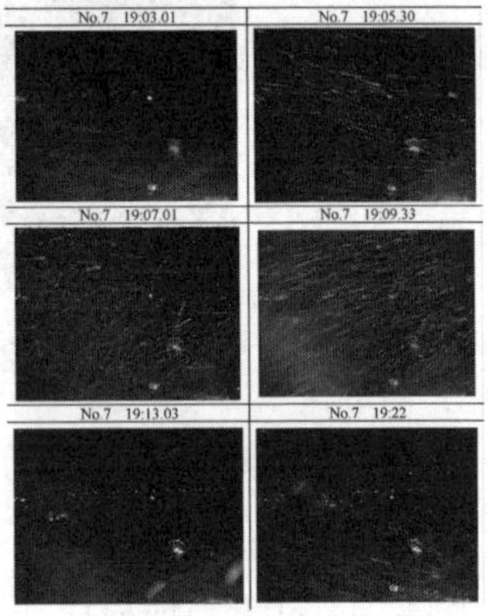

事发时马公机场的监控录像记录

台风并非此次事故的直接诱因，但它带来的强降雨和大风等恶劣天气。根据机场监控录像显示，事发时正值特大暴雨，机场能见度极差。而 222 号航班的最低降落能见度要求为跑道可见。根据录像记录，当时飞行员根本看不清跑道的位置。

222 号航班为何在如此恶劣的能见度条件下仍被允许降落呢？调查人员决定走访当班管制员以期查明真相。管制员称，19 时气象报告显示的能见度为 1 600 米，且还有一架立荣航空的 ATR 72 刚刚顺利降落。

马公机场为军民两用机场，其气象信息由军方部门负责提供。气象观测员每半小时进行一次现场观测，采集包括风向、风速、温度、气压等数据。就在 222 号航班失事前的 8 分钟，气象观测员刚刚完成例行观测，当时机场能见度尚可满足安全降落标准。

然而，天气瞬息万变，当 222 号航班准备降落时，马公机场的天气快速恶化，能见度急剧下降。由于新的气象信息尚未采集，空难已经发生。面对突发状况，飞行员为何没有采取复飞措施？222 号航班是否遭遇了机械故障？

被撞击后的民宅受损情况

调查人员在飞机残骸中发现，事发时飞机运行一切正常，两台发动机也在正常运转，由此排除飞机机械故障的问题。与此同时，实验室人员对“黑匣子”中的数据进行了分析。FDR 的数据显示，飞机在坠机前一切正常。然而，在坠毁前 1 分钟，飞机高度骤降至 60 余米，远远低于进近程序规定的最低下降高度（MDA）。当飞行员无法目视跑道时，应立即采取复飞措施。

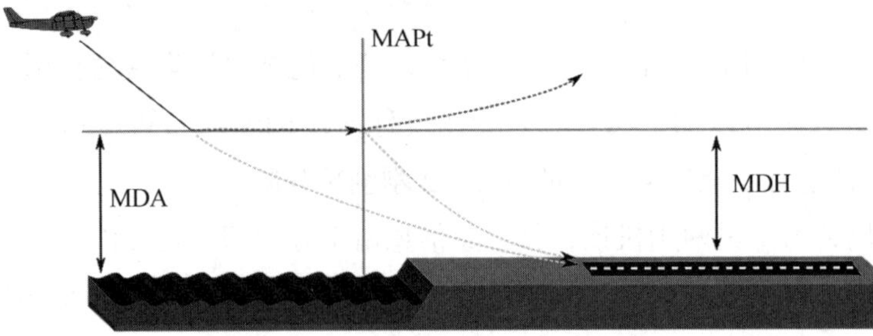

非精密进近过程中最低下降高度示意图

MDA 是指在非精密进近或盘旋进近时，飞行员若无法目视跑道，则不得低于此高度。该数值由相关部门根据机场周边障碍物的高度设定，一旦违规操作，后果将不堪设想，222 号航班便是血淋淋的反面教材。事发时机场的能见度已经远低于安全标准，222 号航班机组人员却置 MDA 标准于不顾，冒险降低高度，最终酿成惨剧。

调查员还需要分析 CVR 数据。CVR 录音显示，222 号航班的两名飞行员均未遵守标准作业程序（SOP）进行操作。SOP 是指为应对复杂任务而制定的内部程序，旨在在有限时间和资源内高效完成任务。从管理学角度来看，SOP 能够缩短新手应对不熟练任务所需的时间，并通过明确的步骤指示避免操作失误。因此，SOP 对于保障航空安全至关重要。

调查人员调取飞行日志发现，李义良机长在失事前一天曾执行多趟航班任务，且每个月的飞行小时数都比较高。过度疲劳会严重影响飞行员的表现。

李义良机长明知马公机场 MDA 值设定为 100 米，但是他却完全忽视了这一重要参数。更令人震惊的是，机组人员竟在约 60 米高度关闭了自动驾驶仪。当飞机高度降至 20 米时，他们仍没有看到跑道，此时他们已处于极度危险的境地。即便他们试图拉升复飞也为时已晚。

祸不单行，就在 222 号航班事故调查尚未结束之际，复兴航空公司再次传来噩耗。2015 年 2 月 4 日，执飞复兴航空 235 号航班（GE235）的 ATR 72 因机械故障导致飞行员操作失误，最终坠毁于台北市南港区基隆河中，造成 43 人遇难。

短短 7 个月内，复兴航空连发两起重大事故，引发了公众对该航空公司的强烈质疑。两起空难背后，或许存在着某种程度的共性。复兴航空成立于 1951 年 5 月 21 日，是中国台湾地区首家民营航空公司。1983 年被国产实业集团接手，主要运营国内航线和区域性国际航线。其枢纽机场位于桃园国际机场和台北松山机场。

事故发生前，复兴航空正处于快速扩张阶段，大量引进新飞机并开通新航线，导致成熟飞行员严重短缺。飞行员工作压力剧增，甚至有人每天执飞多达 8 个航段。尽管部分飞行员曾向公司管理层反映人手不足问题，但并未得到有效解决。

为进一步探究复兴航空存在的深层次问题，调查人员安排 ATR 72 飞行员在模拟机上复飞高雄至马公航线。令人震惊的是，观察结果显示飞行员在模拟飞行过程中均未遵循 SOP，违规操作高达 20 余项。这一发现也印证了 222 号航班空难并非偶然事件。

1 号发动机残骸

事实上早在飞行员培训阶段，他们就反复接受了有关严格遵守 SOP 的指令。然而，复兴航空的飞行员却普遍忽视 SOP，这暴露了该公司内部管理制度存在的严重漏洞。调查员也理出 222 号航班空难的脉络。在事故发生前的 29 小时内，李义良机长已经连续执飞了 9 个航段，巨大的疲劳感让他渴望在马公机场稍作休息。而复兴航空的企业文化让标准作业程序形同虚设，这也让飞行员的人为因素差错暴露得更加明显。

与此同时，过境台风麦德姆带来了恶劣的天气，强风导致飞机偏离航线，而随后的狂风暴雨更令机场能见度急剧下降。更为致命的是，222 号航班机长可能过于自信自己的飞行技术，忽视了最低下降高度的规定，而副驾驶江冠兴也默许了机长一系列的违规行为。

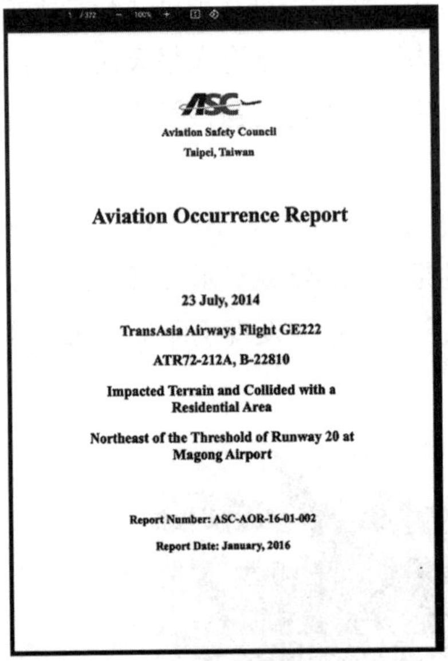
ASC
Aviation Safety Council
Taipei, Taiwan

Aviation Occurrence Report

23 July, 2014
TransAsia Airways Flight GE222
ATR72-212A, B-22810
Impacted Terrain and Collided with a Residential Area
Northeast of the Threshold of Runway 20 at Magong Airport

Report Number: ASC-AOR-16-01-002
Report Date: January, 2016

调查报告封面，调查耗时 1 年 6 个月，全文 372 页

在飞机降落过程中，机组成员曾多次有机会挽救危机。然而，他们却一次又一次地无视规则，最终错失了宝贵的生还机会。

2016 年 1 月 29 日，ASC 发布了最终的事故调查报告，建议复兴航空全面检视公司安全管理体系，包括威胁与疏忽管理、内部审计人员专业训练、安全管理系统健全与飞行员培训体系规范化等。同时，建议台湾民航主管部门加强对航空公司的监管，并建议空军系统应及时更新机场气象信息。

航空公司的管理问题同样不容忽视。事故发生时，复兴航空尚未建立完整、系统的安全管理体系，未能有效地组织、实施和完善安全管理体系。此外，复兴航空也没有建立疲劳风险管理体系或其他替代措施，管理混乱也成为空难发生的又一重要原因。

2016 年 11 月 22 日，复兴航空因财务问题宣布解散，这家拥有 65 年历史的航空公司最终消失在历史长河中。

延伸阅读：安全管理体系（SMS）和标准操作程序（SOP）

安全管理体系（SMS）是一种系统化的安全管理方法。它通过建立健全的组织结构、明确安全责任、制定相关政策和程序，为企业运营中的安全风险提供了一套结构化的管理方法。SMS 的核心在于将质量管理的理念引入到安全管理中，通过科学的计划、高效的组织、顺畅的沟通和明确的指导，来有效控制安全风险。

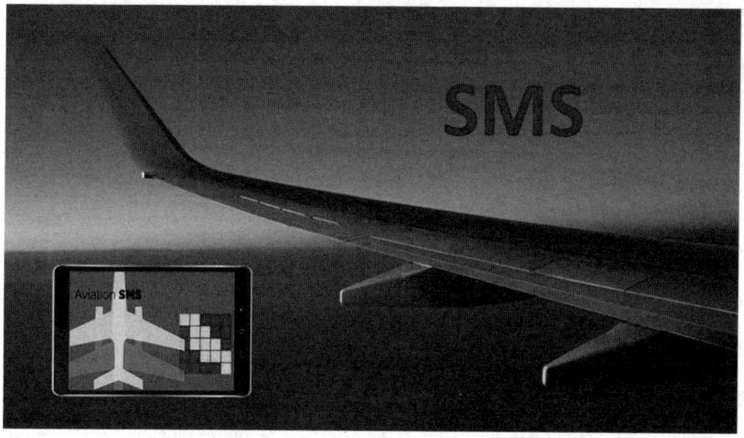

SMS 示意图

SMS 的建设始于制定组织的安全政策。这份政策明确了建立和运行 SMS 的基本原则，并阐述了企业如何实现可接受的安全水平。一个有效的 SMS 不仅能够将风险管理和质量管理的方法有机结合，以实现安全目标，还能营造积极的企业安全文化，为员工提供安全保障。

SMS 的实施为组织管理层提供了一套结构化的工具，以帮助其履行监管机构规定的安全责任。根据《芝加哥公约》的附件规定，以下航空组织必须实施 SMS：航空公司；飞机维修机构；空中交通管制单位；机场运营商。

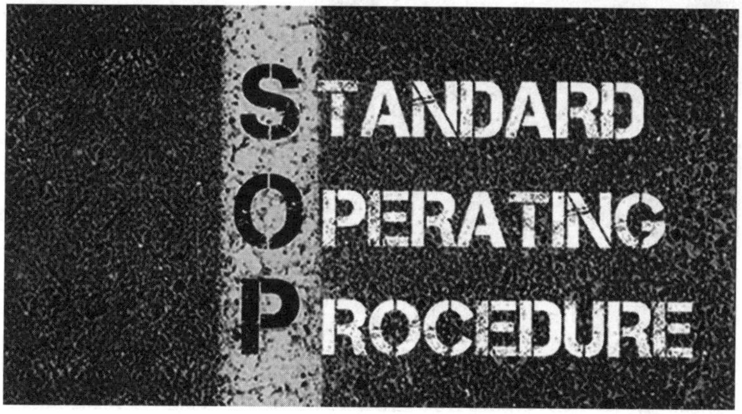

SOP 英文全称示意图

标准操作程序（SOP）是保障飞行安全的基石。在飞行过程中，从起飞到降落，机组成员的每一个动作几乎都有一套详细的 SOP 作为指导。这些 SOP

涵盖了飞行中的各种情况，包括正常飞行、异常情况和紧急情况。

由于飞行环境复杂多变，飞行员可能随时面临意想不到的突发事件。为了应对这些突发情况，航空公司编制了大量的飞行程序和检查单。这些程序和检查单详细地规定了飞行员在不同情况下应该采取的措施，确保飞行安全。

尽管飞行员需要熟记一些关键操作步骤，但在执行完操作后，仍需仔细查阅书面程序，以确保操作的准确性。这种“先行动，后核对”的方式，有助于减少人为错误，提高飞行安全性。

飞机操作程序是航空界经过长期研究和反复实践，总结出的最佳飞行流程。这些程序的制定旨在确保飞机在各种飞行条件下都能安全、高效地运行，最大限度地降低飞行风险。因此，飞行操作程序具有极高的权威性，是飞行员必须严格遵守的“金科玉律”。

飞机制造商发布 SOP 的目的：

1. 阐述制造商对驾驶舱设计和操作的最佳实践；2. 详细说明飞机的各种功能和系统的正确使用方式，帮助飞行员充分发挥飞机的性能；3. 考虑了不同航空公司的运营特点和飞行环境，具有广泛的适用性。

驾驶舱示意图

由于各种原因，飞行员可能偏离标准操作程序，包括故意偏差和无意偏差。违反 SOP 会导致以下严重后果：增加飞机事故发生的风险；降低机组资源管理（CRM）和团队资源管理（TRM）的有效性。

SOP 只有在清晰简洁的情况下才能发挥其应有的作用。SOP 的制定是一个谨慎的过程，需要识别需求、收集信息、制定初稿、征求意见，它考虑了所有可能的结果。偏离 SOP 意味着对飞行安全的忽视，可能造成不可挽回的后果。

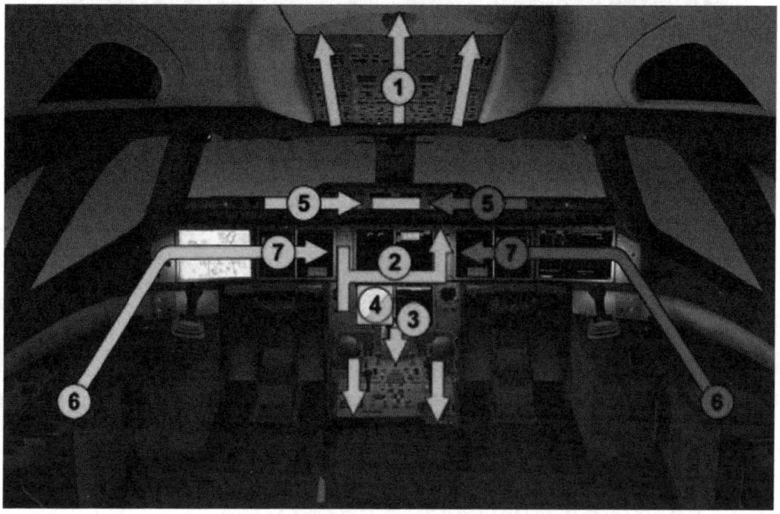

扫描驾驶舱示意图

例如飞行员在进近过程中没有按照标准速度进行操作，导致飞机无法稳定下来。SOP 要求如果进近不稳定，飞行员必须立即复飞，以避免与地面碰撞或其他事故。然而，一些飞行员为了按时完成计划，可能会冒险继续进近，这可能会导致可控飞行撞地（CFIT）等严重事故。飞行员和管制员在通讯时没有使用标准语言，导致信息传达不畅。

导致违反 SOP 的原因包括：1. 对程序了解不足或不理解（例如措辞不明确，或程序被认为不合适）；2. 在培训期间对遵守 SOP 的重视不够；3. 警惕性不足（疲劳等）；4. 干扰和分心；5. 任务饱和；6. 优先级管理不当；7. 在异常情况下或高工作量情况下，注意力下降（隧道视觉效应）；8.CRM 或 TRM 不足（例如组员协调、交叉检查和备份不足）；9. 公司、单位政策（例如时间表、成本、流量优化）；10. 渴望完成工作；11. 自满和过度自信。

SOP 示意图

解决方法：在飞行员的初始培训阶段，应着重强调 SOP 的重要性，并通过模拟训练等方式，帮助飞行员建立起严格遵守 SOP 的纪律意识。在复飞训练中，应将违反 SOP 的情况作为重点训练科目。各级管理层必须以身作则，严格遵守 SOP 规定，并对违反 SOP 行为进行严肃处理，营造良好的安全文化氛围，促使全体飞行员养成自觉遵守 SOP 的良好习惯。

6.“旧习难改”的机长——2015 年特里加纳航空 267 号航班

坠毁在丛林里的 267 号航班

2015年8月16日，印尼特里加纳航空267号航班（IL267）在从查亚普拉飞往奥克西比尔的途中，坠毁在奥克西比尔附近的宾当高地，机上包括机组人员在内的54人全部遇难。这是ATR 42迄今为止最严重的一次事故。

航班机长哈桑丁（Hasanuddin），60岁，累计飞行25 200小时，其中ATR 42为7 300小时。副驾驶阿亚丁·法拉尼（Aryadin Falani），44岁，累计飞行3 800小时，其中ATR 42为2 600小时。飞机上共有54人，包括49名乘客和5名机组成员。

特里加纳航空涂装的ATR 42

执飞267号航班的是一架ATR 42-300（PK-YRN号机）。ATR 42是法国/意大利合资生产的一款涡桨支线客机，采用上单翼和T型尾翼设计，搭载两台普惠加拿大PW120发动机，额定功率为1 500千瓦。

下午2点22分，267号航班从查亚普仙谷机场起飞，预计3点04分降落在奥克西比尔。奥克西比尔是印尼和巴布亚新几内亚接壤的一个偏远城镇，奥克西比尔机场坐落在一个山谷中间，附近的山脉高达3 300米。机场的导航辅助设备有限，没有仪表着陆系统，飞行员需要依靠目视飞行规则（VFR）手动进近。

飞机起飞后迅速爬升至3 500米巡航高度。2点55分，飞机和地面失联，飞行员也没有发出任何求救信号。管制员多次尝试联系267号航班，但均未得到回应。

3 点 30 分，印尼国家搜救局（BASARNAS）派出救援飞机寻找失联的 267 号航班。大雾导致搜救行动进展缓慢。直到 8 月 17 日，搜救行动才取得突破性进展。当地居民联系警方，称他们在奥克巴佩区的探戈山上发现了坠毁的飞机残骸。救援人员最终在距离奥克西比尔约 12 千米的山坡上找到了飞机残骸，海拔达 2 530 米。事发地人烟稀少，地形极其险峻。

搜救局随即组建了一支由 250 人组成的搜救队，他们需要徒步跋涉三天才能抵达事发地点。此外，恶劣的天气和低能见度也给搜救工作带来了很大困难。在猛烈撞击下，飞机已支离破碎，飞机在猛烈的撞击下变成了小碎块，恶劣的交通环境迫使他们只能带回重要的物证。

印尼国家运输安全委员会（KNKT）接管了后续的事故调查工作，作为飞机制造国代表的法国民用航空安全局（BEA）派出三名调查员，飞机制造商 ATR 也派出四名技术代表。

事故现场树木受损的照片

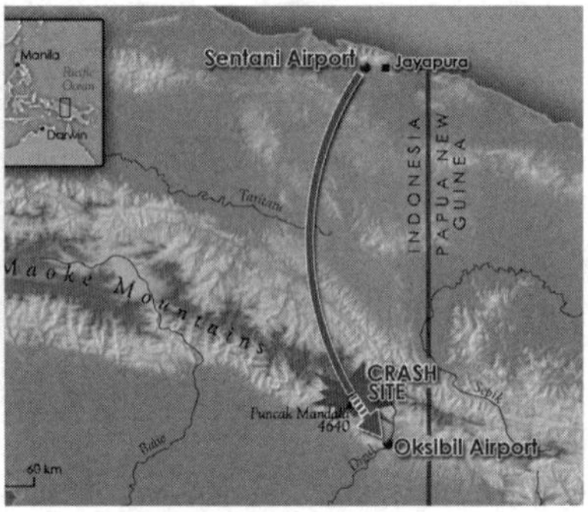

飞机坠毁地点示意图

山坡上受损树木的状况表明，飞机是几乎垂直地撞向山体的。调查人员首先需要厘清的关键问题是：飞机为什么会偏离航线？

267 号航班的坠机地点位于奥克西比尔机场以西 18.5 千米处。根据当地地形图显示，飞机所经航线地势崎岖，周边环绕着高度接近 2 800 米的山峰。调查员面临第一个棘手的问题：飞行数据记录仪（FDR）的数据与 8 月 16 日的飞行轨迹无法匹配，因为在飞机坠毁时，FDR 已经停止工作。事实上，这台 FDR 早在 2012 年就开始出现故障。

调查员能寄望于驾驶舱语音记录仪（CVR），他们修复了 2 个小时的录音。录音显示，在 267 号航班的最后进近阶段，为了抄近道，飞行员故意偏离了航线。

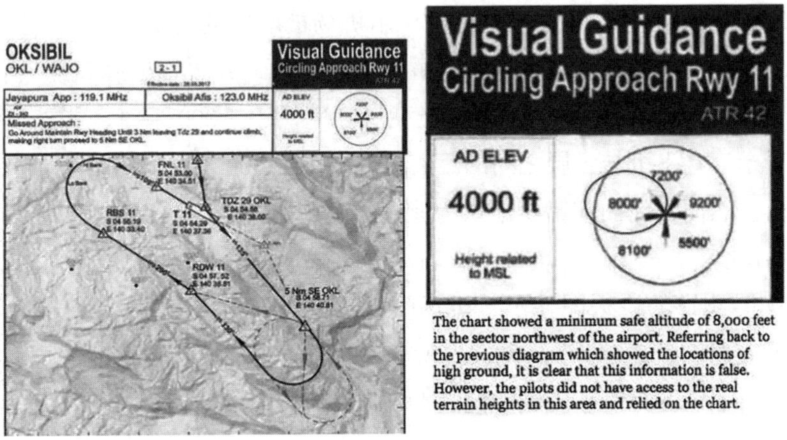
OKSIBIL
OKL / WAJO
Jayapura App : 119.1 MHz
Oksibil Afis : 123.0 MHz
Missed Approach :
Visual Guidance
Circling Approach Rwy 11
ATR 42
AD ELEV
4000 ft
Height related to MSL
7200'
8000'
9200'
8100'
5500'
The chart showed a minimum safe altitude of 8,000 feet in the sector northwest of the airport. Referring back to the previous diagram which showed the locations of high ground, it is clear that this information is false. However, the pilots did not have access to the real terrain heights in this area and relied on the chart.

奥克西比尔机场进近图

奥克西比尔机场并没有公布官方的目视进近程序，特里加纳航空自行制定了进近程序，其要求进近的飞机飞越机场。调查员分析飞行员偏离标准进近航道的可能动机。在事故当天早些时候，该机组执飞前往奥克西比尔时也采用了同样的操作：没有进行盘旋，直接降落 11 号跑道。

飞行员经常执飞同一条航线，容易产生自满情绪。267 号航班的机组在事故发生前刚刚成功执飞过同一趟航班（低于最低安全飞行高度）。哈桑丁机长拥有丰富的飞行经验，他对机场也很熟悉，认为此次任务就是“小菜一碟”。

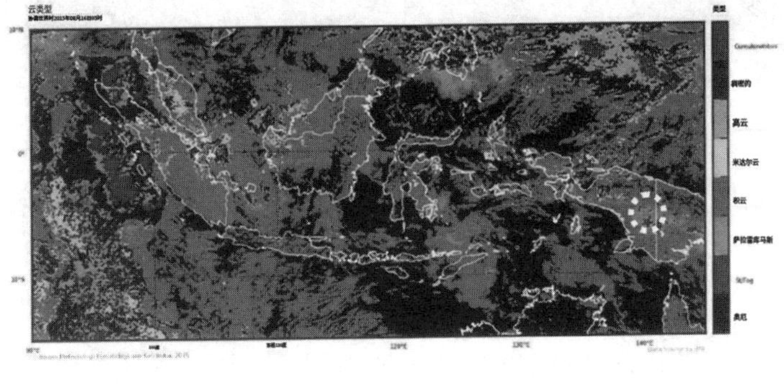

卫星视图

在失事的飞行中，飞行员再次抄近道，这一次他们也没有做检查单。令人感到蹊跷的是，CVR 的录音戛然而止，这表明事故发生得非常突然，飞行员甚至没有丝毫反应时间。

气象资料显示，事发时奥克西比尔机场被厚厚的云层笼罩，能见度仅为4到5千米。管制员曾向飞行员提醒多云的问题，并告知云底高度只有2 400米。根据目视飞行规则（VFR），当飞机高度低于3 000米时，能见度应不低于5千米，且飞机与云层之间的距离至少应保持300米。此时，飞行员应该放弃降落。然而，他们却错误地认为能够看到跑道，最终导致飞机撞上2 530米高的高山。

11号跑道的进近图显示，机场附近最低的安全高度为2 438米，而飞机的坠毁地点位于2 530米高度。也就是说，飞行员严格按照进近图指示进行飞行，但由于进近图信息错误。他们本以为按照推荐的高度飞行就万无一失，却没想到会酿成如此惨剧。

ATR 42飞机驾驶舱

267号航班下降至2 400米高度时进入云层，能见度降为0。此时，飞行员仍然对迫在眉睫的危险毫不知情，他们正忙着放下襟翼和起落架，为最后的降落做准备。

执飞267号航班的ATR 42配备了增强型近地警告系统（EGPWS）。该系统可以利用GPS和地形数据库监测飞机与地面障碍的距离。当飞机存在撞击风险时，系统提前一分钟发出“地形警告（TERRAIN）”，并在30秒时发出“拉起警告（PULL UP）”。

EGPWS数据库采用不同分辨率的正方形网格进行划分。每个网格根据其边界内的最高点分配一个高度。在飞机靠近地形复杂区域的机场附近，网格分辨率通常较高，约为 15 角秒（相当于 30 米）；而在其他区域，网格分辨率则较低，约为 30 角秒。

由于巴布亚省大部分地区采用低分辨率 EGPWS 数据库，这会导致系统产生大量误报。比如，飞机在穿越上宽下窄的山谷时，EGPWS 会频繁发出警报。飞行员即使已经目视确认了跑道，警报依然会持续鸣响。一些飞行员通常的做法是拔掉断路器，这会导致“狼来了”效应——飞行员可能对频繁误报的麻木而忽视了真实的警报。

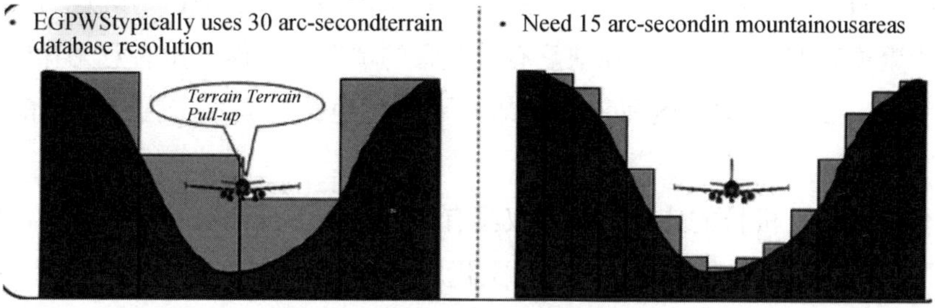

EGPWS 低分辨率和高分辨率数据信息示意图

此前，哈桑丁机长在飞行时也有拔掉断路器的习惯。8 月 16 日，哈桑丁机长在飞往奥克西比尔时，为了避免警报响起，他主动关闭了 EGPWS，并在离开时忘记重置。在多云天气条件下能见度低，飞机又偏离了航线，此时关闭 EGPWS 就相当于关掉了飞机的最后一层防护网。

267 号航班的坠毁是一起典型的飞行员操作失误引发的空难。哈桑丁机长长期以来习惯性地抄近路飞行，这种行为让他对自己的飞行技术产生了过高的自信。航空公司规定的进近程序虽然复杂，但却是保障飞行安全的关键。然而，哈桑丁机长却多次无视这些规定，最终酿成了大错。他关闭了 EGPWS，没有按照检查单执行，并按照错误的进近图飞行。航空安全的三道防护网被飞行员主动洞穿。

哈桑丁机长的行为体现了所谓的“丛林飞行员”心态。这种心态下的飞行员往往过于自信，忽视标准程序，根据个人经验和对局面的判断来做出飞行决策。这种飞行方式在设备简陋的地区或许可以勉强通行，但在现代航空中是极其危险的。ATR 42 并非为丛林飞行而设计的，它需要严格按照标准程序进行操作。

在心理学中这种现象被称为“偏差正常化（Normalization of deviance）”。社会学家黛安·沃恩（Diane Vaughan）在研究挑战者号航天飞机灾难后提出了这一概念：偏差正常化是指组织内的人员逐渐对偏差行为习以为常，甚至将其视为正常现象。这种现象会让组织成员对潜在的风险变得麻木不仁，最终导致严重的后果。简而言之，偏差正常化就是把“不正常”变成“新常态”。

267 号航班事故深刻地揭示了一个令人警醒的问题：航空公司安全监管的缺失如何导致飞行员违规行为的滋生，并最终酿成惨剧。经验丰富的哈桑丁机长起初严格遵守飞行程序。然而，随着时间的推移，他逐渐认为既定的飞行程序过于繁琐影响飞行效率。在缺乏有效监管的情况下，他开始有意无意地违反这些程序。由于多次“铤而走险”却能平安落地，这进一步强化了他的越轨行为。

长此以往，机长的违规行为不仅没有受到制止，反而被一些人视为“经验之谈”，这些偏差行为逐渐成为公司文化的一部分，并被视作理所当然。最终哈桑丁机长对规则的漠视酿成了 267 号航班的悲剧。

搜救人员在转运一具遇难者遗体

在 267 号航班坠毁之前，特里加纳航空已经因“偏差正常化”现象而发生多起事故。从 1991 年 ~2015 年，该航空公司在各种事故中损失了至少 8 架飞机。Airlineratings.com 网站每年都会发布全球最安全和最危险航空公司名单。在 2018 年的名单中，特里加纳航空与朝鲜高丽航空等航空公司一起被列为 20 家最不安全的航空公司之一。

值得一提的是，特里加纳航空并非唯一一家在飞往奥克西比尔途中发生事故的航空公司。2009 年，一架梅帕蒂航空 9760 航班的德・哈维兰加拿大 DHC-6 双水獭飞机在执行从查亚普拉飞往奥克西比尔的航班时，飞行员违规目视飞行进入云层，最终撞上机场北部的山体，机上 15 名乘客和机组人员全部遇难。2018 年，一架皮拉图斯 PC-6 私人包机在接近奥克西比尔时发生坠机，机上 9 人中有 8 人遇难。

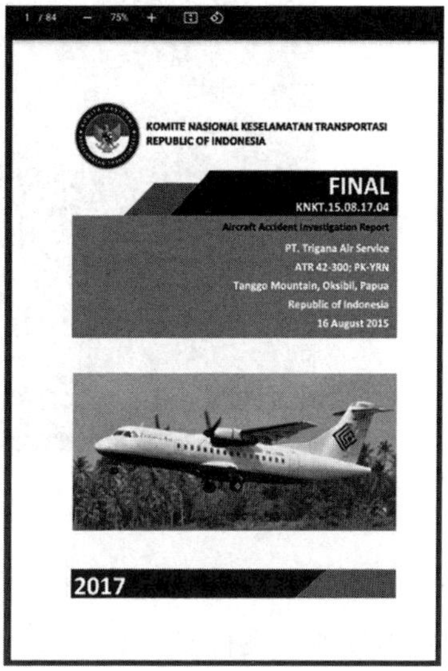

调查耗时 2 年 5 个月，全文 84 页

KNKT 发布最终事故调查报告，认定事故原因是飞行员偏离预计飞行航线，导致可控飞行撞地。此外，EGPWS 警告系统的缺失也导致了预防措施的失效。安全建议包括航空公司更新奥克西比尔机场航图信息，更新准确的最低安全高度信息。EGPWS 制造商霍尼韦尔公司应为巴布亚省提供更高精度的数据库。

特里加纳航空公司也采取了一些措施来提高安全性能，他们组织飞行员讨论遵守标准操作程序（SOP）和机组资源管理（CRM）等问题，并对飞行员在培训期间的技能水平进行更客观的评价，发布关于如何减少进近和着陆事故的指南，重新修订奥克西比尔机场的进近程序，引入 VFR 飞行和 EGPWS 相关的模拟机培训，对整个机队的 FDR 进行系统检查，并向飞行员提供了一份内部刊物，详细分析了导致坠机事故的各种因素。

267 号航班事故是航空安全发展历程中的一个典型案例，值得所有商业和私人飞行员认真思考。虽然大多数地区的飞行员都受雇于航空公司，并能通过公司规章制度和安全培训降低“偏差正常化”现象的风险，但仍有一些公司需要加强安全管理，防止安全标准下滑。相比之下，私人飞行员由于缺乏完善的标准操作程序和安全体系，更容易受到过度自信和经验主义的影响，从而面临更高的安全风险。

搜救人员在事故现场

实际上，“偏差正常化”就像一个潜伏在飞行中的“隐形杀手”，它悄无声息地侵蚀着飞行安全。如果不了解它的特征，就很难察觉它的存在。当偏差被视为正常时，它就会变得更加危险。因此，每名飞行员都应该具备识别“偏差正常化”的能力。

社会学家黛安·沃恩在调查“挑战者”号航天飞机事故时曾一针见血地指出：“一次侥幸并不能保证永远安全。就像玩俄罗斯轮盘赌，即使前面几次没有发生意外，也不能保证下一枪也是安全的。在现实生活中，我们有时甚至不知道枪膛里究竟有多少颗子弹。”

掩卷深思，我们不难发现，267 号航班是一场可以避免的悲剧。如何有效地防范“偏差正常化”，杜绝类似事故的再次发生，是留给我们面前的一个重要课题。

延伸阅读：偏差正常化

1986 年 1 月 28 日，美国挑战者号航天飞机升空仅 73 秒后便在空中爆炸解体，这起事故造成七名宇航员全部罹难。灾难的直接原因是航天飞机右侧固体火箭助推器（SRB）与燃料箱之间连接处的 O 形密封圈失效。

此次灾难引发了深刻反思。美国社会学家黛安·沃恩（Diane Vaughan）由

爆炸后的挑战者号航天飞机

此提出一个重要概念“偏差正常化”（Normalization of deviance）。她将其定义为一种认知偏差，如果明显不安全的做法不会立即导致灾难，那么它就会被认为是正常的。在最终灾难发生之前有很长的潜伏期，早期的预警信号要么被误解，要么被忽视，而被完全错过。

在“偏差正常化”的认知过程中，原本被认定为“异常”的情况，逐渐被视为“正常”。例如，沃恩在挑战者号航天飞机灾难的调查中发现，航天飞机在发射过程中曾多次出现 O 型环损坏的情况。然而工程师们对 O 型环性能进行评估时，将其定义为可接受的风险。随着时间的推移，这种现象不断重复，最终导致人们对安全隐患习以为常，视而不见。

沃恩教授和她的著作《挑战者号发射决策：NASA 的危险技术、文化和偏差》

工程师和管理人员在面对问题时，往往会产生一种“偏差正常化”的思维定式。他们不仅会忽视自身行为可能带来的风险，甚至会主动掩盖真实情况，这种现象不仅欺骗了公众，也蒙蔽了自己。

以挑战者号航天飞机事故为例，NASA 的关键人员和航空工程师在长期的工作中，逐渐适应了高风险的工作环境。他们认为，一定程度的风险是不可避免的，甚至逐渐将高风险视为“正常状态”。这种心理暗示导致他们对潜在的危险信号变得麻木不仁。

“偏差正常化”是一种非常危险的认知陷阱。当人们不断重复某种行为，即使这种行为存在潜在风险，也会逐渐降低对其危险性的感知。这种心理机制会让人们对危险信号变得不敏感，从而导致决策失误，甚至酿成严重后果。

倾覆的歌诗达协和号

“偏差正常化”现象并非航空航天领域的专属。在航海业，我们同样能看到这一现象的典型案例。2012 年 1 月 13 日，一艘名为“歌诗达协和号”的邮轮在地中海进行环线巡航时，因偏离航线撞上岩石而倾覆。

为了让乘客近距离观赏岛屿，邮轮公司开始频繁批准偏离航线的请求，这使得原本禁止的行为逐渐成为常态，也使歌诗达协和号暴露在更大的风险之中。嘉年华邮轮公司的董事们不仅默许了这种行为，甚至将其作为一种便捷、有效的营销策略。

歌诗达协和号过去也曾有过类似的冒险航行，但侥幸没有发生事故，这使得邮轮公司错误地认为这种行为是安全的。最终，灾难的发生导致 33 人遇难和近 20 亿美元的损失，也彻底暴露了这种做法的巨大风险。

因此，“偏差正常化”也被描述为一个逐渐接受的过程，在没有造成严重后果的情况下，原本不可接受的行为也会被逐渐接受，甚至合理化。

海曼·里科弗登上《时代周刊》封面

高可靠性组织（HRO）通常秉承美国海军上将海曼·里科弗（Hyman Rickover）提出的“卓越规范化”理念，这一理念的核心在于：过硬的技术能力、勇于担当的责任意识以及直面事实的勇气。

里科弗曾担任美国海军反应堆办公室主任，在长达 30 年的时间里，引领了美国海军核动力事业的发展。在他的领导下，不仅建成了世界上首座商用压水反应堆，而且创造了美国海军核反应堆零事故的卓越记录。相比之下，苏联海军核反应堆在同一时期发生了 14 起事故，这一鲜明的对比充分凸显了里科弗理念的价值。

在美国核动力海军领域，里科弗上将肩负着全面的责任。他统管着海军所有核反应堆（包括原型堆、潜艇堆和舰船堆）的设计、建造、运行和维护工作。这种单一责任制在海军中实属罕见，在民用领域更是绝无仅有。

里科弗上将曾说过：“在海军反应堆项目中，我将优秀的工程师培养成管理者。他们不是靠花言巧语来管理，而是扎实的专业知识、严谨的逻辑思维和勤勉的工作态度。当问题出现时，我们必须勇于面对现实，做出果断的决策，即使这会带来巨大的代价和延误。领导者必须以身作则，要求下属也秉持同样的原则。”

7. 空中爆裂的风挡——2018 年中国四川航空 8633 号航班

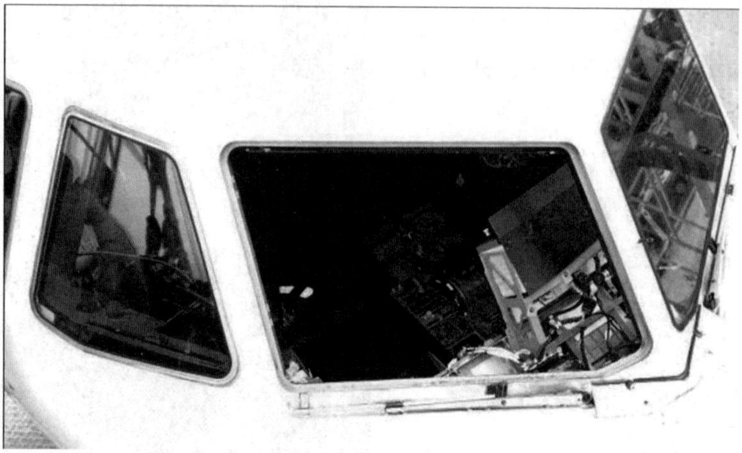

丢失右风挡的驾驶舱

2018 年 5 月 14 日，四川航空 8633 航班（3U8633）在万米高空遭遇了惊险一幕。这架从重庆飞往拉萨的客机，在巡航阶段驾驶舱右座风挡突然爆裂，驾驶舱迅速失压，机组人员面临着极大的生存威胁。机长刘传健凭借过硬的飞行技术和丰富的经验，成功将飞机迫降在成都机场，机上 128 人平安落地。这次事件不仅考验了机组人员的应急处置能力，也为民航安全提供了宝贵的经验教训。

空客 A319 作为 A320 系列的一员，以其卓越的性能而闻名。特别是在高原地区，A319 凭借其优异的高原性能，被誉为“高原雄鹰”。据空客统计，超过 85% 往返于西藏的商业航班都选择了 A319。执飞 8633 号航班的空客 A319-100（B-6419 号机）在天津组装，累计飞行 19 942 小时 /12 937 次起降循环。驾驶舱使用的风挡由 SGS 负责生产。

8633 号航班属于高高原航线，航班通常采用双机长配置。航班机长是刘传健，46 岁，累计飞行 13 666 小时。第二机长梁鹏，34 岁，累计飞行 8 789 小时。副驾驶徐奕辰，27 岁，累计飞行 2 801 小时。

四川航空成立于 1986 年，总部位于四川成都。早在 1992 年川航便通过融资租赁、易货贸易的形式引进 4 架图 -154 型飞机。1995 年四川航空还成为国内首家运营空客 A320 的航司。

8633 号航班雷达轨迹图

早晨 6 点 27 分，搭载 9 名机组人员和 119 名乘客的 8633 号航班从重庆江北国际机场起飞。大约 29 分钟后，飞机爬升至 9 800 米的巡航高度。7 点 7 分，航班飞行至航点 MIKOS 西侧约 2.2 千米处时，驾驶舱内突然传来“嘭”声响。飞行员发现右风挡出现放射网状裂纹。副驾驶徐奕辰说：“风挡裂了。”同时，飞机的电子中央监控系统（ECAM）上显示“ANTI ICE R WINDSHIELD（防冰系统右风挡故障）”。短短一秒钟后，右风挡的加热功能彻底失效。

紧接着，驾驶舱中第二次传出“嘭”声。刘传健立刻宣布“我操作”并接管飞机。8633 号随即向成都区域管制中心报告了故障情况，并请求下降高度。管制中心指示航班下降至 8 400 米。航班又发出返航申请，报告风挡破裂，机组决定选择在成都备降。

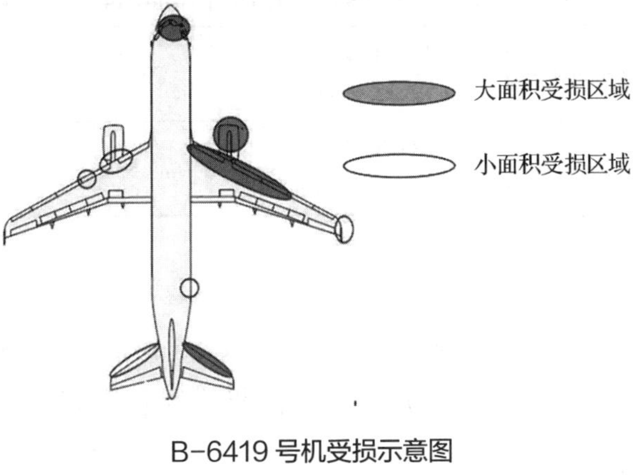

B-6419 号机受损示意图

7分45秒，驾驶舱中传来第三次“嘭”声。驾驶舱语音记录仪（CVR）记录下持续不断的异响，直到飞机落地。此时，飞机的状态急剧恶化：前风挡和侧窗的加热功能失灵，自动刹车系统也停止了工作，机翼上的多个扰流板接连出现故障。

7分46秒，飞机脱离了自动驾驶模式，刘传健机长手动操纵飞机。飞机开始下降高度，先向右转弯，随后又向左转弯。此时ECAM开始跳出多个故障码。

当飞机风挡爆裂脱落时，驾驶舱中的机组成员会直接遭遇迅速减压现象，并直接进入缺氧、低温、高风速、高噪音等恶劣环境。更重要的是，由于气压的急剧变化，人体内的气体组织会迅速膨胀，可能导致严重的生理损伤。

驾驶舱瞬间失压，副驾驶徐奕辰瞬间被强大的气压差扯离座位，最后他依靠自身的力量才重返座位。徐奕辰的身体被驾驶舱仪表、风挡边框等硬物刮伤，衬衫也被撕破。

不同高度下，人的有效意识时间

飞机标准气压高度及飞行员暴露时间		飞机座舱高度及飞行员暴露时间		人体在不同高度快速失压后的有效意识时间	
高度（ft）	暴露时间	高度（ft）	暴露时间	高度（ft）	TUC
–	–	–	–	35 000	15–30s
30 000–31 988	1min18s	–	–	30 000	30s–1min
28 000–29 999	17s	–	–	28 000	1–1.5min
25 000–27 999	19s	25 000–26 368（>7 620m）	1min21s	25 000	1.5–2.5min
22 000–24 999	8min44s	22 000–24 999（6 700–7 600m）	23s	22 000	5–6min
18 000–21 999	2min34s	18 000–21 999（5 500–6 700m）	9min55s	18 000	10–15min

在航班发生意外的约10分钟内，管制中心多次尝试联系8633号航班，但始终没有收到回复。当风挡脱落时，刘传健机长临危不乱，果断处置，驾驶飞机紧急下降。随后，第二机长进入驾驶舱协助机长处理后续事务。

由于驾驶舱内风噪声巨大，飞行员们只能通过手势来完成关键操作程序。

这也体现了机组资源管理的重要价值。10 分 39 秒，空管雷达突然发现，8633 号航班的应答机编码变为“7700”。这是一个紧急求救信号，地面人员立即意识到飞机可能遇到了严重状况。

7 点 20 分，机组报告：“座舱失压！”紧接着，他们再次报告：“客舱失压，现正飞往崇州，高度下降至 4 200 米。”面对突如其来的险情，机组人员沉着应对，采取了一系列紧急措施，最终平安降落在成都双流机场 02R 跑道上。

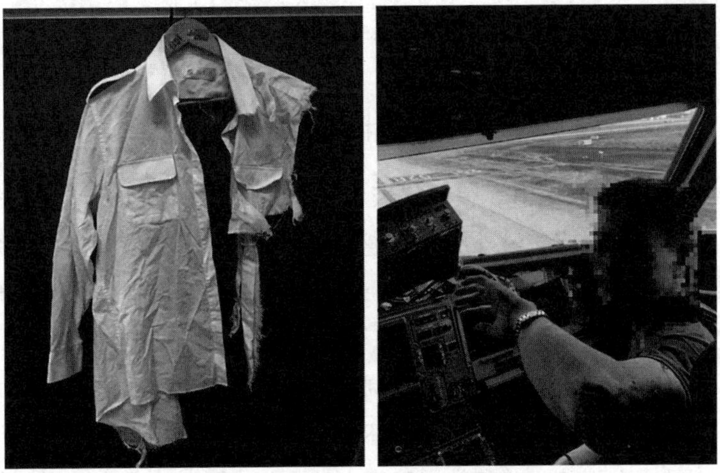

受伤的副驾驶徐奕辰，和他被撕裂的衬衫

事发后，中国民航局（CAAC）迅速成立了调查组。法国航空事故调查分析局（BEA）、欧盟航空安全局（EASA）、空中客车（AIRBUS）和法国圣戈班集团公司（SGS）叙利工厂亦派员参加调查。

调查人员发现，B-6419 号机驾驶舱右风挡脱落，导致飞行控制组件变形，机长电子飞行包被甩出。此外，右侧 3、4 号主轮因高温熔化，导致轮胎泄压。机头、右侧发动机进气道和整流锥、右侧机翼也出现了多处划痕和点状凹坑。

8633 号航班事故是中国民航史上首例驾驶舱释压事件。2018 年 4 月 15 日，川航自主完成 B-6419 号机的定检工作，确认飞机状态一切正常，飞机自交付以来也没有进行过风挡和附近区域的任何改装。飞机维修记录显示，在 2017 年 2 月 16 日的 3C 检中，飞机曾因风挡出现风蚀问题而进行过维修，并严格按照规定完成了维修工作。

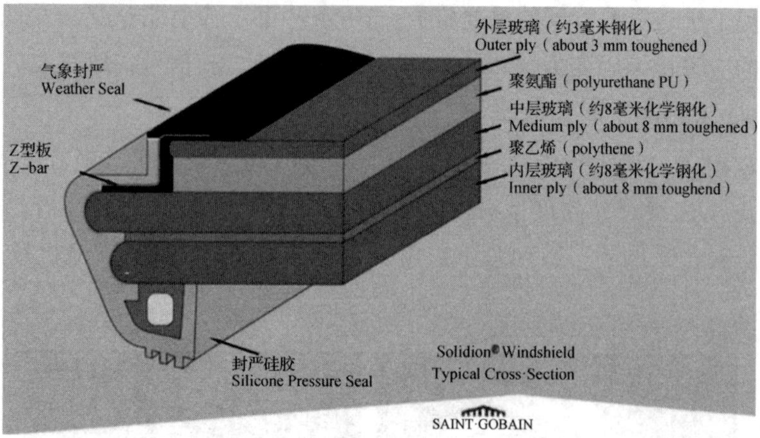

风挡结构示意图

B-6419 号机的风挡由 3 层钢化玻璃、树脂夹层、Z 型板、气象密闭、封严硅胶、接线盒等组成。最外层为 3 毫米厚钢化玻璃，中层和内层为 8 毫米化学钢化玻璃。玻璃层之间还有聚氨酯夹层、PVB 夹层，外层钢化玻璃的内侧有一层导电加温膜。

为了还原事故现场的真实情况，调查组在模拟了事发时的舱内压力、温度等严苛环境下，对飞机风挡进行了破坏性试验。在试验中，调查员先用应力锤将内层玻璃敲成大碎块，并在外层玻璃上钻孔，去除其中的夹胶层。将风挡增压至相当于标准大气压 60% 的 606 毫巴，再用击针敲击中层玻璃。实验结果显示，在短短 0.18 秒内，风挡以爆裂的方式瞬间脱落飞出，整个过程与 8633 航班上发生的真实情况高度吻合。

由于高空缺氧会严重影响飞行员表现，刘传健机长在风挡爆裂后，并没有立即佩戴氧气面罩，暴露在高空缺氧环境中长达 19 分钟 54 秒。

人体对急性高空缺氧的耐受能力因人而异，与个体的生理素质密切相关。机长和副驾驶良好的生活习惯，包括不吸烟、适度锻炼等，有助于增强身体对缺氧环境的耐受性。

B-6419 号飞机风挡爆裂后，引发多系统故障，进而影响了飞机的着陆性能。最终，飞机以 62 吨的重量超重着陆（B-6419 号最大落地重量为 62.5 吨）。飞机动能主要由主轮刹车吸收，落地后仅能使用左右两侧的 3、4 号扰流板。由于超重着陆和部分减速装置失效，B-6419 号飞机刹车温度迅速飙升，最终导致轮胎泄压。

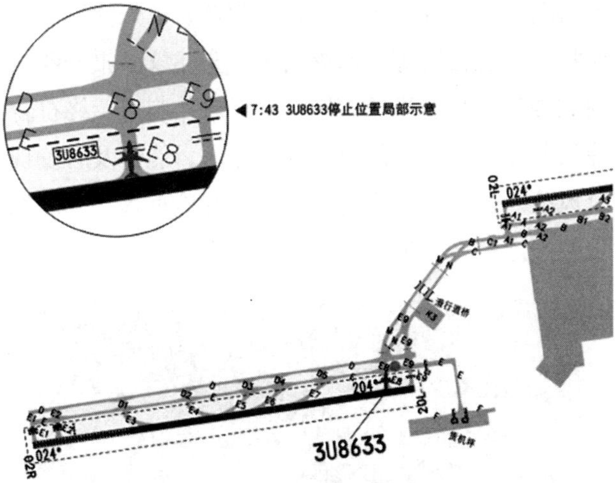

飞机完全停止位置示意图

人体对急性高空缺氧的耐受能力因人而异，与个体的生理素质密切相关。机长和副驾驶良好的生活习惯，包括不吸烟、适度锻炼等，有助于增强身体对缺氧环境的耐受性。

B-6419 号飞机风挡爆裂后，引发多系统故障，进而影响了飞机的着陆性能。最终，飞机以 62 吨的重量超重着陆（B-6419 号最大落地重量为 62.5 吨）。飞机动能主要由主轮刹车吸收，落地后仅能使用左右两侧的 3、4 号扰流板。由于超重着陆和部分减速装置失效，B-6419 号飞机刹车温度迅速飙升，最终导致轮胎泄压。

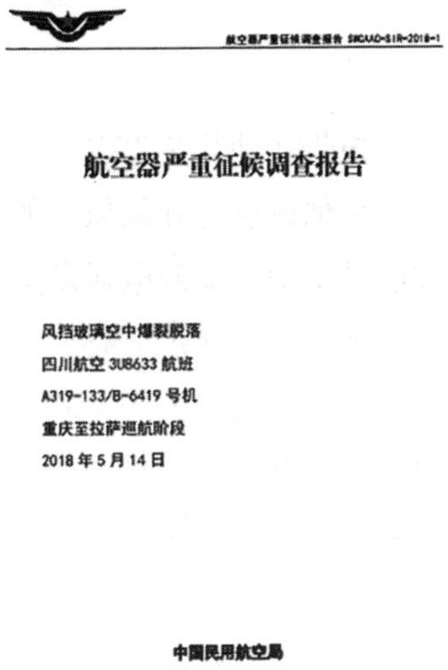

航空器严重征候调查报告

风挡玻璃空中爆裂脱落
四川航空 3U8633 航班
A319-133/B-6419 号机
重庆至拉萨巡航阶段
2018 年 5 月 14 日

中国民用航空局

中国民用航空局发布川航 8633 号航班严重征候调查报告

2020 年 6 月 2 日，中国民用航空局发布 8633 号航班《航空器严重征候调查报告》。调查报告指出，B-6419 号机的右风挡封严（气象封严或封严硅胶）可能破损，导致风挡内部存在空腔，外部水汽渗入并留存在风挡底部边缘。电源导线经长期浸泡后绝缘性下降，导致风挡左下部拐角处出现潮湿环境下持续电弧放电现象。电弧产生的局部高温导致双层结构玻璃破碎。风挡不能承受驾驶舱内外压差而发生爆裂现象。

调查报告还对航空器设计、风挡设计和制造、电弧探测和防护、风挡检查维护、飞行手册特情处理程序等方面提出了安全建议。报告建议空客公司督促风挡部件制造商加强对产品质量的控制，确保风挡制造始终符合设计标准和制造工艺规范。建议其完善使用中的风挡检查方法，能够及时发现水汽侵入、绝缘性下降等安全风险。建议空客完善气象封严的检查程序和周期，以确保航空公司能及时发现两次定检之间出现的气象封严损伤。

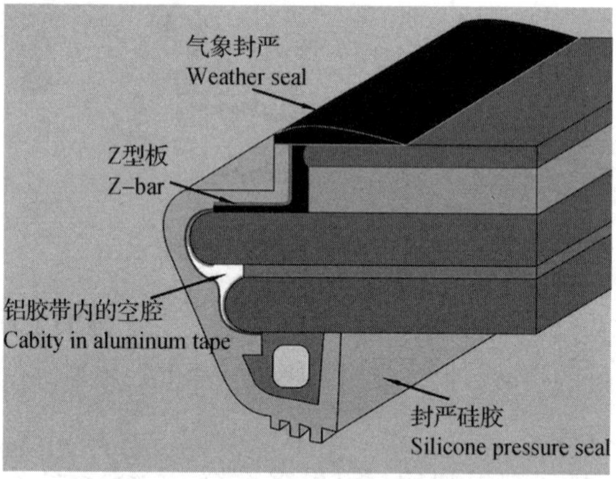

铝胶带内的空腔示意图

报告还建议空客公司要基于 8633 号航班事故和历史类似事件建立失效模式，评估改进驾驶舱风挡的设计、选材和制造工艺，防止水汽侵入和存留在电加温系统中，降低电弧发生的可能性，避免双层结构玻璃破裂。

事故报告建议 EASA 完善相关分析文件，对风挡加热系统可能对风挡结构完整性和飞机安全产生的潜在影响进行全面评估。EASA 应组织开展相关试验，以验证评估结果。建议 EASA 更新可接受的符合性方法（AMC），将评估范围扩大到风挡的整体性能，不仅要考虑加热功能是否失效，还要关注风挡丢失导致的严重后果。

事故报告建议 CAAC 根据机型特点，要求在 7 600 米以上运行的增压飞机增加“驾驶舱风挡 / 窗户有裂纹”异常处置程序中增加记忆项目，包括：系好安全带、立即佩戴氧气面罩，并仔细检查风挡 / 窗户的裂纹情况。

事故报告建议航空公司应修改飞行手册，例如当飞行员因操纵飞机无法自行佩戴氧气面罩时，其他机组成员应优先佩戴好自己的氧气面罩，然后立即协助飞行员佩戴。为便于对系统故障进行调查和预测，建议航空公司提高驾驶舱高度数据的采样率和记录率，达到 1 次 / 秒的精度。

“英雄机长”刘传健（左）和作者（右）

蹩脚飞行员的操作失误，可能酿成机毁人亡的惨剧。而技艺精湛的飞行员，却能将险情化险为夷。8633 号航班能够安全返航，离不开机组成员的密切协作，而机长刘传健更是其中的关键人物。

延伸阅读：飞行员的“最高职责”

飞行是一项高风险的活动。在日常飞行中，飞行员随时可能面临恶劣天气、机械故障，甚至意外的鸟击等突发状况。这时，机长的经验和专业素养就显得尤为关键。一名经验丰富的机长，能够在千钧一发之际力挽狂澜，凭一己之力创造“奇迹”。

哈德逊河奇迹

萨伦伯格机长和打捞上来的 1549 号航班机身

2009 年 1 月 15 日，一架搭载着 155 名乘客和机组人员的全美航空 1549 号航班从纽约拉瓜迪亚机场起飞，目的地为北卡罗来纳州的夏洛特。然而，就在飞机爬升至 426 米高空时，不幸遭遇了一群加拿大黑雁。巨大的鸟群与飞机发生碰撞，导致两台发动机瞬间熄火，飞机失去了动力。

此时，距离最近的机场还有数千米远，飞机已经无法安全返回机场。机长切斯利·萨伦伯格（Chesley Sullenberger）迅速做出判断，决定将飞机迫降在湍急的哈德逊河上。由于高度极低，留给机组人员的时间非常有限，萨伦伯格在副驾驶杰弗里·斯基尔斯（Jeffrey Skiles）的协助下，果断地实施了迫降计划。萨伦伯格曾在美军服役的丰富经验，让他在危急时刻保持冷静，并做出最正确的选择。

最终，这架失去动力的客机在萨伦伯格机长的精准操控下，成功地降落在哈德逊河上。

迫降在哈德逊河河道中的 1549 号航班

事后对驾驶舱语音记录仪（CVR）的分析显示，两位飞行员在面对突发险情时表现出了高度的专业素养和冷静果决。他们在意外发生时严格遵守职责并默契配合，最终创造了这起“哈德逊河奇迹”，而萨伦伯格也被称为“萨利机长”。

然而，飞机水上迫降的风险极高，稍有不慎便可能导致灾难性的后果。1996 年，一架埃塞俄比亚客机被劫持后燃油耗尽，机长试图迫降在科摩罗附近的海域上。最终客机左翼率先撞击水面，导致机身侧翻破裂，机上 125 人不幸遇难。

1549 号航班的安全降落并非完全偶然。当时副驾驶斯基尔斯刚完成空中客车的飞行培训，对紧急程序非常熟悉。他的出色表现使机长得以专注于操纵飞机降落。而萨伦伯格机长的操作堪称完美。在进行“重启发动机”的检查程序时，他多做了一项关键操作——开启飞机的辅助动力装置（APU）。

商用客机的电子系统通常由发动机供电。如果发动机失效，电子系统也会随之瘫痪。而 APU 则可以为飞机的仪表和关键部件提供持续的电力。FDR 显示，当客机速度过低时，机载电脑会自动调整飞机的俯仰角度，防止失速。

1549 号航班机组

在迫降的最后关头，萨伦伯格机长果断拉高机头，使机翼保持平飞状态，这一精准的操作使飞机的机尾首先触水，有效减缓了飞机的速度，大大降低了机身撞击水面时产生的冲击力。疏散完乘客的机长最后走出了机舱，创造了“奇迹”的萨伦伯格也成为了全美英雄式的人物。

萨伦伯格机长的成功绝非偶然，正如他在自传《最高职责》中所写道：“我接受的训练使我不能容忍任何低于职业最高标准的事。我相信航空旅行是最安全的，因为成千上万的航空公司和航空界的工作者们都有一个共同的责任，致力于保证每一天的安全。我把这称为对职责的日日专心致志。这是一个超越自我的目标……我们必须尽力每时、每次、每件事都要做对，还要努力做到最好，因为我们不知道生命中的哪一个瞬间会决定对我们一生的评价。机遇总是留给那些有准备的人……24 岁的时候我成为一名战斗机飞行员，学会了对所有的事都要保持高度的注意力，因为生死就在几秒钟或几英尺之间。57 岁时，头发灰白的我双手操纵着空客 A320 飞机飞越曼哈顿上空，用一生所积累的知识追寻着通往安全之路。”

8. 波音 737 MAX“疯狂”的机动特性增强系统——2018 年印尼狮航 610 号航班

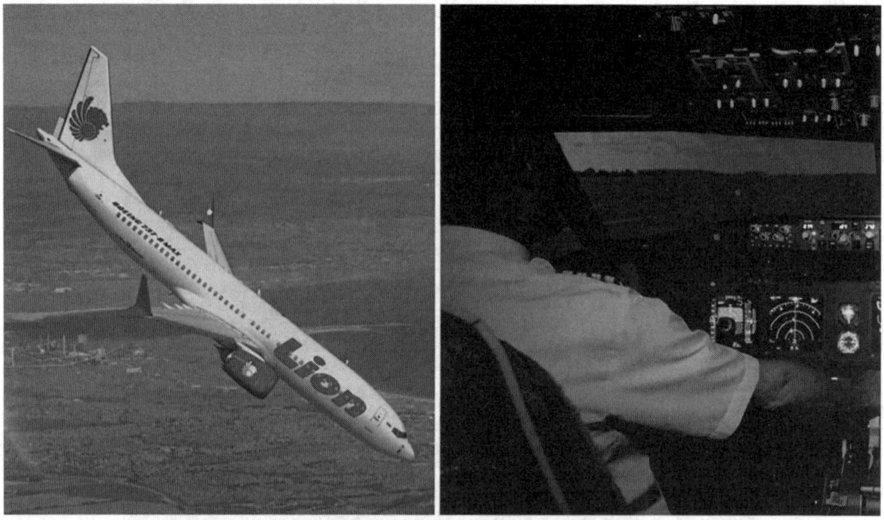

610 号航班俯冲示意图和飞行员在模拟机中

狮航 610 号航班（JT610）是从印度尼西亚雅加达苏加诺－哈达国际机场飞往邦加槟港德帕蒂·阿米尔机场的定期航班，航程约 1.5 小时。2018 年 10 月 29 日，一架执飞该航班的 737 MAX 在起飞 12 分钟后坠毁于爪哇海，机上 189 人全部遇难。

执飞 610 航班的是一架波音 737 MAX 8（PK–LQP 号机），这也是 737 家族的第四代产品。该机累计飞行 895 小时 /443 个起降循环。其主要特点是采用了新型的双羽状“先进技术”翼梢小翼，以及更大、更节油的 CFM 国际 LEAP–1B 发动机。

737 MAX 8 更换发动机主要为了应对 A320neo 的市场竞争，波音工程师面临最大的挑战便是将 LEAP–1B 发动机集成到 MAX 的机身中。他们在研发时发现，发动机和地面距离太近，而主起落架舱的大小无法改变，因此无法直接增大主起落架的尺寸。他们唯一的办法是将起落架加高 0.2 米、将发动机相对机翼前缘的位置进行调整。但是增大并前移的发动机短舱会在大空速、大迎角时产生升力，尤其在起飞阶段会带来更多不稳定性因素。

737 MAX 的双羽状“先进技术”翼梢小翼

波音决定通过机动特性增强系统（MCAS）提升客机稳定性和操控性，这能尽量减少 737 MAX 和 737 NG 之间的操纵差异。MCAS 是基于波音 737NG 的速度配平系统（STS）开发的。STS 根据空速和迎角数据微调水平安定面配平来提高飞行稳定性。MCAS 可以在客机姿态接近迎角阈值时自动激活，使水平安定面以每秒 0.27° 的速率偏转 9.3 秒，最终达到 2.5° 的偏转角度。

当机载计算机检测到迎角传感器数据低于临界值时，MCAS 系统将自动复位，使飞机姿态恢复到 MCAS 激活之前的状态。如果迎角传感器数据出现异常，MCAS 系统将每隔 5 秒激活一次，直至数据恢复正常或系统被手动禁用。然而，正是 MCAS 系统的缺陷，成为了导致 610 号航班空难的“致命弱点”。

737 MAX 的小翼和 LEAP-1B 发动机

航班机长巴夫耶·苏尼加（Bhavye Suneja），31 岁，累计飞行 6 028 小时。副驾驶哈维诺（Harvino），41 岁，累计飞行 5 174 小时。印尼狮航是印度尼西亚一家民营廉价航空公司，也是东南亚第二大廉价航空。狮航总部位于雅加达，成立于 1999 年 9 月，最早通过湿租雅克 –42 开始运营，后来机队规模得以快速扩张。其还一度打破最大飞机订单记录，包括签署 224 亿美元购买 234 架空客 A320。狮航还是波音第二大客户，曾签下 224 亿美元大单，购买 230 架波音客机。

2018 年 10 月 29 日，610 号航班共搭载了 181 名乘客和 8 名机组成员。副驾驶哈维诺进入驾驶舱后告诉机长苏尼加，他是在当天凌晨 4 点左右接到通知，临时顶替其他飞行员执行此次航班任务。机长苏尼加则回应自己身体不适，感冒了。驾驶舱录音（CVR）记录，苏尼加在航班起飞前一个小时内曾咳嗽了 15 次。

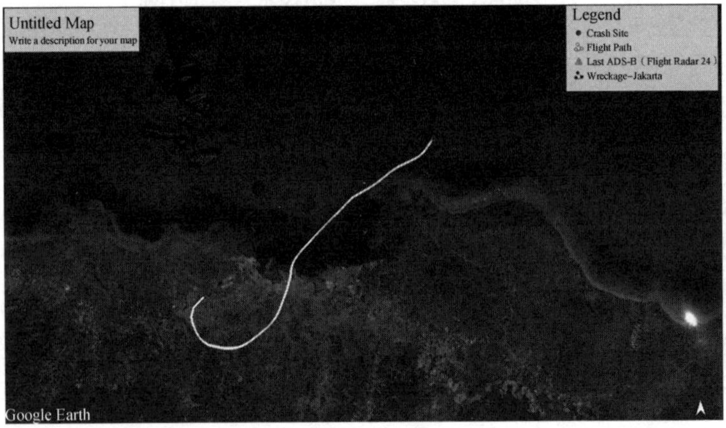

610 号航班航迹示意图

6 点 20 分，610 号航班从雅加达机场 25L 跑道起飞。起飞仅 2 秒后，飞机的抖杆器就被触发了，这预示着飞机有可能失速并坠毁。然而飞行员当时并不知道发生了什么情况，飞机仍在继续爬升。随后副驾驶哈维诺报告机长苏尼加发现了空速指示不一致和正升率异常的情况。苏尼加随即下达了收轮指令。

在爬升过程中，飞行员无法确定飞机的准确高度和空速，只能向管制员寻求帮助。此时机长和副驾驶面前的仪表显示数值也出现了差异，哈维诺惊呼道："这架飞机怎么了？"他询问苏尼加是否需要返航，但没有得到回应。哈维诺报告了高度指示器出现故障，苏尼加确认了他的报告。最后，哈维诺联系了管制员，并被指示爬升至约 8 229 米的高度。

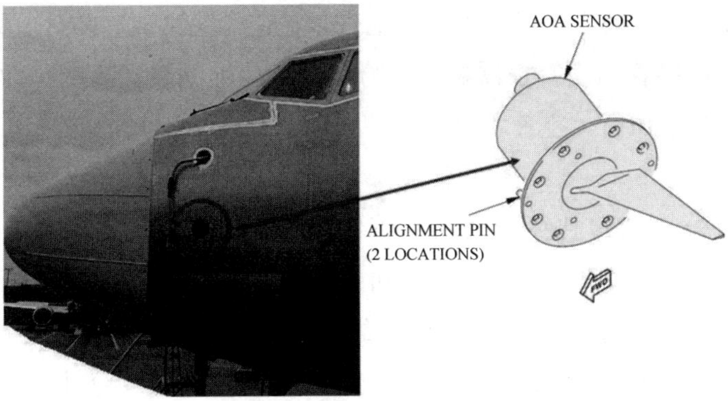

MAX 的迎角传感器和安装位置

哈维诺收到了来自管制员的指示，雷达显示飞机高度为 274 米。然而，机长屏幕上的高度值为 240 米，副驾驶的显示为 316 米。为了应对空速指示器出现故障的情况，苏尼加指示哈维诺执行空速不可靠检查单。

飞机仍在继续爬升，但飞行员们无法确定准确的空速。由于飞行速度过慢，飞机有可能失速坠毁，因此苏尼加决定飞向盘旋等待点以解决这个问题。

6 点 22 分，哈维诺开始收起飞机襟翼。此时，苏尼加的空速表显示为 238 节，而哈维诺的显示为 251 节。哈维诺向管制员请求爬升至 1 500 米高度，获得批准后，他向左转弯，航向调整为 050° 。在转弯过程中，飞机的倾斜角度瞬间超过 35° ，触发了近地警告系统。

飞机收起襟翼后，自动低头配平功能随即启动。此时，飞机下降速度骤然增加，一度达到惊人的 1 088 米 / 分钟，高度瞬间下降约 182 米。

不久后近地警告系统提示飞机“空速低”。管制员称飞机在雷达上速度为 322 节，而机长侧显示为 306 节，副驾驶侧显示为 318 节。6 点 23 分，机长侧的抖杆器被激活，并一直持续到飞机最终坠毁。

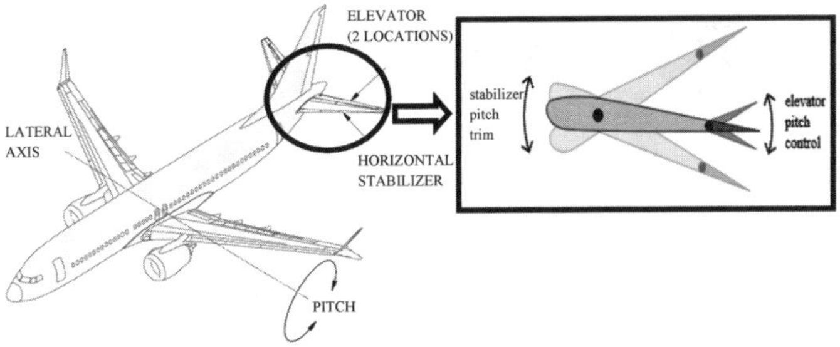

飞机水平安定面示意图

苏尼加惊呼空速表失灵，哈维诺也表示空速无法读取，随后更称完全没有空速信息。紧接着高度警报器响起，哈维诺焦急地喊着“高度”。面对突发状况，飞行员开始执行“空速不可靠”检查单，却浑然不知他们正和飞机 MCAS 做生死对抗。

6 点 30 分，副驾驶终于联系上管制员。后者指挥他们转向，并准备在 25L 跑道降落。然而飞机却在飞行员和 MCAS 的拉锯战中发出超速警报，这场惊心动魄的拉锯战进行了 20 余次。最终，驾驶舱里只留下哈维诺最后呐喊的“飞起来！”，而飞机的下降率也一度达到惊人的 3 000 米 / 分钟……

6 点 31 分 55 秒，PK-LQP 号机 CVR 停止记录。飞机和空中交通管制（ATC）失去联系，管制员立即将失联消息上报给印尼当局。印尼国家搜救局随即向事发地派出一架直升机和三艘船。7 点 30 分，印尼当局收到 610 号航班确认坠毁的消息。失事飞机坠毁地点位于机场东北方向约 65 千米处，据目击者称，飞机以极度陡峭的姿态坠入爪哇海。

印尼狮航的航空安全记录一直备受诟病。2007 年，印尼狮航曾被列入欧盟禁飞黑名单，禁止航班进入欧盟市场，直至 2016 年狮航才得以重返欧洲。而放眼整个印尼民航业，安全状况也同样不容乐观。据统计过去 20 年间，印尼就曾有 600 人在空难中丧命。

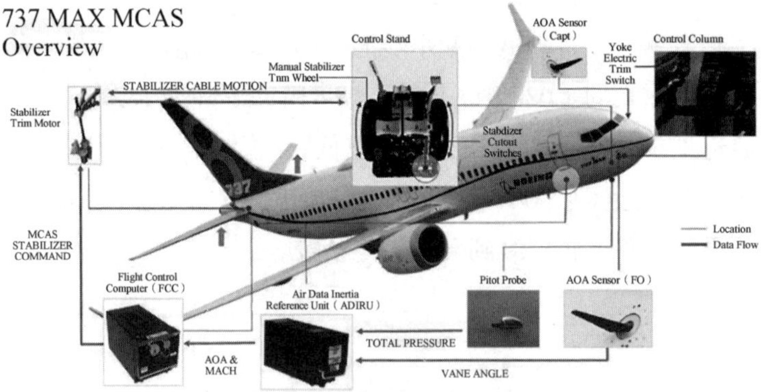

机动特性增强系统（MCAS）示意图

印度尼西亚国家运输安全委员会（KNKT）调查发现，失事飞机（PK-LQP 号机）在坠机前四个航段都曾出现故障记录，其中机长侧主飞行显示器的空速和高度指示故障灯三次亮起。调查员还发现 PK-LQP 号机的迎角传感器曾发生故障并被更换。737 MAX 8 上安装有两个迎角传感器，用于测量机翼与迎面气流的夹角，以此判断机翼是否产生足够的升力，这也是警告系统的关键部件。

10 月 28 日，机务工程师在印尼登巴萨将飞机序列号为 21401 的迎角传感器拆下，并更换为序列号为 14488 的传感器。

12 月 10 日，多方代表在柯林斯工厂对 21401 号迎角传感器进行检测，该传感器内部的解角器存在故障，仅在温度高于 60℃时工作正常，低于 60℃时则会出现异常读数。

事发前一天，涉事飞机在执行狮航 043 号航班（登巴萨—雅加达）任务时曾出现故障迹象。当时机长在驾驶飞机起飞爬升过程中，先是抖杆，然后亮起多个警示灯。机长决定维持现有推力，保持 15° 仰角继续爬升，将控制权交给副驾驶后，通过仪表交叉检查发现自己仪表发生故障。

610 号航班残骸

043 号航班在加速和收襟翼过程中出现三次异常爬升。副驾驶在停止配平操作后，飞机自动下俯配平，驾驶盘非常沉重，几乎失去控制。机长决定关闭自动配平系统，并采用人工配平方式继续飞向目的地。

043 号航班恢复可控飞行后，机长向管制员报告了飞机的异常情况。在执行非正常检查单时，机长再次启动了安定面配平系统，导致飞机再次低头。因此，机长再次关闭了该系统，并全程手动操纵飞机。

在飞行员的英勇操控下，飞机安全降落在了雅加达机场。机长落地后立即向机务人员通报了飞机故障的情况，并详细记录了空速和高度指示不一致以及感觉压差异常等关键信息。

调查员发现610号航班遭遇了和043号航班类似的情形，当飞行员确认空速不可靠后，苏尼加机长指示哈维诺执行空速不可靠记忆项目，但后者并没有执行，这些项目需要在阅读检查单之前就要做完。

苏尼加机长发现飞机操控变得异常困难，但他却没有及时宣布飞机进入紧急状态，这导致管制员没有给610号航班优先权，反而下达了多项重复的机动指令，不必要的沟通也增加了飞行员的工作负荷，使原本紧张的局势更加恶化。

波音737 MAX驾驶舱一览图

调查员发现，610号航班和043号航班在航前准备工作上的最大区别在于，043号航班的飞行员在起飞前曾与工程师讨论过飞机故障问题。这也减少了飞行员面临问题时的反应时间。

相比之下，610号航班的飞行员则完全没有意识到飞机存在的故障隐患。当飞机的抖杆和MCAS系统同时出现故障时，他们并没有按照非正常检查单进行排查，也无法正确识别故障原因，最终导致飞机失控坠毁。他们至死都不知道飞机上发生的确切问题。找不到问题所在，解决问题就更无从谈起。

波音表示三个条件同时满足才会激活MCAS：1. 飞机迎角过大；2. 自动驾驶关闭；3. 襟翼完全收回。

正常情况下，MCAS系统不会被激活。悲剧的是，610号航班由于迎角传感器维护不当，导致上述三个因素同时叠加。调查员深入分析后发现，MCAS

并没有失效保护机制——它只从一个迎角传感器获取数据，而不是两个。大多数保护系统都会有安全冗余，单点故障并不会导致灾难。

由于迎角传感器错误显示飞机处于大迎角爬升状态，且自动驾驶仪尚未开启，当飞行员收回襟翼时，MCAS 系统被激活，操纵飞机不断压低机头。而此时飞机的唯一故障仅仅是迎角传感器出现问题。

波音公司错误地假设飞行员能够迅速意识到 MCAS 被意外激活，并采取关闭自动配平以及手动操纵飞机改平的措施。而现实中，610 号航班并没有像 043 号航班那样处理 MCAS 问题。

苏尼加和哈维诺之间的简短对话表明，副驾驶哈维诺正承受着巨大的工作压力，面临任务饱和。其表现包括语言减少、工作表现下降、执行错误和遗漏等。当机动特性增强系统（MCAS）启动自动配平系统时，配平轮会发出嗡嗡声，以提醒飞行员系统正在调整飞机姿态。这是一种故意设计的功能。机长苏尼加没有意识到，他每次尝试手动拉起机头时，MCAS 都会自动将其压回。这导致了长达 34 次的”人机对抗”!

机长苏尼加将操纵权交给了副驾驶哈维诺，他自己查看检查单，却未告知副驾驶持续向上配平。由于检查单中并未提及 MCAS 故障，苏尼加也无法找到解决方法。副驾驶哈维诺突然上手也是一脸懵，他没有像机长那样不断上调配平，也没有解除自动配平，导致飞机机头在 MCAS 的控制下不断下降，最终坠入爪哇海。

飞行员背景资料显示，机长苏尼加顺利通过了所有考核。而副驾驶哈维诺在飞行训练时面临“能力不足、难以适应飞机变化、情景意识差”的问题，这些问题表明他的手动驾驶能力欠佳，需要进一步培训。关键时刻，机长却将飞机控制权交给了手动驾驶能力有限的副驾驶。

五个月后，执飞埃塞俄比亚航空 302 号航班的波音 737 MAX 8 飞机在起飞后不久坠毁，机上 157 人全部遇难。两架新交付的同类型飞机，以极为类似的姿态坠毁，使得 737 MAX 系列飞机的安全性备受质疑。

事件发生后，中国民用航空局（CAAC）于 2019 年 3 月 11 日率先宣布暂停波音 737 MAX 8 飞机的商业运行。随后，埃塞俄比亚航空公司也停飞了该国境内所有波音 737 MAX。

2019 年 3 月 13 日，美国总统特朗普下令美国联邦航空管理局（FAA）立即停飞美国境内的所有波音 737 MAX 8 和 MAX 9 飞机。截至 2019 年 5 月

1 日，全球已有 58 个国家和地区对 737 MAX 机型下达了“禁飞令”。世界上所有 352 架 737 MAX 8 和 28 架 737 MAX 9 已经全部处于停飞状态。

调查耗时 1 年，全文 322 页

737 MAX 8 的系列空难也给该型飞机的销售蒙上阴影。2019 年 3 月 22 日，印尼鹰航宣布取消总价值 49 亿美元的 737 MAX 飞机订单。9 月，波音公司与狮航 610 空难部分遇难者家属达成赔偿协议，每位遇难者家属将至少获得 120 万美元赔偿，约合人民币 844 万元。这是波音公司在空难发生后达成的首个赔偿协议。

2019 年 10 月 25 日，印度尼西亚国家运输安全委员会（KNKT）发布了 610 号航班最终事故调查报告，空难涉及九项失误，其中任何一项失误都可能导致空难的发生。报告认定，737 MAX 8 的设计缺陷是导致空难坠毁的关键因素。

事故报告指出，波音 737 MAX 飞机的机动特性增强系统（MCAS）在设计和认证过程中，没有充分考虑飞机失控的可能性。波音在设计 MCAS 时，允许其对水平尾翼进行更大范围的调整，从 0.6° 提升至 2.5° 。然而，波音却未将这一重大改动告知 FAA，导致 FAA 也没有评估该系统的安全性。

波音公司也没有向飞行员提供 MCAS 的相关信息，使飞行员无法在关键时刻了解飞机状况。不仅如此，飞行手册和飞行员培训中同样没有 MCAS 信息，即使机组人员发现异常情况，也难以采取正确的措施进行处置。

事故报告建议波音公司应重新设计 MCAS 系统，并遵循防错式设计原则。在设计过程中，充分考虑驾驶舱所有警报和指示对机组成员识别和反应的影响。针对不同能力的飞行员，设计满足所有飞行员安全操作需求的系统。将 MCAS 信息纳入飞行员手册和培训计划。

报告建议狮航确保运行手册及时、完善地更新，避免内容不一致现象。狮航的安全管理系统（SMS）培训大纲中对危险源识别投入不足，这会降低员工对定义和报告危险的能力。狮航的安全报告多是事件报告，这仅占危险报告的

5%。报告建议狮航重新审查培训材料和培训时间。

610 航班飞行员应变能力欠缺，副驾驶尤甚，对操纵程序掌握不足。飞机发生故障后，机长力挽狂澜，成功抵御飞机俯冲二十余次，随后将操纵权交予副驾驶。然而，副驾驶未能正确处置故障，最终导致飞机坠毁。

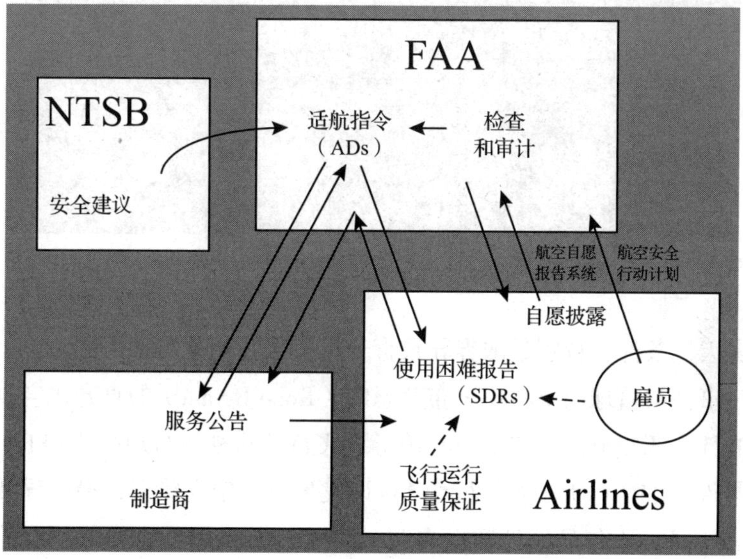

持续适航流程示意图

PK-LQP 号机此前曾多次出现故障，飞机维修记录甚至缺失了 31 页内容。相关文件表明，如果及时停飞该飞机并进行全面检修，本可避免 610 航班空难的发生。波音公司为了挽回公众信心，表示他们已经从空难中吸取了教训，彻底解决了 MCAS 的安全隐患，并制定了新的培训课程，帮助飞行员熟悉 MCAS 功能。

737 MAX 系列空难的发生，彻底改变了飞机的适航认证方式，成为航空史上具有里程碑意义的事件。2020 年 12 月，美国国会正式颁布《飞机认证改革和责任法》。同月，737 MAX 在美国率先获准复飞。

9. 科比空难——2020 年美国卡拉巴萨斯 S-76B 坠机事故

2024 年 9 月 2 日，伊朗航空事故调查机构发布了针对今年 5 月导致前总统易卜拉欣·莱西遇难的直升机坠毁事件的调查报告。报告指出事故的主要原

科比和他女儿的塑像

因是恶劣天气条件，特别是浓雾导致直升机坠毁在伊朗北部山区。

这一事件与篮球明星科比·布莱恩特（Kobe Bryant）的直升机空难具有一定的相似性。调查显示，飞行员在浓雾中飞行从目视飞行规则（VFR）误入仪表气象条件（IMC）时，会丧失情景意识发生空间定向障碍，最终导致直升机失控坠毁。过去十年的统计数据表明，误入 IMC 是引发直升机空难的主要原因之一，其中高达 80% 的此类事故造成了人员伤亡。

2020 年 1 月 26 日，美国加州的一场直升机空难震惊了全球体育界，夺走了包括 NBA 传奇巨星科比及其 13 岁女儿吉安娜在内的 9 人生命。事发当日，一架由海岛快运公司运营的西科斯基 S–76B 直升机（N72EX 号机），搭载 9 人从加利福尼亚州奥兰治县的约翰韦恩机场起飞，前往洛杉矶南部重镇卡马里奥。直升机飞行员是阿拉·佐巴扬（Ara Zobayan），累计飞行 8 577 小时，其中 S–76 型为 1 250 小时，仪表飞行约 75 小时（68.2 小时为模拟机），他持有旋翼机和仪表直升机飞行员教员资格。佐巴扬自 2011 年起供职于海岛快运公司，并担任总飞行师一职。科比原计划前往曼巴体育学院执教女儿吉安娜所在的篮球队。

S–76 是西科斯基飞机公司在上世纪 70 年代研发的一款双涡轴发动机、中型商用通用直升机。N72EX 号机制造于 1991 年，搭载两台普惠加拿大 PT6B–36A 涡轴发动机，其采用四叶主旋翼和四叶尾桨，起落架可以收放。运营商海岛快运在 2015 年 8 月买下此架直升机，并在 2016 年 3 月进行重新翻修，可以

西科斯基 S-76B

搭载 8 名乘客。

这架直升机配备了霍尼韦尔 SPZ-7000 数字式自动飞行控制系统（DAFCS），它结合了自动驾驶仪和自动指挥系统。直升机还装备了两个空速指示器、两个高度计、一个备用姿态仪和两个 S 模式应答机，并具有 GSP 和 ADS-B 功能。

根据飞行记录，这架直升机在前一天刚刚飞行了相同的航线，没有发生任何意外。他们将前往卡马里奥通航机场，距离曼巴体育学院约 20 分钟车程。飞行时间约为半小时，而从科比家开车到体育学院至少需要 2 小时。

事故航班从 SNA 起飞并在 BUR 东南方向停留

在此次飞行任务中，直升机将先向北飞越伯班克，然后向西前往卡马里奥，飞行途中将路过博伊尔海茨和道奇体育场。航前飞行情报显示，伯班克地区能见度为 8 千米，多云天气。

在完成起飞前的例行检查后，佐巴扬与塔台联系申请起飞许可。上午 9 点 06 分直升机顺利升空。佐巴扬是一位经验丰富的飞行员，擅长在低空复杂空域进行高速飞行。自 2015 年起，他一直担任科比的私人飞行员，深得后者信赖。科比天赋异禀，也是一位训练刻苦的球星。他的著名座右铭是：“你见过凌晨四点的洛杉矶吗？”

科比见过的洛杉矶，大多是在空中。从职业生涯初期开始，他就钟情于乘坐直升机出行，而不是在南加州的高速公路上耗费大量时间。这架直升机如同他的“时间机器”，为他带来了便捷高效的生活和工作方式。

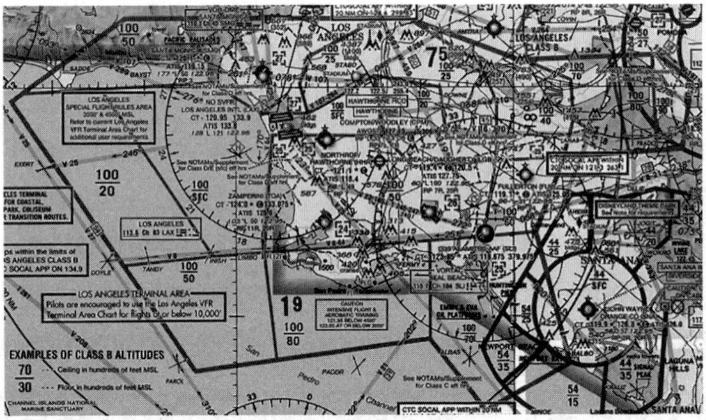

洛杉矶航图

洛杉矶的空域情况较为复杂，尤其是洛杉矶国际机场附近，环绕着广阔的 B 级空域，所有飞机都必须经过空中交通管制（ATC）的许可才能通行。所有航班需要 ATC 进行精细的管制和分隔，这也对飞行员提出了更高的挑战。

直升机首先需要飞越伯班克机场管制区，而当时该空域仅允许仪表飞行规则（IFR）运行，这意味着飞行员必须依靠直升机仪表进行导航飞行。

佐巴扬只具备使用目视飞行规则（VFR）的能力，这意味着他需要依靠目视条件驾驶飞机。VFR 要求的能见度通常在 4.8 千米，而当时伯班克机场的能见度只有 4 千米，不符合 VFR 飞行标准，因此管制员拒绝了佐巴扬的请求。

S-76 驾驶舱

为了绕过这一限制，佐巴扬决定申请特殊目视飞行规则（SVFR）许可。SVFR 允许飞行员在低于 VFR 最低标准的天气条件下飞行，但飞行高度必须低于 3 048 米，并且飞行员必须始终能够目视地面参照物。

佐巴扬可以使用 SVFR 飞越伯班克空域，但同时他也需要盘旋等待至空域干净后才能飞过去。等待盘旋会耗费时间，佐巴扬也面临着延误时刻表的无形压力——他们盘旋等待了 11 分钟。

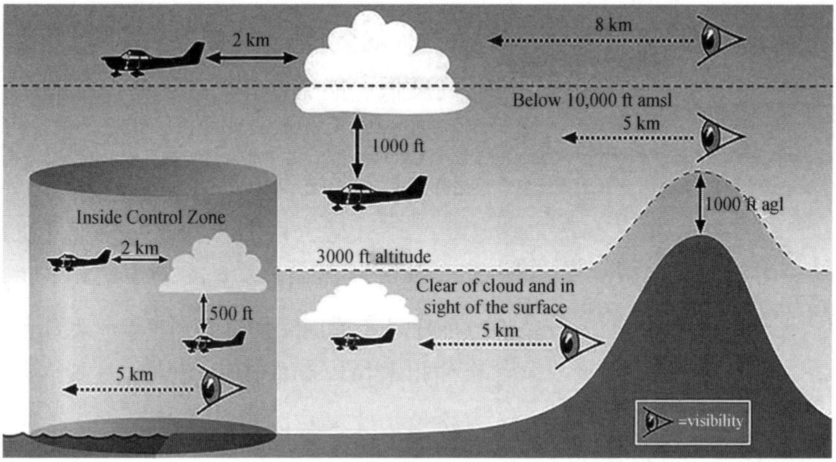

目视飞行规则

直升机飞越伯班克后沿着 5 号州际公路向西北方向飞去。9 点 39 分，佐巴扬经过范奈斯管制员批准后继续向南飞行。佐巴扬在 460 米高度使用 VFR 飞行，并联系上南加州空中交通管制（SCT）。

9 点 40 分，SCT 和佐巴扬取得首次联系，确认了直升机高度，并在 VFR 条件下飞行。2 分钟后，直升机开始向西飞行，并进入了圣费尔南多谷西部边缘的丘陵地带。较低的云层高度迫使佐巴扬使用最低飞行高度飞行，导致直升机无法被雷达探测，飞行安全与否全凭飞行员技艺。他们距离目的地不到 10 分钟飞行时间，而能见度却越来越差。

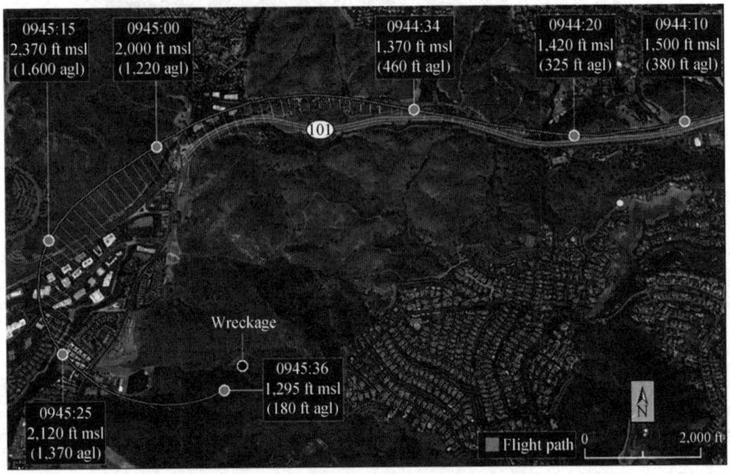

事故飞行的爬升、左转、快速下降和残骸位置

当海洋温度较低、空气温度较高时，就会形成典型的海洋云层，这类云层高度低、能见度差。佐巴扬向管制员请求爬升至 1 200 米高度以飞越云层，这也是他和管制员之间的最后一次通话。

事故发生后约 3 分钟的事故现场图像

不久后，目击者发现一架直升机冲出云层后撞向山坡。9 点 47 分，911 紧急呼叫中心接到求助电话，称有一架直升机在加州卡拉巴萨斯市拉斯维吉内斯路和威洛格伦街交叉口附近坠毁并起火。消防队员迅速赶到现场，但机上 9 人无人生还。

直升机撞到山坡上，形成一个约 7.3 米长、4.5 米宽、0.6 米深的坑洞，残骸散落在撞击点周围约 38.7 米处。直升机撞击后发生火灾，烧毁了大部分机身、客舱和驾驶舱。消防队员奋力扑救，于上午 10 点 30 分左右将大火扑灭。

美国国家运输安全委员会（NTSB）派出一支 18 名专家和调查员组成的“Go Team”展开调查。科比在当地的影响力很大，涌向事故现场的人群还造成了交通堵塞。科比的妻子瓦妮莎向 FAA 提出请求，要求在事故现场周围设立 8 千米禁飞区，以保护遇难者隐私。

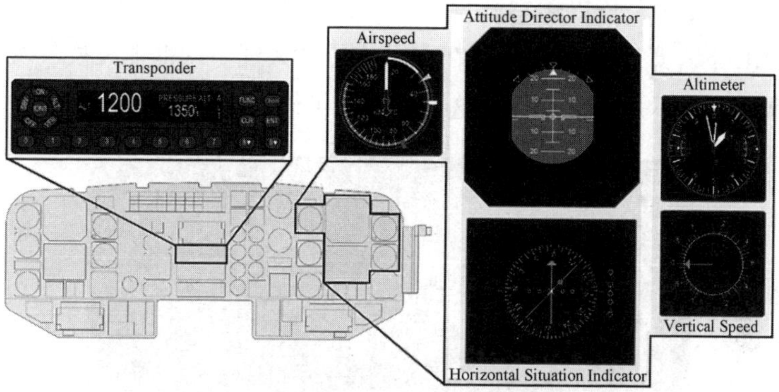

直升机应答机和仪表示意图

调查员使用无人机来勘察事故现场，直升机残骸的散落情况表明，事故发生时直升机下降速度极快，甚至有碎片飞溅至二十余米远。调查员对飞机的驾驶舱仪表、发动机、电气系统、旋翼和操纵系统进行检查，结果表明这些部件在撞击前并未发生故障。

调查员提取了直升机 ADS-B（广播式自动相关监视系统）数据，模拟出直升机的飞行轨迹。ADS-B 是一种飞机监视技术，飞机利用卫星导航系统确定自身位置，并定期向外发送广播信号，以便被地面雷达等设备接收追踪。

调查员看到直升机在伯班克盘旋，然后再向西北方向飞去，在事发地附近转了弯，最终坠毁在山坡上。飞行员为什么会左转呢？

调查人员调取沿途气象站数据，发现飞行员已避开能见度最差地段。调查组开始向大众寻求帮助，征集事发地当时天气状况的照片。事发当天早晨 7 点，佐巴扬曾在起飞前进行了风险评估，尽管航线上有低云，但风险系数很低。不过洛杉矶地区独特的海洋云层还是迫使它改变了航线。

事发地附近棒球场的监控录像显示，当事发时直升机下方云层的能见度极低，仅有不到 2.4 千米。气象数据显示当时云层底部高度约为 335 米，而直升机的巡航高度仅为 137 米左右。还有目击者称直升机是突然消失在浓密云层之中的。这意味着实际的云层高度可能远低于气象预报数据。

卡拉巴萨斯位于美国加利福尼亚州洛杉矶县圣费尔南多谷的西南角，距离洛杉矶市中心约 50 千米。其周边被托潘加、马里布、阿古拉山和隐山等山脉环绕，地形独特，造就了其特有的地中海气候。夏季炎热干燥，冬季温和多雨。马里布峡谷会引来太平洋的大雾，而直升机正好飞入浓雾云层中。

事发前一分钟，佐巴扬驾驶直升机在能见度几乎为零的浓雾中飞行，此时已处于 IMC 下。意味着在飞行员在多云或恶劣天气下的低能见度环境飞行时，必须依靠仪表而不是目视飞行，这已经超出了佐巴扬的飞行能力圈。

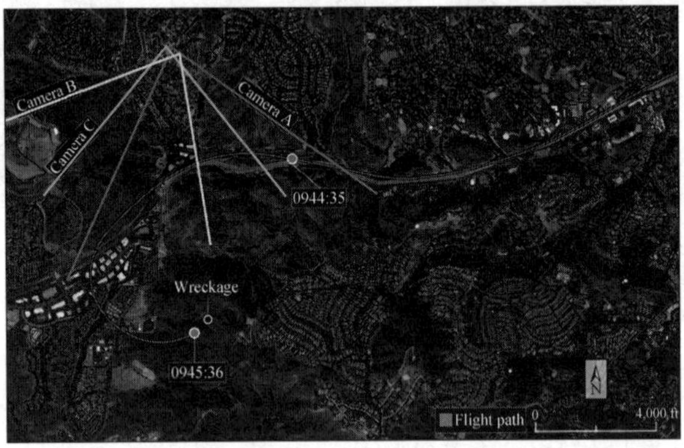

摄像机视野与事故飞行和事故现场的相对位置

人类主要依靠视觉感知方向，当飞行员在飞行过程中无法清晰辨别地平线和天空时，极易发生空间迷失，从而导致对飞行器控制能力的丧失。特别是在目视飞行规则下，直升机飞行员若不慎进入仪表飞行条件，极有可能失去对飞机的控制，平均 56 秒就会发生致命事故。

即使受过专业训练的飞行员也会尽力避免进入 IMC。调查员现在知道，佐巴扬在接近目的地时遭遇了浓雾，导致能见度急剧下降，佐巴扬并没有减速或掉头，而是一头冲进了浓雾之中。他当时可以选择备降在附近的机场，或者盘旋等待能见度好转。然而佐巴扬却选择了最危险的一条路，事后有人猜测他可能身负雇主对"准点到达"的潜在压力。

1 月 26 日的飞行相比前一天提前了 45 分钟，科比想提前到达目的地并做好准备工作。然而直升机在伯班克盘旋等待耗费了 11 分钟。10 分钟后，佐巴扬驾驶直升机飞入浓雾中，最终以 300 千米 / 小时的速度高速撞击在卡拉巴萨斯的山坡上。

调查人员未发现科比团队施压证据。调查显示，科比和飞行员佐巴扬相识多年，建立了深厚的友谊。调查人员推测，这种密切的关系可能导致佐巴扬为了尽快将科比送达目的地而冒险飞行。

在坠机发生约 6 分钟前，佐巴扬曾和管制员联系，表示将改用低空飞行方式前进。他或许受到了“计划延续性偏差”（Plan-continuation Bias）的影响，该偏差指的是人们倾向于坚持原有计划，即使遇到意外情况也难以改变。在航空领域该偏差常导致飞行员在恶劣天气条件下冒险降落，最终酿成事故。这种现象似乎在活动临近结束时表现得尤为强烈。这是一种无意识的认知偏差，但在航空运营中可能带来致命的后果。例如 2010 年波兰总统空难事件。

佐巴扬决定在恶劣的天气中碰运气，他飞入云层后，能见度变得越来越差。佐巴扬打算爬升至云层之上，但是直升机姿态开始向左翻滚，高度不断下落。

事故现场以东 3 千米、402 米高的朝西摄像机拍摄的图像

飞行训练记录显示，佐巴扬知道如何在低能见度天气中化解危机。飞行员误入 IMC 后第一步需要减速，然后使用自动驾驶模式爬升至云层之上，最后宣布紧急情况。

实际情况是：佐巴扬并未减速，也未启用自动驾驶仪，反而以高达 457 米 /

分钟的速度急速爬升。直升机在厚厚的云层中爬升得越高，能见度就越差，佐巴扬也没有宣布紧急情况。

在应对误入 IMC 的程序中，佐巴扬一项也没有做，这也是他陷入空间迷失的主要原因。佐巴扬留下的最后一句话是："我们正爬升至 1 219 米。"实际情况却是直升机在大幅左转下降，向地面急速坠去——也就是陷入了"死亡盘旋"。

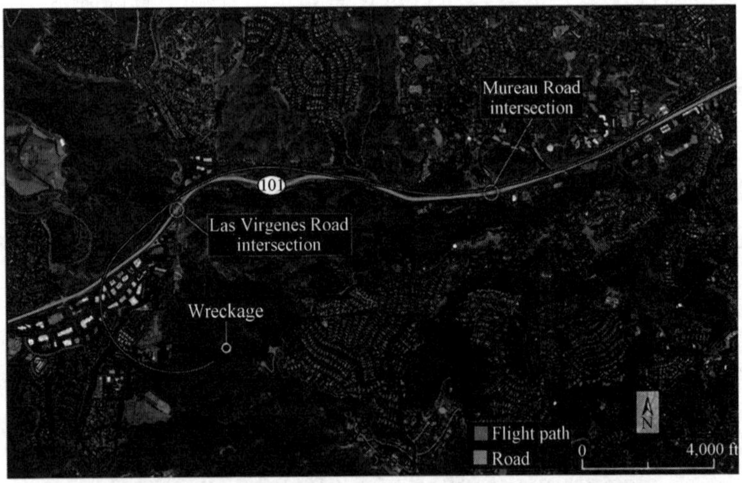

直升机飞行轨迹示意图

调查员开始复盘直升机坠毁的过程，当飞行员进入云层后，能见度进一步恶化，他们需要爬升至云层之上。但佐巴扬手动操纵直升机爬升时，在能见度极低的情况下，地平线也随之消失，飞行员完全丧失了外部参照，根本无法判断直升机的正确姿态，这开始让佐巴扬陷入空间迷失状态。

佐巴扬可能无暇顾及仪表，而是专注于寻找地面参照物，管制员的语音信息也可能加剧了他的分心。最终，直升机开始缓慢翻滚，但佐巴扬却未能及时察觉，当坠机发生时一切都无法挽回了。他们从入云到坠毁，仅用了 1 分钟。

事故调查最主要的原则之一便是防止类似事故的发生。研究结果显示，空间迷失会让飞行员产生两种常见的错觉——身体加速度错觉（Somatogravic）会影响人对俯仰的感知，躯体旋转错觉（Somatogyral）会影响人对滚转的感知。

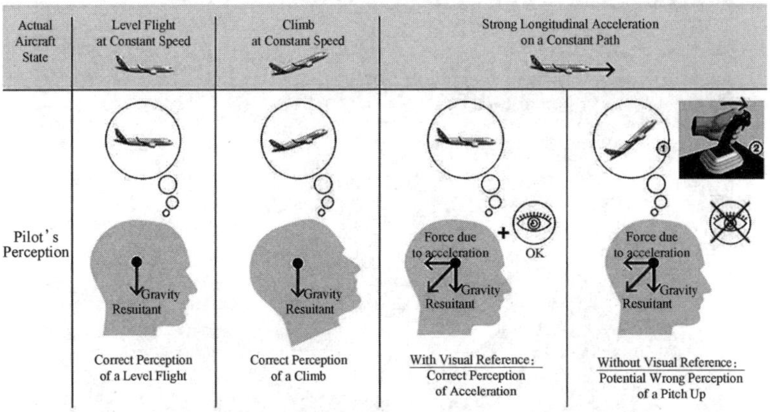

身体加速度错觉：一种可怕的空间迷失状态

旋转设备可以模拟人陷入空间迷失的场景：人开始旋转时，内耳中的液体会被搅动从而产生错觉，让人感觉自己正在旋转。旋转继续，内耳液体相对稳定后，人就会产生恢复平飞的错觉。

直升机向前飞行，人的内耳会持续发出信号，让人误以为直升机在爬升。这也是佐巴扬为什么会操控直升机坠机的原因——直升机在下降，飞行员却误以为在爬升。

2021 年 3 月，NTSB 发布最终事故调查报告：该起空难的可能原因是飞行员决定在目视飞行规则下继续飞行，进入仪表气象条件，导致飞行员空间定向障碍而失去控制。造成事故的原因还包括：飞行员可能存在自我压力和计划延续偏差的影响，这会对其决策造成负面影响。海岛快运公司对其安全管理流程的审查和监督也存在不足。

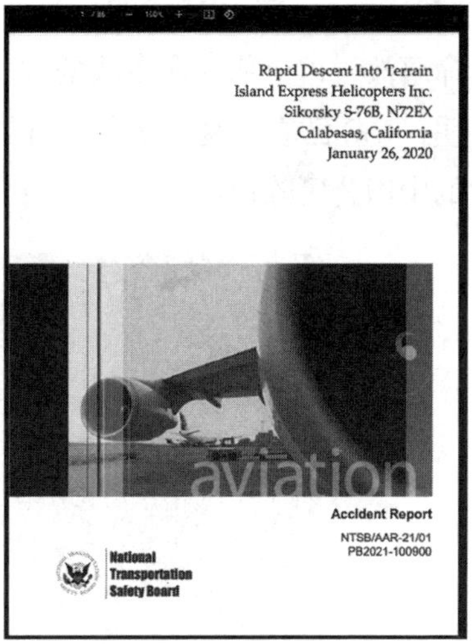

调查耗时 1 年，全文 86 页

荷兰 AMST 公司推出的苔丝狄蒙娜（Desdemona）模拟机，它结合了离心机设计的 G 负载和具有 6 个自由度

科比空难也给航空业留下重要的警示遗产：飞行员在失去外部视觉参照物的情况下，应始终遵循仪表指示，而非依赖自身感官或直觉进行判断和操作。

空间定向障碍同样是固定翼飞行员面临的一大挑战，尤其是和空间定向障碍有直接关系的“飞行中失控”（LoC）更是通用航空领域致命的威胁。根据统计数据，平均每飞行 10 万小时就会发生 0.45 次因 LoC 导致的致命事故（2018 年）。在 2012~2021 年，全球通用航空一共发生 976 起因 LoC 导致的致命事故，占全部致命事故的 43%，造成 1 671 人死亡。这一触目惊心的数据表明，LoC 已成为通用航空飞行员的头号杀手，这其中就包括首位完成环球飞行的中国公民陈玮。

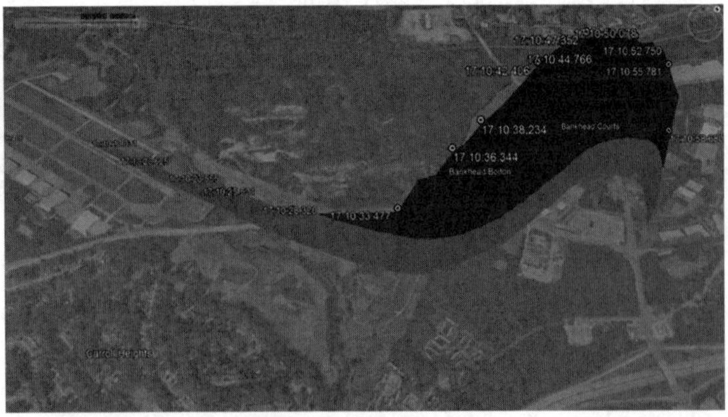

N188CW 号机飞行轨迹

2018 年 12 月 20 日，一架塞斯纳 560 型喷气公务机（N188CW 号机）在亚特兰大发生坠机事故，导致 1 名飞行员和 3 名乘客遇难。事故调查分析显示，飞行员在 VFR 下不慎进入 IMC，导致空间定向障碍，最终丧失对飞机的控制

雷达数据显示，事故飞机起飞后即进入左转，与飞行员仪表指示一致。当飞机爬升至约 734 米高度时，爬升速率从 1 066 米 / 分钟急剧增加至约 2 926 米 / 分钟，同时摇杆振动器启动，飞机空速迅速下降至约 75 节。随后，飞机进入右转下降，并在地面约 1.6 千米处发生翻滚撞击。

事故发生时，机场上空约 182 米处存在云层。调查人员推测，飞行员在进入云层后可能因空间定向丧失而误操作，导致飞机急剧爬升、空速骤减，并最终进入失速状态。飞机随后的大角度右转、翻滚和高速撞击均与空间定向障碍导致的失控相吻合。NTSB 认定，本起事故的直接原因是飞行员在仪表气象条件下的初始爬升阶段，由于空间定向障碍而丧失对飞机的控制。

N188CW 号机残骸

飞行员的训练记录显示，陈玮在 2018 年 10 月 21 日成功完成了为期四天的奖状 V 单人飞行员课程。他在此期间累计了 12 小时的模拟飞行训练，其中 8.7 小时为仪表飞行训练。

教员在训练初期即指出，飞行员需重点练习失速、急转弯项目，并强调单人飞行员在机组资源管理（CRM）中的重要性。训练第三天，教员认为飞行员仍需增加模拟飞行训练时长，以达到单人飞行员豁免所要求的熟练程度。陈玮总飞行 2 300 小时。

陈玮是中国通航发展历程中一个标志性的人物，他在完成环球飞行后，花

费更多精力激励更多年轻人投身航空业。他不仅设立高额奖金鼓励更多女性飞行员，还将世界环球飞行员年会首次引入中国。

飞行安全是航空业永恒的主题。虽然近年来航空技术不断进步，安全水平显著提升，但飞行本身仍具有一定的风险性。因此，我们必须始终保持高度警惕，采取一切可行的措施，最大限度地降低飞行风险。通过对事故案例的深入研究，总结经验教训，并结合现代航空技术的发展，不断完善飞行安全管理体系，提升飞行员的技能水平，强化安全意识教育，才能有效预防类似事故的再次发生。

2018 年 4 月，陈玮（左）和作者（右）在郑州举办的环球飞行员年会合影

为了纪念陈玮先生，为了所有在航空事故中罹难的人，我们有责任和义务为构建更加安全的航空环境而不懈努力。

延伸阅读：安全——通用航空和低空经济的生命线

无论飞了多少小时，唯有下一小时才最重要。

——理查德·柯林斯（Richard Collins）

党的二十届三中全会提出：发展通用航空和低空经济，体现了党中央对我国经济发展新动能的深刻认识和战略布局。低空经济是指以各种有人驾驶和无人驾驶航空器的各类低空飞行活动为牵引，包括制造、飞行、保障和综合服务四大产业，辐射带动相关领域融合发展的综合性经济形态。低空飞行器可被广泛应用于工农业生产、航空物流、旅游观光、应急救援、环保监测和通航飞行

一架刚起飞的塞斯纳 150

等领域，是新质生产力的典型代表。而通用航空（General Aviation）则是除定期航空服务和非定期航空运输业务外的，以报酬或出租为目的的所有民用航空业务。

低空经济和通航有着千丝万缕的关系，由无人机技术、城市空中交通（UAM）、电动垂直起降器技术（eVTOL）、新能源电池技术、新材料技术和数字技术共同驱动，具有广阔的发展前景。中国低空经济发展研究报告显示，2023 年我国低空经济规模达 5 059.5 亿元，增速为 33.8%。预计到 2025 年低空经济对国民经济的综合贡献值将达 3 万亿元至 5 万亿元。预计到 2026 年，低空经济规模有望突破万亿。

低空飞行器的规模化、持续稳定运营是其在国民经济中发挥更大作用的前提。只有实现这一目标，它才能从一项新兴技术转变为一个成熟的产业，为国民经济做出实质性贡献。低空经济的发展离不开机场、飞行器等基础设施的建设，同时需要激活飞行消费市场来实现产业的繁荣。

美国通航产业的发展为世界提供了宝贵的经验。美国交通部数据显示，2018 年美国通航拥有 21 万架通用飞机，飞行时间超过 2 550 万小时，创造了超过 120 万个就业岗位，经济总产值达到 2 470 亿美元（约 1.7 万亿人民币）。

万亿级规模的低空经济需要数以千万小时飞行活动作支撑。海量的飞行活动不仅是验证新技术、新材料可靠性的试金石，也是推动航空科技革新的不竭动力。频繁的飞行测试可有效验证低空物流、空中巡检、飞行旅游等商业模式的可行性，加速低空经济产业化进程。此外，庞大的飞行小时数将显著提升对机场、导航、通信等基础设施的需求，从而带动相关产业的协同发展。

随着人民生活水平的不断提高，无人机系统（UAS）和电动垂直起降飞机（eVTOL）等低空飞行器在民用领域的应用日益广泛。我们既要看到通用航空发展的积极意义，也要充分意识到安全风险。2024 年 9 月 11 日天津滨海机场发生的无人机干扰事件，凸显了在低空空域多元化飞行器融合运营时所带来的安全隐患。

国际民航组织（ICAO）将安全定义为一种通过持续的危险识别和风险管理过程，将人员损害或财产损失的风险降至并保持在可接受水平之下的状态。这一定义明确表明，安全并非静态的“零事故”状态，而是一个动态的、需要不断进行风险管理的过程。

低空经济作为国家战略性新兴产业，其发展与国家安全息息相关。从安全管理的角度看，低空经济涉及国防安全、国土安全和航空安全等多个层面，其立足点在于保障公共安全，而非单纯的个体安全。

美国联邦航空管理局（FAA）曾明确指出，通航安全是全球民航业面临的重大挑战。研究显示，通航事故的发生率远高于摩托车等高风险活动。以每 10 万架飞机 / 辆摩托车计算，通航死亡率是摩托车的 4.75 倍，是汽车的 10.96 倍。

飞行员资质、飞行环境、人为因素等多重因素叠加，导致通航的事故率远高于运输航空。数据显示，2019 年，国际定期航班的致命事故率为 0.018 次 / 10 万飞行小时，而美国通航的致命事故率高达 0.9 次 /10 万飞行小时，后者是前者的 50 倍。这一显著差异充分凸显了通航安全形势的严峻性。

航空事故对通航行业的影响不容小觑，甚至可能带来深远的负面后果。历史案例表明，即使在航空发达国家，通航运输体系也并非坚不可摧。以 20 世纪 60 年代的美国为例，定期载客直升机航班在纽约已经非常普遍。然而，1977 年发生的纽约航空 971/972 号航班事故，导致 5 人不幸遇难，并最终导致该直升机场的永久关闭，凸显出通航运输体系的脆弱性。

中国民航局是我国航空安全系统的第一道防线。2023 年 10 月，亿航 EH216–S 成为全球首款获得型号合格证的无人驾驶 eVTOL，这标志着中国在低空经济领域取得了重大突破。然而，局方对该机型的运行环境提出了严格限制。数据单显示，该机仅被允许在昼间、隔离空域、人口稀少地区且机组视线范围内运行。此外，该型飞行器禁止在恶劣天气条件下（如雨、雪、雷暴、结冰、沙尘暴、大雾等）飞行以及在水上操作。

中国民航局通过制定严格的适航标准，为 eVTOL 在中国的商业化运营筑起了坚固的“安全墙”。这不仅展示了我国在航空科技领域的创新实力，更体现了对人民生命财产安全的高度重视。在享受科技带来的便利的同时，我们必须秉持专业态度，将安全置于首位。监管部门的严格把关是保障飞行安全的前提，而加强公众对航空安全的认知和科普教育则是确保飞行安全的重要支撑。

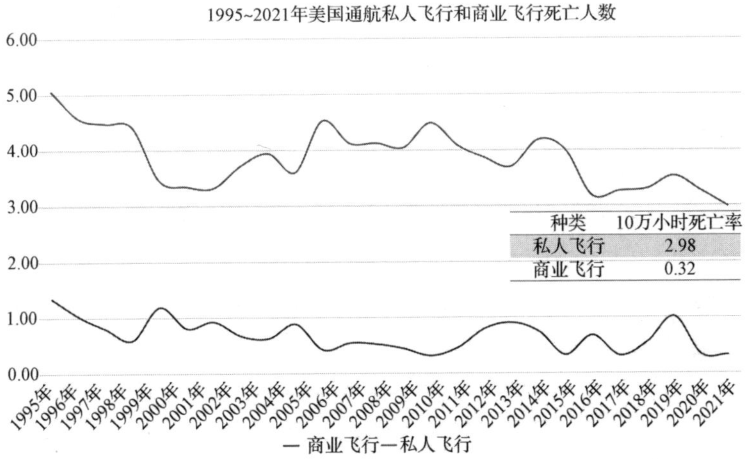

1995~2021 年美国通航私人飞行和商业飞行死亡人数对比

安全是民航运输的“生命线”，同样是通航和低空经济的“生命线”。1995~2021 年的数据显示，美国通用航空事故造成近 1.4 万人死亡。其中，私人飞行事故占总死亡人数的 68.6%，远高于商业航空事故的 7.1%。按照每 10 万飞行小时死亡率计算，私人飞行的死亡率是商业飞行的 9.3 倍。这一显著差异主要源于飞行员资质的差异：私人飞行多由业余飞行员操作，其飞行经验和专业知识相对不足；而商业飞行则由经过严格培训的专业飞行员执飞。此外，飞机维护标准和监管力度等因素也对航空安全产生重要影响。

严格的法律规范是美国通航产业健康发展的基石。“依法行政，按章运行”的原则贯穿于行业管理的全过程。政策制定充分尊重行业意见，并以法律法规的形式固定下来。不留空白地带的执行细则和严格限制监管人员的自由裁量权，有效避免了监管的随意性和腐败，从而为行业发展提供了长期稳定的预期。

美国通用航空体系庞大，拥有近 1.9 万座机场，其中只有 520 座机场有塔台，绝大多数为无人值守和无塔台机场。尽管如此，其商业飞行事故死亡率却相对较低。数据显示，2021 年全美共发生通用航空事故 1 157 起，但商业飞行死亡人数仅为10人。考虑到美国通航机队平均机龄高达50年，这一数据尤为珍贵，充分说明了严格的飞行管理体系和企业的高度安全意识对于保障飞行安全的重要性。

在此背景下，美国在通航安全方面取得了显著进展。通过半个多世纪的持续努力，其每10万飞行小时的事故率从20世纪60年代的36.5次锐减至2021年的4.4次，降幅高达87.95%；致命事故率也从3.3次大幅下降至0.8次，降幅约为75.76%。

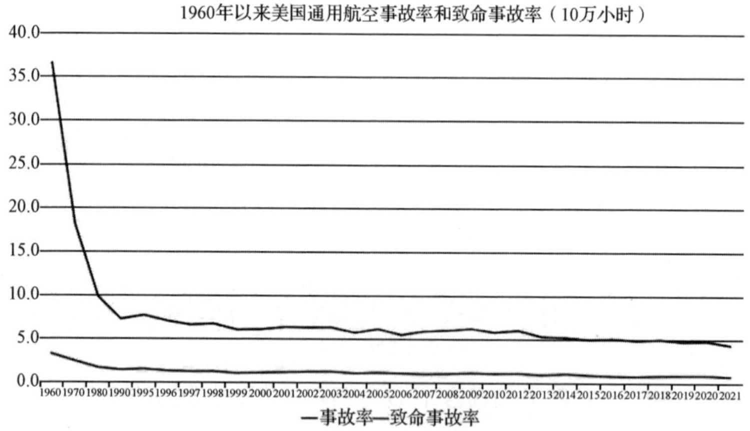

1960~2021年美国通用航空安全趋势图

低空飞行器在人口稠密城市的大规模应用面临诸多安全威胁与技术挑战。电池热失控、空中碰撞、硬着陆等事故风险不容忽视。复杂的城市电磁环境、低空风切变等气象因素，以及飞行器对公众安全的潜在影响，进一步增加了飞行安全难度。尤其是无人机（UAV）的广泛应用高度依赖自动驾驶技术的成熟度，而当前自动驾驶技术仍存在诸多不确定性，一旦发生故障极易导致飞行器失控。

美国国防部的研究显示，无人机系统的失效概率远高于传统飞行器，是F-16战斗机的50倍，是通用航空飞行器的100倍，是商业航班的1万倍。因此，低空飞行器的成熟应用需要一个循序渐进的迭代升级过程，并在低风险环境下进行大量飞行验证，以确保其安全性与可靠性。

通用航空与运输航空的致命事故原因存在一定共性：飞行中失控（LoC）、可控飞行撞地（CFIT）、系统部件故障、空中碰撞、意外进入仪表气象条件（IMC）等。通航致命事故中，飞行员失误占比高达近80%。通航飞行员与运输航空飞行员相比，普遍经验不足，缺乏机组人员支持，容易出现判断失误、压力下决策失误和执行错误飞行计划等问题。恶劣天气是导致飞行员失误的一个重要诱因，例如没有仪表等级的飞行员在目视飞行条件转为仪表飞行条件时，往往因情景意识丧失而导致事故。

数据显示，通航致命事故与飞行员经验存在显著相关性。29% 的通航致命事故发生在飞行时间少于 500 小时的飞行员身上，而飞行经验超过 4 000 小时的飞行员仅占致命事故的 22%。此外，还有 49% 的致命事故发生在飞行时间 500~4 000 小时的飞行员身上。此外，通航飞机安全设备相对简陋，进一步加大了飞行员在突发事件中的应对难度。飞行员获得私人飞行执照（PPL）需要 40 个飞行小时，商业驾照（CPL）需要 250 个飞行小时，而航线飞行员（ATPL）则需要积累 1 500 小时飞行经验。

2018 年坠毁的一架派珀 PA-28

飞行教员保罗 · A · 克雷格（Paul A. Craig）的研究显示，飞行员在累计 50~350 飞行小时期间面临的风险最高。尽管飞行学员的前 50 小时飞行通常在教员的密切监督下进行，但并不意味着他们已经具备应对单飞时所有潜在危险的能力。

2018 年通航事故数据显示，47% 的事故发生在着陆阶段，虽然 99% 为非致命，但仍导致飞机损坏、飞行员信心受挫及保险费用上升。分析表明，飞机失控是着陆阶段事故的主要原因，具体表现为偏离 / 冲出跑道、失速和硬着陆等。为应对上述情况，飞行员应通过反复练习慢速飞行以提高操控精度，并熟练掌握复飞程序。此外，保持定期的飞行训练尤为重要。长时间飞行间断可能导致飞行技能生疏，增加飞行风险。尤其在阵风或陌生跑道环境下，飞行员若操作不熟练，极易引发事故。

虽然起飞事故的发生率仅为着陆事故的三分之一，但其致命率却高出 20 倍以上。从统计学角度看，起飞阶段是飞行中最危险的阶段。由于飞机处于低空、低速状态，飞行员的任何失误或突发事件都可能导致严重后果。因此，飞行员必须在起飞前进行充分准备，密切关注天气状况，尤其是侧风。

数据显示，72% 的通用航空事故发生在飞行关键阶段（起飞、进场、着陆），且飞行中失控（LoC）是事故的主要类型。这充分说明了 LoC 事件所带来的巨大安全风险，也凸显了飞行员加强基本飞行训练的必要性。

克莱兰

第二次世界大战后，大量退役军用飞机（约 10 万架）以极低的价格流入民用市场，极大地刺激了美国通航发展。例如著名战斗机飞行员库克・克莱兰（Cook Cleland）以每架 1 000 美元的价格购置了 3 架价值约 100 万美元的海盗战斗机。

美国通航飞行时间从 1939 年的 200 万小时激增到 1947 年的 1 600 万小时。战后通航的短暂繁荣曾让很多人大吃一惊，但它并没有持续增长。人们发现飞行是一项昂贵的活动，它不仅需要初始购置成本，还需持续投入维护成本。与其他昂贵的休闲活动类似，尝试飞行的人不在少数，但能够长期坚持者却寥寥无几。

20 世纪中叶以来，美国通用航空产业呈现出显著的增长态势。1953~

1979 年，飞行小时数从 800 万小时激增至 3 800 万小时，通用飞机产量也从 1956 年的 5 000 架 / 年迅速攀升至 1978 年的 17 811 架 / 年。尽管如此，通用航空安全水平也在不断提高，致命事故率从 1950 年的 9 人 /10 万飞行小时下降至 1980 年的 3.5 人 /10 万飞行小时。

通用航空飞机的价格在 1950~1990 年间经历了大幅增长。根据美国通用航空制造商协会（GAMA）的数据，1950 年通用航空飞机的平均价格约为 5 000 美元 / 架，1960 年增长至 2 万美元 / 架，1970 年增长至 5 万美元 / 架，1980 年增长至 20 万美元 / 架，而到了 1990 年则飙涨至 175 万美元 / 架。这种反常的价格增长凸显出该行业面临的产品责任危机。

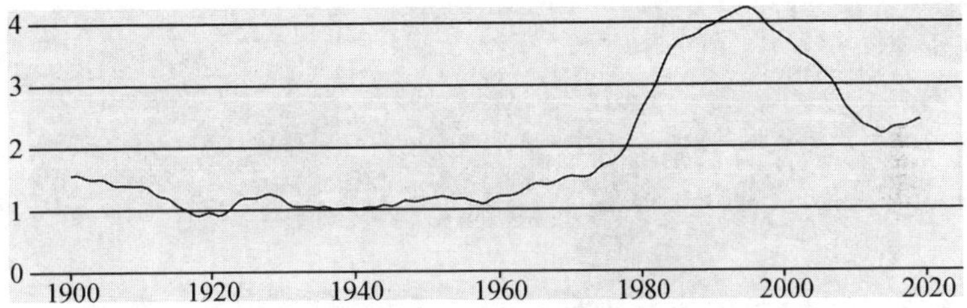

1900~2020 年美国诉讼趋势图

自 20 世纪 70 年代起，通用航空业就饱受产业责任诉讼的困扰。每当通用航空事故造成人员伤亡时，相关人员往往会提起诉讼，并将责任归咎于飞机缺陷。这种指控并非基于事实，而是因为飞机制造商通常拥有雄厚的财力。在一个著名的通用航空事故案例中，事故原因被认定为发动机故障，陪审团裁定发动机存在缺陷。发动机故障可能由多种因素导致，其中大部分与维护不当有关，而维护发动机是飞机所有者的责任。这一判决结果给所有单发飞机制造商带来了巨大危机。更糟糕的是适用于飞机制造故障的法律没有诉讼时效限制，这意味着无论飞机服役时间多久，制造商都可能因过失承担责任。

1977 年美国通用航空业的责任索赔支出高达 2 400 万美元。短短 8 年后，这一数字便突破了 2 亿美元大关。与之相伴的是责任保险费用的急剧上涨。1982 年保险公司支付的索赔金额竟是飞机人身伤害保费的 20 倍以上。GAMA 报告显示，1962 年每架交付的飞机责任保险为 51 美元。到了 1985 年，这一数字飙升至 7 万美元，相当于 1962 年的 19 646 美元。高昂的保险成本令许多保险公司望而却步，纷纷退出美国通用航空市场。伦敦劳合社更是直言："我们有能力承保航空风险，但无力承担美国法律体系的风险。"

进入 20 世纪 80 年代，通航制造商遭遇了前所未有的困境。愈加频发的诉讼案件令他们焦头烂额，最终被迫停止生产单发飞机。沉重的诉讼和解费用也转嫁到了新飞机的售价上，导致通用航空飞机的平均价格在 1970~1990 年间出现了惊人的上涨。

保险费用飙升导致飞机生产成本大幅攀升，进而引发新飞机产量锐减。产品责任危机、能源成本上升和经济衰退等多重因素叠加几乎摧毁了美国通航制造业。1982~1994 年间，美国通航飞机产量从 5 000 架骤降至 928 架。塞斯纳、比奇和派珀等行业巨头深受其害，其中塞斯纳于 1986 年停产了标志性的 172，派珀更是在 1991 年申请破产保护。

塞斯纳 172 生产线

1994 年，美国国会通过了《通用航空振兴法》（General Aviation Revitalization Act），旨在挽救陷入困境的通用航空产业。时任美国总统比尔·克林顿总统签署该法案，法案规定：对任何飞机制造商的诉讼在飞机制造后 18 年内终止。此后美国通用航空制造业开始回暖，2008 年美国通用航空飞机产量达到 4 000 架。

然而责任问题还继续困扰着通用航空业。2001 年一架 1989 年制造的塞斯纳 185 在佛罗里达州坠毁，陪审团裁定塞斯纳公司对事故负有责任，并判决该公司赔偿高达 4.8 亿美元，其中包括 4 亿美元的惩罚性赔偿金和 8 000 万美元的补偿性赔偿金。费城律师阿瑟·沃尔克在诉讼中提到：飞行员詹姆斯·卡苏特（James Cassoutt）在佛罗里达州彭萨科拉附近的沿海机场准备降落时，座位突然向后滑动，导致他失去对飞机的控制。

对于塞斯纳公司而言这是不幸的，由于该起事故发生在 1989 年，诉讼启动于 1991 年，1994 年通过的《通用航空振兴法》并不适用于该法案。塞斯纳律师辩称，飞机座椅没有移动，锁定装置也没有缺陷，他们认为事故原因是飞行员卡苏特缺乏塞斯纳 185 的操作经验，导致操作失误。

塞斯纳 185

《通用航空振兴法》无法消除规避所有潜在风险的文化。《我的飞行汽车在哪里？》作者斯托斯·霍尔（J. Storrs Hall）认为，如果在 1903 年奥维尔·赖特（Orville Wright）和威尔伯·赖特（Wilbur Wright）面对现在严苛的监管和法律环境，那么“飞行者”（世界第一架动力飞机）永远不会起飞。维尔达夫斯基（Wildavsky）在《寻找安全》一书中指出：规避所有风险的要求与创新是相互矛盾的，新技术和新能力带来的风险与收益往往是相伴相生的。

通航产业的发展可以从汽车行业的演变中汲取经验。汽车从最初的危险玩具逐渐转变为大众化的交通工具，然而，这一转变也带来了产品责任诉讼和保险成本的急剧上升。1920~1970 年，汽车责任支出增长了 110 倍，10 倍于同期汽车销量的增长。截至 2016 年，汽车责任侵权成本占所有侵权成本的 37%，是工人赔偿保险的 2 倍，是医疗事故保险的 5 倍，是产品责任保险的 7 倍。然而从每千米死亡率来看，通航旅行的风险远高于汽车旅行。即使没有产品责任诉讼，航空行业的责任和保险成本也可能更高。

尽管诉讼数量明显下降，美国仍然面临着高昂的侵权成本和责任保险费率问题。正如霍尔所言，这一问题导致大量原本可用于创新和生产的人才不得不投入到法律纠纷中。高昂的成本反映了当代社会日益增长的复杂性与风险规避倾向。我们生活在一个要求高度专业化知识的社会，人们对风险的容忍度越来越低。这种社会氛围促使我们寻求更全面的社会保障，然而，市场机制在提供社会安全网方面往往效率低下。同时，不断攀升的医疗成本和对汽车的高度依赖进一步加剧了这一趋势。

通航安全是一项系统性工程，需要从法规和监管、安全文化、飞行员培训、飞机维护、技术创新和协作等多方面入手，才能有效提升通航安全水平。以下十个方面是重要的改进方向：

1. 法规和监管：确保通航从业者遵守航空法规和标准，监管机构应根据行业进步和事故教训定期审查和更新安全法规，有效执行法规对于维护航空安全至关重要；

2. 安全文化：培育积极的航空安全文化，鼓励开放式沟通和事件报告。倡导从错误中吸取教训，并优先考虑安全问题。通过教育活动、研讨会和培训课程提高安全意识。

3. 飞行员培训和教育：加强对飞行员的培训和教育能有效提升航空安全性。培训应涵盖技术技能、决策能力、风险评估和情景意识等方面。鼓励飞行员获得高级认证并定期参加复训，以保持熟练程度。一名优秀的飞行教官应传授学员如何避免过去的事故教训，而一名合格的飞行员不仅应了解潜在的危险，更应能够预判最可能发生的风险。

4. 飞机维护和检查：飞机需要定期进行彻底的维护和检查，并严格遵守制造商建议的维护计划和程序。鼓励飞行员和飞机所有者及时解决发现的任何维护问题或故障。

5. 风险管理和决策：强调建立有效风险管理和决策流程的重要性。鼓励飞行员在每次飞行前评估天气状况、飞行计划、疲劳管理和其他潜在风险因素。提供有关评估和减轻风险的工具、技术、资源和培训。

6. 事故调查和分析：对事故和事件进行全面、公正的调查，以确定根本原因和影响因素。制定有效的安全建议和干预措施，防止类似事件再次发生。广泛分享调查结果，提高安全意识，推广预防措施。事故最宝贵的遗产是避免类似事故的发生，一份科学、完整的事故调查报告就是一座金矿，我们需要好好挖掘它，而不是埋起来。

7. 技术和创新：积极拥抱能够提升安全性的技术进步，鼓励采用先进航空电子设备，例如地形感知和警告系统（TAWS）、空中防撞系统（TCAS）等，以增强安全防护能力。推广安全管理系统（SMS）和飞行数据监控（FDM）的使用，主动识别和评估潜在的安全风险。

8. 同行指导和支持：鼓励经验丰富的飞行员积极对经验不足的飞行员进行指导和帮扶，建立完善的导师制度，促进知识共享、技能传授和负责任飞行理念的培养。定期开展同伴互助活动，通过经验交流和案例分享，帮助飞行员提升安全意识，养成良好的飞行习惯。

9. 协作和信息共享：促进航空业利益相关者（包括飞行员、飞机制造商、航空组织和监管机构）之间的协作与沟通。鼓励分享安全相关数据、最佳实践和经验教训，共同提升航空安全水平。

10. 持续学习和改进：强调航空业持续学习和改进的重要性。鼓励飞行员、教员和组织持续了解最新的安全实践，积极参与安全研讨会和会议，并不断提升专业能力。

飞行中的塞斯纳通航飞机

人非圣贤，孰能无过？通过对飞行事故案例的深入分析，飞行员可以系统性地总结经验教训，不断提升飞行技术和风险意识，从而有效降低事故发生率。这不仅有助于个人职业发展，更能为整个航空行业的安全性做出积极贡献。通用航空事故不仅造成人员伤亡和财产损失，更会严重损害公众对通用航空的信任，阻碍其产业发展。

因此，建立健全通用航空安全管理体系是保障其可持续发展的关键。结合我国国情，综合运用知识、逻辑和常识，制定并实施科学系统的《国家低空经济安全计划》，积极探索具有中国特色的通用航空安全管理模式。同时，加强公众安全教育，提升全民航空安全意识，营造良好的航空安全文化氛围。通过这些综合措施，我国通用航空安全水平有望达到国际先进水平，从而推动低空经济的健康发展。

后记

感谢所有为航空安全奉献的人们！

我之所以看得更远，是因为站在巨人的肩膀上。

——牛顿

安全是民航业的永恒主题，亦是低空经济腾飞的基石。十多年前的一天，电视里播放的一则飞机故障新闻，引发了我对航空安全的思考。妻子随口一问“为什么飞机会出事”，却触动了我内心深处的疑问，同时构成了我人生轨迹的重要转折。我想到此前整理的上百部空难纪录片和数千部事故调查报告，于是开始尝试用通俗易懂的语言，将复杂的空难知识分享给更多的人。《空难改变航空史》第一期“突然消失的法航447”便在新浪微博上收获140万阅读量，大众对航空安全的关注远超我的想象。

后来，在《大飞机》杂志王文奇老师的大力支持下，“质量与安全系列”专题应运而生。随着写作量的积累，我逐渐萌生了将文章结集成书的想法，《空难悲歌》顺利出版。然而，发生在我身边的几起惨痛事故，让我对航空安全有了更深层次的思考。

2017年3月，两名中国飞行学员在加拿大的空难让人痛惜。随后，北航飞行学院张建华院长邀请我回母校与师弟师妹们分享航空安全知识。第一次登上北航飞院唯实讲堂的经历，让我意识到通航安全问题的重要性。

那年10月底，我正在北京开会，突然接到河南省民航办王文光处长的电话，听到他沉重地说：“乔老师，亚萍出事了……”（注：10·27安阳直升机坠毁事故）。回到郑州后，我向河南省民航办康省桢主任汇报了自己的想法，并结合自己的专业背景，提出了关于河南通航安全的一些建议。

2018年4月，《空难启示录》即将面世。郑州航展前夕，我专程拜访了中国工程院院士刘大响。我们聊及甚广，从航空应急救援到飞行安全，再到他一直关注的通用航空。然而，就在我与刘院士话别之际，一条噩耗传来：一名特技飞行员在训练中不幸遇难。这突如其来的消息，给我们的谈话蒙上了一层悲痛的阴影。

2018年12月底，又一条噩耗传来，让我久久无法释怀——中国环球飞行第一人陈玮的飞机失事了。接到这个消息时，我感到难以置信。回想起我们曾一起在珠海航展上推广“航空精神”，共同筹备环球飞行员协会郑州年会活动（系中国首次举办），那些美好的回忆历历在目。如今，陈玮却突然离我们而去，我心中充满了遗憾。如果能早点与他分享更多的航空安全案例，是不是悲剧就能避免发生？

短短一年内，两位朋友因空难离世，这份沉重的失落深深刺痛了我，也让我对航空安全产生了前所未有的担忧，随后更加深入的研究让我成为航空安全学科的学生。

这些看似“一”个个独立的事件，实则串联起航空安全发展的脉络，最终组成了世界航空安全的发展史。在探究航空安全的漫长道路上，我深感荣幸能够站在无数航空先贤的肩膀上。他们留下的 4 千余个民航和 12 万余个通航事故案例，如同一个个鲜活的教材，让我深入了解了航空事故发生的原因、发展过程以及应对措施，为我的研究提供了宝贵的素材。在此，我向所有为航空安全作出贡献的专家学者致以崇高的敬意。正是有了他们的辛勤付出，我才得以完成这部新作。

2023 年初，我完成了新书初稿，在向原中国民用航空总局杨元元局长汇报研究进展时，得到了他的大力支持。杨局长不仅欣然为新书作序，还提供了宝贵的中国民航事故案例，并鼓励我深入行业调研。我在和一线人员的交流中，我深刻感受到了大家对提升航空安全的殷切期望，他们的建议让我受益匪浅，也更加坚定了我要将研究成果应用于实践的决心。

我将书稿呈给北航陈光教授审阅时，他特别嘱托我增加“发动机引起重大故障”的内容，并亲自为我把关每一篇关于航空发动机的文章。直到 2023 年 11 月 26 日，在光先生的悉心指导下，发动机部分最后一处修改才算完成。然而，天妒英才，光先生于 12 月 19 日不幸离世。光先生严谨的治学态度和对航空科普的热情将永远激励着我，也必将激励一代又一代的航空人。

“路漫漫其修远兮，吾将上下而求索”。百年航空史，也是一部在血与泪中不断完善的安全史诗。从每一次反思事故的纪念碑，到成为技术和管理革新的里程碑，无不彰显着“知行合一”的理念。回望过去，我们心怀敬畏。展望未来，我们满怀希望。航空安全没有任何秘密可言，每一条捷径下面都布满了“死亡陷阱”。我认为，航空安全应始终遵循以下三条基本原则：一、敬畏规则，杜绝侥幸；二、系统安全，持续改进；三、独立调查，信息透明。只有将“安全第一”的理念贯穿始终，才能真正推动航空运输和低空经济迈向更加安全、高效、可持续的未来！

乔善勋

2025 年 5 月于郑州